高等职业教育“十二五”规划教材

全国高等职业教育制造类专业系列规划教材

MasterCAM X4 项目化教程

耿晓明　主　编

刘　媛　李　刚　副主编

李凤光　沈武群　参　编

科 学 出 版 社

北　京

内 容 简 介

本书以项目的方式介绍了MasterCAM X4的常用命令和使用方法。主要内容包括二维造型、实体造型、曲面、曲线、二维铣削加工、三维曲面加工等。通过各项目实例的实施，将知识点贯穿其中，突出实用性和可操作性，此外，通过各项目后配套习题的强化训练，读者能快速了解软件特点，并掌握一定的设计和使用技巧，提高CAD/CAM的综合应用能力。

本书可作为高职高专学生相关专业教学用书，也可作为相关工程技术人员的培训教材或自学用书。

图书在版编目(CIP)数据

MasterCAM X4项目化教程/耿晓明主编. —北京：科学出版社，2012
(高等职业教育“十二五”规划教材·全国高等职业教育制造类专业系列规划教材)
ISBN 978-7-03-035083-1

Ⅰ.①M… Ⅱ.①耿… Ⅲ.①数控机床-程序设计-应用软件-高等职业教育-教材 Ⅳ.①TG659

中国版本图书馆CIP数据核字（2012）第152273号

责任编辑：李太铼 艾冬冬/责任校对：耿 耘
责任印制：吕春珉/封面设计：耕者设计工作室

科学出版社 出版
北京东黄城根北街16号
邮政编码：100717
http://www.sciencep.com
百善印刷厂 印刷
科学出版社发行 各地新华书店经销
*
2012年8月第 一 版 开本：787×1092 1/16
2016年1月第四次印刷 印张：18 1/4
字数：400 000

定价：35.00元

(如有印装质量问题，我社负责调换〈百善〉)
销售部电话 010-62134988 编辑部电话 010-62138978-8212

前　　言

MasterCAM 是美国 CNC Software 公司推出的基于 PC 平台上的 CAM 一体化软件，被广泛应用于机械、汽车、航空、造船、模具、电子和家电等领域，是目前世界上功能最强大、应用最广泛且加工策略最丰富的数控加工编程软件之一，其操作简单，易上手，能满足企业相关技术人员的使用要求。

随着数控机床的普及和就业市场对数控人才需求的增加，全国各大高职院校纷纷开设 CAD/CAM 课程。MasterCAM X4 是目前较新的版本。本书从实用角度出发，充分考虑读者的学习规律，以 MasterCAM 作为操作基础，结合典型操作实例辅助讲解 MasterCAM X4 的基础设计功能及相关的数控加工技术、操作技巧等。本书引导读者循序渐进地掌握软件的基本用法和设计技能，并通过典型项目实例和思考练习题加强实践能力。

编写本书的目的就是让初学者在轻松的环境下学会 MasterCAM X4 的操作，所以本书具有如下特点：采用的是 MasterCAM X4 中文简体版本；通过项目引领的方式，详细介绍了 MasterCAM X4 中常用的功能；注重各项目实例的典型性，特别考虑与实际生产的结合；介绍了项目的相关知识以及各项目的实施所需，并考虑学习的循序渐近性进行合理安排，特别适合于教学和自学使用。

本书由耿晓明任主编，刘媛、李刚任副主编。编写分工：耿晓明编写项目 1～4，李凤光编写项目 5、6、9，刘媛编写项目 7、8，沈武群编写项目 10～15，李刚编写项目 16～19。

由于编者水平有限，书中难免有疏漏之处，恳请广大读者和专家批评指正。

编　者

目　　录

项目1　二维造型（1）：绘制轴形图

项目任务

任务内容

绘制图1.1所示的图形，并将其保存在“D：/MasterCAM项目1”文件夹中，文件名为“1-1.mcx”。

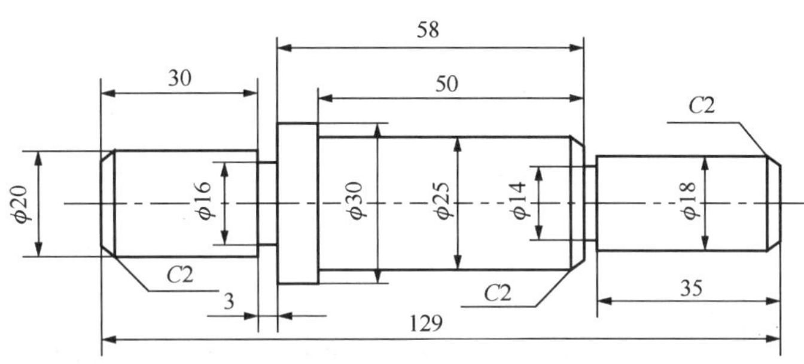

图1.1　轴形图

任务目的

1. 熟悉MasterCAM X4的工作界面。
2. 掌握MasterCAM X4的基本操作。
3. 掌握绘制二维图形的常用命令，如直线、矩形、倒角等功能。
4. 掌握串连方法的使用。

相关理论知识：MasterCAM X4基础

1　初识MasterCAM X4

双击桌面MasterCAM X4图标，打开软件界面，如图1.2所示；或通过“开始”→“程序”→“MasterCAM X4”的方式启动软件，进入操作界面。

（1）标题栏

显示当前文件的保存位置与名称。

（2）菜单栏

菜单栏位于标题栏下方，几乎集中了所有的MasterCAM X4命令，主要有文件、编辑、视图、分析、绘图、实体、转换、机床类型、刀具路径、设置和帮助等菜单。

（3）工具栏

① 工具栏中的图标是菜单栏中单一功能的快捷方式，有利于提高软件操作效率。用户

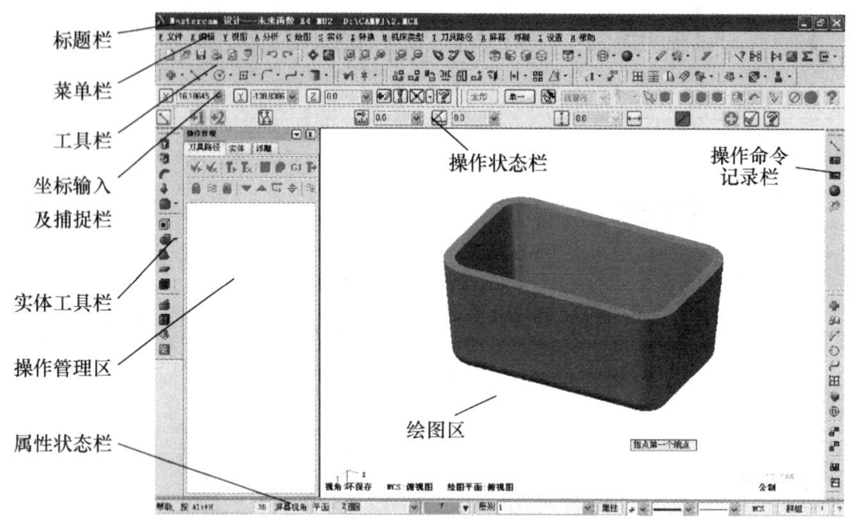

图 1.2 MasterCAM X4 用户操作界面

可通过选择菜单“设置”→“用户自定义”命令，利用弹出的“自定义”对话框来增加和减少工具栏中的按钮命令，如图 1.3 所示。

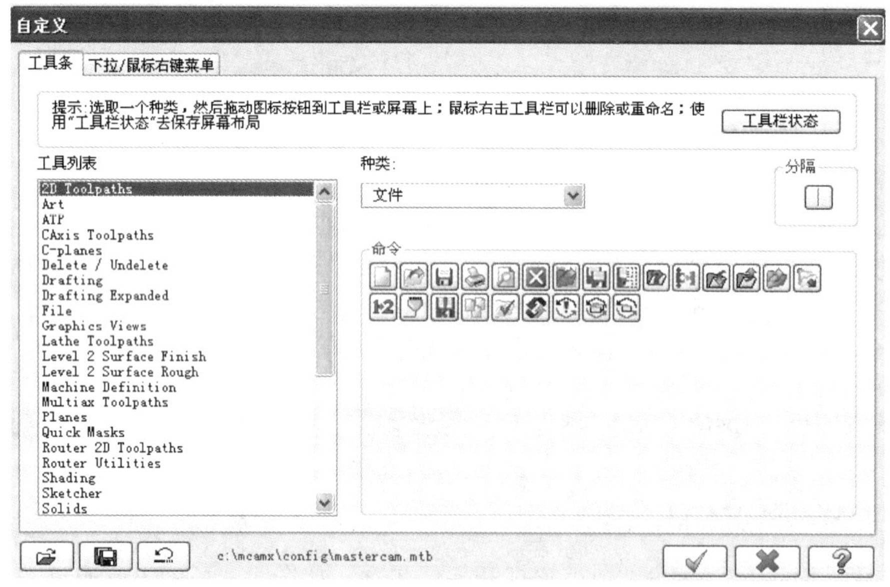

图 1.3 “自定义”对话框

② 坐标输入及捕捉栏。如图 1.2 所示工具栏第三行是坐标输入及捕捉栏，用于坐标输入及绘图捕捉。

③ 实体工具栏。位于操作界面左侧，是实体操作的各种快捷命令。

(4) 操作状态栏

状态栏位于工具栏下方，是子命令选择、选项设置以及人机对话的主要区域，用于设置所运行命令的各种参数。在未选择任何命令时，操作状态栏处于屏蔽状态，当选择命令

后将显示该命令的所有选项，并做出相应提示，其显示内容根据所选命令的不同而不同。

（5）操作管理区

该区域包括“刀具路径管理器”、“实体管理”和“浮雕”3个选项卡，分别用于刀具路径、实体和浮雕创建过程中的各种信息的显示与操作。

（6）绘图区

创建图形的区域。

（7）操作命令记录栏

在操作界面的右侧是操作命令记录栏，用户在操作过程中所使用的10个命令逐一记录在此操作栏上，用于直接选择最近要重复使用的命令，提高选择效率。

（8）属性状态栏

在操作界面下方是属性状态栏，可动态显示上下文相关的帮助信息，当前所设置的颜色、点类型、线型、线宽、图层和Z深度等内容。

2　直线命令

单击菜单“绘图”→“直线”选项或单击绘图工具栏中的“绘制任意线”图标右侧的下拉箭头，会显示“直线”菜单，如图1.4所示，MasterCAM X4可采用6种方法绘制直线。

（1）绘制任意线

“绘制任意线”命令用于在两点之间创建直线，可以创建水平线、极坐标线、垂直线、连续线、切线等。

单击工具栏中的“绘制任意线”按钮后，显示“两点绘线”操作状态栏，如图1.5所示。“两点绘线”操作状态栏中的各按钮功能见表1.1。“绘制任意线”可操作示例见表1.2。

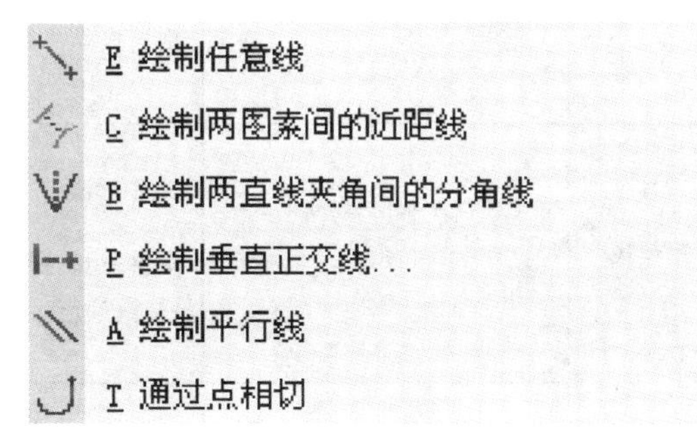

图1.4　直线菜单

图1.5　“两点绘线”操作状态栏

表1.1　“两点绘线”操作状态栏各按钮参数

按钮	功　　能
	“编辑第一点”按钮，单击该按钮，可动态编辑直线第一个端点的位置
	“编辑第二点”按钮，单击该按钮，可动态编辑直线第二个端点的位置
	“连续线”按钮，单击该按钮，可连续多个任意点生成一条连续折线，每个点可用鼠标选取，也可通过键盘输入
	“长度”按钮，单击该按钮，用于输入直线的长度

续表

按钮	功能
	“角度”按钮，单击该按钮，用于输入直线与工作坐标系 X 轴方向的夹角
	“垂直”按钮，单击该按钮，用于在当前构图面上生成和工作坐标系 Y 轴平行的线段
	“水平”按钮，单击该按钮，用于在当前构图面上生成和工作坐标系 X 轴平行的线段
	“相切”按钮，单击该按钮，用于创建与一弧或多弧相切的切线
	“应用”按钮，单击该按钮，将命令在绘图区应用，并可重新使用该命令
	“确定”按钮，单击该按钮，完成命令在绘图区的应用，退出该命令状态

表 1.2 “绘制任意线”操作示例

绘图方式	图例	操作步骤
两端点画线	(110,45) (0,5)	单击图标，在 X Y Z 图标后分别输入坐标值，输入后分别按 Enter 键确认各坐标，完成第一点的绘制，同样方法完成第二点坐标的确定，则完成了一条直线的绘制
连续线		单击图标，再单击按钮，分别输入各点坐标（也可用鼠标依次选定第一点、第二点、第三点等每段直线的端点），按 Esc 键结束，可生成一连续折线
长度线		点击图标，在长度按钮后输入线段长度 100，单击或输入线段第一个端点坐标，然后再单击直线经过的一点坐标，则形成一长为 100 的线段
角度线		单击图标，在角度图标后输入角度 30，单击或输入线段第一个端点坐标，然后再单击第二个端点坐标，则产生一条极坐标线段
垂直线		单击图标，点击垂直按钮，在绘图区输入第一个端点坐标，然后滑动鼠标单击确定第二个端点，在垂直按钮右侧输入 X 方向位置的坐标值为 10，按 Enter 键确认，完成垂直线绘制

续表

绘图方式	图 例	操作步骤
水平线		单击水平按钮，在绘图区输入第一个端点坐标，然后滑动鼠标单击确定第二个端点，在水平按钮右侧输入Y方向位置的坐标值为50，按Enter键确认，完成水平线绘制
相切线		单击图标，在绘图区输入第一个端点坐标，单击按钮，选择一圆弧曲线，则在距离单击侧形成一与圆弧相切的直线

要 点

1. 在输入点的坐标值时，也可采用快速确定点坐标的方式，单击按钮，坐标输入区变成一长白色区域，直接输入坐标值，如点坐标“20，50”，回车确定。

2. 在对应按钮后可输入相关参数，如单击按钮后按钮变成红色，则此按钮功能将持续有效，再次单击可取消其功能作用。

3. 各对应点坐标可采用输入坐标的形式，也可在绘图区中抓捕已有点设置。

（2）绘制两图素间的近距线

“绘制两图素间的近距线”命令用于创建两个几何图素间距离最短的连线，选择该命令后，系统会提示选择两个对象以创建一距离最近的连线。

如图1.6所示，已绘制好两个几何图素，选择“绘制两图素间的近距线”命令，依次点选两个图素，则产生两图素间距离最近的一直线段。已绘几何图素可以为线段、圆弧或Spline样条线。

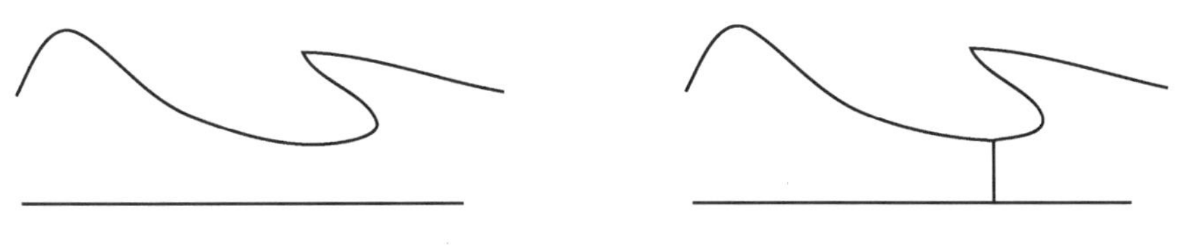

(a) 已绘两图素　　(b) 绘制近距线

图1.6 绘制两图素间的近距线

（3）绘制两直线夹角间的分角线

“绘制两直线夹角间的分角线”命令用于绘制两直线间的角平分线。

如图1.7所示，已绘制好任意两直线段，选择“绘制两直线夹角间的分角线”命令，依次点选两直线，在后输入所绘线段长度，回车确认，则完成一角平分线绘制。如已知的两直线平行，则产生一平行等距线。如已知两直线段相交，则绘制分角线时，应注意选择线段时的位置，在选取范围内产生一角平分线。

（4）绘制垂直正交线

“绘制垂直正交线”命令用于绘制已知图素的法向垂直线段。

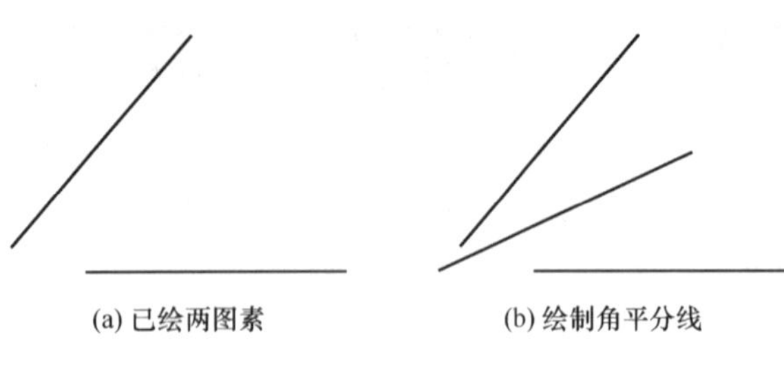

(a) 已绘两图素　　(b) 绘制角平分线

图 1.7　绘制两直线夹角间的分角线

如图 1.8 所示，已绘制好任意两几何图素，选择“绘制垂直正交线”命令，点选直线，在后输入所绘线段长度，移动鼠标指针至合适位置后回车确认，则完成一垂直正交线绘制。点选圆弧，在后输入所绘线段长度，移动鼠标指针至合适位置后回车确认，则完成另一垂直正交线绘制。

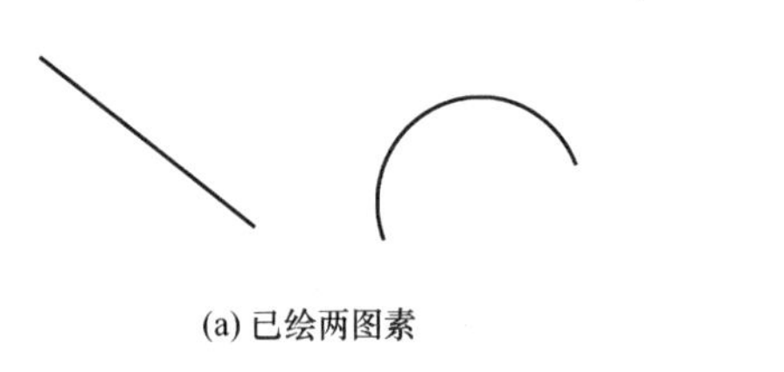

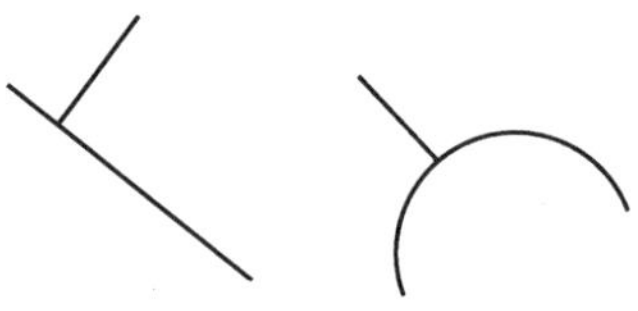

(a) 已绘两图素　　(b) 分别绘制直线与圆弧的垂直正交线

图 1.8　绘制垂直正交线

（5）绘制平行线

“绘制平行线”用于绘制与已知线段平行的直线。

如图 1.9 所示，已绘制好一线段，选择“绘制平行线”命令，点选直线，在后输入所绘平行线段的间距值，在已知直线的一侧单击平行线应画的一侧，回车产生一平行线段。也可通过反向按钮来切换平行直线所在的位置。当按钮两侧都为红色时，可在已知线两侧同时生成一平行线段。

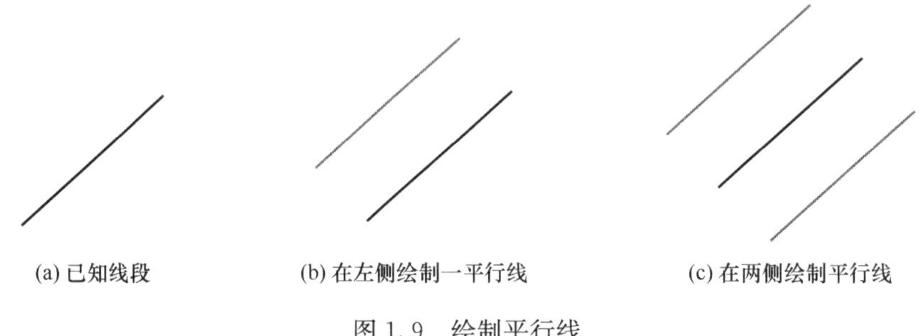

(a) 已知线段　　(b) 在左侧绘制一平行线　　(c) 在两侧绘制平行线

图 1.9　绘制平行线

（6）通过点相切

“通过点相切”用于绘制通过已知曲线上的点产生相切的直线。

如图 1.10 所示，已绘制好两个几何图素，选择“通过点相切”命令，单击选择圆弧图素，接着在圆弧上捕捉一点做为切点，在后设置切线长度，回车确认，完成一切线的绘制。如产生两个切线段，需单击选择其中的一条，回车确认。同理，可完成另一曲线切线的绘制。

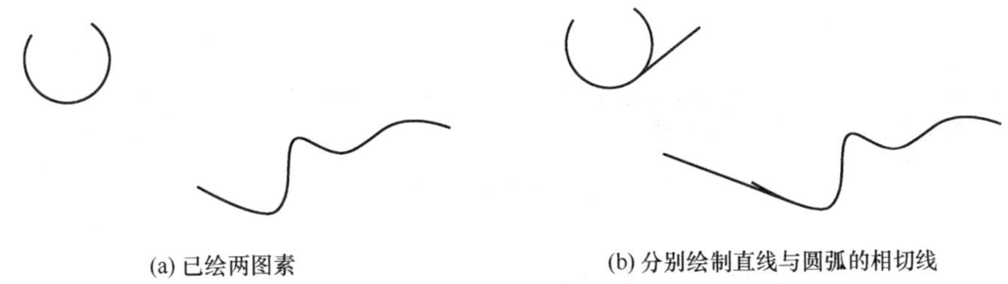

(a) 已绘两图素　　(b) 分别绘制直线与圆弧的相切线

图 1.10　通过点相切绘线

要　点

1. 在需要捕捉屏幕要素中的点时，可在绘图区右击，在弹出菜单中选择“自动抓点”方式，可快速捕捉所需的点。

2. 在直线绘制过程中，如产生多个结果，应选择其中的一个，再回车确认完成这一直线绘制。

3　矩形命令

绘制矩形是较常用的软件操作，在 Mastercam X4 系统中，矩形功能较为强大，可设置成不同的形式。要启动矩形绘制功能，可选择菜单栏中的“绘图”→“矩形”命令，或单击工具栏中的矩形图标，则显示出矩形操作状态栏，如图 1.11 所示，部分按钮功能如下：

图 1.11　“矩形”状态栏

- 编辑第 1 点：用于编辑矩形的基准点位置。
- 编辑第 2 点：用于编辑矩形的一对角点位置。
- 宽度：用于设定矩形的宽度尺寸。
- 高度：用于设定矩形的高度尺寸。
- 设置基准点为中心：用于定位矩形的中心点作为矩形的第一个确定点。
- 创建曲面：在创建矩形的同时将其内部生成一曲面。

（1）矩形的绘制方法

通过鼠标在绘图区单击，确定矩形的两个对角点就可创建出矩形。鼠标单击的第一个点是矩形的基准点，若单击图标，则基准点切换为矩形的中心点，即先确定矩形的中心点，再确定矩形的一对角点完成创建。

（2）矩形形状设置

利用矩形命令不仅能创建一标准矩形，而且可对矩形参数进行设置，从而产生一特殊形状的矩形，如圆角矩形、普通键槽形、D 形、双 D 形等，如图 1.12 所示。单击菜单“绘图”→“矩形形状设置”选项或单击工具栏中的图标 矩形形状设置，弹出“矩形选项”对话框，如图 1.13 所示。

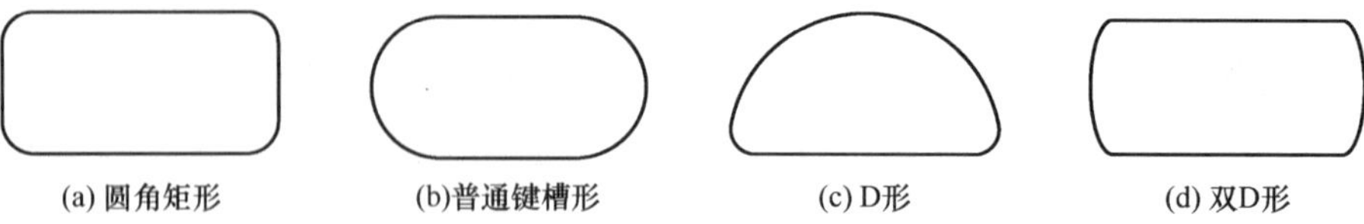

图 1.12　特殊形状的矩形

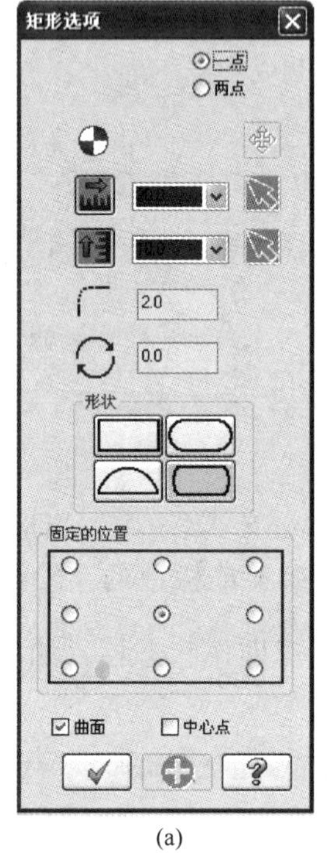

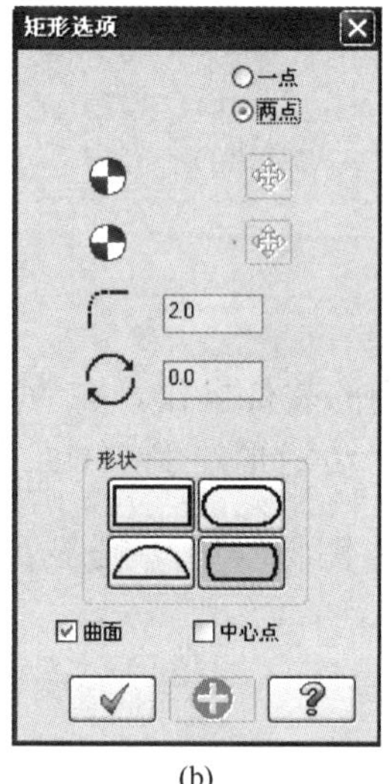

(a)　　　　(b)

图 1.13　“矩形选项”对话框

对话框中各选项功能见表 1.3。

表 1.3　“矩形选项”功能表

选　　项	功　　能
一点 两点	矩形位置确定方式选项
	编辑角点位置，矩形绘制后起作用
	宽度锁定按钮
	高度锁定按钮

续表

选　项	功　能
118.20943	宽度或高度数值输入框
	矩形宽度或高度修改按钮，矩形绘制后起作用
2.0	设置矩形圆角
0.0	矩形整体相对坐标系 X 轴的旋转角度
形状	形状选择
固定的位置	基准点位置单选项
曲面	是否产生曲面选项
中心点	是否产生矩形中心点选项

要　点

用户在设置好矩形的各选项及参数后，由绘图区中指定定位点即可绘制出相应的矩形。在按应用按钮或确定按钮之前，矩形还处于可编辑状态（高亮显示），用户还可以对其定位点位置、宽度、高度等参数进行修改。

4　倒角命令

利用倒角命令可在两非平行直线间形成倒角连接。单击菜单“绘图”→“倒角”或“串连倒角”选项，也可单击绘图工具栏中的“倒圆角”图标右侧三角形，则弹出“倒角”或“串连倒角”选项。

(1) 倒角

单击“倒角”选项，可进行两直线间的倒角操作，倒角操作状态栏如图 1.14 所示。倒角各选项功能见表 1.4。

图 1.14 倒角状态栏

表 1.4 “倒角”选项功能表

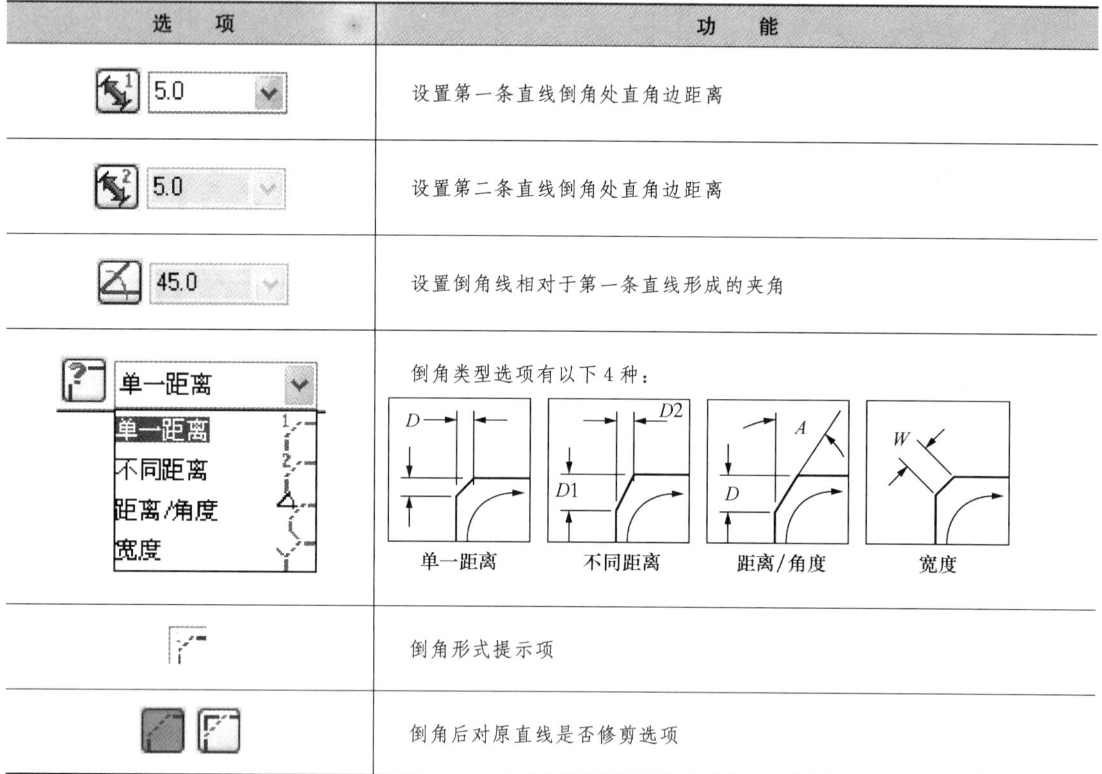

选 项	功 能
5.0	设置第一条直线倒角处直角边距离
5.0	设置第二条直线倒角处直角边距离
45.0	设置倒角线相对于第一条直线形成的夹角
单一距离 单一距离 不同距离 距离/角度 宽度	倒角类型选项有以下 4 种： 单一距离 不同距离 距离/角度 宽度
	倒角形式提示项
	倒角后对原直线是否修剪选项

(2) 串连倒角

“串连倒角”功能可对串连的图素进行集中一次性倒角操作，选择该选项后，弹出图 1.15 所示的“串连选项”对话框、图 1.16、图 1.17 及图 1.18 所示“串连倒角”工具栏。

“串连”是一种选择并且按某顺序和方向连接几何图素的方法。当用户采用串连方式选择图素时，单击某个图素，即可选中这个图素及与这个图素串接的一系列图素。在创建刀具路径、曲面和实体时，采用串连方式选取的曲线是必须的，而串连顺序和方向则影响它们的生成效果。“串连选项”对话框各选项功能见表 1.5。

表 1.5 “串连选项”各选项功能

选 项	功 能
	“线架”、“实体”对象操作模式选项，“线架”模式为默认模式

续表

选　项	功　能
○2D　⊙3D	2D：串连平行于当前构图面且与第一个被选图素处于同一工作深度的二维曲线链 3D：可以串连三维曲线链
	选择“串连”按钮，可通过单击一个图素去选择一个曲线链
	“点”按钮，单击该按钮，可进行单点串连
	“窗口”按钮，选中该项，用鼠标在需要选择的曲线链周围拖出一个矩形选择窗口，然后指定一个搜寻点，则位于窗口内（选择控制方式默认为“内”）的所有曲线链都将被选中（要与选择控制方式相配合使用）
	“区域”按钮，选中该项，在图形的适当点位单击，则系统自动串连包围该点的最内层的封闭曲线链以及该曲线链内部的其他封闭曲线链
	“单体”按钮，选中该项，则单击某一图素，则只能选取包含该图素的曲线链
	多边形按钮，选择该项，可以用一个临时定义的多边形窗口串连曲线链，其方法与“窗口”按钮相似
	“向量”按钮，在绘图区中指定若干个点定义向量（折线），系统自动从与向量相交的图素出发，双向延伸曲线链，直到遇到分歧点为止
	“部分串连”按钮，利用该按钮，可通过依次指定需要选取的曲线链的第一个图素和最后一个图素去选取该曲线链，即指定曲线链的首尾方式选取图素
内 内 内+相交 相交 外+相交 外	内：只有完全在选择窗口内的曲线链被选中 内+相交：完全在选择窗口内和与窗口边界相交的曲线链被选中 相交：只有与窗口边界相交的曲线链被选中 外+相交：完全在选择窗口外和与窗口边界相交的曲线链被选中 外：只有完全在选择窗口外的曲线链被选中
	“上次”按钮，单击该按钮，则选取上一次选用过的曲线链
	“结束串连”按钮，单击该按钮，则结束当前串连选择，便于下一个新的串连
	“不选”按钮，单击该按钮，可从当前已选择图素中，去除最后一次串连选取的曲线链。重复操作该按钮，可清空所有被选取的曲线链
	“反向”按钮，用于切换串连方向
	“串连特性设置”按钮，单击该按钮，系统显示出如图 1.16 所示“串连特性”对话框，便于进一步细化选取图素要求

续表

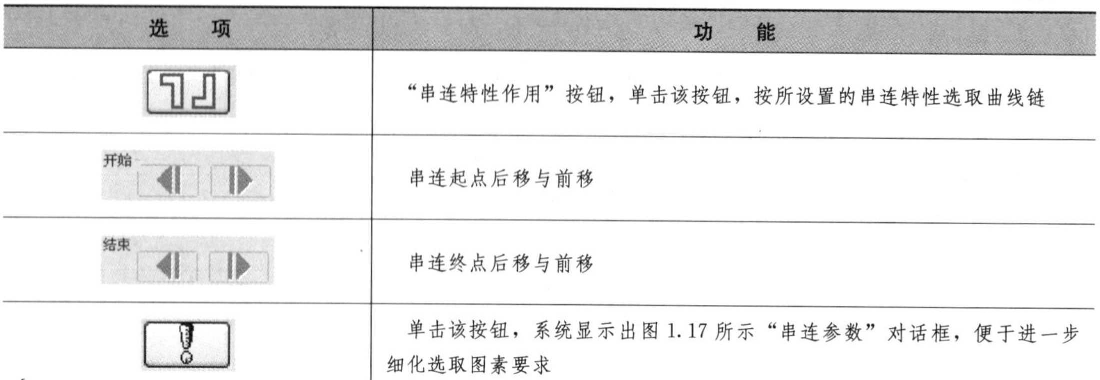

选　　项	功　　能
	“串连特性作用”按钮，单击该按钮，按所设置的串连特性选取曲线链
开始	串连起点后移与前移
结束	串连终点后移与前移
	单击该按钮，系统显示出图 1.17 所示“串连参数”对话框，便于进一步细化选取图素要求

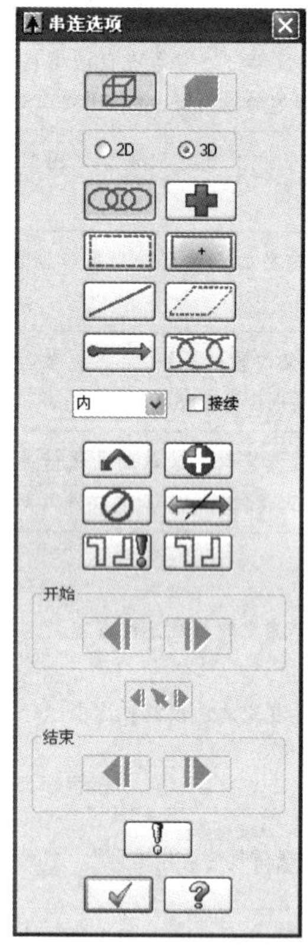

图 1.15　“串连选项”对话框

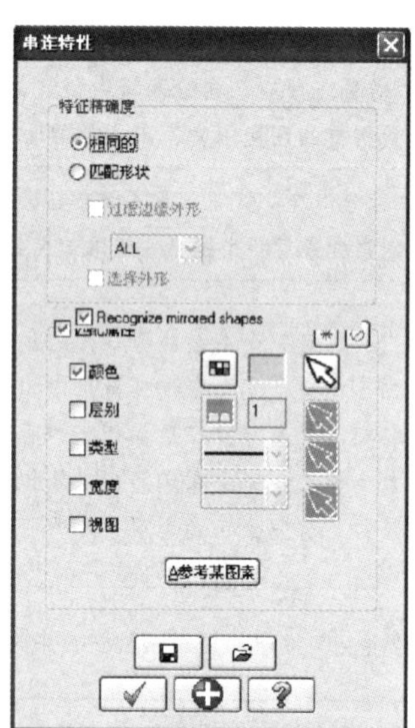

图 1.16　“串连特性”对话框

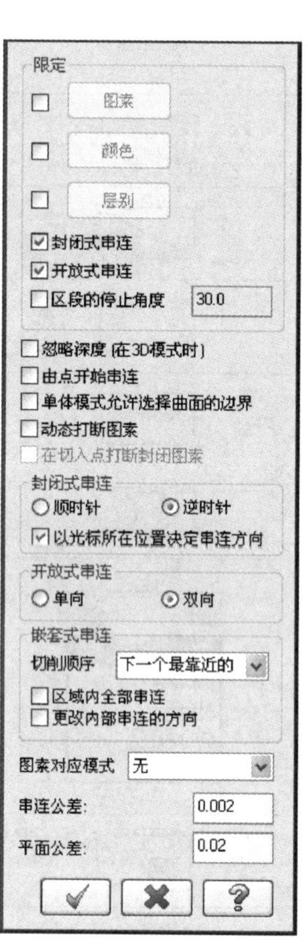

图 1.17　“串连参数”对话框

图 1.18　“串连倒角”状态栏

要　点

在串连图素时，如果没有遇到分歧点，系统自动从串连起点沿着串连方向按顺序选取和连接整个曲线链上的所有图素，直至该曲线链的终点；如遇到分歧点，则表示该点处有不同的串连路径可选择，因此，系统不能自动完成该串连，提示用户手动选取完成串连，选取分歧后，串连继续进行，直至曲线链的终点。

5　倒圆角

利用倒圆角命令可在两非平行直线间形成倒圆角连接。单击菜单“绘图”→“倒圆角”，或单击绘图工具栏中的“倒圆角”图标，则弹出“倒圆角”状态栏，如图1.19所示。如单击“绘图”→“串连倒圆角”，或单击绘图工具栏中的“串连倒圆角”图标，则弹出“串连选项”对话框及“串连倒圆角”状态栏分别如图1.15、图1.20所示。“倒圆角”选项功能见表1.6。

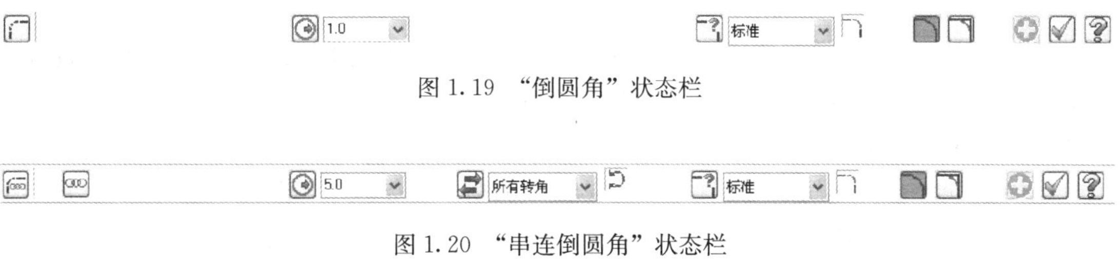

图1.19　“倒圆角”状态栏

图1.20　“串连倒圆角”状态栏

表1.6　“倒圆角”选项功能表

选　项	功　能
 1.0	圆角半径
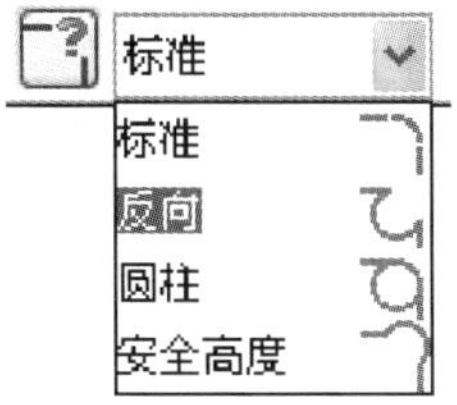 标准 标准 反向 圆柱 安全高度	倒圆角类型选项
	倒圆角形式提示项
	倒圆角后对原直线是否修剪选项

项目实施：绘制轴形图

1 轴形图绘制分析

本项目图形为一轴，基本图形中以矩形结构较多，另含有倒角及中心线，绘制过程可充分利用矩形命令依次完成各结构的绘制，注意矩形基点的选择，以方便作图，如图 1.21 所示。

2 轴形图的绘制步骤

① 绘制水平中心线：单击工具栏中的“直线”按钮，在状态工具栏中单击“水平”模式按钮，在绘图区单击两点绘出水平线段，在状态工具栏中“垂直”图标 0.0 后输入线段的纵坐标为 0，按确定键完成中心线的绘制。

② 绘制矩形：单击菜单“绘图”，单击 E 矩形形状设置，弹出对话框如图 1.13 所示，设置矩形固定的位置为左侧中心点，分别单击“宽度”图标和“高度”图标使之变红锁定，输入宽度 30，回车确定，输入高度 20，回车确定，单击“原点”图标，单击“应用”按钮，则完成第一个矩形的绘制；在对话框中修改宽度为 3 和高度为 16，选择中点方式按钮，单击第一个矩形右侧线段，则完成第二个矩形的绘制。同理，依次完成剩下的各矩形绘制，如图 1.22（a）～（f）所示。

③ 倒角的绘制：单击菜单“绘图”，单击“倒角”按钮，在状态工具栏中设置“单一”倒角模式，倒角边距为 2，采用“修剪”方式，在绘图区中选择要倒角的各矩形的两个边，按确定键完成各处倒角，并补上倒角处的相应线段，如图 1.22（g）所示。

④ 修改图素属性：右击属性栏中的线宽图标，选择除中心线外的所有图素，按 Enter 键确定，弹出线框对话框，选择所需线宽，单击“确定”按钮完成粗实线的设定；右击属性栏中的线型图标，选择中心线，按 Enter 键确定，弹出线型对话框，选择所需点画线，按确定键完成设定，则完成整个图形的绘制，如图 1.22（h）所示。

要 点

1. 在绘图过程中，可按 F9 键显示系统坐标轴辅助绘图。
2. 中心线如果长短不合适，采用延伸/修剪方式修改，后面内容将提到。
3. 选择图素时，如多选了一图素，可再次单击该图素，撤销选择该图素。

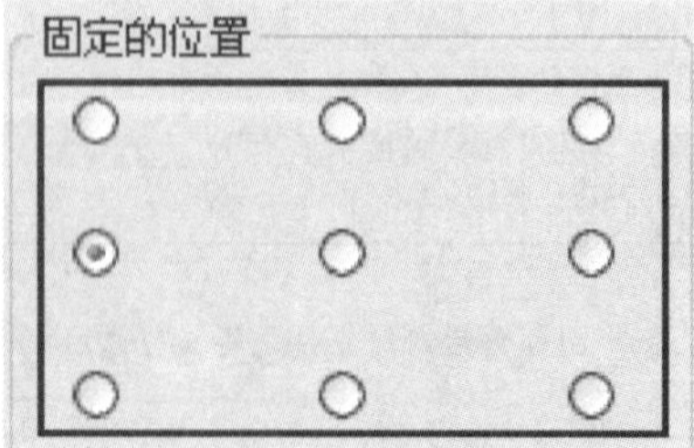

图 1.21 矩形固定基点选项

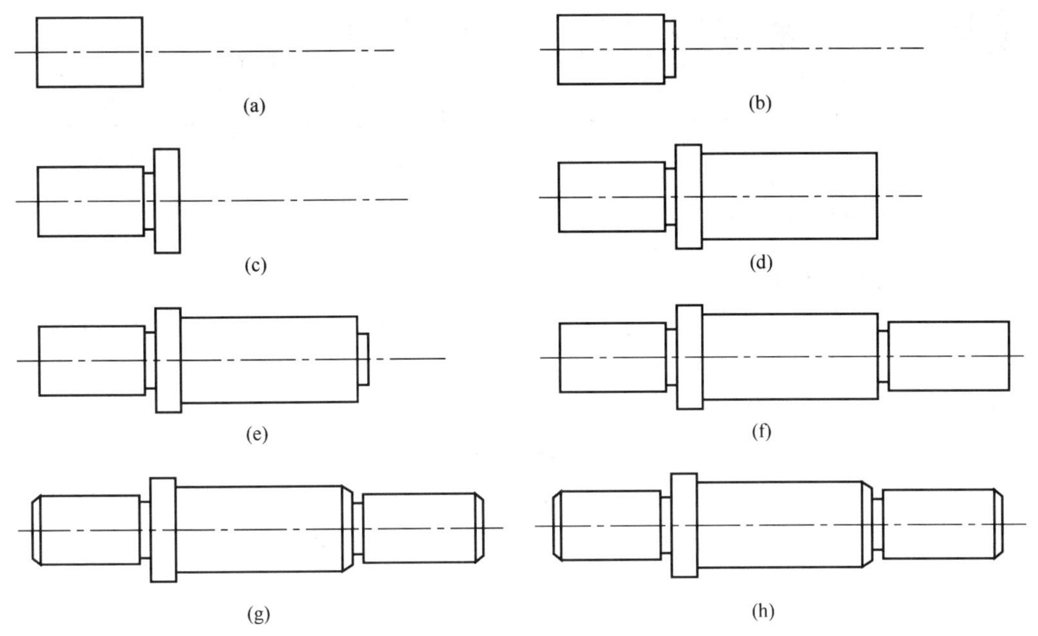

图 1.22　子项目 1 实施过程

上机练习

利用矩形及直线命令绘制图 1.23 习题图所示图形。

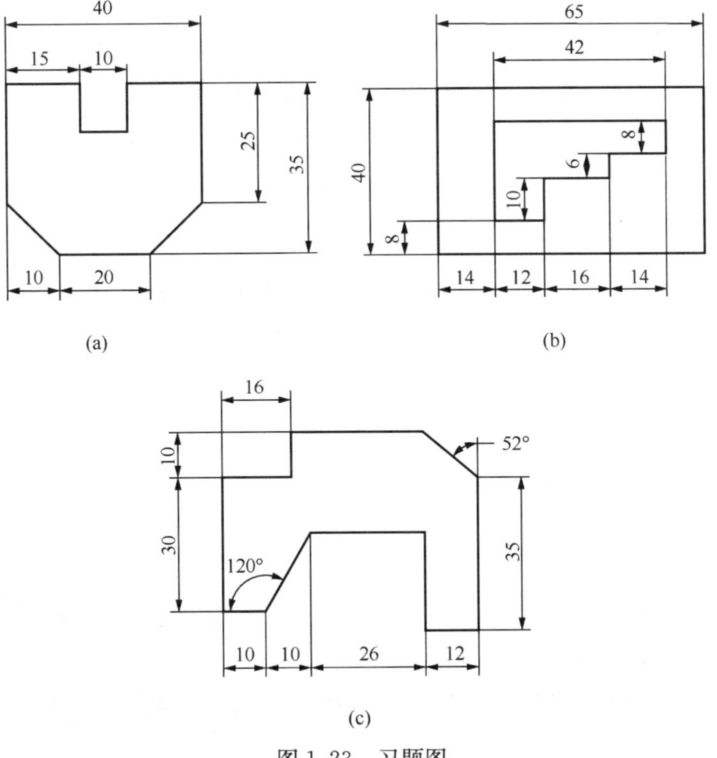

图 1.23　习题图

项目2　二维造形（2）：绘制圆弧

项目任务

任务内容

绘制图 2.1 所示的图形，并将其保存在“D：/MasterCAM 项目 2”文件夹中，文件名为“2-1. mcx”。

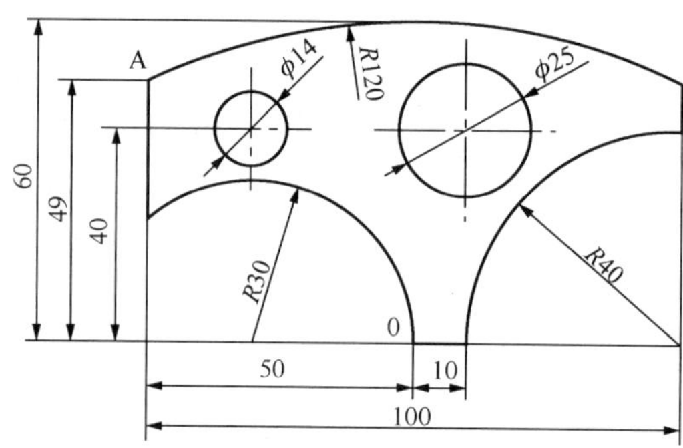

图 2.1　工件图

任务目的

1. 掌握 MasterCAM X4 绘制圆弧的各种方法。
2. 掌握绘制多边形、椭圆、文字、曲线的方法。
3. 掌握修剪/打断、连接图素等编辑命令的使用方法。
4. 学会对象的选择、自动捕捉点及删除图素的方法。

相关理论知识：多边形、圆弧、椭圆、文字、曲线的绘制方法

1　圆弧命令

利用圆弧命令可创建整圆或部分圆弧图素，单击菜单“绘图”→“圆弧”选项或单击绘图工具栏中的“圆心＋点”图标右侧的下拉箭头，会显示“圆弧”菜单，如图 2.2 所示，MasterCAM X4 可采用 7 种方法绘制圆弧。

（1）圆心＋点

“圆心＋点”命令用于指定圆心及半径或直径的方式创建整圆。“圆心＋点”操作状态栏如图 2.3 所示，部分按钮功能如下：

• 编辑中心点：用于编辑圆心点，单击激活后可输入圆心坐标或捕捉圆心点的方式确定其位置。

• 半径、直径：用于设定半径或直径来创建圆。

• 应用按钮：单击应用按钮，完成当前圆的创建，同时进入下一圆的绘制状态。也可不单击“应用”按钮，直接指定下一个圆的圆心，开始创建下一圆。

• 切线按钮：指定圆心位置后，单击激活切线按钮，可根据提示选择一已知图素，完成与已知图素相切的圆。

图 2.2 圆弧菜单

（2）三点画圆

“三点画圆”命令用于通过 3 个边界点的方式创建整圆。“三点画圆”操作状态栏如图 2.4所示，部分按钮功能如下：

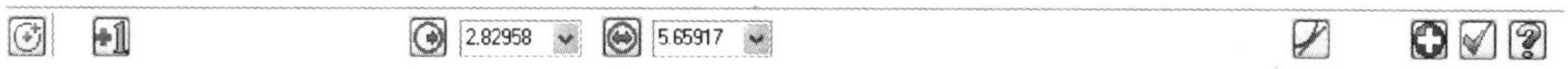

图 2.3 圆心＋点状态栏

• ：单击激活后，分别用于编辑创建圆的三个坐标点。

• 三点：可通过直接指定不共线的三个点来创建圆。

• 二点：可直接指定两点为一直径线的两个端点，从而完成圆的创建。

在三点画圆方式中，利用“三点”或“二点”与“相切”按钮配合的方式，创建与已知图素相切的圆。

图 2.4 三点画圆状态栏

（3）极坐标圆弧

“极坐标圆弧”命令通过指定圆心、起始点、终止点、起始角度、终止角度来绘制圆弧。“极坐标圆弧”操作状态栏如图 2.5 所示，部分按钮功能如下：

• 编辑中心点：用于编辑圆心点。

• 反向：用于圆弧产生方向是沿顺时针或逆时针方向的切换。

• 起始角度：用于设置圆弧的起始角度。

• 终止角度：用于设置圆弧的终止角度。

图 2.5 极坐标圆弧状态栏

（4）极坐标画弧

“极坐标画弧”命令通过指定圆弧一端点、半径、起始角度、终止角度来绘制圆弧。“极坐标画弧”操作状态栏如图 2.6 所示，部分按钮功能如下：

• 编辑端点：用于编辑圆弧端点位置，端点可以为圆弧的起始点或终止点。

• 起始点：用于设置端点为圆弧起始点。

• 终止点：用于设置端点为圆弧终止点。

- 起始角度：用于设置起始角度。
- 终止角度：用于设置终止角度。

图 2.6　极坐标圆弧状态栏

（5）两点画弧

“两点画弧”命令通过指定圆弧两个端点及半径（或直径）值来绘制圆弧。“两点画弧”操作状态栏如图 2.7 所示，部分按钮功能如下：

- 编辑第 1 点：用于编辑圆弧的第 1 个端点位置。
- 编辑第 2 点：用于编辑圆弧的第 2 个端点位置。

图 2.7　两点画弧状态栏

（6）三点画弧

“三点画弧”命令通过指定圆弧起始点、中间点及终止点来绘制圆弧。“三点画弧”操作状态栏如图 2.8 所示。

图 2.8　三点画弧状态栏

（7）切弧

“切弧”命令通过指定圆弧相切对象和相切对象上切点的方式来绘制圆弧。“切弧”操作状态栏如图 2.9 所示，“切弧”方式根据已知条件的不同，有 7 种画圆弧的方式：

- 切一物体：给定半径与一图素相切作圆弧。
- 经过一点：给定半径、与一图素相切并经过一已知点作圆弧。
- 中心线：给定半径、与一直线相切且圆心在另一直线上作整圆。
- 动态切弧：在一已知图素上动态作圆弧。
- 三物体切弧：与三个图素同时相切作圆弧。
- 三物体切圆：与三个图素同时切切作一整圆。
- 切二物体：给定半径、与两已知图素相切作圆弧。

图 2.9　切弧状态栏

在 Master CAM X4 中，根据已知条件的不同，灵活选用不同的圆弧构建方法，各种圆弧构建实例参见表 2.1。

表 2.1　绘制圆弧图例

绘制方式	绘制实例
圆心＋点	 (a) 已知圆心和圆周上一点　(b) 已知圆心和相切图素
三点画圆	(a) 三点画圆　(b) 两点画圆　(c)三点画圆+相切　(d)两点画圆+相切(需指定半径或直径)
极坐标圆弧	 (a) 逆时针画圆弧　(b) 顺时针画圆弧
极坐标画弧	 (a) 已知圆弧起始点画弧　(b) 已知圆弧终止点画弧
两点画弧	
三点画弧	

续表

绘制方式	绘制实例
切弧	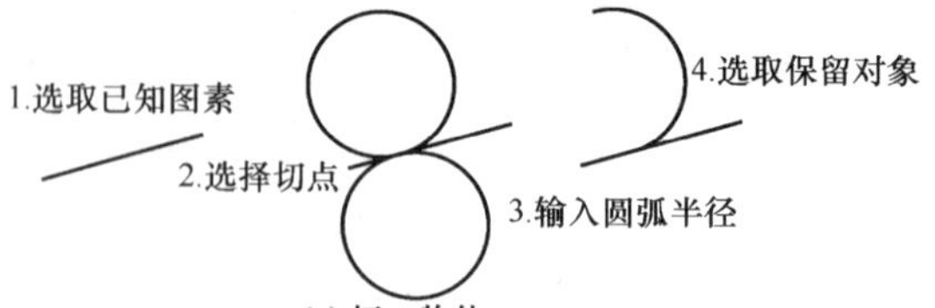 1.选取已知图素 2.选择切点 3.输入圆弧半径 4.选取保留对象 (a) 切一物体 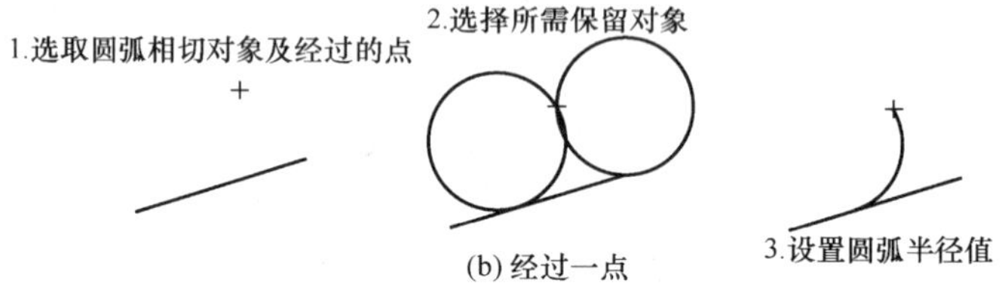 1.选取圆弧相切对象及经过的点 2.选择所需保留对象 3.设置圆弧半径值 (b) 经过一点 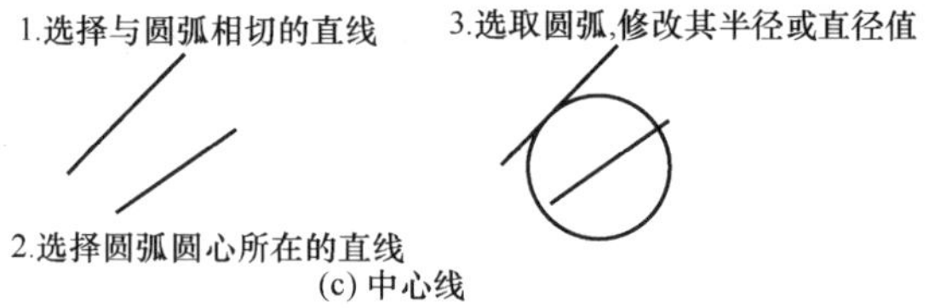 1.选择与圆弧相切的直线 2.选择圆弧圆心所在的直线 3.选取圆弧,修改其半径或直径值 (c) 中心线 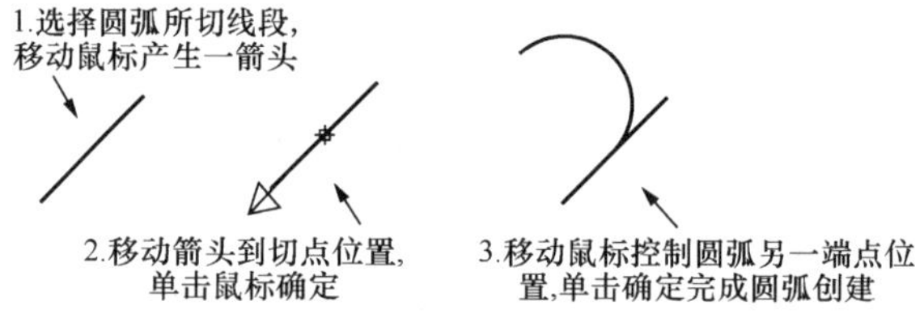 1.选择圆弧所切线段,移动鼠标产生一箭头 2.移动箭头到切点位置,单击鼠标确定 3.移动鼠标控制圆弧另一端点位置,单击确定完成圆弧创建 (d) 动态切弧 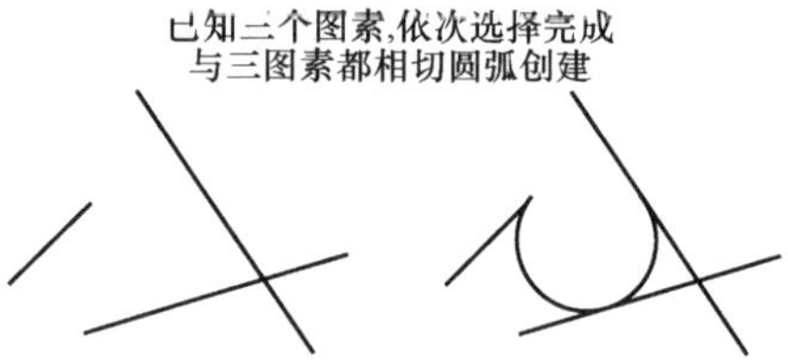 已知三个图素,依次选择完成与三图素都相切圆弧创建 (e) 三物体切弧 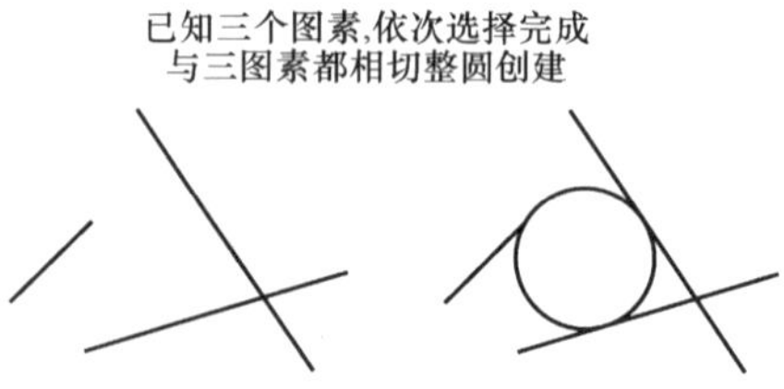 已知三个图素,依次选择完成与三图素都相切整圆创建 (f)三物体切圆 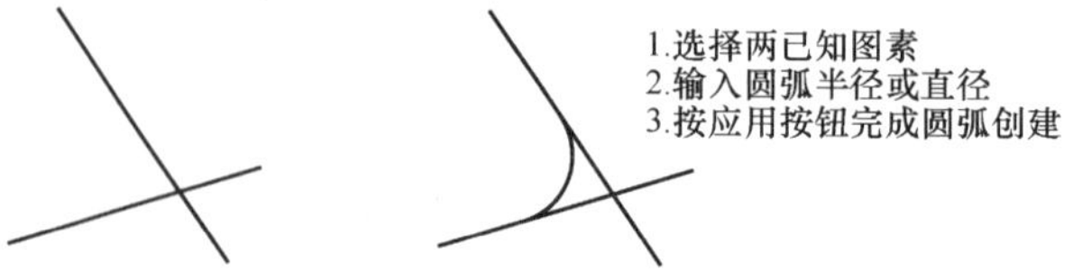 1.选择两已知图素 2.输入圆弧半径或直径 3.按应用按钮完成圆弧创建 (g) 切二物体

要　点

1. 利用 7 种方式创建圆弧过程中，可先在绘图区内任意画一个圆弧，再修改圆心位置、半径或直径、端点位置等参数，单击应用按钮完成创建圆弧。

2. 按 F9 键可切换屏幕是否显示系统坐标系，以方便作图。

2　画多边形

MasterCAM X4 中可绘制 3～360 条边的正多边形。单击菜单“绘图”→“画多边形”选项或单击绘图工具栏中的“矩形”图标右侧的下拉箭头，在弹出菜单中单击图标 画多边形，则显示“多边形选项”对话框，如图 2.10 所示。对话框中各选项功能见表 2.2。

图 2.10　“多边形选项”对话框

表 2.2　多边形选项功能表

选　项	功　能
	是否展开部分选项功能
	编辑多边形基准点位置，多边形绘制后起作用
6	设置多边形的边数
0.0	设置多边形的边数
	多边形参考圆半径修改按钮，多边形绘制后起作用

续表

选　项	功　能
○角落　　⊙平面	设置参考圆是外接圆或内切圆
0.0	设置多边形圆角
0.0	多边形整体相对坐标系 X 轴的旋转角度
□曲面　　□中心点	是否产生曲面或中心点选项

用户可在操作提示下先在绘图区指定任意基准点位置，再选取一点，产生一高亮的多边形，再单击图标 改变多边形位置，单击图标 或重新输入数值改变多边形参考圆的半径，按应用按钮或确定按钮完成绘制。

3　画椭圆

单击菜单“绘图”→“画椭圆”选项或单击绘图工具栏中的“矩形”图标右侧的下拉箭头，在弹出菜单中单击图标 画椭圆 ，则显示“椭圆曲面”对话框，如图 2.11 所示。对话框中各选项功能见表 2.3。

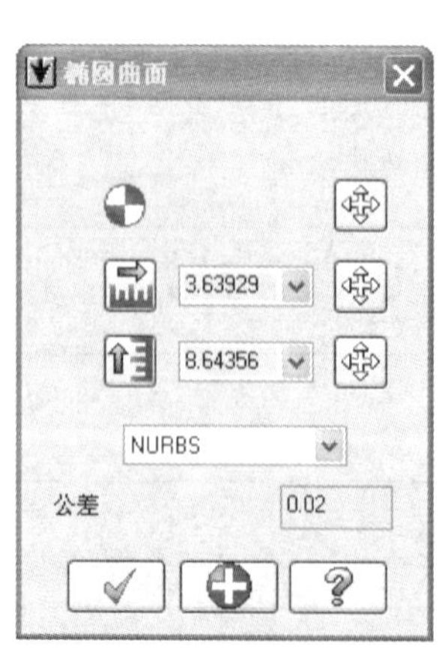

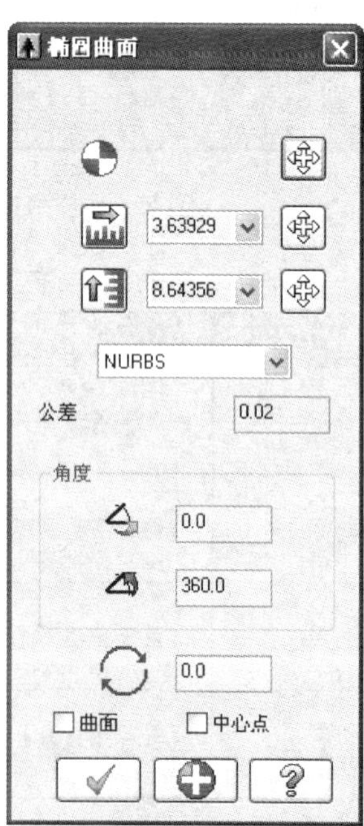

图 2.11　“椭圆曲面”对话框

表 2.3 “椭圆曲面”选项功能表

选　　项	功　　能
	是否展开部分选项功能
	编辑椭圆基准点位置，椭圆绘制后起作用
3.63929	设置水平方向椭圆轴半径
8.64356	设置竖直方向椭圆轴半径
NURBS NURBS 圆弧分段 直线分段	设置椭圆曲线属性选项
公差 0.02	设置椭圆曲线绘制精度
角度 0.0 360.0	设置椭圆曲线绘制起止角度
0.0	设置椭圆相对坐标系 X 轴的旋转角度
□曲面　□中心点	是否产生曲面或中心点选项

4 绘制文字

单击菜单“绘图”→“绘制文字”选项或单击绘图工具栏中的“矩形”图标右侧的下拉箭头，在弹出菜单中单击图标 L 绘制文字，则显示“绘制文字”对话框，如图 2.12 所示。对话框中各选项功能见表 2.4。文字的对齐方式如图 2.13 所示。

表 2.4 “绘制文字”选项功能表

选　　项	功　　能
MCX (Box) Font　真实字型	设置字体类型
文字内容	输入文字内容

续表

选　　项	功　　能
文字对齐方式 ⊙水平 ○垂直 ○圆弧顶部 ○圆弧底部 □串连到顶部	设置文字对齐方式
参数 高度 20.0 圆弧半径: 20.0 间距: 5.0	设置文字高度、排列参考圆弧半径、文字间距

图 2.12 “绘制文字”对话框

(a) 水平　(b) 垂直　(c) 圆弧顶部　(d) 圆弧底部　(e) 串联到顶部

图 2.13 文字的对齐方式

5　绘制曲线

单击菜单“绘图”→“曲线”选项或单击绘图工具栏中的“曲线”图标右侧三角形，则显示“绘制曲线”菜单，如图 2.14 所示。曲线各选项功能见表 2.5。

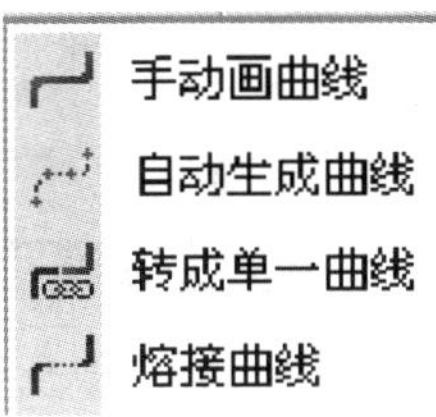

图 2.14　绘制曲线

表 2.5　“绘制曲线”选项功能

选　项	功　能
手动画曲线	通过单击曲线各节点创建曲线
自动生成曲线	通过选择已经存在的点创建曲线
转成单一曲线	将一系列首尾相连的图素，如直线、圆弧和曲线转变为曲线
熔接曲线	将两种图素（直线、圆弧和曲线）连接为一条曲线

6　捕捉抓点

（1）自动抓点

在绘图过程中如需选择图素中的特征点时，可选择坐标输入栏后的图标，或右击，产生弹出菜单，单击 自动抓点 ，如图 2.15 所示，则产生“光标自动抓点设置”菜单，如图 2.16 所示，可对需要自动产生的特征点进行设置。

（2）临时捕捉点

单击坐标输入栏后的图标中的三角形，则产生临时捕捉点菜单，设置所需特殊点，自动捕捉功能暂时失效，如图 2.17 所示。

图 2.15　绘图区右键菜单

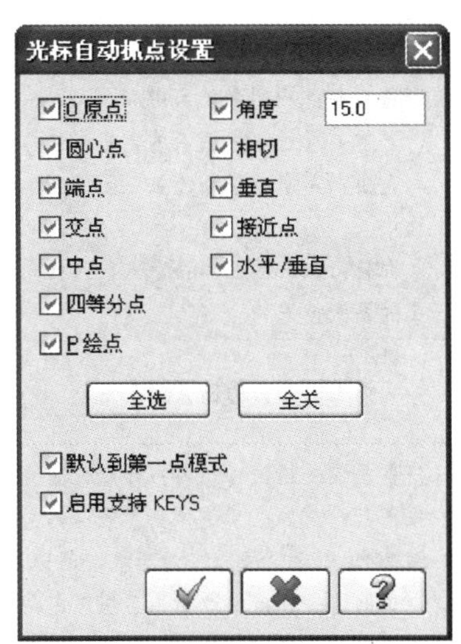

图 2.16　“光标自动抓点设置”菜单

图 2.17　临时捕捉点设置菜单

7　图素选择

在 MasterCAM X4 中，在对图素进行编辑操作时需选择对象，选择图素可采用鼠标直接点取外，还可使用“普通选项”工具栏中的功能按钮来进行操作，选项工具栏如图 2.18 所示，各功能按钮见表 2.6。此外，图素的选择操作较灵活，不仅可利用鼠标进行选择，还可利用对话框根据图素的图层、颜色、线宽、线型等属性进行快速选择。

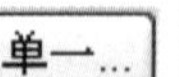

图 2.18 “普通选项”工具栏

表 2.6 “普通选项”部分按钮功能表

按钮类型	功 能
全部...	该命令用于设置图素选择条件，并且自动选中所有符合设定条件的可见图素，设置对话框如图 2.19 所示
单一...	该命令用于设置图素选择条件，它不会自动选中任何图素，用户需要利用鼠标手动选取符合设定条件的可见图素，设置对话框如图 2.20 所示
	将已选择图素与没被选择的图素互换状态，使已选图素取消选择，而未选图素变成被选图素
视窗内 视窗内 视窗外 范围内 范围外 相交	视窗内：只有完全在选择窗口内的图素被选中 视窗外：只有完全在选择窗口外的图素被选中 范围内：完全在选择窗口内和与窗口边界相交的图素被选中 范围外：完全在选择窗口外和与窗口边界相交的图素被选中 相交：只有与窗口边界相交的图素被选中
串连 窗选 多边形 单体 范围 向量	串连：单击选择一个图素，则与该图素首尾相连的图素全部被选中 窗选：在绘图区单击鼠标左键且按住不放，拖出一个窗口，则符合条件的图素被选中 多边形：在绘图区通过鼠标左键依次单击几个点，生成一个多边形窗口，则符合条件的图素被选中 单体：通过单击图素的方式来选择图素 范围：单击首尾相连且封闭的图素链内部，则该图素链及其内部的图素被选中 向量：在绘图区单击数点，这些点之间形成一折线，回车后则与该折线相交的图素被选中
	选择上次选择的图素对象
	单击该按钮，可切换打开或关闭验证选择功能。打开验证选择功能，在选取图素时，如果系统检测到光标单击处有多个可供选择的图素，则系统打开图 2.21 所示“校验”对话框，同时凸显其中一个待选图素，用户可单击该窗口的前进或后退按钮，系统会逐一凸显相应的待选图素，当用户想要的图素凸显时，单击“确定”按钮即可将其选中
	单击该按钮按撤销本次操作选取的所有图素
	单击该按钮可结束本次图素选择

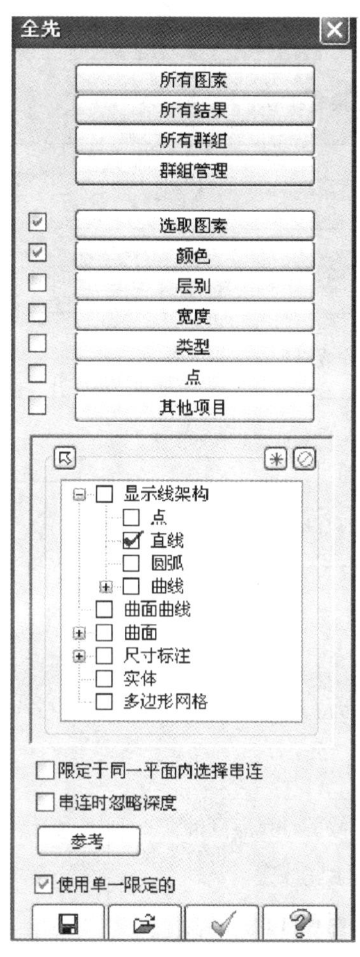

图 2.19　“全选”对话框

图 2.20　“单一选取”对话框

图 2.21　“校验”对话框

要　点

在可以选择多个图素时，可通过按 Enter 键、单击“普通选项”操作栏的“结束选择”按钮或在最后一个要选择的图素上“双击”等方式来结束选择。

8　删除

单击菜单“编辑”→“删除”命令，显示出“删除”菜单，如图 2.22 所示。也可单击工具栏“删除”图标，进行删除图素操作。“删除”菜单选项功能见表 2.7。

表 2.7 “删除”菜单选项功能表

选 项	功 能
删除图素	选择该项，再选择图素可将选择的图素删除
删除重复图素	将重叠的图素删除
删除重复图素：高级选项	删除设定类型和属性的重叠图素
恢复删除	逐一恢复被删除的图素
恢复删除指定数量的图素	从最近一次删除的图素算起，恢复指定数目的图素
恢复删除限定的图素	恢复指定属性的图素

9 修剪/打断

单击菜单“编辑”→“修剪/打断”选项，会显示出“修剪/打断”菜单，如图 2.23 所示。

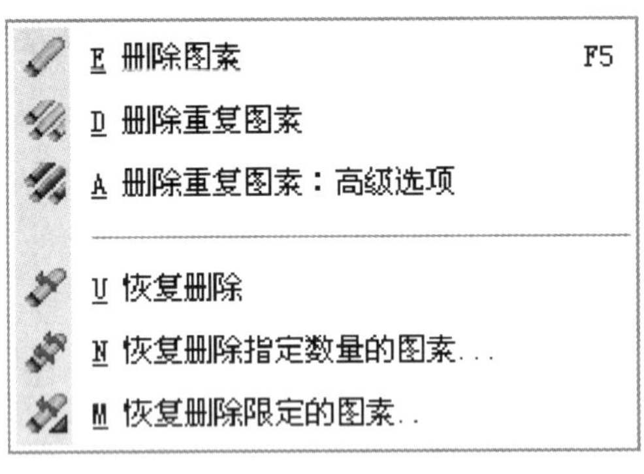

图 2.22 “删除”菜单

图 2.23 “修剪/打断”菜单

(1) 修剪/打断/延伸

选择“修剪/打断/延伸”选项，也可直接选择工具图标，其操作状态栏如图 2.24 所示。“修剪/打断/延伸”工具栏各选项功能见表 2.8。

图 2.24 “修剪/打断/延伸”操作状态栏

表 2.8　“修剪/打断/延伸”工具栏各选项功能表

选　项		图　例
修剪	修剪一物体	2.选择将图素修剪至的位置图素；1.选择修剪的对象；修剪结果
	修剪二物体	2.选择修剪的对象2；1.选择修剪的对象1；修剪结果
	修剪三物体	3.选择第3个修剪对象(中间的图素)；1.选择第1个修剪对象；2.选择第2个修剪对象；修剪结果
	分割物体：系统将自动将分割对象由交点处去除	选择分割对象；分割结果
	修剪至点：该功能可将对象修剪或延伸至点的位置	2.选择直线端点；1.选择修剪对象；修剪结果
1.0 延伸长度		1.设置延伸长度为 5.0；2.靠右端选择延伸对象；延伸结果
打断		打断功能与修剪功能可相互切换，如单击该按钮，则修剪功能中的5种修剪方式则不具有修剪功能，只能将图素进行5种方式的打断

（2）“修剪/打断”其他菜单选项功能见（表 2.9）

表 2.9 “修剪/打断”菜单其他选项功能表

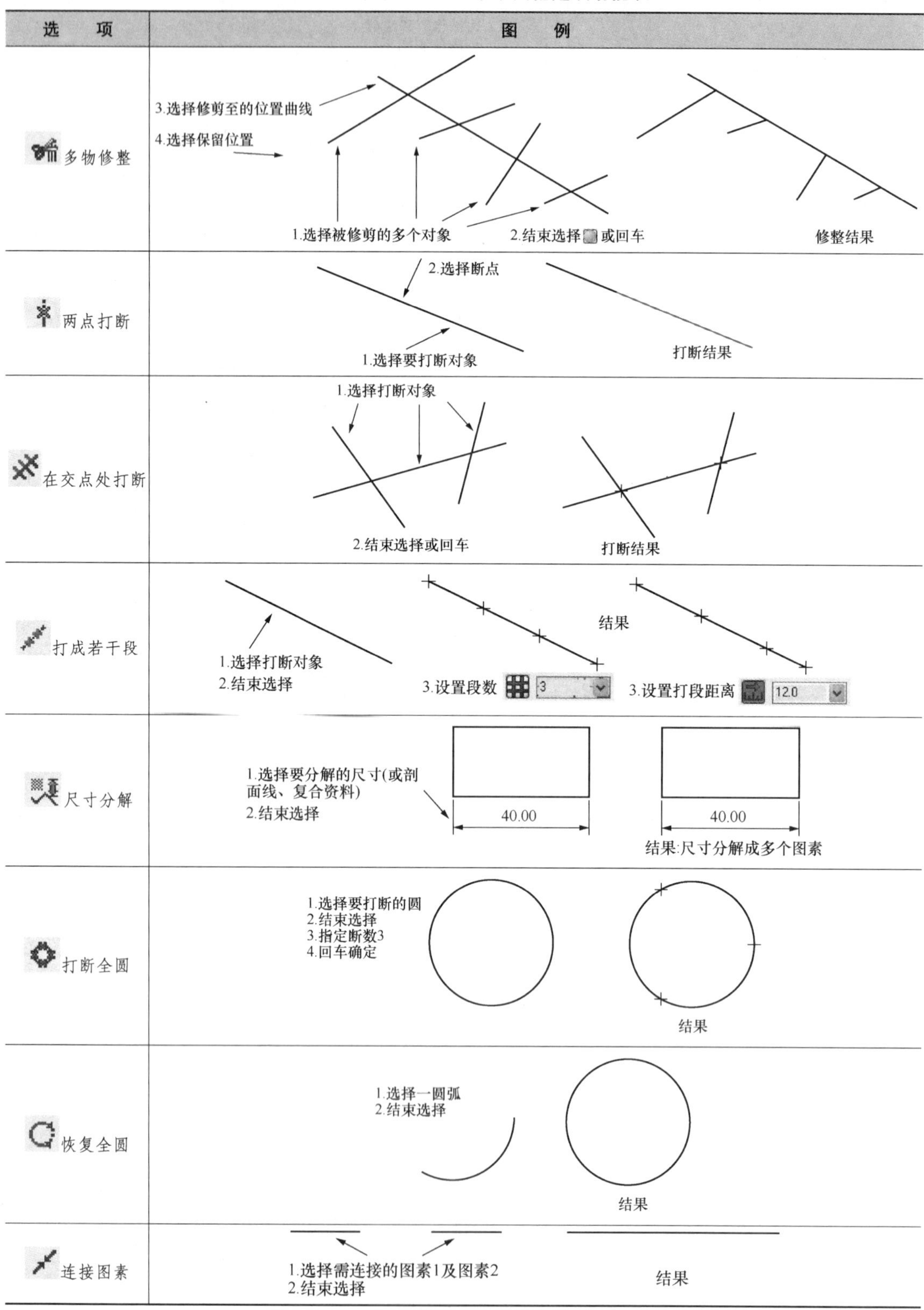

选　　项	图　　例
多物修整	3.选择修剪至的位置曲线 4.选择保留位置 1.选择被修剪的多个对象 2.结束选择 或回车 修整结果
两点打断	2.选择断点 1.选择要打断对象 打断结果
在交点处打断	1.选择打断对象 2.结束选择或回车 打断结果
打成若干段	1.选择打断对象 2.结束选择 3.设置段数 3 结果 3.设置打段距离 12.0
尺寸分解	1.选择要分解的尺寸(或剖面线、复合资料) 2.结束选择 40.00 40.00 结果:尺寸分解成多个图素
打断全圆	1.选择要打断的圆 2.结束选择 3.指定断数3 4.回车确定 结果
恢复全圆	1.选择一圆弧 2.结束选择 结果
连接图素	1.选择需连接的图素1及图素2 2.结束选择 结果

项目实施：绘制工件图

1 弧形工件图的绘制分析

本项目图形中圆弧较多，在绘制过程中应抓住各圆弧的特点，合理选择绘制圆弧的方式，充分利用极坐标圆弧及极坐标画弧的特点，另由于图中 R120 的圆弧有一纵向标注尺寸，即要求圆弧过一定点，需采用过定点且与一直线相切的方式来完成。

2 弧形工件图的绘制步骤

① 创建直线：单击“直线”，单击“水平线”加以锁定，单击“线长”，输入10 加以锁定，单击“原点”，为直线的起点，按应用按钮，完成水平线绘制；再在绘图区单击两点，产生一临时水平直线，输入直线的纵坐标为 60，按应用按钮，完成一辅助水平直线的绘制；单击“垂直线”加以锁定，在绘图区单击两点，产生一临时直线，输入直线的水平坐标为 50，单击应用按钮；再次在绘图区单击两点，产生一临时直线，输入直线的水平坐标为－50，单击“确定”按钮，如图 2.25（a）所示。

② 绘制 R40 圆弧：单击“极坐标圆弧”，先在绘图区中单击任意点为圆心，以逆时

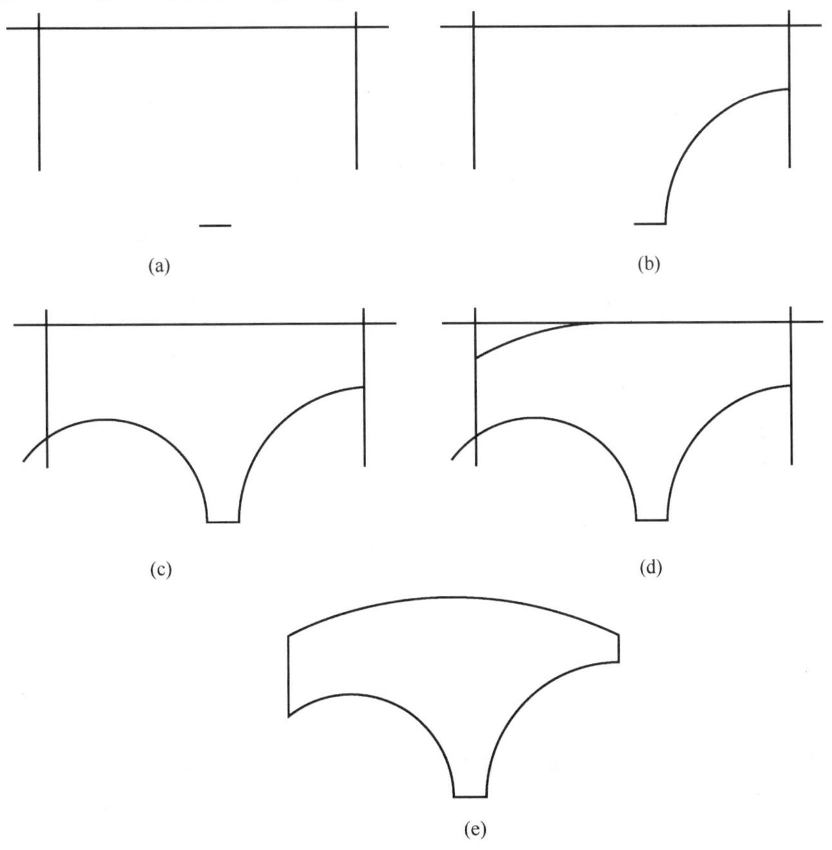

图 2.25 弧形工件图的绘制过程

针方式绘制一个临时圆弧，然后在状态工具栏中设置参数：单击图标“编辑圆心点”，按空格键，输入圆心坐标为（50，0），回车，输入半径 40，回车，输入起始角 90，回车，输入终止角 180，单击确定按钮，完成圆弧的绘制，如图 2.25（b）所示。

③ 绘制 R30 圆弧：单击“极坐标画弧”，单击以“起点”方式绘制，单击“原点”为圆弧的起点，输入半径 30，回车，输入起始角 0，回车，输入终止角 160，回车，单击确定按钮，完成圆弧的绘制，如图 2.25（c）所示。

④ 绘制 R120 圆弧：单击“切弧”，在弹出的状态工具栏中单击“经过一点”，选择上方水平直线为圆弧所切对象，按空格键，输入切弧所经过点的坐标（-50，49），回车，则产生 4 个圆弧，选择其中一个所需的，再输入圆弧半径为 120，回车，单击“确定”按钮，完成圆弧的绘制，如图 2.25（d）所示。

⑤ 编辑图形：单击“修剪/打断/延伸”，在状态工具栏中单击“两物体”，单击 R120 圆弧及右侧直线，完成此处修剪，再单击 R30 及左侧直线，则完成此处修剪，单击左侧直线与 R120 圆弧，完成此处修剪，单击右侧直线与 R40 圆弧；单击选择上方水平线，单击“删除”键删除该辅助线，则完成修剪，如图 2.25（e）所示。

⑥ 绘制两整圆：单击“圆心＋点”，按空格键，输入圆心坐标（-30，40），回车，在绘图区单击产生一临时圆，输入直径 14，回车，单击“应用”按钮，完成一个圆的绘制；再以同样的方式输入圆心坐标（10，40），直径 25，单击 Enter 键完成另一整圆的绘制，则完成图形的绘制。

上机练习

2.1　利用圆弧、直线、倒圆角等命令绘制图 2.26 所示图形。

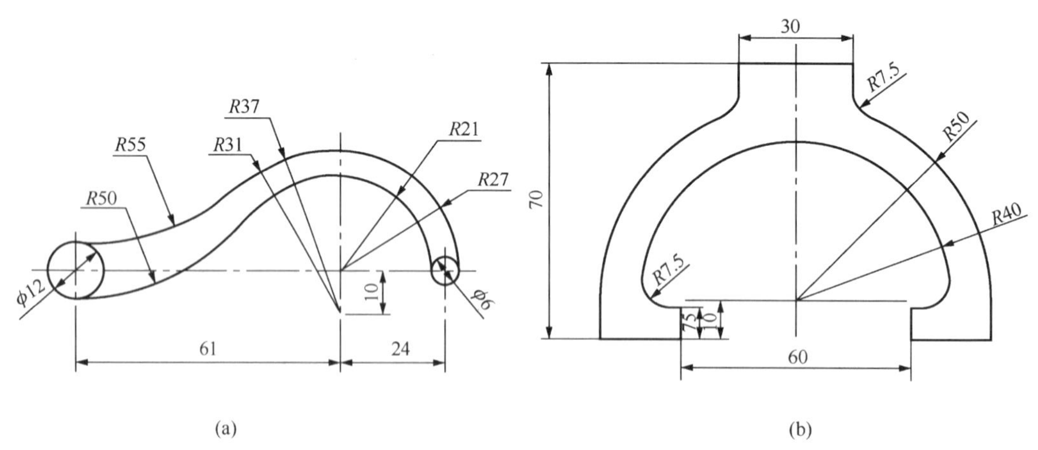

图 2.26　习题 2.1 图

2.2　利用矩形、圆弧及多边形等命令绘制图 2.27 所示图形。

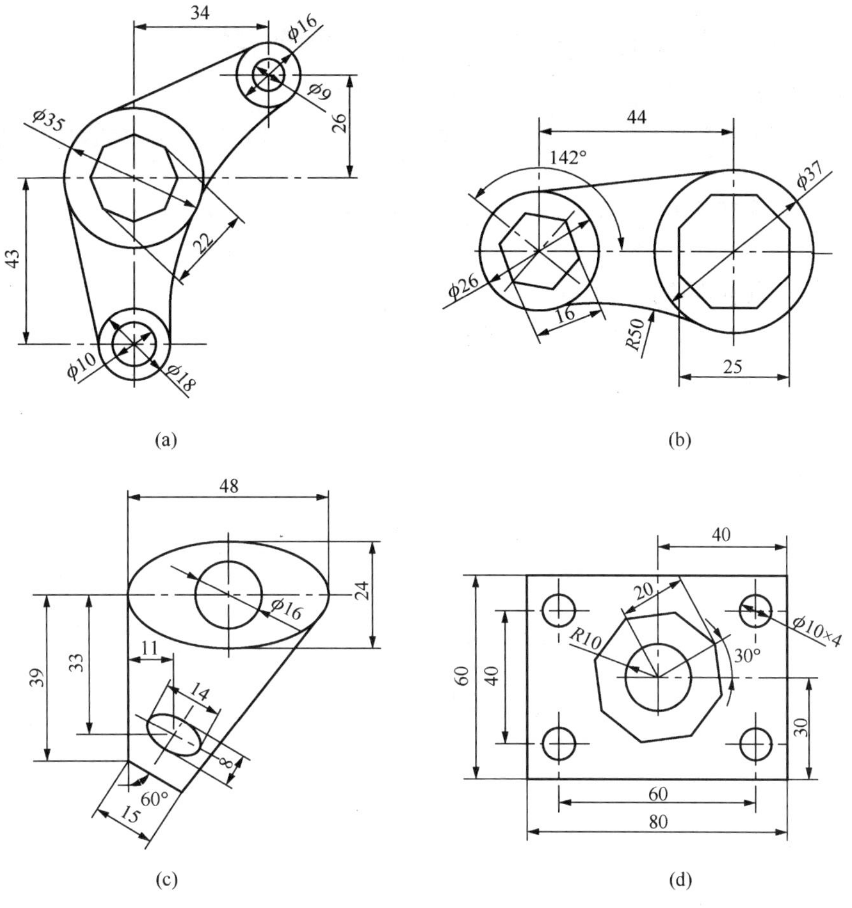
34
ϕ16
ϕ9
26
ϕ35
22
43
ϕ10
ϕ18
(a)
44
142°
ϕ37
ϕ26
16
R50
25
(b)
48
24
ϕ16
39
33
11
14
8
60°
15
(c)
40
20
ϕ10×4
R10
30°
60
40
30
60
80
(d)

图 2.27　习题 2.2 图

项目3 二维造形（3）：尺寸标注

项目任务

任务内容

绘制图 3.1 所示的图形，并完成尺寸标注，将文件保存在“D：/MasterCAM 项目 3”文件夹中，文件名为“3-1. mcx”。

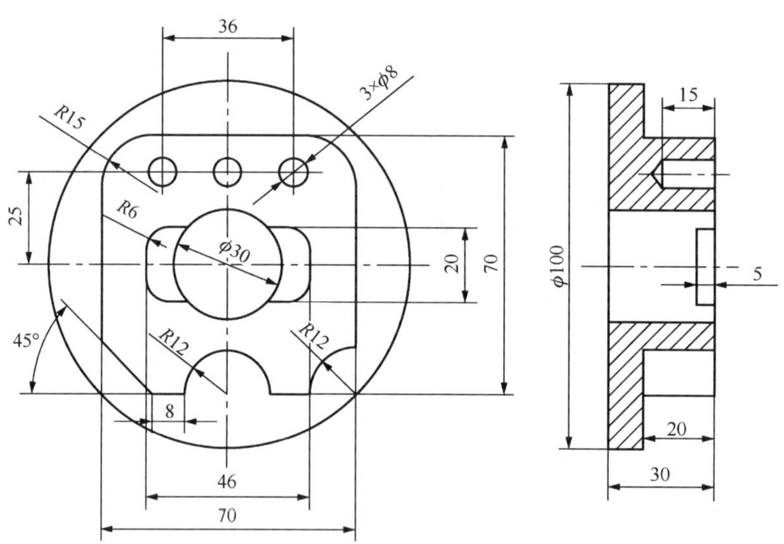

图 3.1 项目 3 任务图

任务目的

1. 了解 MasterCAM X4 尺寸标注选项的设置方法。
2. 掌握 MasterCAM X4 尺寸标注的方法。
3. 掌握尺寸编辑的方法。
4. 掌握注释的方法。
5. 掌握图案填充的方法。

相关理论知识：尺寸标注的方法

1 尺寸标注的选项设置

尺寸标注的选项设置包括 5 个方面：尺寸属性、尺寸文字、尺寸标注、注解文字、引导线/延伸线的设置。

尺寸标注设置操作：单击菜单“绘图”→“尺寸标注”→“选项”，则出现“尺寸标注

设置”对话框，如图 3.2 所示。在对话框中，分别单击上述 5 个设置选项，则产生不同的对话框内容，对话框中有设置的预览图形。

图 3.2 为“尺寸属性”对话框，常见设置见图中所示。

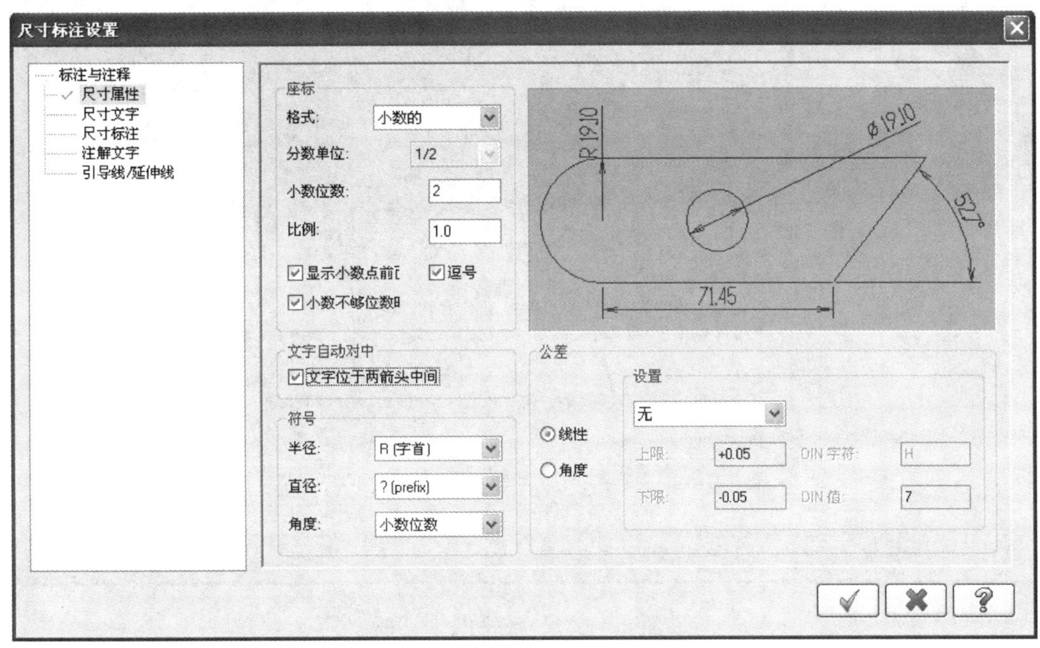

图 3.2　“尺寸标注设置”对话框

图 3.3 为“尺寸文字”对话框，常见设置见图中所示。

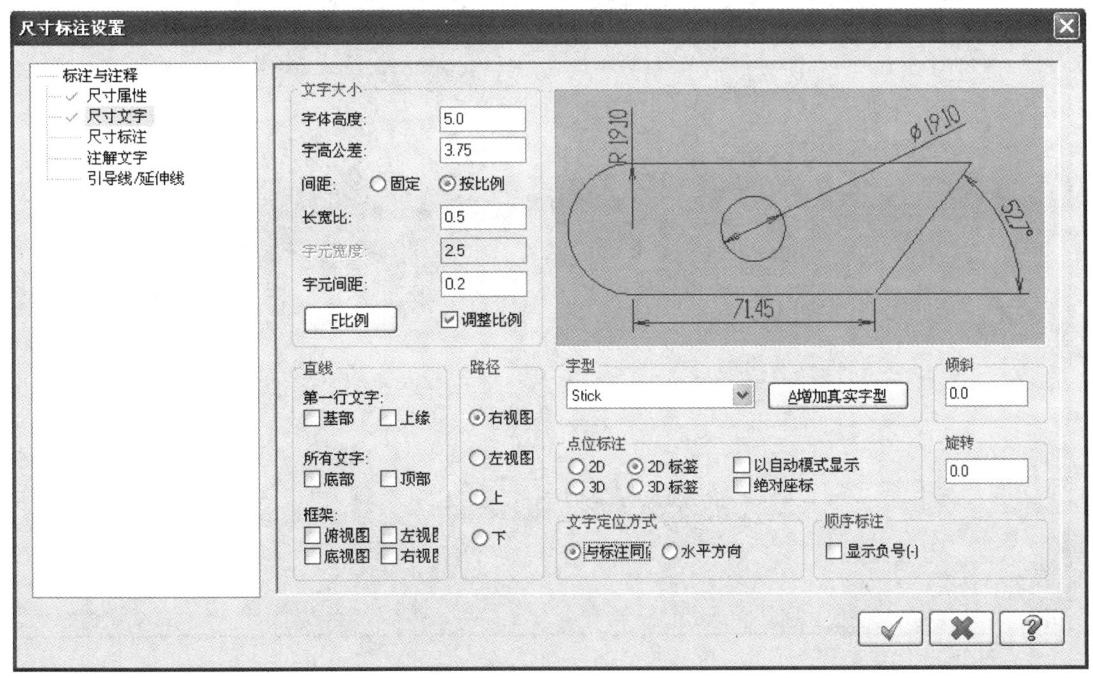

图 3.3　“尺寸文字”对话框

图 3.4 为“尺寸标注”对话框，常见设置见图中所示。

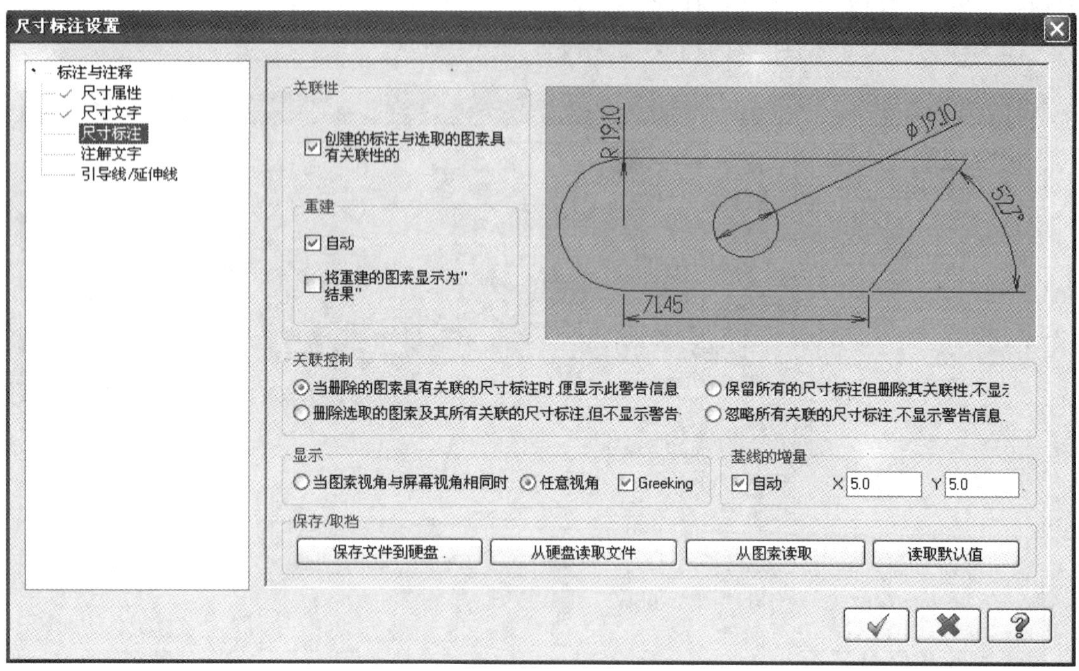

图 3.4 “尺寸标注”对话框

图 3.5 为“注解文字”对话框，常见设置见图中所示。

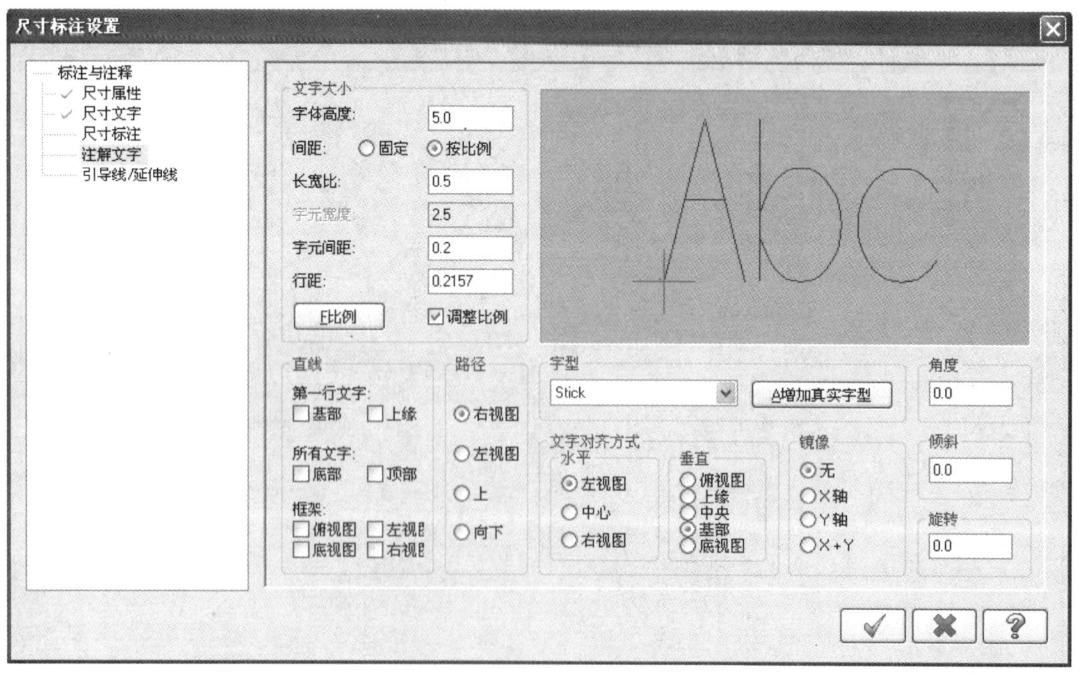

图 3.5 “注解文字”对话框

图 3.6 为“引导线/延伸线”对话框，常见设置见图中所示。

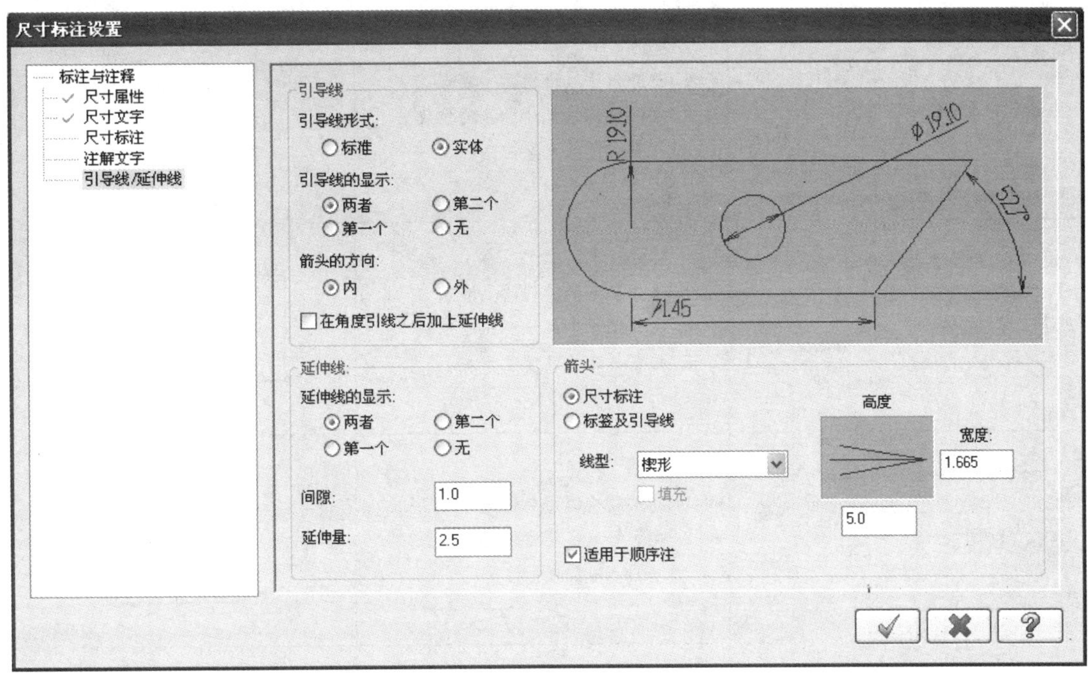

图 3.6　“引导线/延伸线”对话框

2　标注尺寸

Mastercam X4 常见的标注水平标注、垂直标注、平行标注、角度标注、圆弧标注、基准标注、串联标注等。

（1）常见尺寸标注方式

尺寸标注操作：单击菜单“绘图”→“尺寸标注”→“标注尺寸”，在弹出菜单中选择如表 3.1 中的标注方式进行尺寸标注，如图 3.7 所示，图中各常见尺寸标注方法见表 3.1。

（2）快速标注

在标注时，系统根据图形的形状，判断标注形式，自动选择合适的标注方法。

操作过程：单击菜单“绘图”→“尺寸标注”→“快速标注”命令，或单击“快速标注”图标 ，即可进行快速的尺寸标注。

图 3.7　“标注尺寸”菜单

表 3.1　常见尺寸标注功能表

标注方式	功能	操作步骤	图例
H 水平标注	标注两点间的水平尺寸	1. 选择水平线段的两个端点 2. 在外侧单击尺寸标注的位置 3. 按 Esc 键结束标注	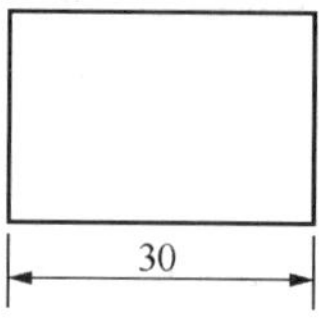 30
V 垂直标注	标注两点间的垂直尺寸	1. 选择垂直线段的两个端点 2. 在外侧单击尺寸标注的位置 3. 按 Esc 键结束标注	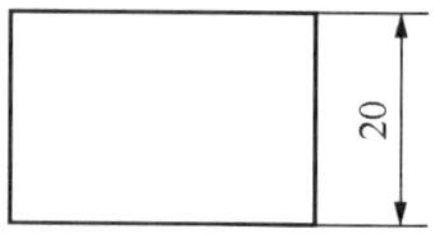 20
P 平行标注	标注两点间的平行尺寸	1. 选择线段的两个端点 2. 在外侧单击尺寸标注的位置 3. 按 Esc 键结束标注	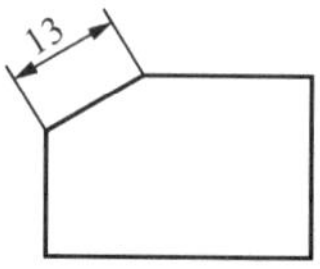 13
B 基准标注	标注基准尺寸	1. 选择已完成标注的尺寸 9 作为共用尺寸基准 2. 确定尺寸 21 及 30 的另一端点位置 3. 按 Esc 键结束标注	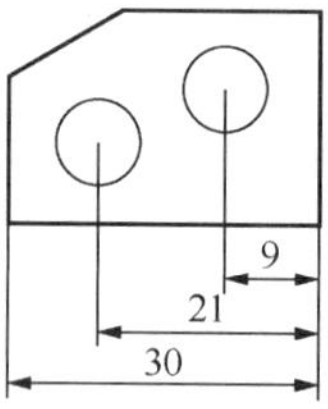 9 21 30
C 串连标注	标注连续的尺寸	1. 选择已完成标注的尺寸 9 2. 确定尺寸 12 的另一端点 3. 按 Esc 键结束标注	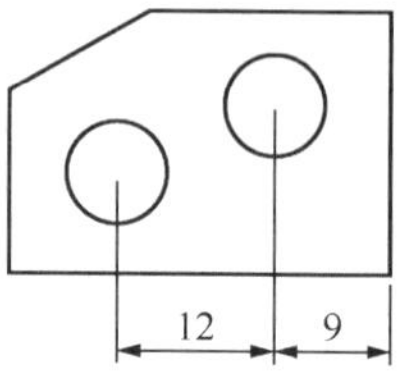 12　9
A 角度标注	标注角度尺寸	1. 选择需完成角度标注的两直线 2. 确定尺寸的位置 3. 按 Esc 键结束标注	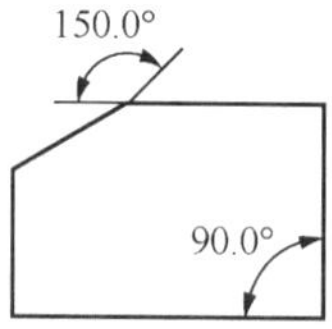 150.0° 90.0°
I 圆弧标注	标注圆弧直径或半径尺寸	1. 选择圆或圆弧 2. 确定尺寸的位置 3. 按 Esc 键结束标注	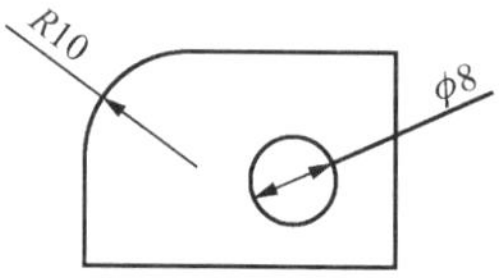 R10 φ8

续表

标注方式	功能	操作步骤	图例
E 正文标注	标注两平行线或某点到线段的距离尺寸	1. 选择一条直线 2. 选择另一条平行线或点 3. 确定尺寸的位置 4. 按 Esc 键结束标注	15
T 相切标注	标注点、直线、圆或圆弧到圆或圆弧边线的距离尺寸	1. 选择圆或圆弧 2. 选择点、直线、圆或圆弧 3. 确定尺寸的位置 4. 按 Esc 键结束标注	18 13
N 点位标注	标注点的坐标	1. 选择一个点 2. 确定尺寸的位置 3. 按 Esc 键结束标注	X66.Y4 X77.Y-6

3 尺寸编辑

（1）多重编辑

“多重编辑”可实现对尺寸整体属性进行编辑。

操作过程：单击菜单“绘图”→“尺寸标注”→“多重编辑”命令，即可打开“尺寸标注位置”对话框，进行尺寸相关属性的编辑。

（2）单一尺寸编辑

在标注时，单击菜单“绘图”→“尺寸标注”→“快速标注”命令，再选择已标注过的尺寸，则可激活“尺寸标注”工具栏中的功能，如图 3.8 所示，利用该工具栏可对已标注尺寸进行编辑修改。

图 3.8 “尺寸标注”工具栏

4 其他功能

（1）延伸线

单击菜单“绘图”→“尺寸标注”→“延伸线”命令，可进行延伸线的绘制，其绘制方法与绘制直线的方法相同，延伸线线型也为直线。

（2）引导线

单击菜单“绘图”→“尺寸标注”→“引导线”命令，可进行延伸线的绘制，其绘制方法与绘制直线的方法相同，引导线一端带有箭头。

（3）注解文字

单击菜单“绘图”→“尺寸标注”→“注解文字”命令，将弹出“注解文字”对话框，如图 3.9 所示，在对话框中输入注解文字，单击“应用”按钮，在绘图区中单击设置注解文字标注的位置。

（4）剖面线

单击菜单“绘图”→“尺寸标注”→“剖面线”命令，将弹出“剖面线”对话框，如图 3.10 所示，在对话框中设置剖面线的样式及参数，单击“确定”按钮，系统弹出“串连”对话框，提示用户选择串连的图素区域产生剖面线。

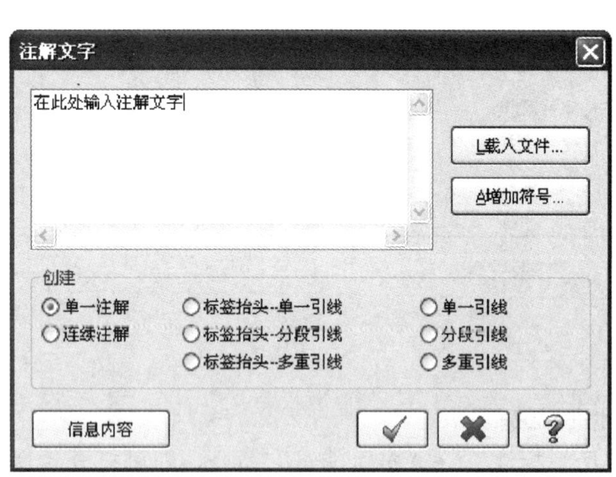

图 3.9 “注解文字”对话框

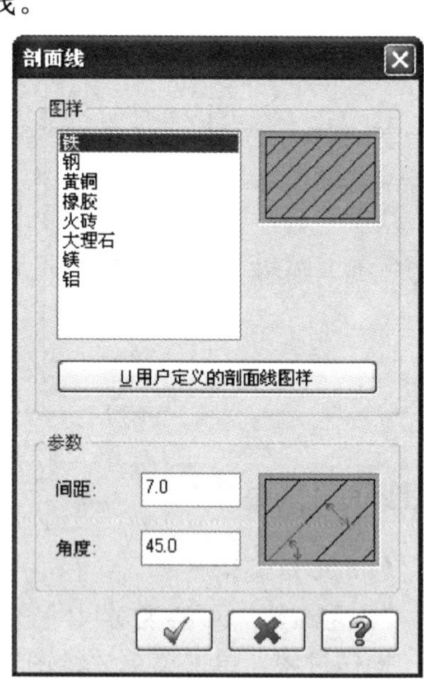

图 3.10 “剖面线”对话框

项目实施：工件图的尺寸标注

1 工件图尺寸标注分析

本项目在绘制过程中，要注意符合三视图的要求，满足对应关系，尺寸标注时要防止遗漏，最好按水平尺寸、垂直尺寸、圆弧尺寸及角度尺寸的顺序依次标注。另有两处需填充剖面线的地方，应先将图素打断，便于串连选择图素，以完成填充。

2 工件图尺寸绘制标注步骤

（1）设置图层

单击绘图区下方属性栏中的“层别”按钮，出现层别管理对话框，通过图层可方便

管理图形中各图素的属性，本例图层的设置如图 3.11 所示，在“层别号码”中输入层号，回车可切换当前层，也可直接双击“编号”中的层号来切换当前层，当前层以黄色条显示。

① 在“层别号码”后面的“名称”栏中输入第 1 层的名称“粗实线”。

② 在“层别号码”中输入 2 并回车，在后面的名称栏中输入层名“中心线”。

③ 在“层别号码”中输入 3 并回车，在后面的名称栏中输入层名“剖面线”。

④ 在“层别号码”中输入 4 并回车，在后面的名称栏中输入层名“尺寸标注”。

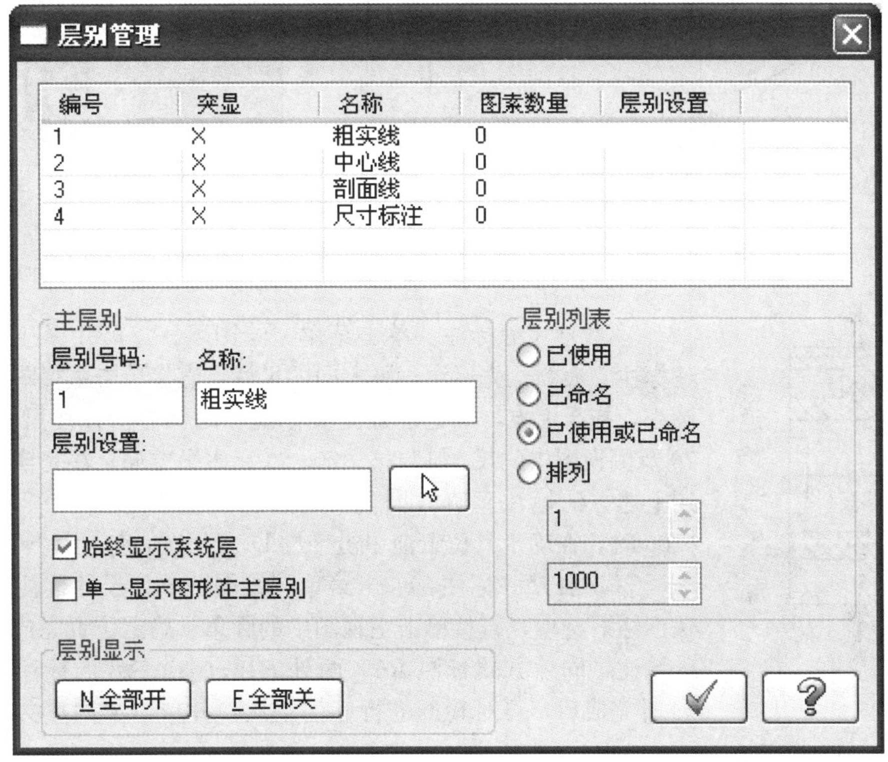

图 3.11　“图层管理”对话框

（2）绘制视图

根据图层的设置，将图形的轮廓线绘制在图层 1 中，中心线绘制在图层 2 中，绘制过程此处省略，如图 3.12 所示。

（3）图案填充

① 填充时需将图素的线条编辑成可串连的图素。单击菜单“编辑”→“修剪打断”→“在交点处打断”命令，选择左视图中所有的图素并按 Enter 键完成。

② 填充剖面线。图形中有两处需填充的区域，单击菜单“绘图”→“尺寸标注”→“剖面线”命令，弹出“剖面线”对话框，设置图样为“铁”，“间距”为 4，“角度”为 45°，如图 3.12 所示，按确定按钮，弹出“串连”对话框，选择串连的方式，并单击所需填充的区域的边界图素，并根据箭头提示的方向完成区域的选择，最后按确定按钮完成一处填充，同样操作完成另一处区域的剖面线填充，如图 3.13 所示。

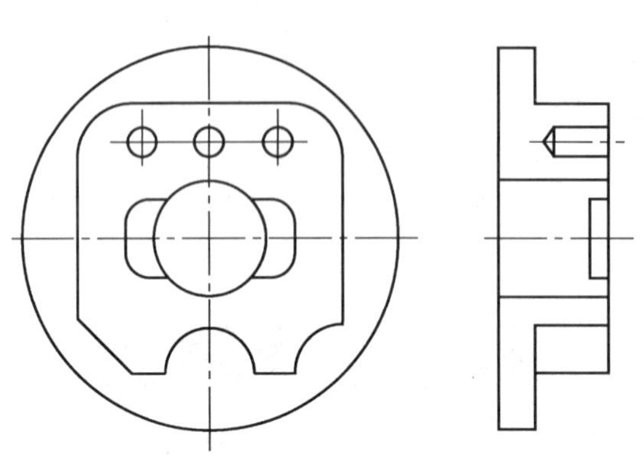

(a) 绘制项目图形

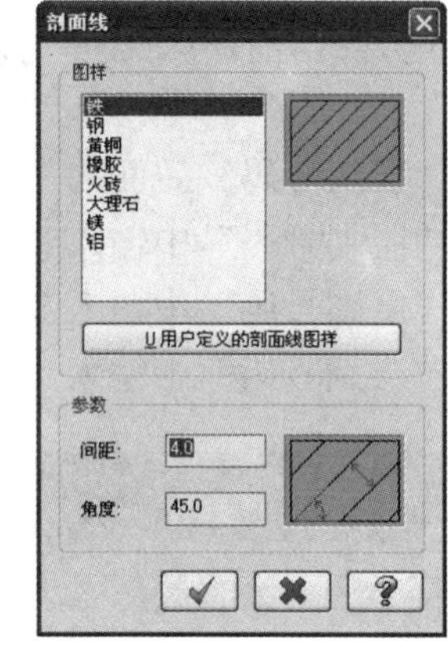

(b) 剖面线参数设置

图 3.12　绘制视图

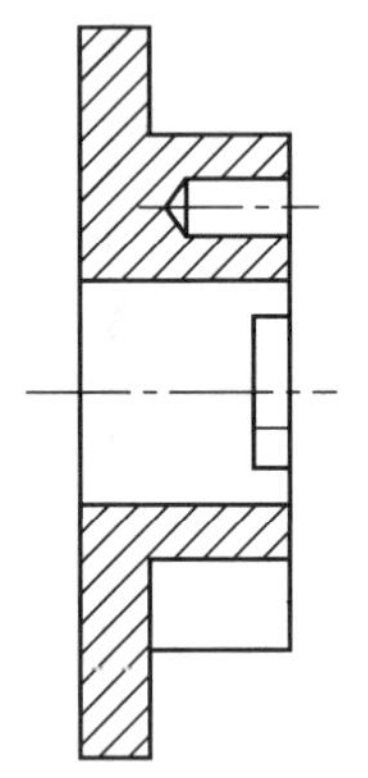

图 3.13　添加剖面线

（4）标注尺寸

① 线性尺寸标注。单击菜单“绘图”→“尺寸标注”→“快速标注”命令，先标注水平方向的尺寸，直接单击主视图中两小圆圆心，拖至上方，确定位置完成标注，同样方法标注尺寸 8、46、70 及侧视图中的尺寸 15、5、20、30。水平方向标注完毕后，再使用上述方法标注垂直方向的尺寸 25、20、70 及 ϕ100，其中在标 ϕ100 时，在确定其位置前单击字母 D，尺寸前将产生“ϕ”符号。

② 圆弧尺寸标注。单击菜单“绘图”→“尺寸标注”→“快速标注”选项，直接单击主视图中的圆角，确定位置完成尺寸 R15 的标注，同样方式标注 R6、两处 R12、ϕ30、ϕ8 的标注，在标注 ϕ8 时完成后，可对其再进行标注一次，并单击“调整文字”按钮 abc，输入“3×”放在 ϕ8 尺寸前。

上机练习

3.1　绘制图 3.1 各图，需完成剖面线填充。

3.2　绘制图 3.14 各综合图形，并标注尺寸。

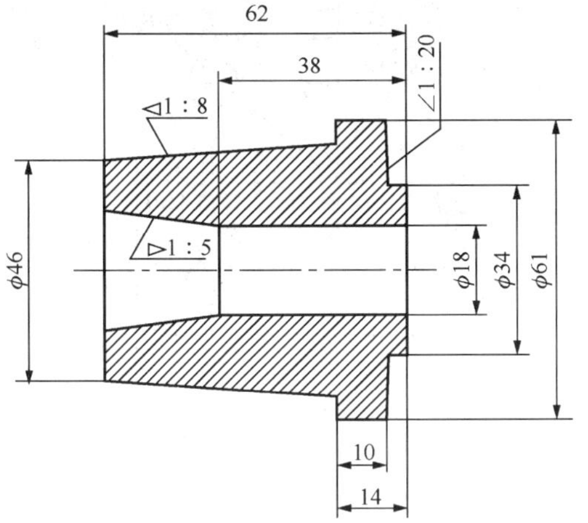

(a)

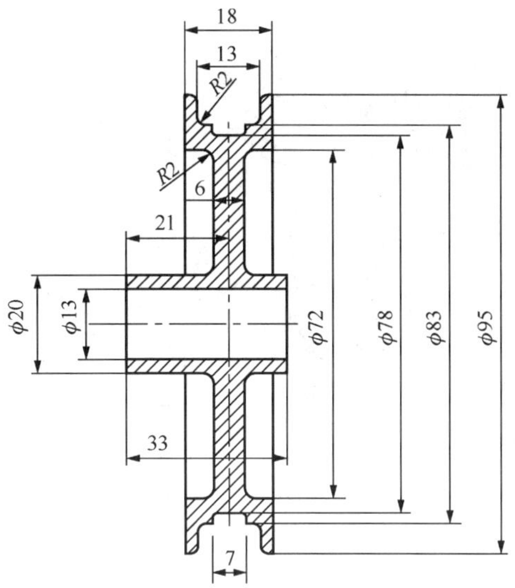

(b)

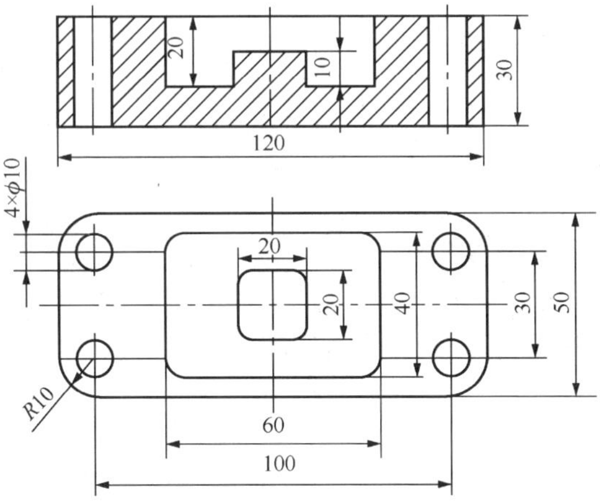

(c)

图 3.13　习题 3.1 图

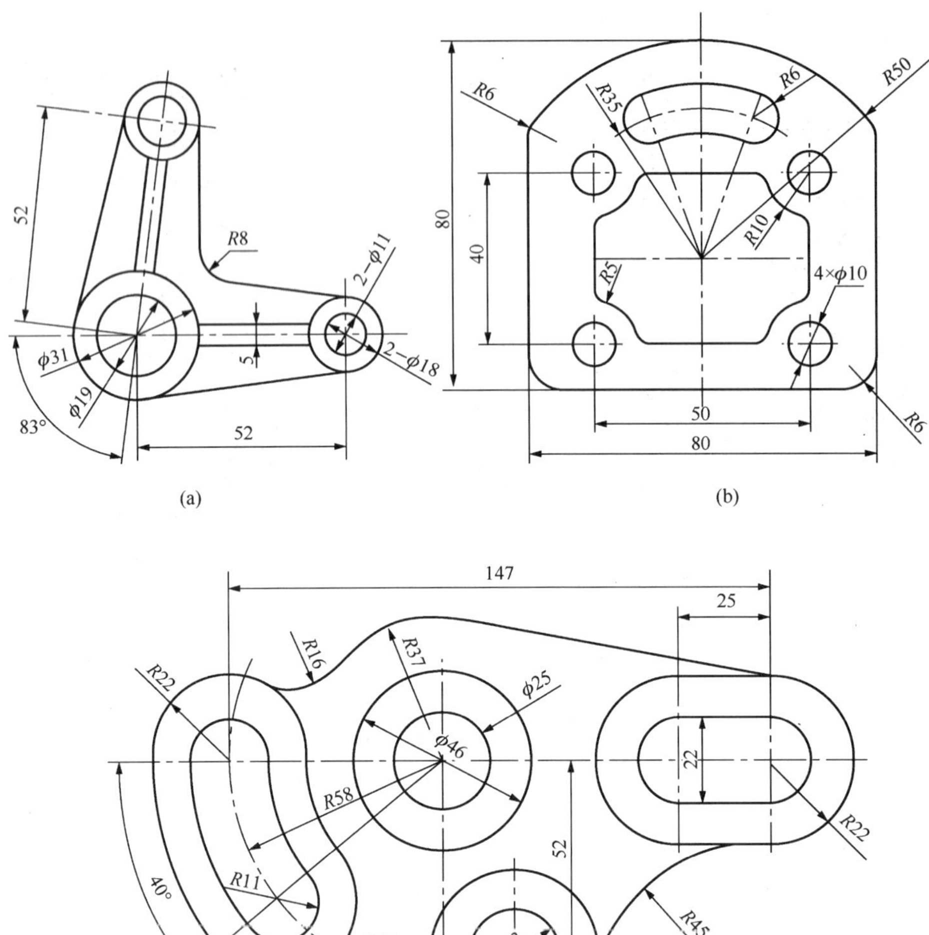
52
R8
2−φ11
φ31
5
2−φ18
φ19
83°
52
(a)
R6
R35
R6
R50
80
40
R10
R5
4×φ10
50
80
R6
(b)
147
25
R16
R37
R22
φ25
φ46
22
R58
R22
52
40°
R11
R45
φ23
R16
R22
20
(c)

图 3.14　习题 3.2 图

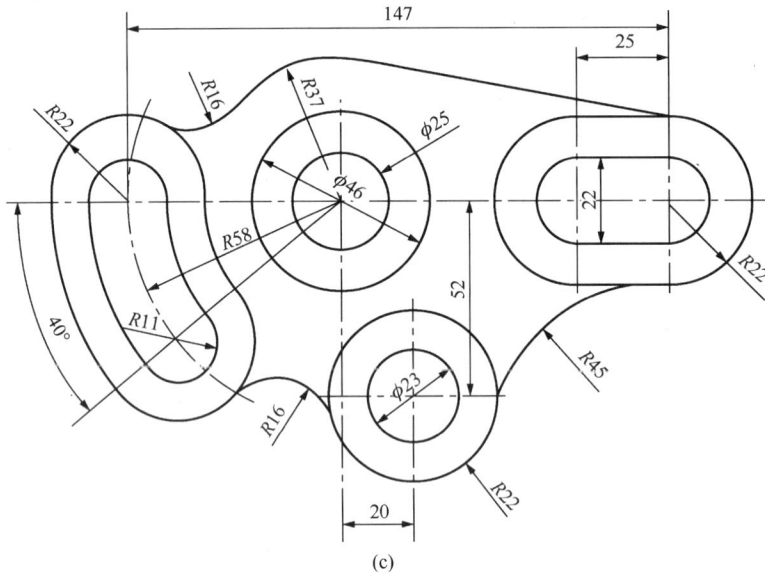

项目 4　转换命令的应用

项目任务

任务内容

绘制图 4.1 所示的图形，并将其保存在“D：/MasterCAM 项目 4”文件夹中，文件名为“4-1. mcx”。

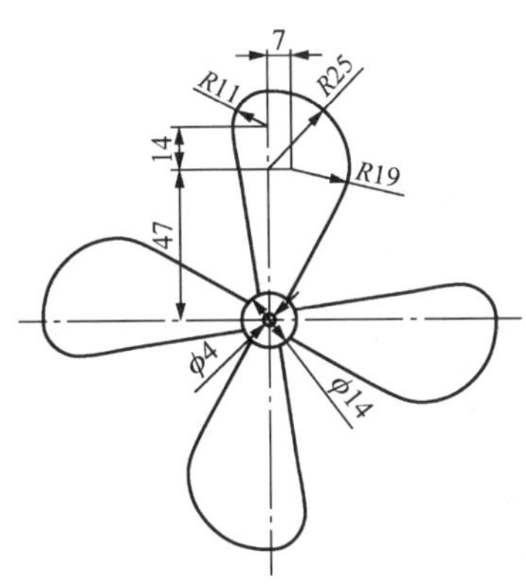

图 4.1　绘制图形

任务目的

1. 熟悉 MasterCAM X4 各转换命令功能特点。
2. 掌握 MasterCAM X4 的转换命令的基本操作。
3. 掌握利用转换命令绘制二维图形的方法。

相关理论知识：转换命令的基本知识

1　转换基本概念

转换图素就是利用图形中的已有图素，通过移动、复制或连接方式生成新的图素。

移动：通过转换，在新位置产生新图素，源图素不保留。

复制：通过转换，在新位置产生新图素，且源图素保留。

连接：通过转换，新图素与源图素不仅保留，而且系统自动创建直线段或圆弧线段，将新图素的各个端点分别与源图素的对应端点相连接起来。

在主菜单上单击“转换”命令，则出现“转换”菜单，如图 4.2 所示。

2 转换方式

（1）平移

“平移”可将图素移动到指定点位置。

单击菜单“转换”→“平移”命令或单击“转换”工具栏中的图标，选择需平移对象，按结束选择键或 Enter 键后会显示出“平移”对话框，如图 4.3 所示，对话框中各按钮见表 4.1。“平移”命令的运用如图 4.4 实例所示。

图 4.2 “转换”菜单

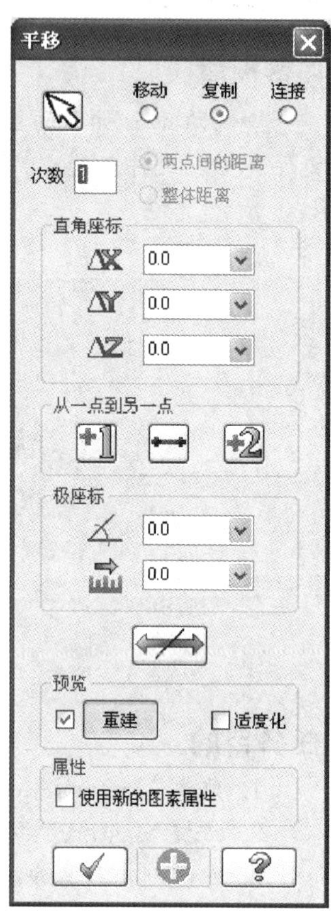

图 4.3 “平移”对话框

表 4.1 “平移”部分按钮功能表

按钮类型	功　能
（箭头图标）	“增加/移除图形”按钮，可增加或减少要移动的图素
移动	图素平移后，原位置处不保留图素
复制	图素平移后，原位置处保留图素

续表

按钮类型	功　能
连接 ○	图素平移后，原位置处图素保留并与平移后的图素对应点进行连接
次数 2	可设置图素平移的次数
⊙两点间的距离	指定的距离为每次平移的距离量
○整体距离	指定的距离为每次总体平移的距离量
直角坐标 ΔX 6.16825 ΔY 5.50142 ΔZ 0.0	用增量坐标的形式指定图素平移的方向和距离
[+1]	通过指定两点来确定平移距离和方向，选择此按钮可重新编辑平移向量的起始点位置
[+2]	通过指定两点来确定平移距离和方向，选择此按钮可重新编辑平移向量的终止点位置
[↔]	通过指定一直线的方式来确定平移距离和方向，选择此按钮可重新编辑表示平移向量的直线
极座标 41.72951 8.26516	用极坐标的形式指定平移距离和方向
[⇔]	切换平移方向
☑ 重建	预览时重新生成图素
☑适度化	预览时将图素全屏方式显示
属性 □使用新的图素属性	可对平移后的图素设置新的图层及颜色属性

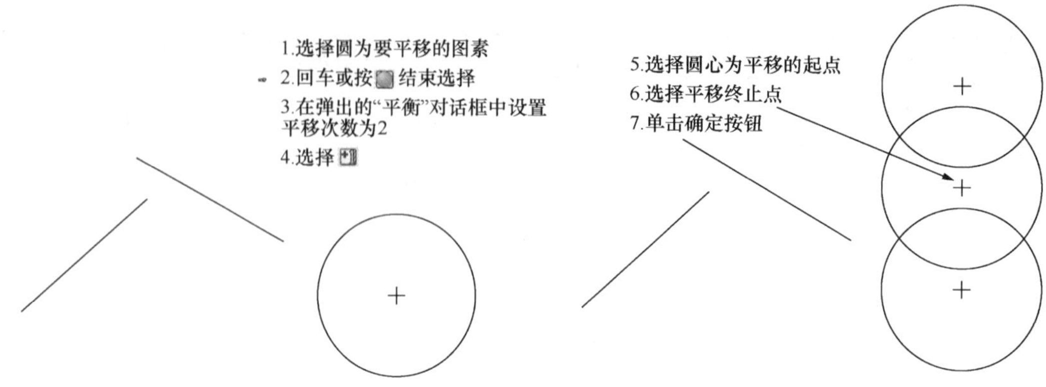

图 4.4 "平移"实例

(2) 3D 平移

使用"3D 平移"命令可将图素进行空间的平移操作。

单击菜单"转换"→"3D 平移"命令或单击"转换"工具栏中的图标，选择需平移的对象，单击"结束选择"按钮或 Enter 键后会显示出"3D 平移"对话框，如图 4.5所示，在对话框中设置起始视角与结束视角来设置图素转换前、后的位置，并指定转换相对的基准点位置，按应用按钮完成空间转换。"3D 平移"命令的运用如图 4.6实例所示。

(3) 镜像

"镜像"功能可将图素关于轴线进行对称操作。

单击菜单"转换"→"镜像"命令或单击"转换"工具栏中的图标，选择镜像对象，单击"结束选择"按钮或 Enter 键后会显示出"镜像"对话框，如图 4.7 所示。"镜像"部分按钮功能见表 4.2，命令的运用如图 4.8 实例所示。

图 4.5 "3D 平移"对话框

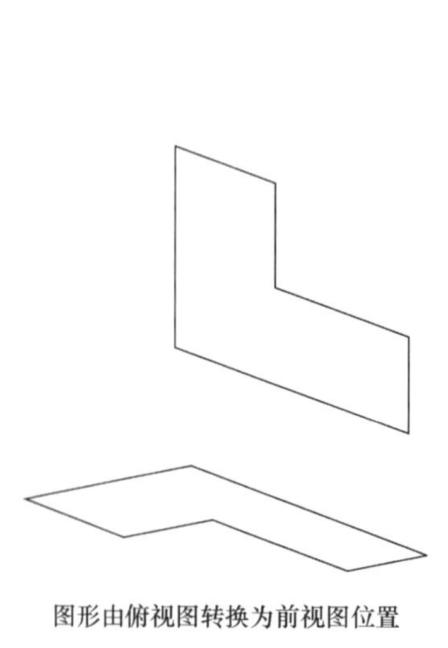

图 4.6 "3D 平移"实例

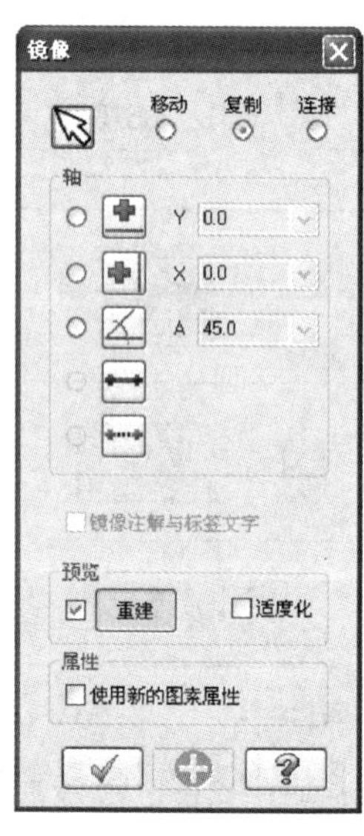

图 4.7 "镜像"对话框

表 4.2 “镜像”部分按钮功能表

按钮类型	功 能
Y 0.0	过选择点且平行于 X 轴的直线为镜像轴
X 0.0	过选择点且平行于 Y 轴的直线为镜像轴
A 45.0	过选择点且平行于极轴的直线为镜像轴
	选择一直线为镜像轴
	过选择两点的直线为镜像轴

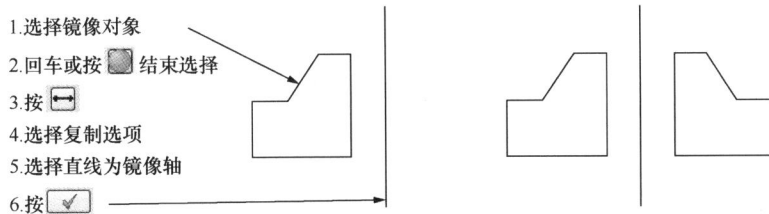

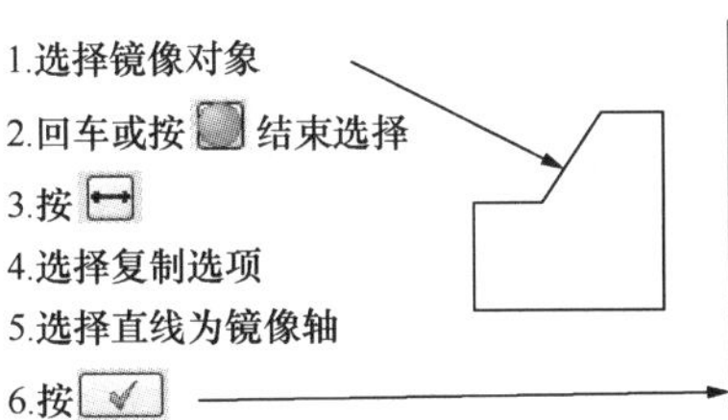

1.选择镜像对象
2.回车或按 结束选择
3.按
4.选择复制选项
5.选择直线为镜像轴
6.按

图 4.8 “镜像”实例

(4) 旋转

“旋转”功能可将图素绕旋转中心进行旋转操作。

单击菜单“转换”→“旋转”命令或单击“转换”工具栏中的图标，选择旋转对象，按结束选择键或 Enter 键后会显示出“旋转”对话框，如图 4.9 所示。“旋转”部分按钮功能见表 4.3，命令的运用如图 4.10、图 4.11 实例所示。

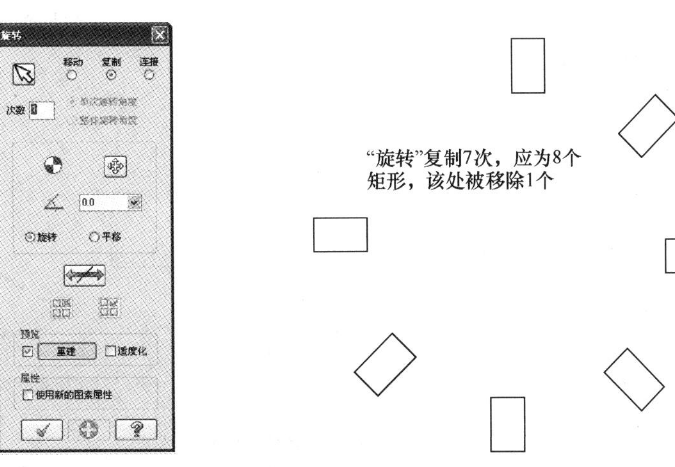

图 4.9 “旋转”对话框　　图 4.10 “旋转”移除项目

表 4.3 “旋转”部分按钮功能表

按钮类型	功 能
次数 2	设置图素旋转次数
⊙单次旋转角度	设置的旋转值为图素每次旋转角度量
○整体旋转角度	设置的旋转值为多次旋转的总角度量
	单击后，用于设置旋转中心点
0.0	设置旋转角度值
⊙旋转 ○平移	设置旋转图素位置转换方式
	移除项目（如图 4.10 所示）
	重设移除的项目

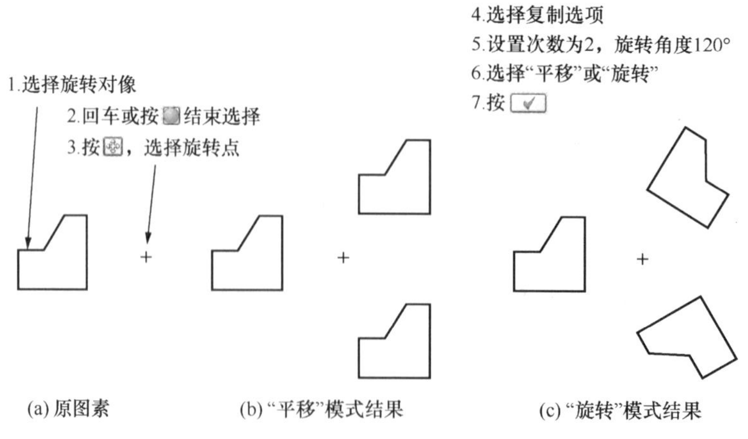
4.选择复制选项
5.设置次数为2，旋转角度120°
6.选择“平移”或“旋转”
7.按
1.选择旋转对像
2.回车或按 结束选择
3.按 ，选择旋转点
(a) 原图素
(b) “平移”模式结果
(c) “旋转”模式结果

图 4.11 “旋转”实例

(5) 比例缩放

“比例缩放”功能可将图素按设定的比例进行放大或缩小操作。

单击菜单“转换”→“比例缩放”命令或单击“转换”工具栏中的图标，选择缩放的对象，单击“结束选择”按钮或 Enter 键后会显示出“比例缩放”对话框，如图 4.12 所示。“比例缩放”命令的运用如图 4.13 实例所示。

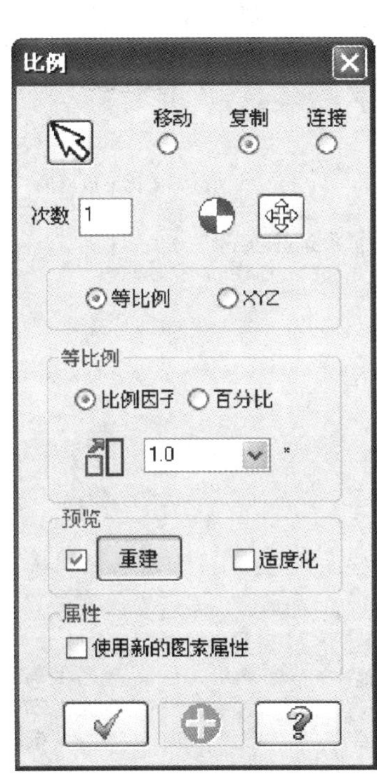

(a)“等比例”缩放

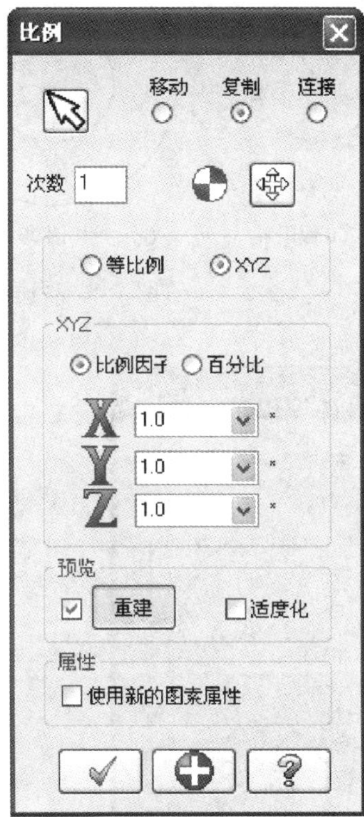

(b)“XYZ”不等比缩放

图 4.12 “比例缩放”对话框

(6) 移动到原点

“移动到原点”功能可将屏幕中所有图素以选择点为基准移动到原点处的操作。

单击菜单“转换”→“移动到原点”选项或单击“转换”工具栏中的图标，选择移动的基准点后，即完成图素的移动操作。

(7) 单体补正

“单体补正”功能可对图素进行偏移操作。

单击菜单“转换”→“单体补正”选项或单击“转换”工具栏中的图标，在对话框中设置补正参数，如图 4.14 所示，选择补正的对象及方向，单击“应用键结束”命令。“单体补正”的应用如图 4.15 实例所示。

(8) 串连补正

“串连补正”功能可对串连图素进行偏移操作。

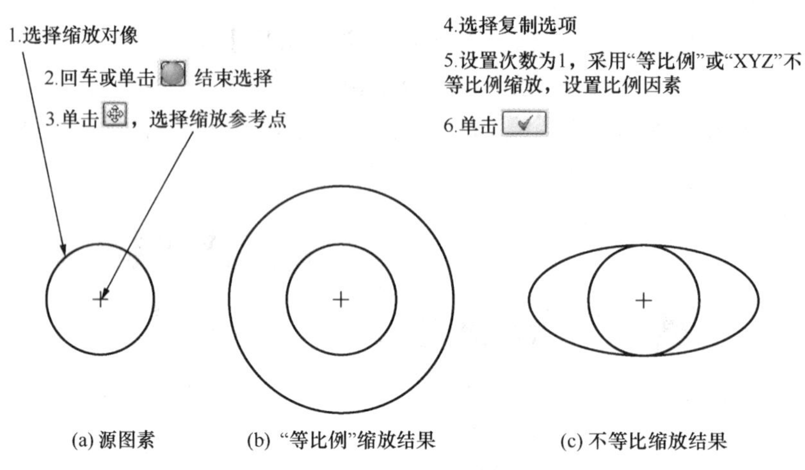
1.选择缩放对像
2.回车或单击 结束选择
3.单击，选择缩放参考点
4.选择复制选项
5.设置次数为1，采用"等比例"或"XYZ"不等比例缩放，设置比例因素
6.单击
(a) 源图素
(b) "等比例"缩放结果
(c) 不等比缩放结果

图 4.13 "比例缩放"运用实例

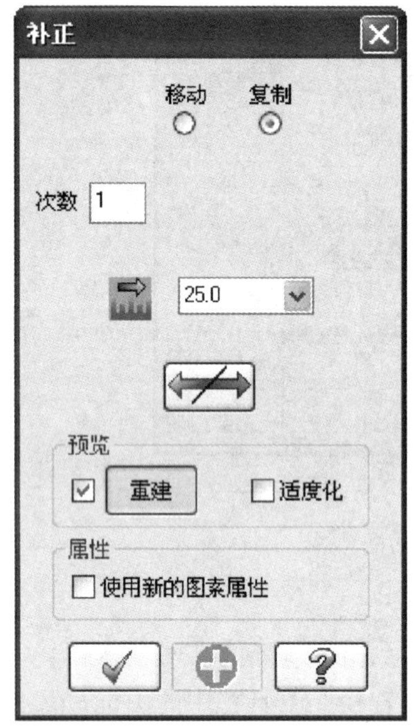
补正
移动
复制
次数
1
25.0
预览
重建
适度化
属性
使用新的图素属性

图 4.14 "单体补正"对话框

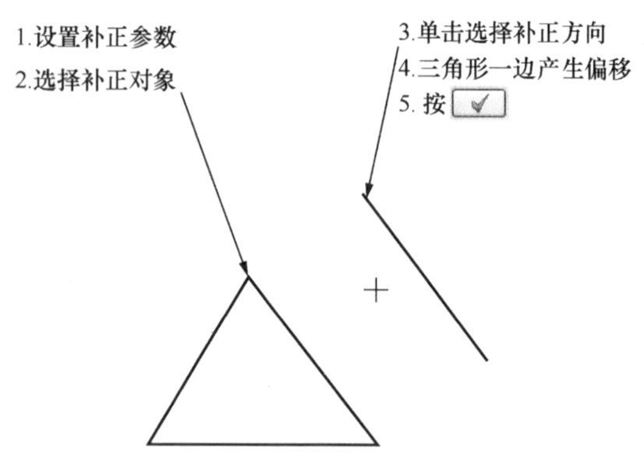
1.设置补正参数
2.选择补正对象
3.单击选择补正方向
4.三角形一边产生偏移
5. 按

图 4.15 "单体补正"实例

单击菜单"转换"→"串连补正"选项或单击"转换"工具栏中的图标，串连方式选择补正的对象，在串连对话框中按应用或 Enter 键结束选择，弹出"串连补正"对话框，如图 4.16 所示，设置串连补正参数，单击"应用"按钮完成补正操作。"串连补正"命令的运用如图 4.17 实例所示。

(9) 投影

"投影"是将指定的图素投影到指定的平面或曲面上的操作。

单击菜单"转换"→"投影"命令或单击"转换"工具栏中的图标，选择要投影转

换的对象，单击“结束选择”按钮或 Enter 键，则会显示出“投影”对话框，如图 4.18 所示。“投影”的应用如图 4.19 实例所示。

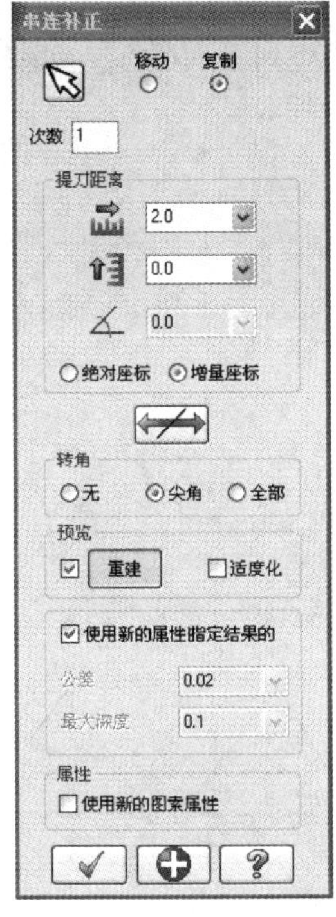

图 4.16 “串连补正”对话框

1.串连选择补正对象

2. 单击 结束选择

3.设置串连补正参数及切换补正方向

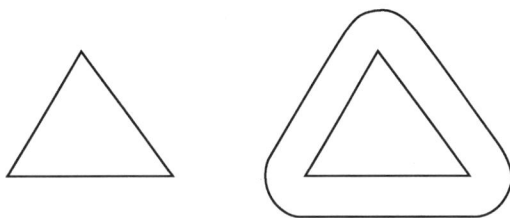

4.单击 完成串连补正

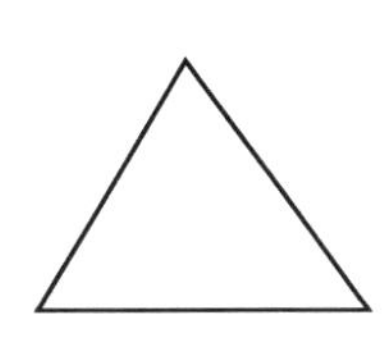

(a) 原图

(b) 补正结果

图 4.17 “串连补正”应用实例

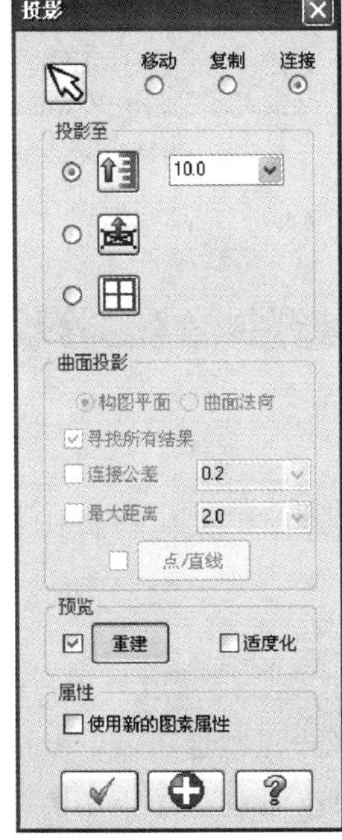

图 4.18 “投影”对话框

1.选择投影对象：三角形

2.单击 或Enter键结束选择

3.在对话框中设置投影参数，如图4.18所示

4.单击 完成投影操作

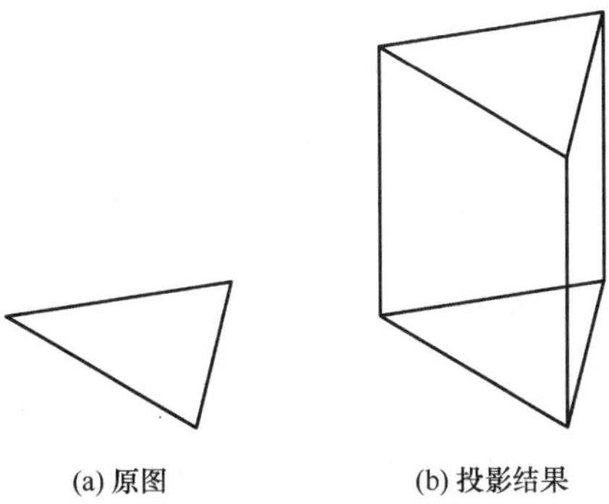

(a) 原图

(b) 投影结果

图 4.19 “投影”应用实例

(10) 阵列

“阵列”可将图素沿两个方向平移或复制操作。

单击菜单“转换”→“阵列”选项或单击“转换”工具栏中的图标，选择要阵列的对象，单击“结束选择”按钮或 Enter 键，则会显示出“阵列”对话框，如图 4.20 所示。“阵列”的应用如图 4.21 实例所示。

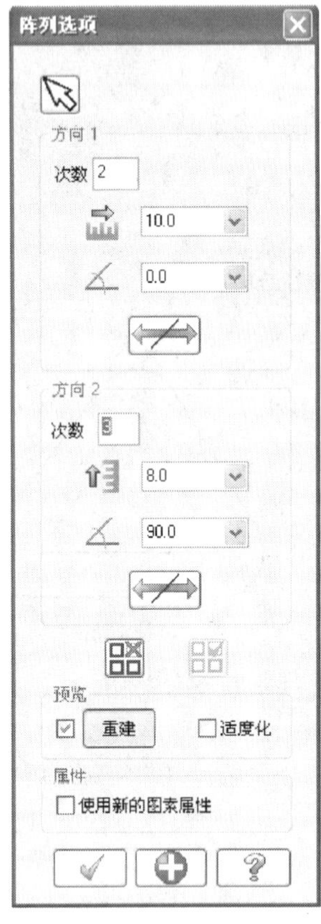

图 4.20 “阵列”对话框

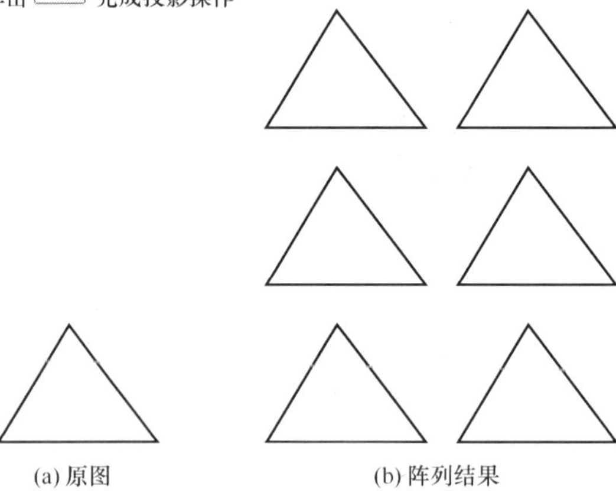

图 4.21 “阵列”应用实例

项目实施：使用转换命令绘制工件图

1 使用转换命令绘制工件图

本项目图形的特点呈中心对称分布，为了提高作图效率，可采用绘制其中的一部分图素，然后采用旋转阵列的方式来完成其他部分的绘制。

2 使用转换命令绘制工件图步骤

① 创建中心两个同心圆：单击绘图工具栏中“圆弧+点”选项，单击按钮以“原点”为圆心，单击直径图标，输入直径值为 4，按应用按钮，完成小圆绘制；再单击原点作为圆心，单击直径图示，输入直径值为 14，按确定按钮结束同心圆绘制，如图 4.22 (a)所示。

② 绘制圆弧 $R11$、$R19$：选择工具栏中圆弧绘制菜单中的“极坐标圆弧”选项，按空格键，直接输入圆心点坐标（0，61），回车确定，在绘图区中选择两点画出圆弧，如图 4.22（b）所示，单击半径图标，输入圆弧半径 11，按应用按钮，完成 $R11$ 圆弧的绘制；再按空格键，输入 $R19$ 的圆心点坐标（7，47），回车确定，在绘图区中选择两点画出圆弧，如图 4.22（c）所示，单击半径图标，输入圆弧半径 19，按确定按钮，完成两圆弧的绘制。

③ 绘制与 $R11$、$R19$ 相切的圆弧 $R25$：单击工具栏中的圆弧绘制菜单中的“切弧”选项，选择“两物体”方式，输入半径 $R25$，在绘图区中依次选择半径为 $R11$ 及 $R19$ 的两圆弧，在弹出的圆弧中选择所需的部分，按应用按钮，则完成该切弧的绘制，如图 4.22（d）所示。

④ 绘制两直线：选择“直线”按钮，激活相切模式，选择 $R19$ 与小圆，按应用键完成第一条相切直线的绘制，再选择 $R11$ 与小圆，按确定按钮，则完成第二条相切直

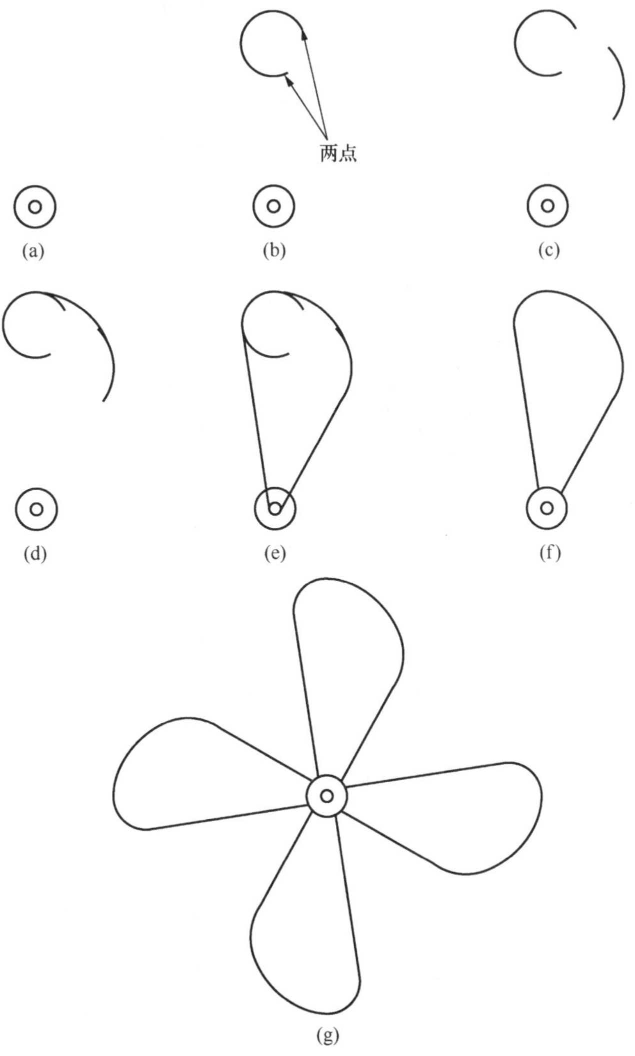

图 4.22　项目 4 实施过程

线的绘制，如图 4.22（e）所示。

⑤ 修剪多余线段：单击修剪按钮，选择分割模式，单击选择需要去除的多余线段，则完成第一个封闭叶片的绘制，如图 4.22（f）所示。

⑥ 旋转转换图形：单击“旋转”按钮，框选图 4.22（f）中所有图素，按 Enter 键，在弹出菜单中单击按钮，选择原点作为旋转点，在对话框中设置旋转次数 3 次，每次转角为 120°，复制模式，按 Enter 键完成图形转换。

⑦ 单击菜单屏幕，选择清除颜色，完成整个图形的绘制。

上机练习

利用转换命令，绘制图 4.23 所示各图形。

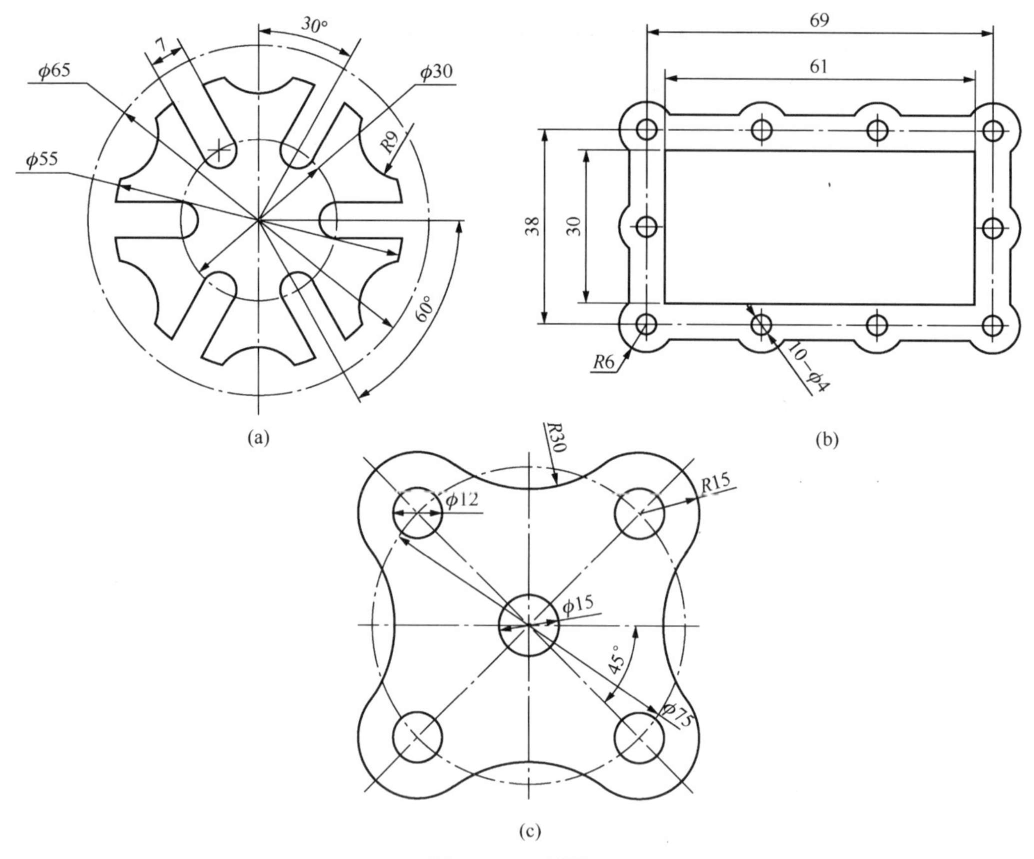

图 4.23　习题图

项目 5　绘制实体模型图（1）：实体

项目任务

任务内容

绘制图 5.1 所示图形的实体模型，并将其保存在“D：/MasterCAM 项目 5”文件夹中，文件名为“5-1. mcx”。

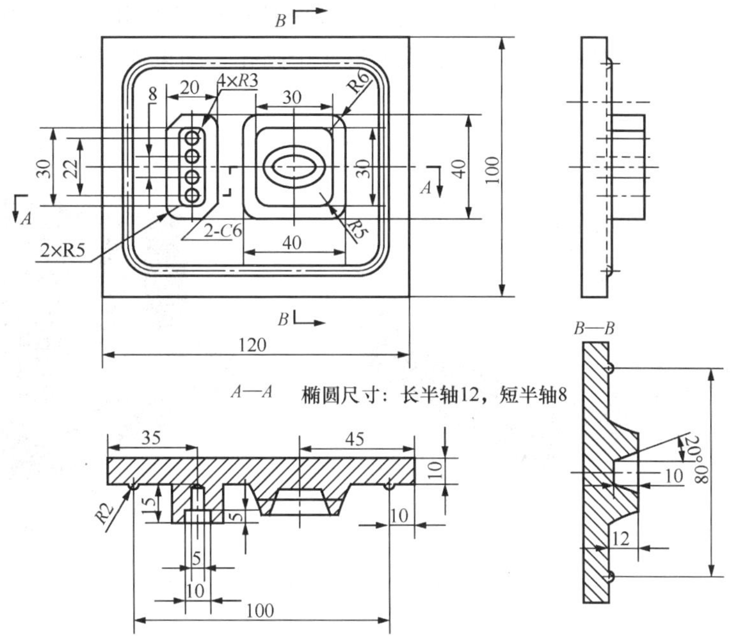

图 5.1　底板图纸

任务目的

1. 熟悉 MasterCAM X4 建立实体模型的过程。
2. 掌握 MasterCAM X4 建立实体命令的应用。
3. 掌握布尔运算的应用。
4. 掌握实体的编辑与修改。

相关理论知识：实体模型的建立

1 三维实体模型建立的原理

MasterCAM X4 软件建立三维实体模型主要使用添加材料和切除材料的方法建立模型。

首先，对模型分析，将复杂的组合体实体模型拆分为几个简单基本体，选择几个简单基本体中的最具有依附性的、体积最大的和最基本的作为第一个创建的实体，其余的实体依附于第一个实体逐级创建；其次，先考虑添加材料，之后在考虑切除材料，使之成为所想要的图形；再次，考虑布尔运算的使用，是否需要进行布尔运算（建议不确定的情况下进行布尔运算，不再创建实体的同时进行布尔运算）；最后，进行倒圆角、倒角和抽壳等编辑操作。

如图 5.2 所示实体，该实体由立方体和圆柱体构成的组合体，组合体创建完毕后，在圆柱体中心打 1 个方孔，在立方体周围打 4 个圆孔，结果如图 5.3 所示。

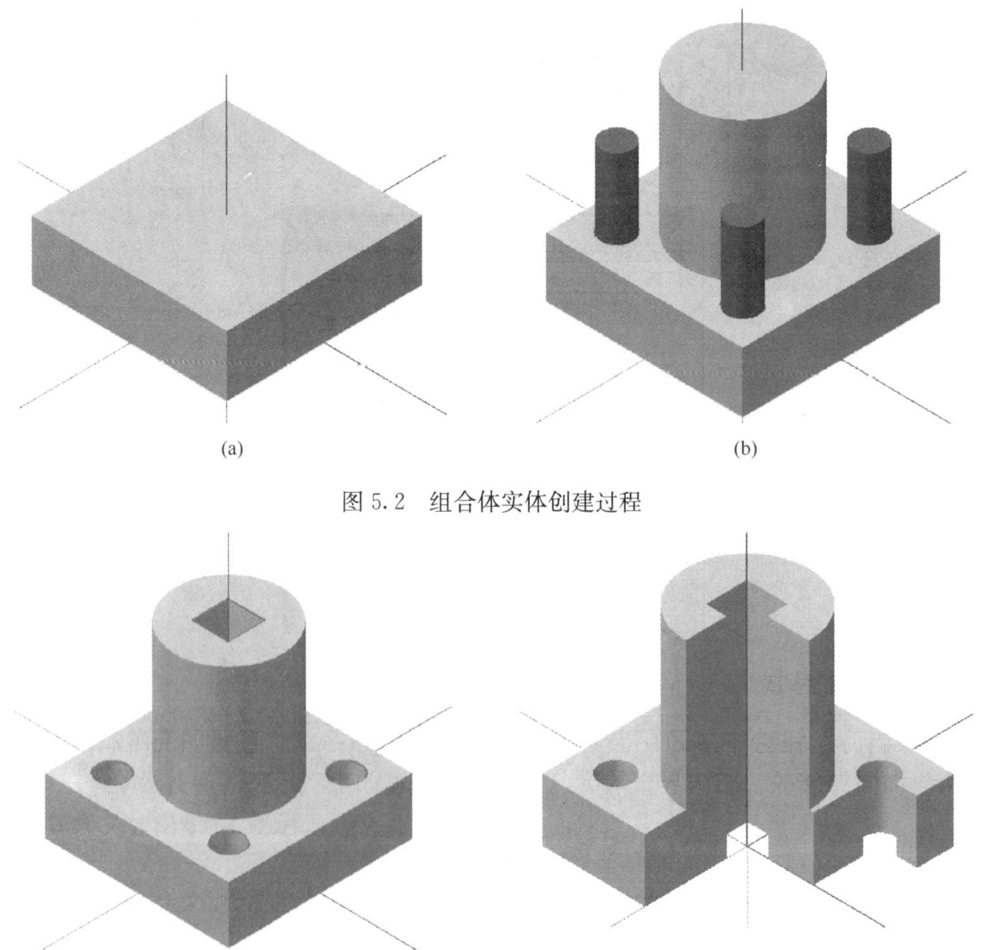

(a)　(b)

图 5.2　组合体实体创建过程

(a)　(b)

图 5.3　组合体实体创建过程

创建过程：首先创建立方体的实体模型，因为它是依托，创建了立方体后才可以建立在立方体上的圆柱；其次创建圆柱体添加材料，在立方体的上表面绘制圆形，利用挤出实体命令或用基本实体命令，并用布尔运算结合；最后进行去除材料，创建相应的圆柱体和长方体后，利用布尔运算切割，得到所对应的最后实体模型。

要 点

建立实体所依据的图素不能删除，只能隐藏，否则在利用实体管理器更改相关的参数后，重新计算将出现问题。

2 实体相关命令

三维实体建模工具栏如图5.4所示，从前往后依次为挤出实体、旋转实体、扫描实体、举升实体、基本实体、布尔运算、实体倒圆与倒角、实体抽壳和牵引实体等，最后为曲面修整实体和实体生产三视图。

图5.4 “三维实体”快捷方式工具栏

（1）挤出实体

挤出实体是指将事先创建好的封闭二维图形，按照指定的方向挤出指定的尺寸所形成的实体。挤出实体是最常用的一种三维模型创建方法。

1）挤出实体的操作步骤。

① 选择主菜单上的“实体→挤出实体”命令，或者单击工具栏上的“挤出实体”按钮。

② 串联二维图形，完成后单击“确定”按钮，如图5.5所示。

③ 弹出“实体挤出的设置”对话框，如图5.6所示设置深度和方向等参数，完成后单击“确定”按钮，完成拉伸实体的创建。整个操作过程如图5.7所示。

2）实体挤出参数设置。

在选择挤出截面图形后，重点在于对拉伸参数进行设置。下面介绍该对话框的各部分参数功能。

① 挤出操作：“挤出操作”选项主要用于创建、切割、增加凸缘实体的操作。

• 创建主体：创建一个新的、独立的实体。第一次创建实体必须是创建主体。

• 切割实体：在已有的实体上，使用挤出实体命令进行切割去除材料。类似于打孔的过程。

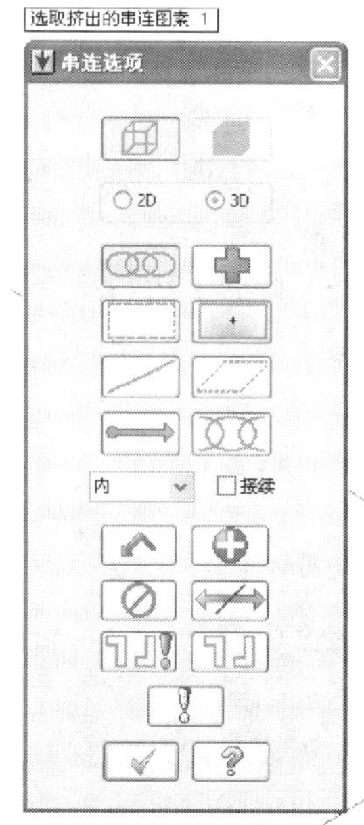

图5.5 “串联选项”对话框

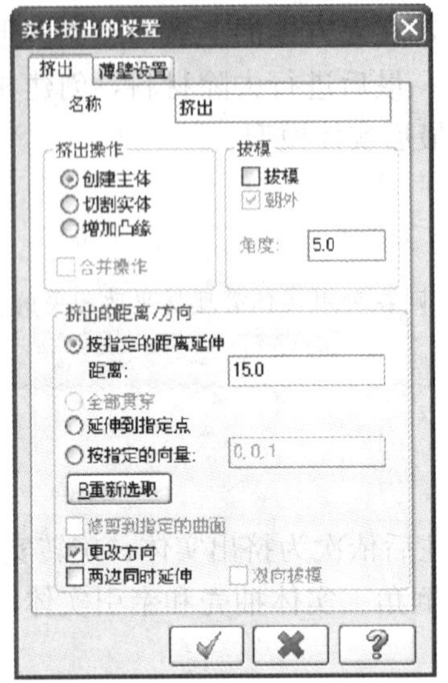

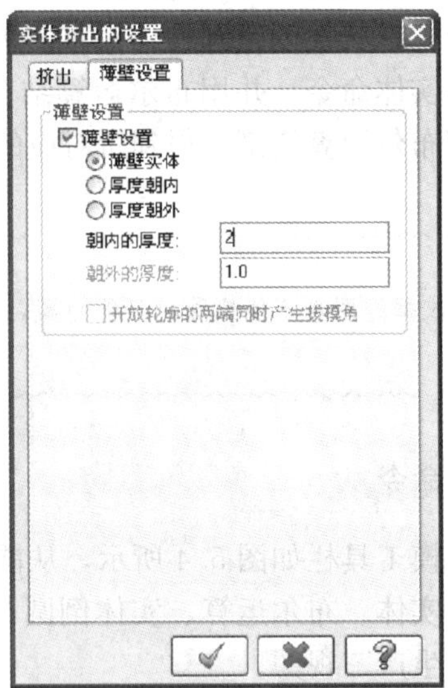

图 5.6 “实体挤出的设置”对话框

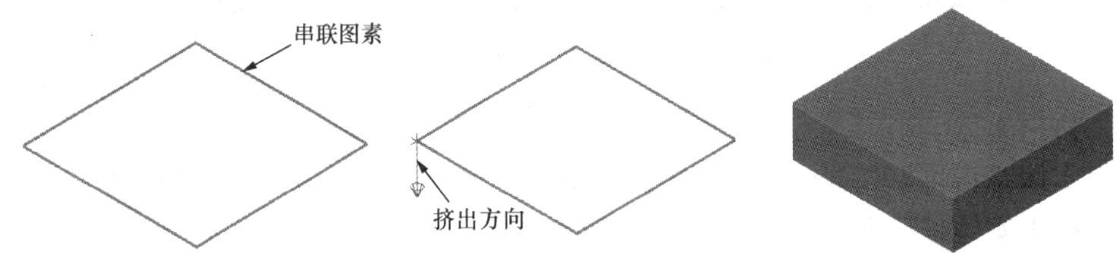

图 5.7 挤出实体创建过程

• 增加凸缘：在已有的实体上增加一个挤出实体，并与原有的实体结合成一个实体。相当于增加材料。只有在增加凸缘后才能够选择两实体的相贯线。

② 挤出的距离/方向：

• 距离：当用户选择“按指定的距离延伸”单选按钮时，“距离”选项将被激活，主要用于设置拉伸实体的高度。

• 全部贯穿：此项只有在切割实体时才有效，表示使用拉伸命令切割并贯穿已有实体。

• 延伸到指定点：通过选取绘图区上已有的点来定义拉伸的深度。

• “重新选取”按钮：单击此按钮，将弹出重新选取拉伸方向的工具栏，可以重新指定一个新的拉伸方向。

• 修剪到指定的曲面：将挤出特征延伸到用户指定的曲面或平面，此项只有在切割实体和增加凸缘时有效。

• 更改方向：改变实体的挤出方向。

• 两边同时延伸：沿图素的两边同时拉伸实体。此时注意距离的含义，设置的距离指单边尺寸。

• 按指定的向量：利用数学中向量的方法指定挤出的方向。

③ 拔模角：

在挤出实体时设定拔模角度，主要有以下两个选项：

• 拔模角：此项表示是否在拉伸文体时产生拔模角度。

• 朝外：见于设置拔模角度的方向，如果在拉伸方向上往外拨模，勾选“朝外”复选框；如果在拉伸方向上往内拔模，那么取消勾选“朝外”复选框。

④ 薄壁设置：在“实体挤出的设置”对话框中选择“薄壁设置”选项卡，将出现“薄壁设置”选项卡的面板，勾选“薄壁实体体”复选框，将激话薄壁参数。下面主要对这些参数进行介绍。

• 厚度朝内：设置薄壁零件向内加厚，如图 5.8 所示。

• 厚度朝外：设置薄壁零件向外加厚，如图 5.9 所示。

• 内外同时产生薄壁：设置薄壁零件向内、向外同时加厚，如图 5.10 所示。

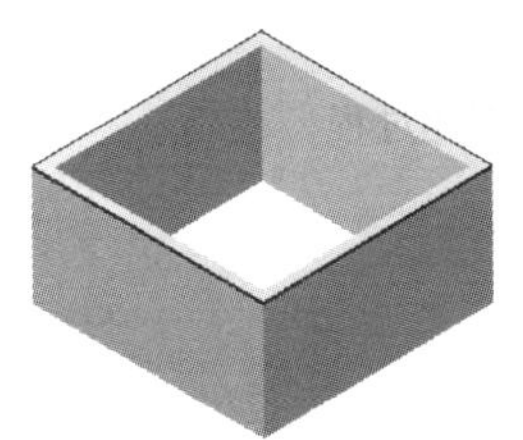

图 5.8　“薄壁”厚度朝内

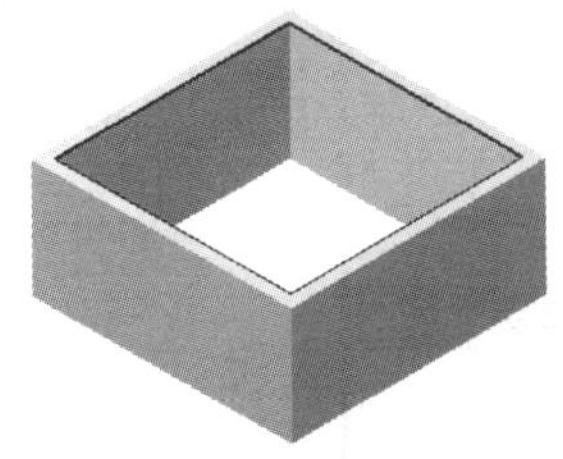

图 5.9　“薄壁”厚度朝外

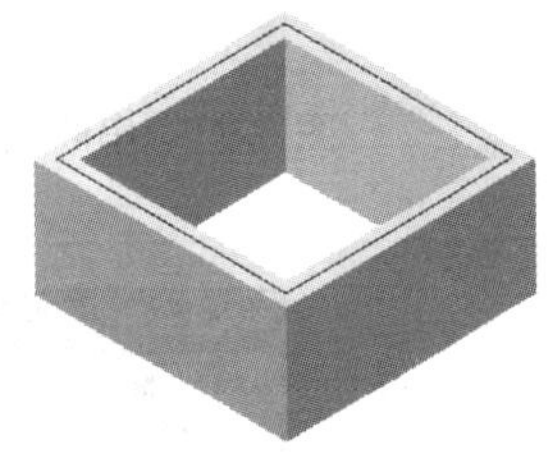

图5.10　“薄壁”内外同时产生

（2）旋转实体

旋转实体命令是将一个封闭的二维图形，绕指定的轴线进行旋转所形成的实体。该功能既可创建主体、切割主体，也可增加凸缘。相同的封闭的二维图形指定不同的旋转轴所得到的实体是不一样的。

1）旋转实体的操作步骤。

① 选择主菜单上的“实体”→“旋转”命令，或者单击工具栏上的“旋转”按钮。

② 弹出“转换参数”对话框，选择封闭二维图形，完成后单击“确定”按钮。

③ 此时系统提示用户选取旋转轴线，完成选择后弹出“方向”对话框，如果欲反向旋转，可更改方向或者更改旋转轴，完成后单击“确定”按钮。操作过程如图 5.11～图 5.14 所示。

④ 弹出“旋转实体的设置”对话柜，设置旋转起始角和终止角等参数，完成后单击“确定”按钮，完成旋转实体的创建。注意旋转的起始点与旋转的方向。

2）旋转实体参数设置。

在选择截面和轴线时，将显示图 5.13 所示的“旋转实体的设置”对话框，可以进行旋转参数的设置。

① 旋转操作：

“旋转操作”与“实体拉伸的设置”对话框中的“挤出操作”选项的作用用于创建、切割、增加凸缘实体的操作。

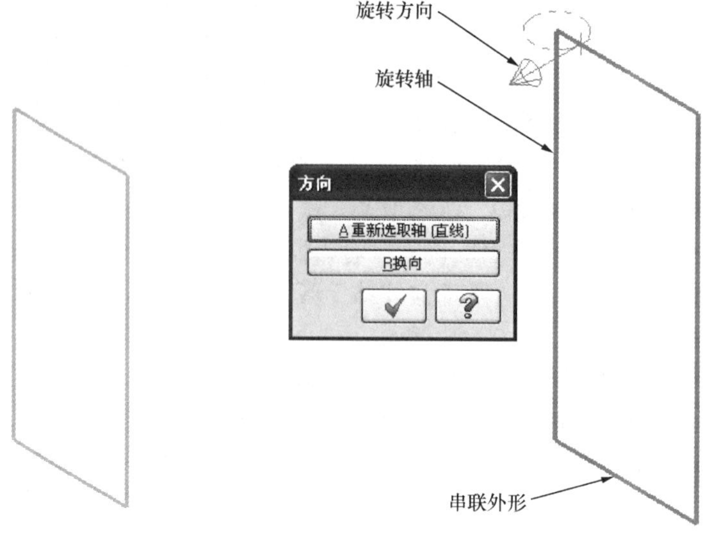

图 5.11　串联图形　　　　图 5.12　旋转实体创建过程

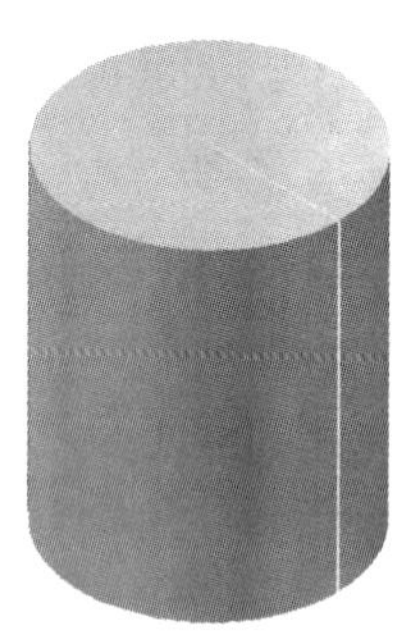

图 5.13　“旋转实体的设置”对话框　　　　图 5.14　旋转实体

② 角度/轴向：

- 起始角度：产生旋转实体的起始位置角度。
- 终止角度：产生旋转实体的终点位置角度。
- 换向：改变旋转实体的旋转方向。

在“旋转实体的设置”对话框中选择“薄壁设置”选项卡，将出现“薄壁设置”选项卡的面板，如图 5.6 所示，其功能与“拉伸”中的“薄壁设置”命令相同。

(3) 扫描实体

扫描实体命令是将一个封闭的截面图形，沿着指定的轨迹线移动所形成的实体。如果轨迹线是直线，扫描出的实体就相当于拉伸实体；如果轨迹线是一个圆，那么扫描出来的实体就相当于旋转实体。

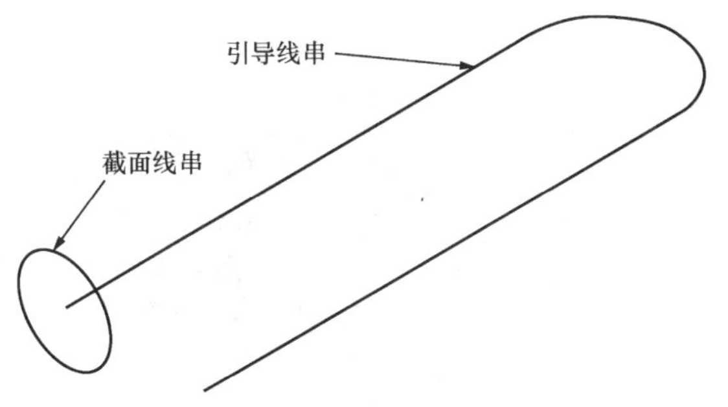

图5.15　扫面实体的截面线与引导线

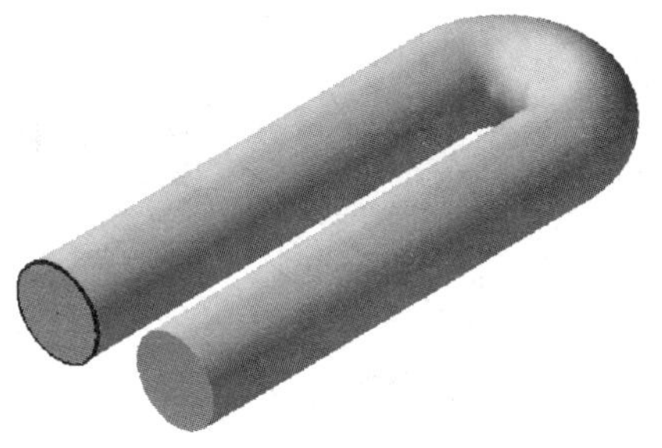

图5.16　扫描实体

扫描实体一般的操作步骤如下：

① 选择主菜单上的“实体”→“扫描”命令，或者单击工具栏上的“扫描”按钮。

② 选择二维截面图形，完成后单击“确定”按钮。

③ 选取轨迹线，完成后系统自动弹出“扫描实体的设置”对话框，选择“扫描操作”选择区域中的单选按钮，完成后单击“确定”按钮，完成扫描实体的创建。整个操作过程如图5.15～图5.17所示。

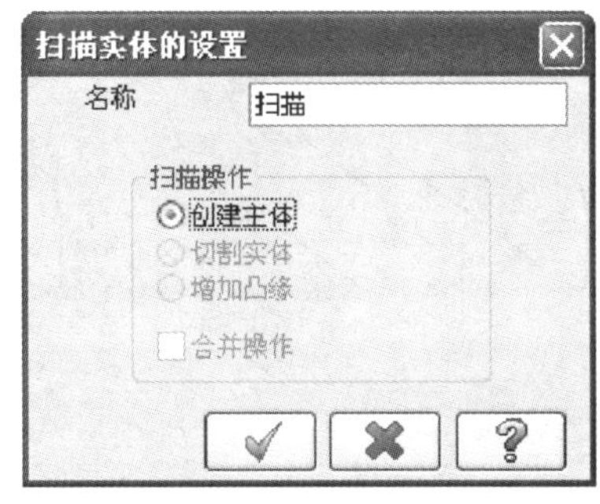

图5.17　“扫描实体的设置”对话框

要　点

1. 扫描截面图形一定要封闭，但是扫描的引导线可以是开放的也可以是封闭的。一般情况下，扫描截面图形在绘制的位置与引导线的关系是线与面垂直的关系。

2. 扫描截面图形和扫描的引导线的数量：

① 1个截面图形和1个扫描的引导线。

② 1个截面图形和2个扫描的引导线。

③ 2个截面图形和1个扫描的引导线。

（4）举升实体

举升实体是指将多个封闭的轮廓外形通过直线或曲线过度的方法构建实体。该功能既可创建主体，切割主体，也可增加凸缘。一般来说封闭的轮廓线不要太多，3～5条适宜。

举升实体一般的操作步骤如下：

① 选择主菜单中的“实体”→“举升”命令，或者单击工具栏上的“举升”按钮。

② 弹出“转换参数”对话椎，串连选择二维截面图形，完成后单击“确定”按钮。

③ 弹出“放样实体的设置”对话框，设首放样操作、连接方式，完成后单击“确定”按钮。整个操作过程如图5.18～图5.21所示。

选择串连时应保证选择的每一个封闭的二维轮廓外形起始点对齐，方向一致。

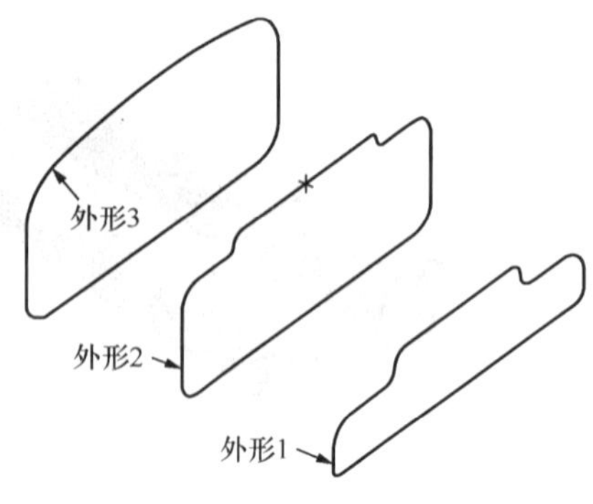

图 5.18 举升实体的 3 条封闭线

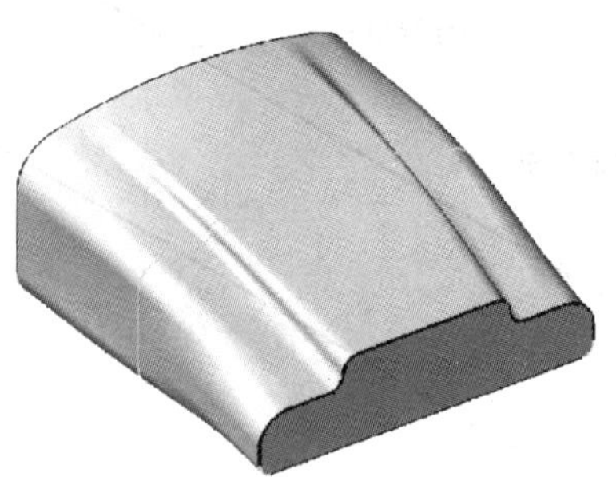

图 5.19 举升实体

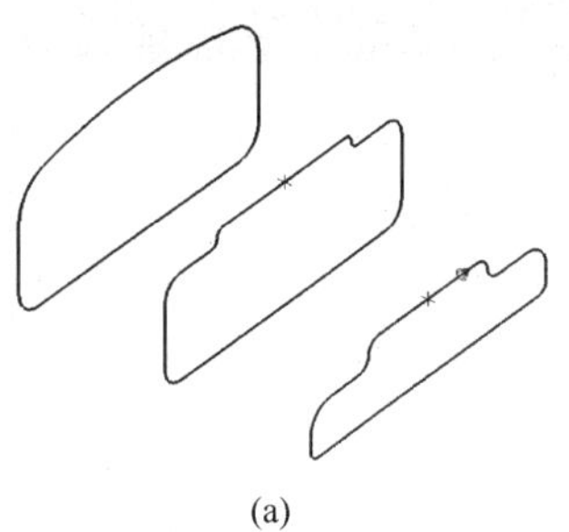

(a)

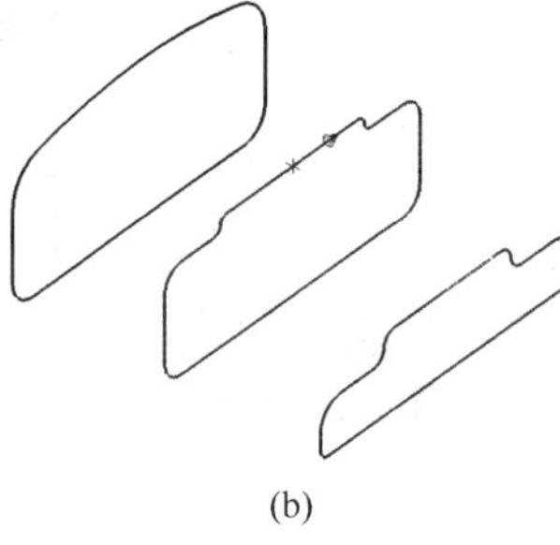

(b)

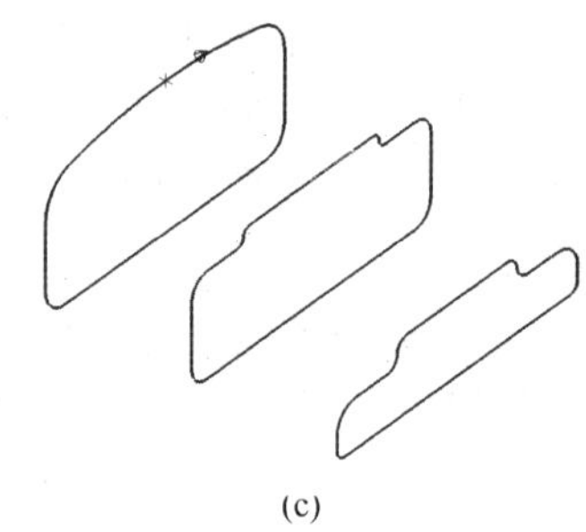

(c)

图 5.20 举升实体创建过程

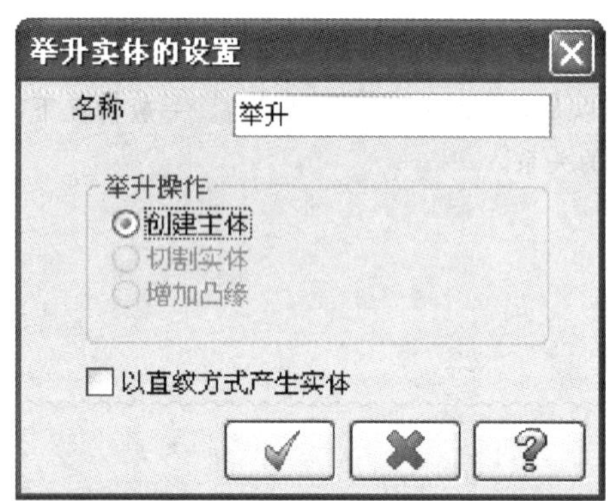

图 5.21 “举升实体的设置”对话框

(5) 基本实体

基本实体是系统内部定义好的由参数进行尺寸驱动的实体，包括圆柱体、锥体、圆球体和圆环体。这些简单实体的参数已被预先定义，用户可直接给这些参数赋以数值，使其生成实体或曲面，其命令菜单如图 5.22 所示。选择命令后，再设置参数并指定基点，即可创建一个实体。

1) 圆柱体。

选择主菜单“绘图”→“基本曲面/实体”命令或单击工具栏上的各种基本实体按钮，选择“画圆柱体”命令，弹出“圆柱体”对话框，其各参数含义如图 5.23 所示。选择一点作为底面圆心的基准点。圆柱体如图 5.24 所示。

要　点

1. 基准点选择时绘图模式应为 3D（三维空间）绘图。
2. 选择绘图的形式点选为实体。

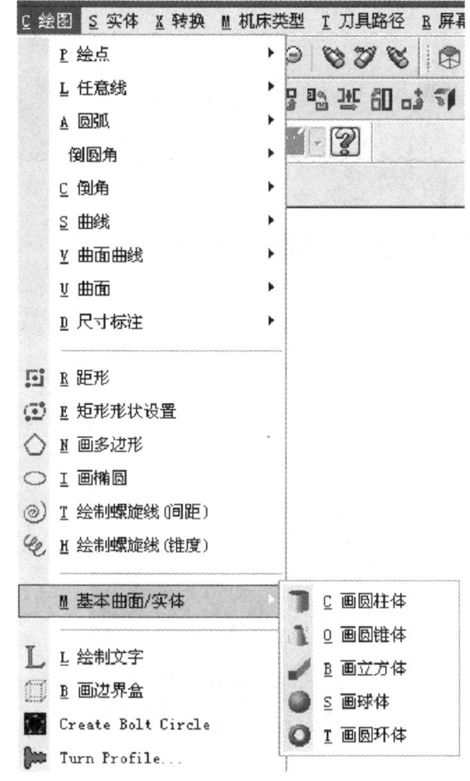

图 5.22　“基本实体”创建路径对话框

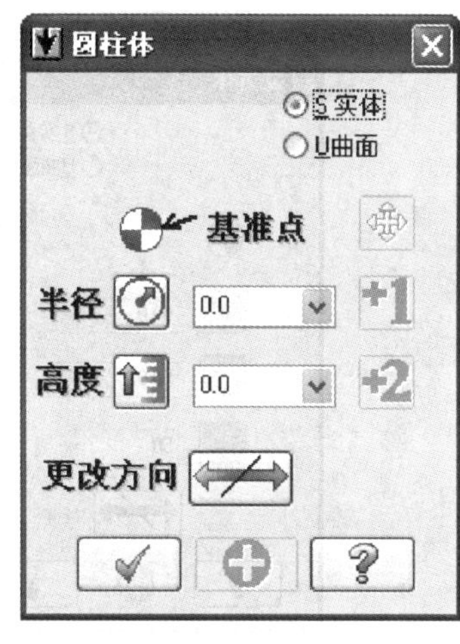

图 5.23　“圆柱体”创建对话框

2）圆锥体。

圆锥体的对话框及相应的参数如图 5.25 所示。选择一点作为圆锥体底面圆心的基准点创建圆锥。立方体如图 5.26 所示。

图 5.24　圆柱体

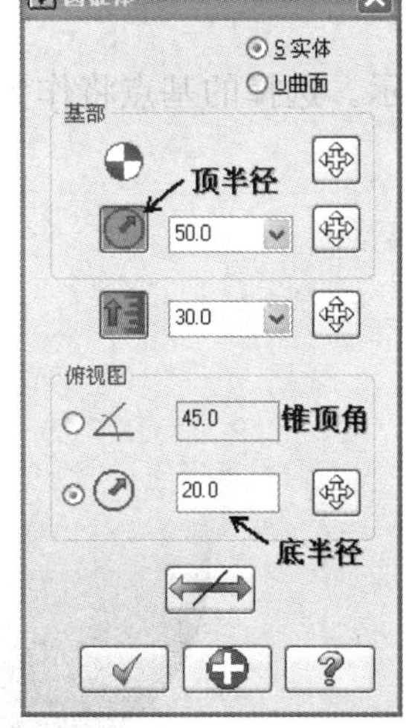

图 5.25　“圆锥体”创建对话框

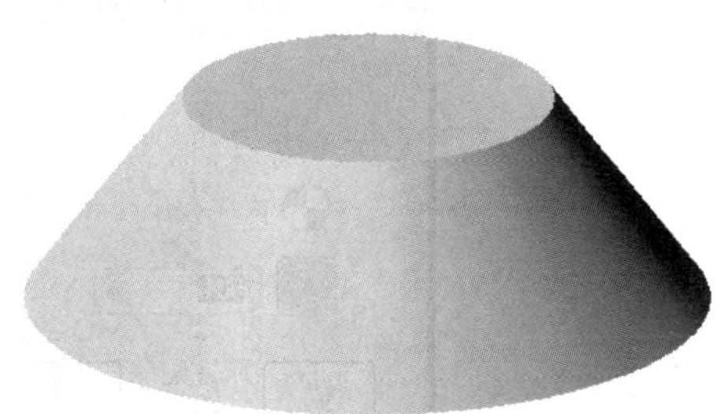

图 5.26　圆锥体

要　点

1. 基准点选择时绘图模式应为 3D（三维空间）绘图。
2. 选择绘图的形式点选为实体。

3）立方体。

立方体的对话框及相应的参数如图 5.27 所示，立方体如图 5.28 所示。

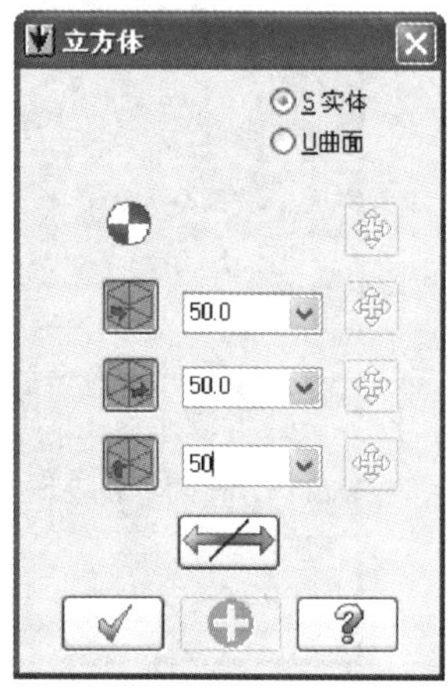

图 5.27 “立方体”创建对话框

图 5.28 立方体

要　点

1. 基准点选择时绘图模式应为 3D（三维空间）绘图。
2. 选择绘图的形式点选为实体。

4）球体。

球体的对话框及相应的参数如图 5.29 所示。选择的基点将作为球心创建球体。球体如图 5.30 所示。

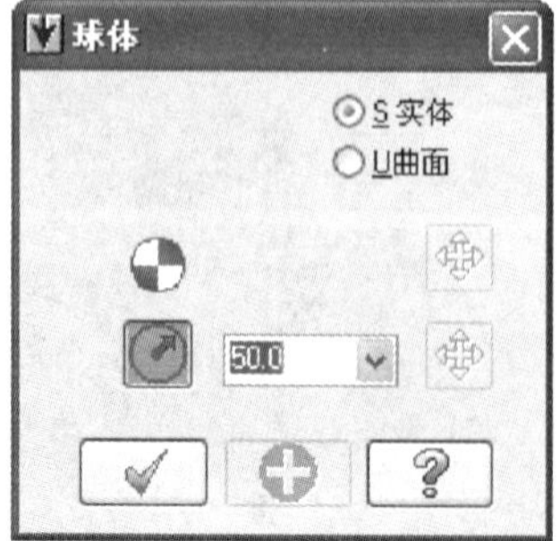

图 5.29 “球体”创建对话框

图 5.30 球体

要 点

1. 基准点选择时绘图模式应为3D（三维空间）绘图。
2. 选择绘图的形式点选为实体。

5）圆环体。

圆环体的对话框及相应的参数如图5.31所示。选择的基点将作为球心创建圆环体。圆环体如图5.32所示。

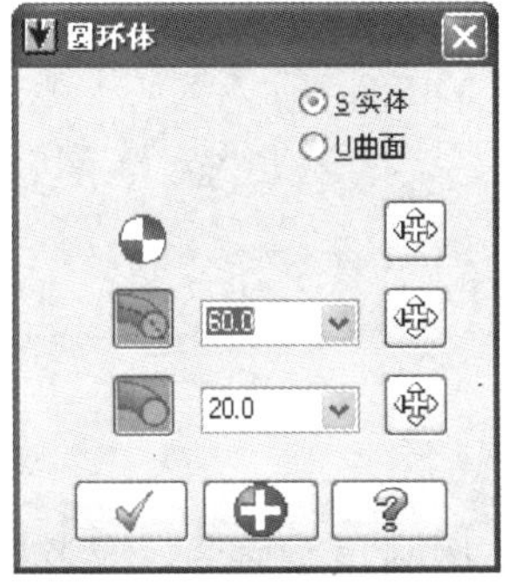

图5.31 “圆环体”创建对话框

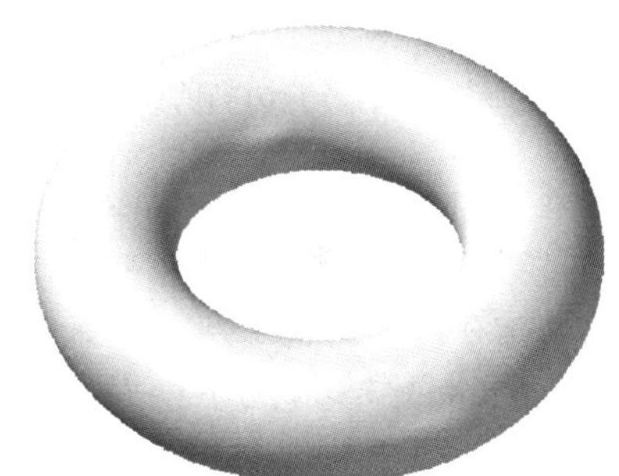

图5.32 圆环体

要 点

1. 基准点选择时绘图模式应为3D（三维空间）绘图。
2. 选择绘图的形式点选为实体。

（6）布尔运算

布尔运算是通过结合、切割、交集的方法将多个实体合并为一个实体，它是实体造型中的一种重要方法，利用它可以迅速地构建出复杂而规则的形体。下面以布尔运算切割为例进行操作步骤的讲解。

实体布尔运算的操作步骤如下：

选择主菜单上的“实体”→“布尔运算”→“布尔运算—切割”命令，或单击工具栏上的“布尔运算—切割”按钮。用4个小圆柱去切割大的实体得到4个孔，类似于钻床打孔，结果由图5.33变为图5.34所示。

要 点

1. 布尔运算时，选择的第一实体为目标实体，其他均为工件实体。
2. 其他方式的布尔运算操作过程基本相同，但其功能有所不同。
3. 结合，是将2个或2个以上的实体几何为一个不可分割的整体，这样才可以得到相贯线与截交线，不进行结合运算各个实体是相互独立的实体。求交，相当于集合中的交集，求得的是2个或多个实体的公共部分。

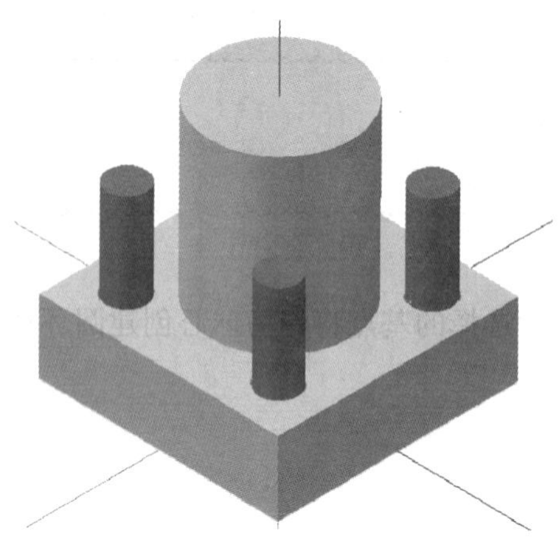

图 5.33 “布尔运算”切割前图形

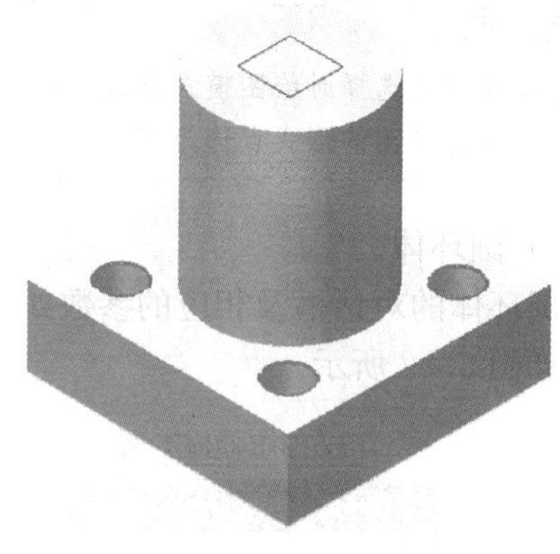

图 5.34 “布尔运算”切割后图形

(7) 倒圆角

1) 倒圆角的创建。

倒圆角是指在实体的边缘通过圆弧进行过渡。

实体倒圆角的操作步骤如下：

① 选择主菜单上的“实体”→“倒圆角”→“实体倒圆角”命令，或者单击工具栏上的“实体倒圆角”按钮。

② 选取图素进行倒圆角，可以是边线、面、实体，完成后按 Enter 键。

③ 弹出“实体倒圆角参数”对话框，设置圆角半径等参数，完成后单击“确定”按钮。整个操作过程如图 5.35～图 5.38 所示。

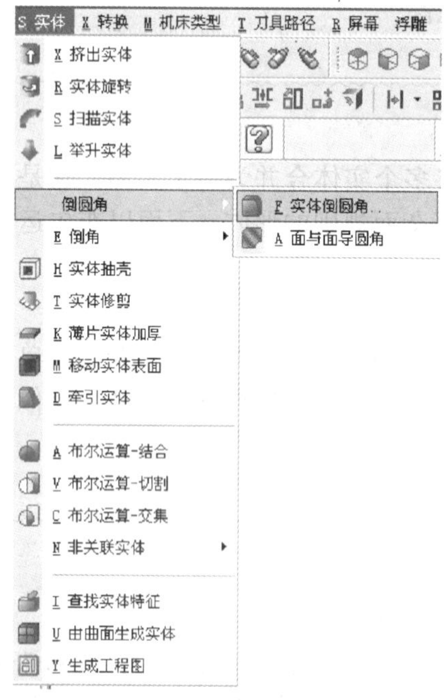

图 5.35 “实体倒圆角参数”对话框

图 5.36 选择倒圆角边

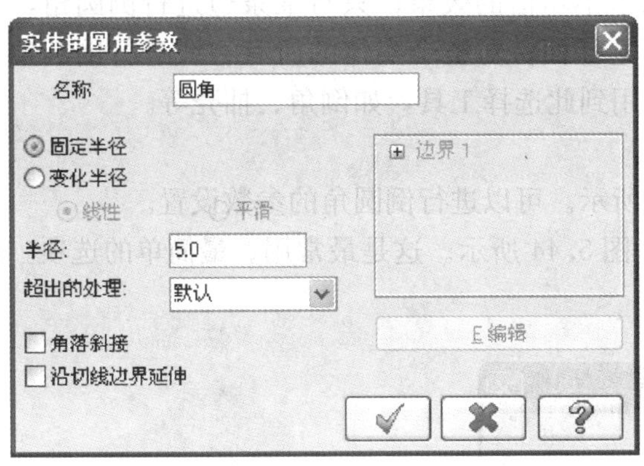

图 5.37　“实体倒圆角参数”对话框

图 5.38　实体倒圆角

2）实体图素选择工具。

选择“实体倒圆角”命令时，系统会在工具栏中激活实体图素选择工具，用户可根据操作的需要，选择不同的工具进行倒圆角因素的选择，整个操作过程如图 5.39～图 5.42 所示。

图 5.39　边选择图标

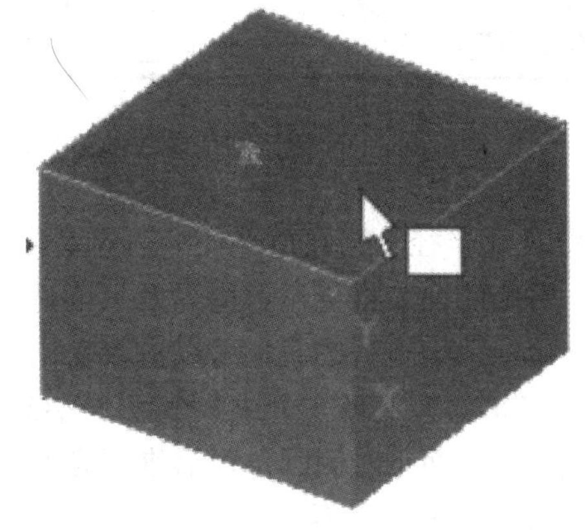

图 5.40　面选择图标

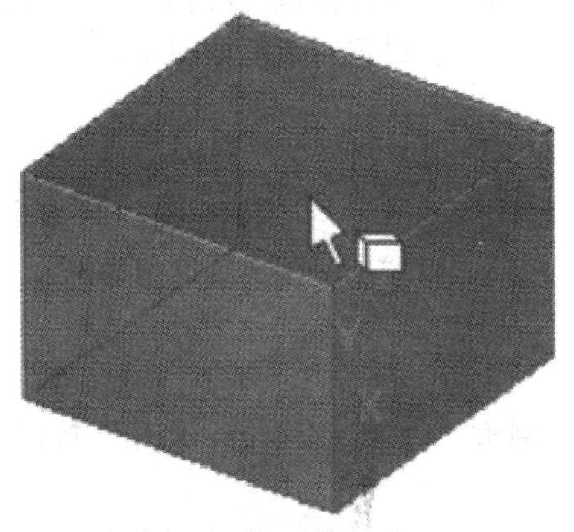

图 5.41　体选择图标

图 5.42　实体图素选择工具按钮

灵活应用实体图素选择工具，可达到事半功倍的效果；只对某条边进行倒圆角，可选择线；对某个曲面的四边进行倒圆角，可选择面；对整个实体的所有边线进行倒圆角，可选择体。在后续其他实体编辑命令中也会用到此选择工具，如倒角、抽壳等。

3）倒圆角参数设置。

“实体倒圆角参数”对话框如图 5.43 所示。可以进行倒圆角的参数设置。

① 定半径：倒圆角半径保持恒定，如图 5.44 所示。这是最常用、最简单的选项。直接输入半径值即可。

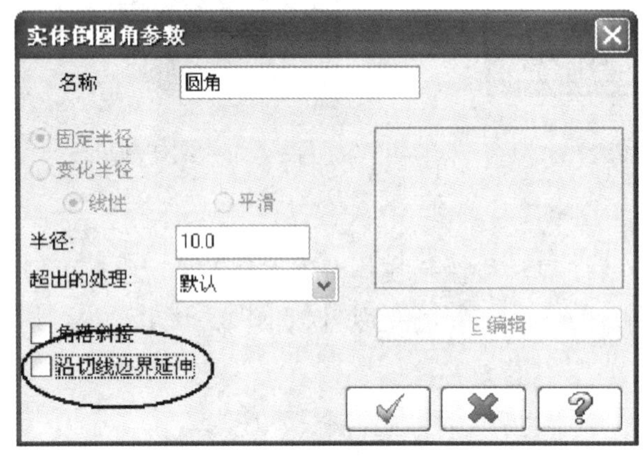

图 5.43 “实体倒圆角参数设置”对话框

图 5.44 未设置角落斜接

② 变化半径：倒圆角半径沿边界变化，选中“变化半径”单选按钮后，对话框将发生变化，右侧的列表将会显示边界及点。选择一个顶点，再输入半径值可以设置不定点的半径值。单击“编辑”按钮，可以进行变化半径点的插入，也可以修改半径值等操作。

③ 角落斜接：当 3 个或 3 个以上边线交于一点进行倒圆角时，此设置将每个倒圆角曲面延长求交，而不对倒圆角边沿进行光滑处理，如图 5.44 和图 5.45 所示。

④ 沿切线边界延伸：如选中此复选框，用户只要选取一条边线，系统便自动延伸到下一切的边线进行倒圆角；否则，系统只会对选取的边线进行倒圆角，建立实体如图 5.46 所示，选择图 5.46 的实体的上边侧面棱线，如图 5.47 所示，不选沿切线边界延伸，结果如图 5.48 所示。选择沿切线边界延伸，结果如图 5.50 所示。设置对话框如图 5.43 和图 5.49 所示。

（8）倒角

倒角是指对实体倒棱角，即在被选择的实体边上切除材料。实体倒角有三种方式：单一距离、不同距离、距离角度，三者操作过程基本相同，以“单一距离”倒角为例。

1）倒角创建。

实体倒角的操作步骤如下：

① 选择主菜单上的“实体”→“倒圆角”→“倒角”命令，或单击“倒角”按钮。

② 选取实体边进行倒角，完成后按 Enter 键。

③ 弹出“实体倒角参数”对话框，设置倒角距离等参数，整个操作过程如图 5.51～图 5.53所示。

图 5.45　设置角落斜接

图 5.46　实体

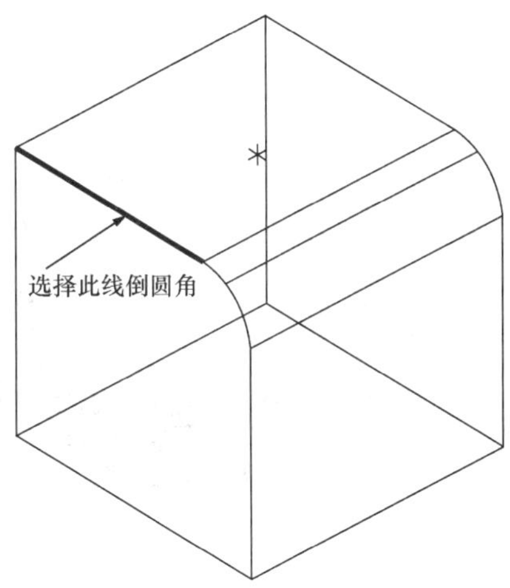

图 5.47　选择倒圆角边

图 5.48　未沿切线边界延伸

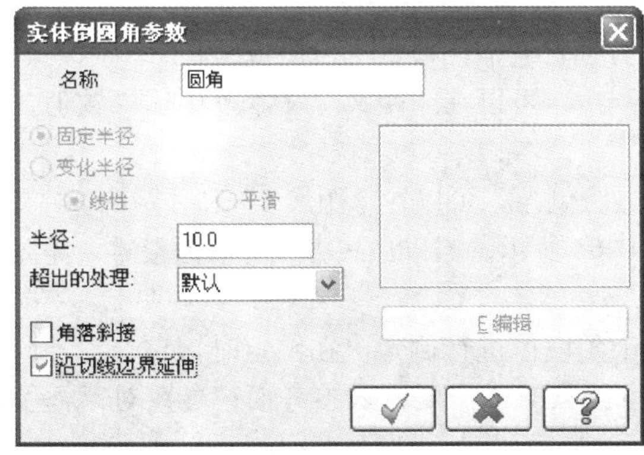

图 5.49　“实体倒圆角参数设置”对话框

图 5.50　沿切线边界延伸

图 5.51 “实体倒角”对话框

图 5.52 选择实体倒角边界

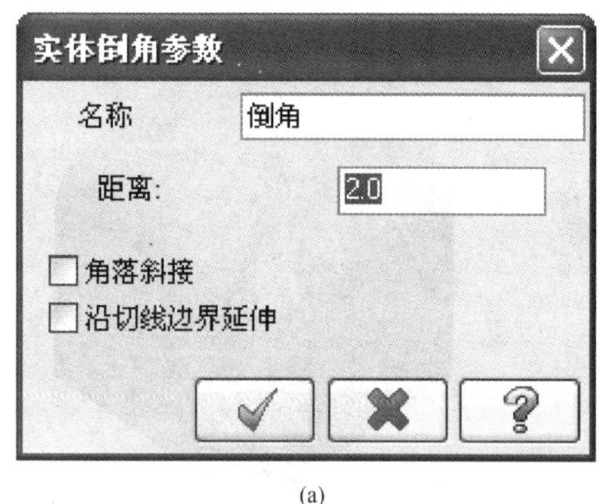

(a)

(b)

图 5.53 单一距离实体倒角

2）倒角参数设置。

MasterCAM X4 中实体例角有三种方式：单一距离、不同距离、距离角度。

“实体倒角参数”对话框略有不同。下面分别对它们的参数进行简单的介绍。

① 单一距离：表示使用相同的尺寸进行倒角，可以在“距离”文本框中输入数值，其含义如图 5.53 所示。

② 不同距离：表示使用两个不同的尺寸进行倒角，可以在“距离 1”和“距离 2”文本框中输入不同的数值，其含义如图 5.54～图 5.56 所示。当以边线方式选取因素时，需要输入参考面。

③ 距离角度：表示使用一个距离值和一个角度值进行倒角。在倒角时，它与“不同距离”倒角方式的操作相似；当以边线方式选取因素时，需要输入参考面；参数对话框及参数示意图如图 5.57 和图 5.58 所示。

“角落斜接”和“沿切线边界延伸”与倒圆角中的“角落斜接”和“沿切线边界延伸”相同。

图 5.54　“选取参考面”对话框

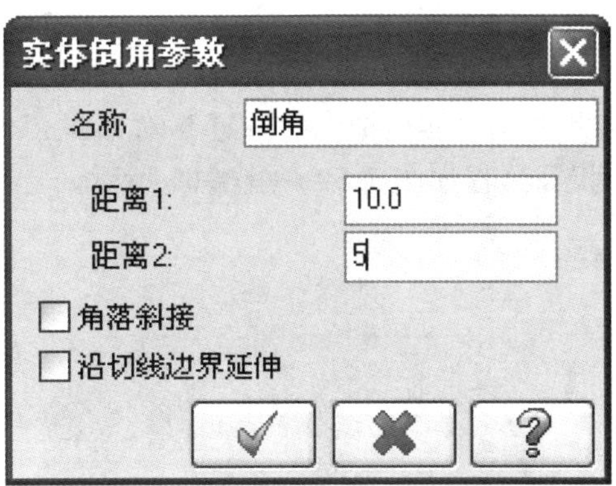

图 5.55　“实体倒角参数”对话框

图 5.56　实体倒角

图 5.57　“选取参考面”对话框

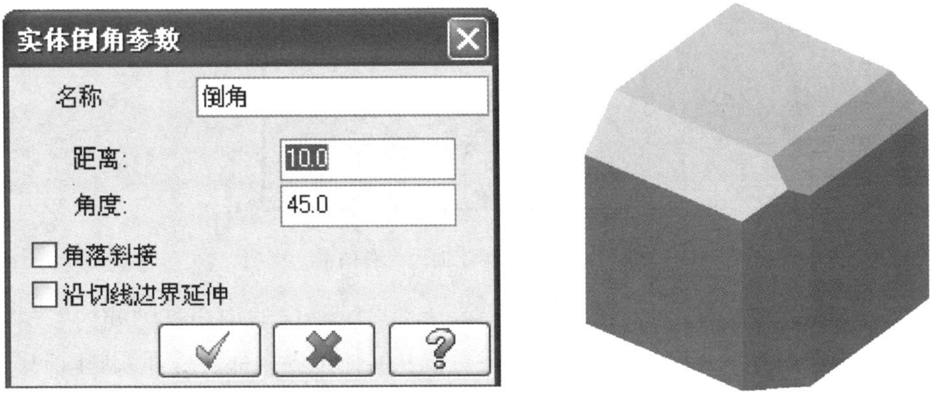

(a)　　　　(b)

图 5.58　距离角度实体倒角

（9）抽壳

抽壳命令是将实体挖空，使其实体保留一定的厚度。它经常用于薄壳零件的造型设计。实体抽壳的操作步骤如下：

① 选择主菜单上的“实体”→“抽壳”命令，或者单击工具栏上的“抽壳”按钮。

② 选取抽完曲面，完成后按 Enter 键。

③ 弹出“实体抽壳的设置”对话框，设置抽壳厚度等参数，完成后单击“确定”按钮，操作过程如图 5.59～图 5.61 所示。

图 5.59 选择实体抽壳开启的面

图 5.60 实体抽壳

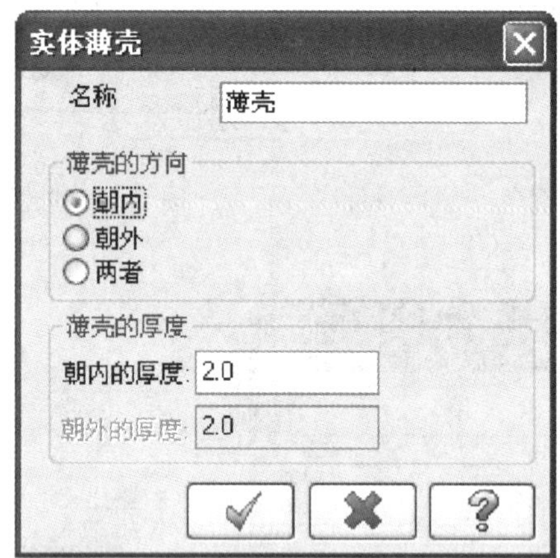

图 5.61 “实体抽壳”对话框

在“实体抽壳的设置”对话框的“抽壳的方向”选项区域中包括“朝内”、“朝外”、“两者”三个单选按钮，表示产生的薄壳零件分别从实体边界内部、外部或同时向两个方向加厚，其含义如图 5.61 所示。

要 点

在抽壳时，如果选择了整个实体，系统将产生一个封闭的空壳零件，从外表面是看不出来的。如果选择了开启面，则将开启面移除，从此位置可以清楚地观察到内部结构。因此实体抽壳时应注意区分是面抽壳还是体抽壳。

（10）牵引面

牵引面就是将实体上的某个面倾斜一定的角度。这种使一个或多个面倾斜一定角度的操作在设计模具的拔模角时经常用到，因此牵引面也称做拔模面。

牵引面的操作步骤如下：

① 选择主菜单上的“实体”→“牵引面”命令，或者单击工具栏上的“牵引面”按钮。

② 选取要牵引的面，完成后按 Enter 键。

③ 弹出“实体牵引面的参数”对话框，设置牵引角度，单击“确定”按钮。

④ 系统再次出现提示，选取面来确定牵引方向，完成后自动弹出“拔模方向”对话框，确认拔模方向无误后，单击“确定”按钮。操作规程如图 5.62～图 5.66 所示。

图 5.62　选择要牵引的面

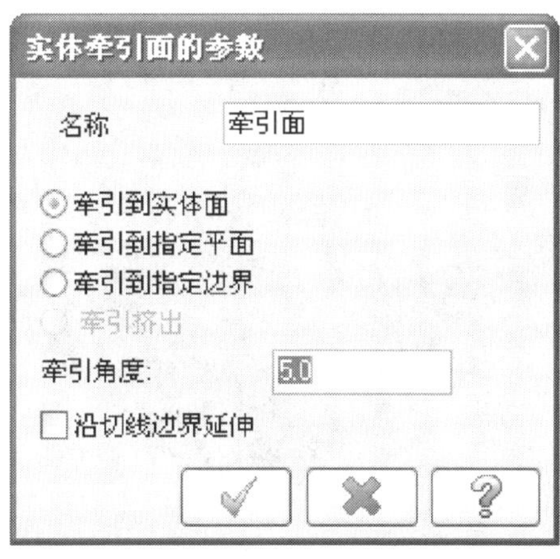

图 5.63　“实体牵引面参数”对话框

图 5.64　选择不动面

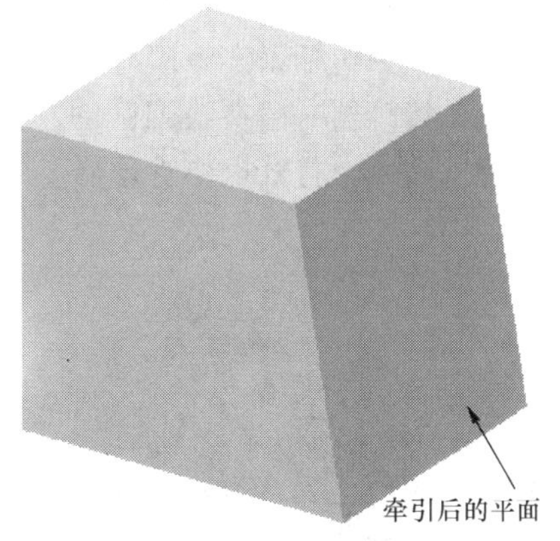

图 5.65　实体牵引的面

（11）实体修剪

修剪是利用平面、曲面、薄壁等去修剪实体，将实体一分为二，择其一保留，或者两者都保留。操作过程如图 5.67～图 5.70 所示。

图 5.66 “拔模方向”对话框

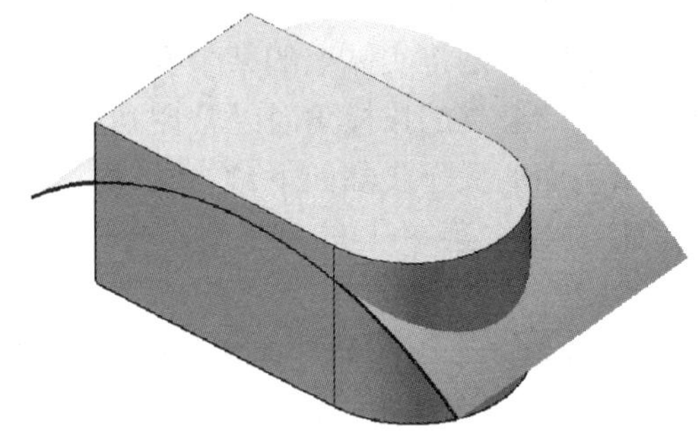

图 5.67 建立实体与分割面

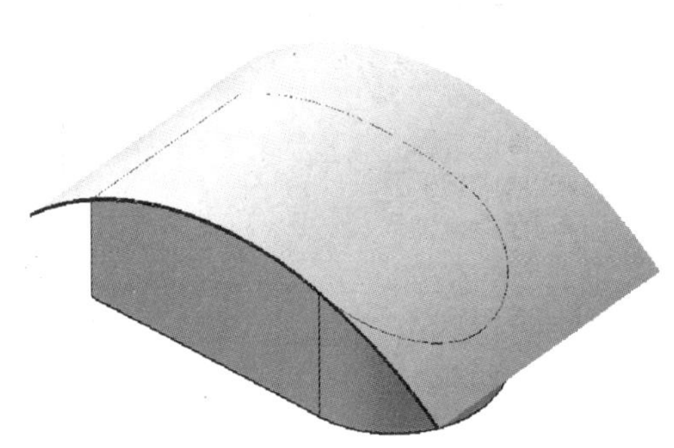

图 5.68 修剪实体

图 5.69 “修剪实体”对话框

(12) 实体操作管理器

实体操作管理器列出了当前工作环境中所有的实体模型，每个实体模型对应管理器中的一项，每一项中包括了实体模型的类型、参数以及几何图形等，如图 5.71 所示。

实体操作管理器一般在绘图区的左侧，如果屏幕上没有显示，可单击“视图”→“切换操作管理”命令，打开操作管理器，如图 5.72 和图 5.73 所示。

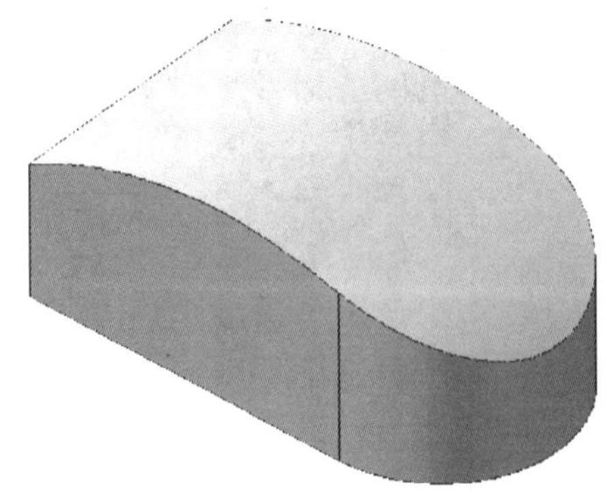

图 5.70 修剪实体

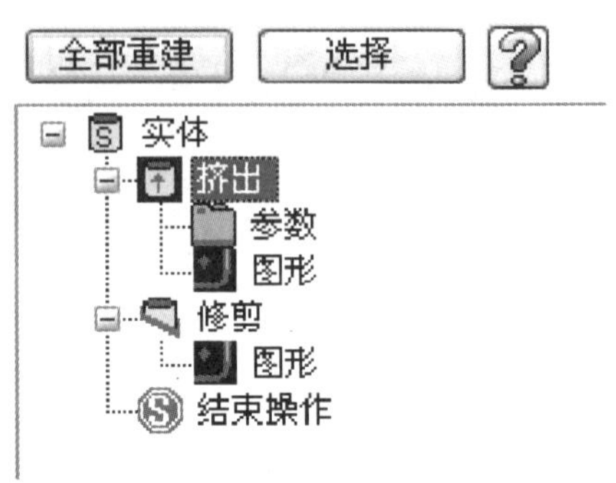

图 5.71 “实体操作管理器”列表

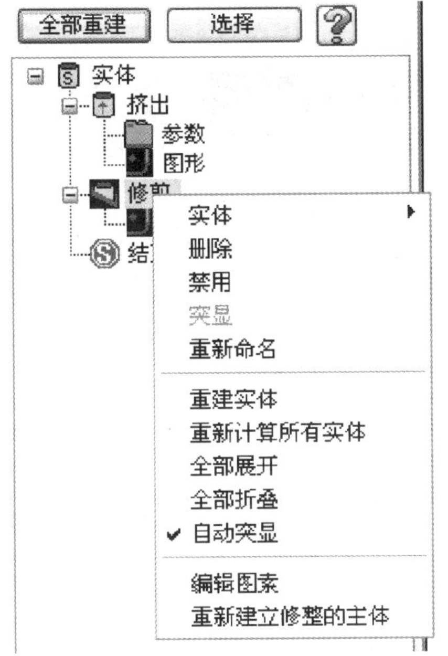

图 5.72 “实体操作管理器”编辑

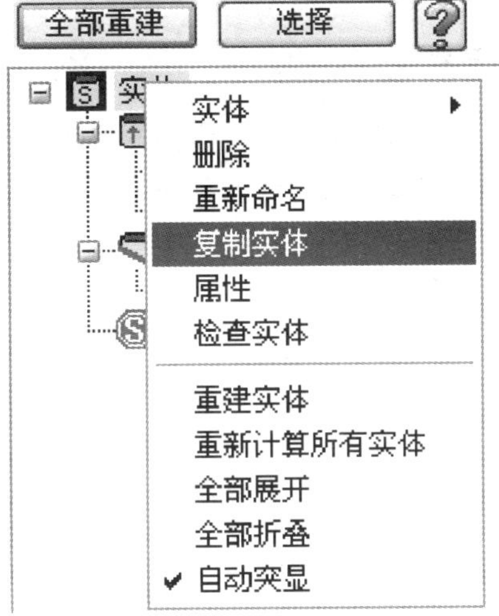

图 5.73 实体复制

“操作管理器项目菜单”中有以下实体操作：

1）删除操作。

删除操作是指在操作管理器中删除某项操作。其操作步骤如下：

① 在操作管理器的操作菜单中展开各种操作选项，左键选取需要删除的选项。

② 右击，打开实体操作菜单，选取“删除”或按 Delete 键。

③ 删除操作后，对相应的实体进行更新，单击“重新计算”按钮，系统自行更新。

2）编辑操作。

每一个实体操作与一个实体模型相关联，对几何体的改变可以影响到所选操作以及关联的实体模型。编辑实体主要包括编辑实体的基础串连曲线、实体重新倒圆角、重新倒角、挤压实体等。其操作步骤如下：

① 在操作管理器的操作菜单中展开各种操作选项，选取“几何图形”选项。

② 打开“实体串连管理器”窗口，在其中选取串连，右击，在“增加串连”、“删除串连”、“重新串连”或“全部重新串连”中选取需要的操作。

③ 编辑操作后，对相应的实体进行更新，单击“重新计算”按钮，系统自行更新。

3）修改参数。

修改参数是对构成实体的特性参数进行修改。

其操作步骤如下：

① 在操作管理器的操作菜单中展开各种操作选项，选取”参数”选项。

② 单击鼠标左键，打开相应实体的参数设置对话框，在其中进行参数修改。

③ 修改操作后，对相应的实体进行更新，单击“重新计算”按钮，系统自行更新。

4）复制实体。

复制实体是创建一个完全相同的实体，在操作管理器中选取需要复制的实体，右击，

选取“复制实体”选项，即可完成操作。

项目实施：三维实体建模

1　三维实体建模分析

本项目为实体建模，要求按照合理的建模顺序，选择相应的建模命令完成此实体模型，重点考虑实体建模思路和运用各种实体命令建模的过程。

2　三维实体建模步骤

（1）建立主要实体（矩形 120×100）

① 启动 MasterCAM X4 软件，建立新的文件，名称 5-1. mcx。

② 构图面：俯视图 T，构图深度 $Z=0$，绘制 120×100 矩形，定位基准点矩形中心，捕捉原点，如图 5.74 所示。

图 5.74　矩形尺寸

③ 挤出实体，挤出形状步骤①绘制的图形，串联选择，挤出方向向下，设置挤出距离 10，操作过程如图 5.75～图 5.76 所示，设置其他相关参数如图 5.77所示，单击“确定”按钮，结果如图 5.78 所示。

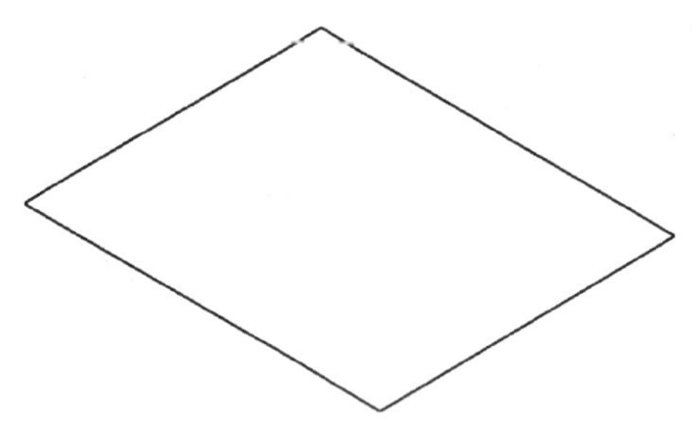

图 5.75　挤出外形

图 5.76　挤出方向

（2）建立凸起实体（矩形 40×20）

① 构图面：俯视图 T，构图深度 $Z=0$，绘制 40×20 矩形，定位基准点矩形中心，捕捉（－25，0），如图 5.79 和图 5.80 所示。

② 挤出实体，挤出形状步骤①绘制的图形，串联选择，挤出方向向上，设置挤出距离 15，设置其他相关参数如图 5.82 所示，单击“确定”按钮，结果如图 5.81 所示。

（3）建立切割实体（矩形 30×10）

① 构图面：俯视图 T，构图深度 $Z=10$，绘制 30×10 矩形，定位基准点矩形中心，捕捉（－25，0），如图 5.83 所示。

图 5.77　串联选项

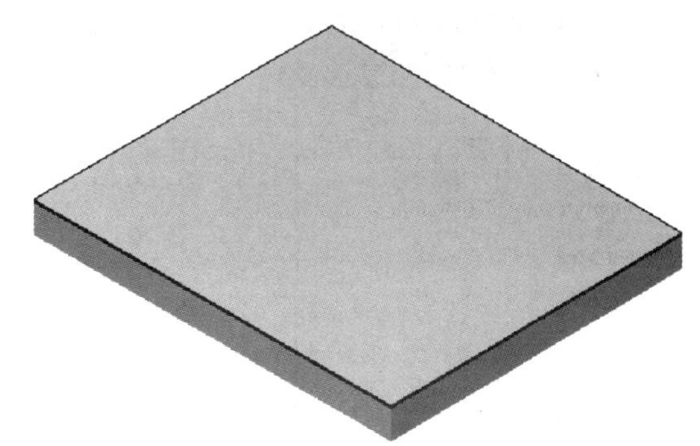

图 5.78　挤出实体

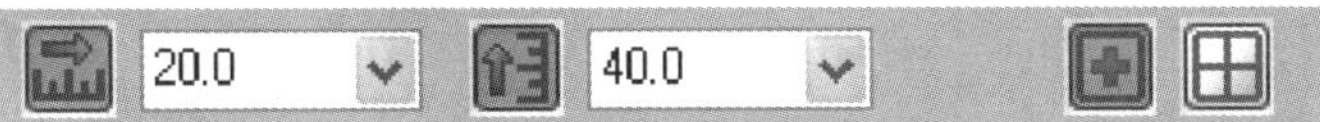

图 5.79　矩形尺寸

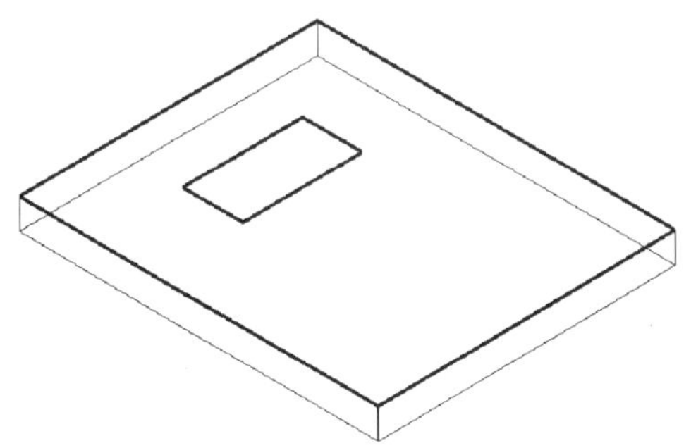

图 5.80　挤出外形

图 5.81　挤出实体

图 5.82　实体挤出设置

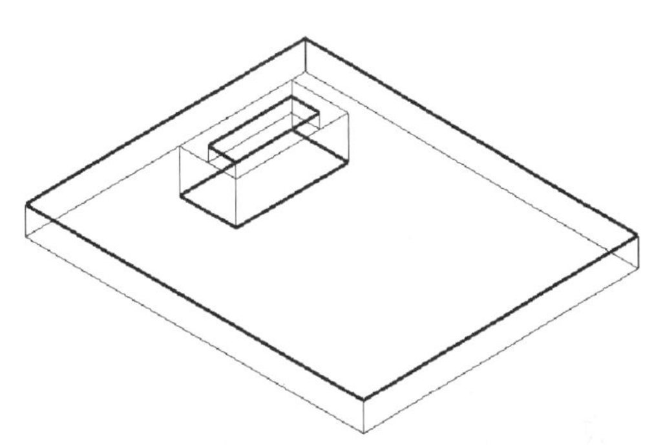

图 5.83　挤出外形

② 挤出实体，挤出形状步骤①绘制的图形，串联选择，挤出方向向上，设置挤出距离5，设置其他相关参数如图 5.84 所示，单击“确定”按钮，结果如图 5.85 所示。

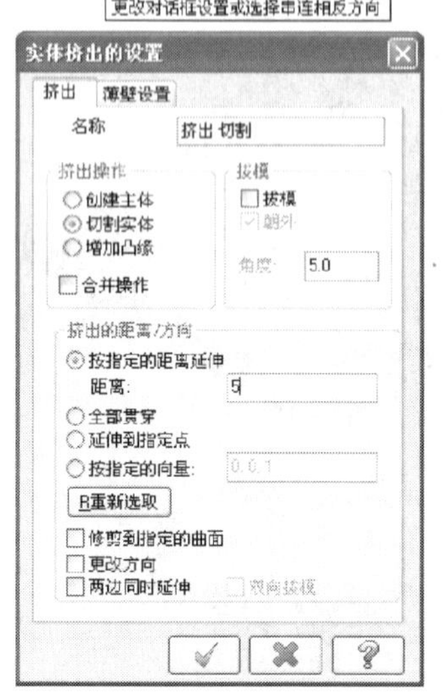

图 5.84　实体挤出设置

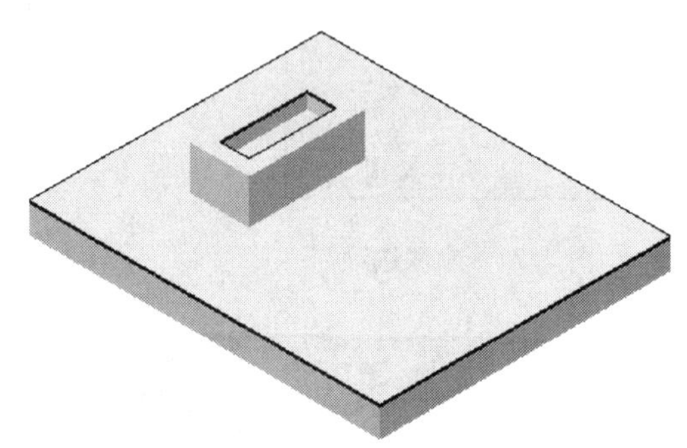
图 5.85　挤出实体

(4) 建立旋转实体（直径 5 的圆）

① 构图面：前视图 F，构图深度 Z=4，2D 构图面，绘制封闭的旋转外形，如图 5.86 所示。

图 5.86　构图面深度设置

② 旋转实体，挤出形状步骤①绘制的图形，串联选择，旋转起始角度 0，旋转终止角度 360°，操作过程如图 5.87 和图 5.88 所示，设置其他相关参数如图 5.89所示，单击“确定”按钮，结果如图 5.88 所示。

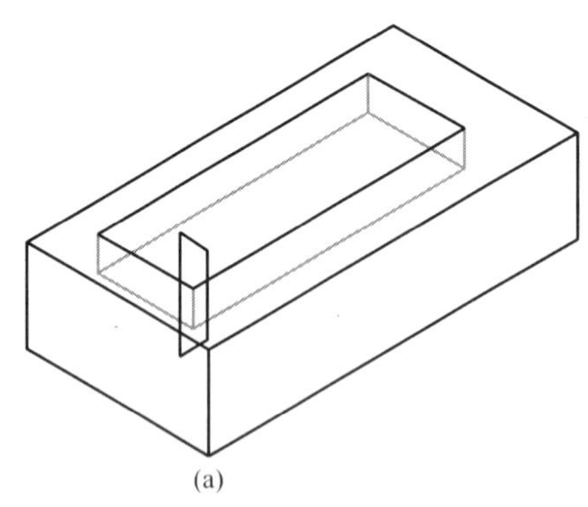
(a)

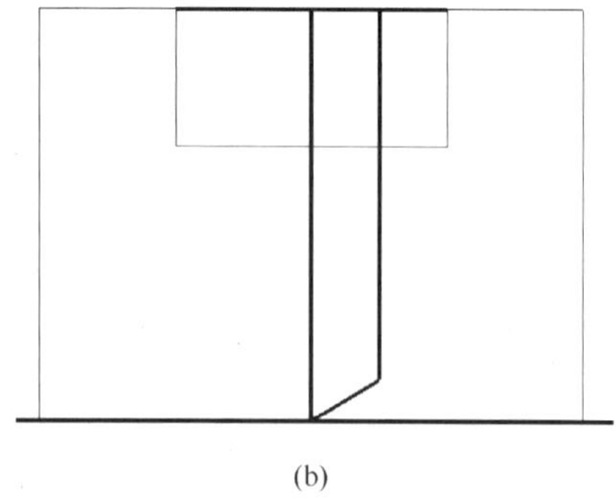
(b)

图 5.87　旋转外形

(5) 平移复制实体

① 选中 4 创建的实体。

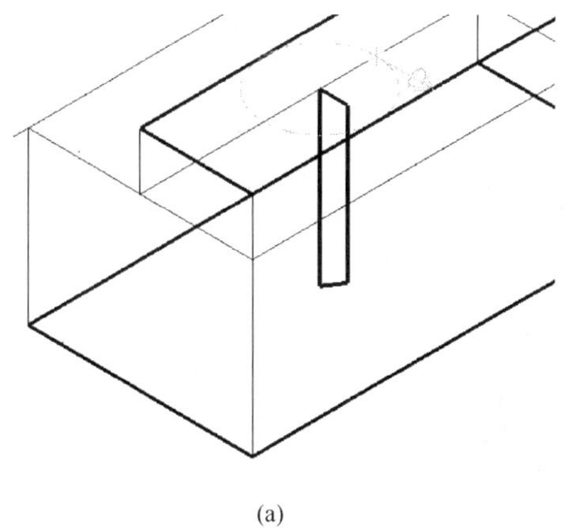

(a)

(b)

图 5.88　旋转创建实体

(a)　　(b)

图 5.89　旋转实体的设置

② 单击转换 - 平移，设置其他相关参数如图 5.90 所示，沿 Y 轴平移-7，单击“确定”按钮，结果如图 5.91 所示。

（6）镜像实体

① 选中 4 和 5 创建的实体。

② 单击转换 - 镜像，设置其他相关参数如图 5.92 所示，沿 Y 轴镜像，单击“确定”按钮，结果如图 5.93 所示。

（7）布尔运算

① 结合实体。单击布尔运算-结合，选择 1 和 2 步创建的实体，将其结合为一个实体。

② 切割实体。单击布尔运算-切割，先选目标主体，步骤①结束之后的主体，再选工件主体，步骤 4、5 和 6 创建的主体，按 Enter 键，结果如图 5.94 所示。

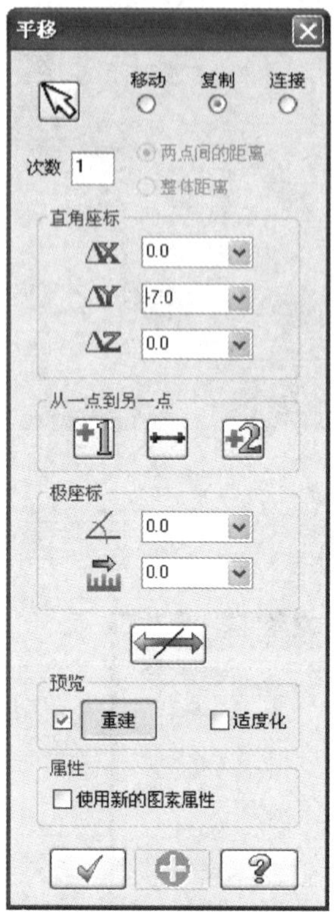

图 5.90　平移实体设置

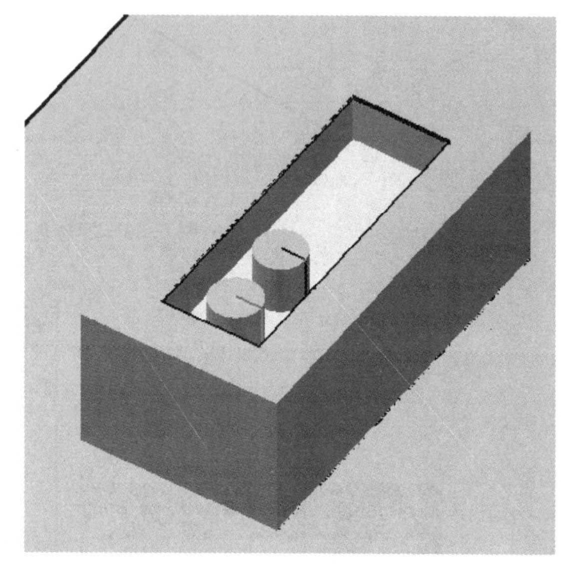

图 5.91　平移实体

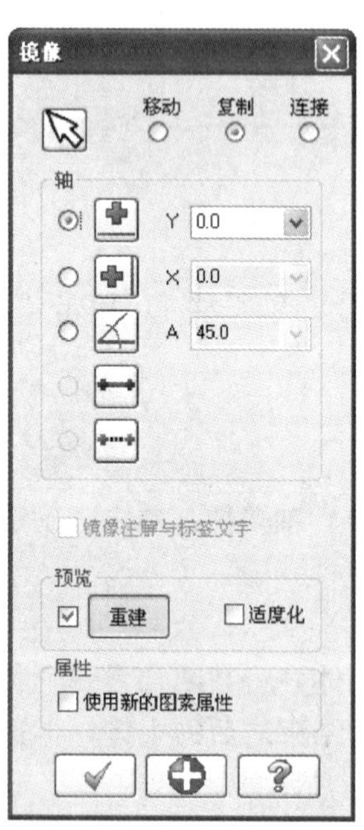

图 5.92　镜像实体设置

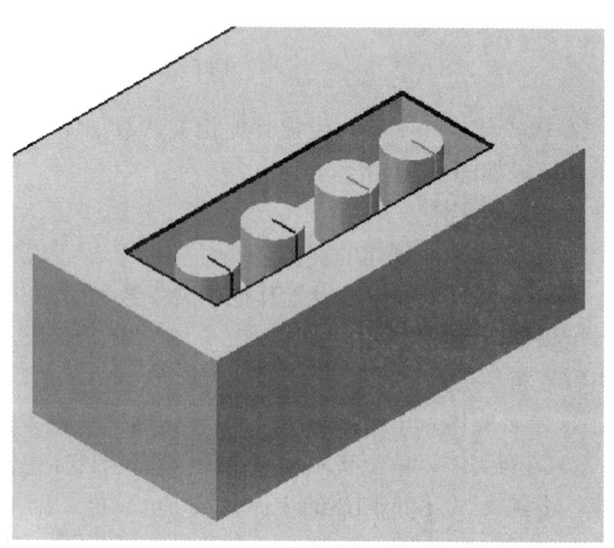

图 5.93　镜像实体

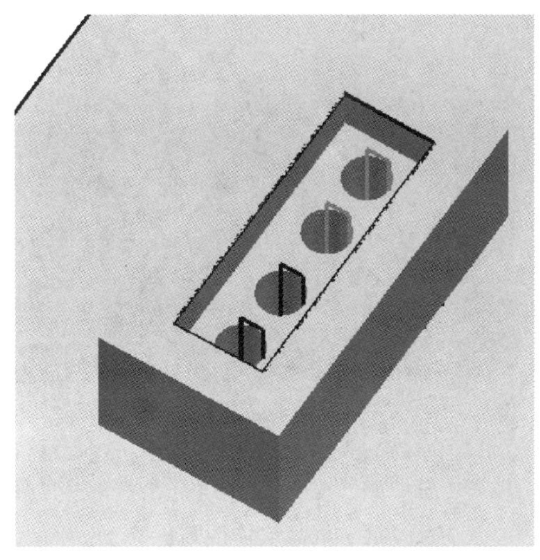

图 5.94　布尔运算后的实体

（8）实体倒圆角与倒角

① 单击实体工具栏-倒圆角命令，选择步骤 3 创建的槽的内 4 条竖边界，半径 3，结果如图 5.95 所示。选择槽外面两条斜对边，倒圆角半径 5，结果如图 5.96 所示。

② 单击实体工具栏-倒角命令，选择槽外面另外两条斜对边，单一距离倒角，距离 6，结果如图 5.97 所示。

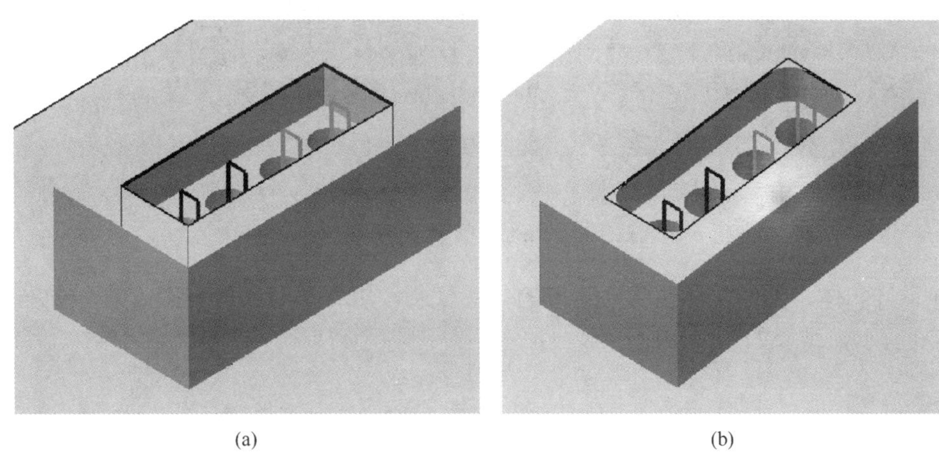

(a)　(b)

图 5.95　实体槽倒圆角

（9）建立举升实体

① 构图面：俯视图 T，构图深度 $Z=0$，2D 构图面，绘制封闭的 40×40 矩形，矩形角落圆角半径 6，中心位置如图 5.1 所示。

② 构图面：俯视图 T，构图深度 $Z=6$，2D 构图面，绘制封闭的 32×32 矩形，矩形角落圆角半径 5。

③ 构图面：俯视图 T，构图深度 $Z=12$，2D 构图面，绘制封闭的 30×30 矩形，矩形角落圆角半径 5。

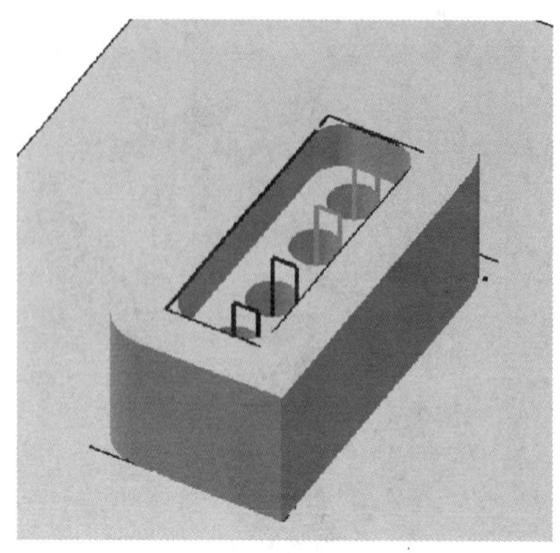

图 5.96　实体倒圆角

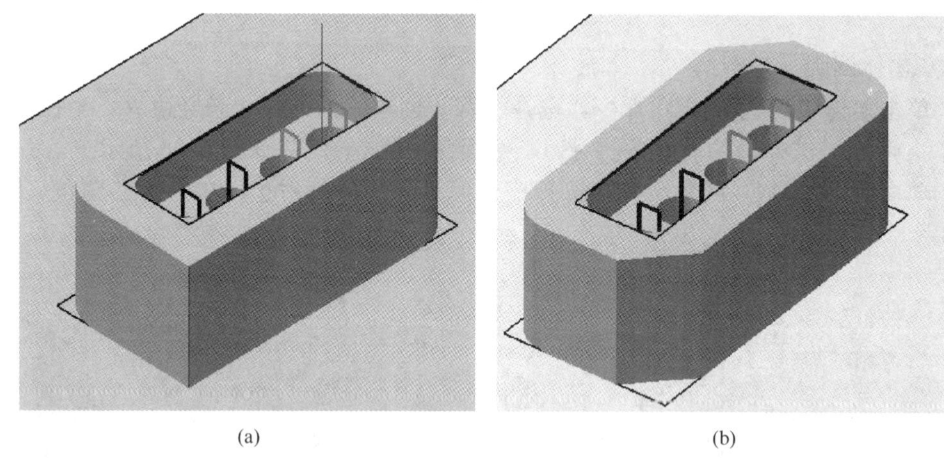

(a)　　　　(b)

图 5.97　实体倒角

④ 举升实体，创建实体前将要对齐的位置打断，然后举升实体，操作过程如图 5.98～图 5.100 所示，结果如图 5.100 所示。

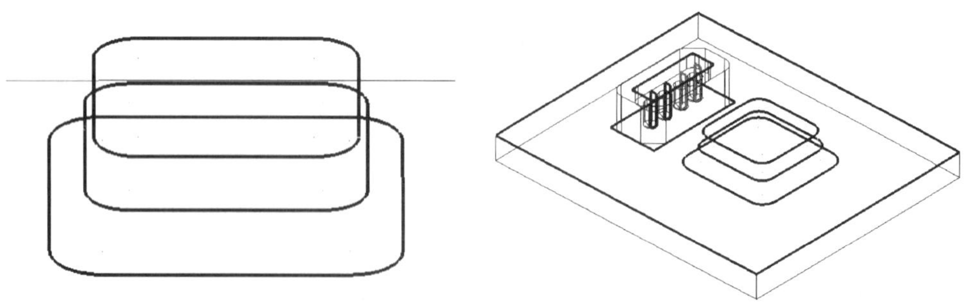

图 5.98　举升实体的 3 组封闭曲线

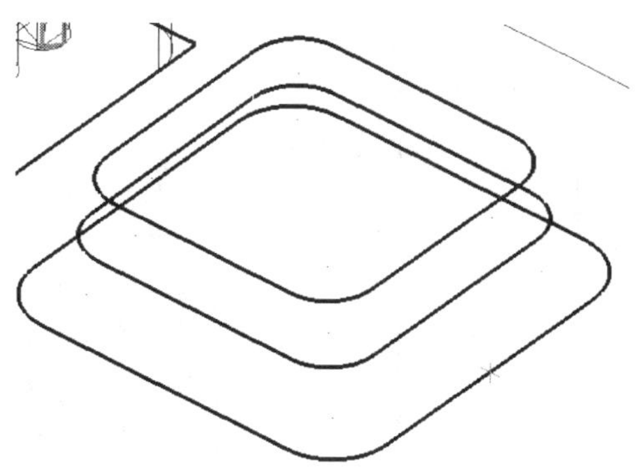

图 5.99　相应的打断点

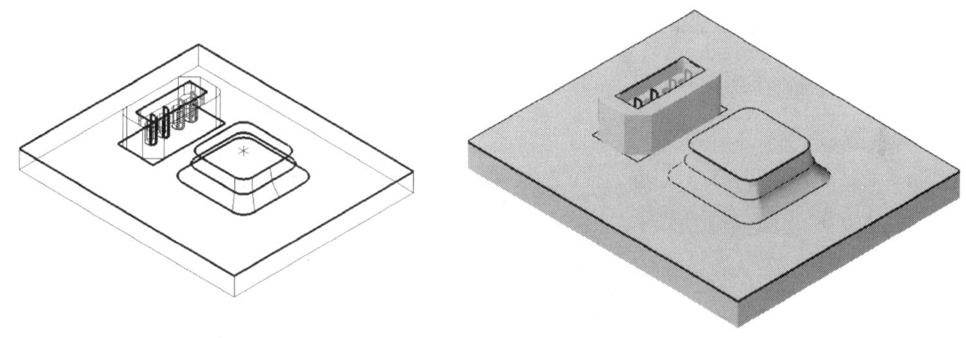

图 5.100　举升实体

要　点

曲线选择顺序，设置为增加凸缘。

（10）用椭圆切割实体

① 构图面：俯视图 T，构图深度 $Z=12$，2D 构图面，绘制长半轴 12，短半轴 8 的椭圆。中心位置如图 5.1 所示，如图 5.101 和图 5.102 所示。

② 挤出切割实体，选择椭圆，结果如图 5.103 所示。注意设置为切割实体，切割深度 10。

（11）牵引实体

单击“实体工具栏→牵引实体”命令，选择椭圆内表面作为要牵引的平面，椭圆上表面为不变的平面，角度 20°朝内，结果如图 5.104 和图 5.105 所示。

（12）扫描实体

① 构图面：俯视图 T，构图深度 $Z=0$，2D 构图面，绘制封闭的 100×80 矩形，矩形角落圆角半径 10，中心位置原点，作为扫描引导线，结果如图 5.106 所示。

② 构图面：前视图 F，构图深度 $Z=0$，2D 构图面，绘制直径为 4 的半圆，圆心在步骤①绘制的矩形上，中心位置如图 5.107 所示，作为扫描截面线。

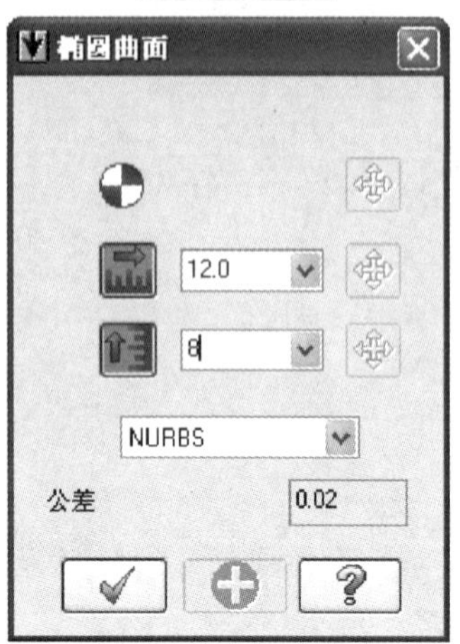

图 5.101　椭圆参数

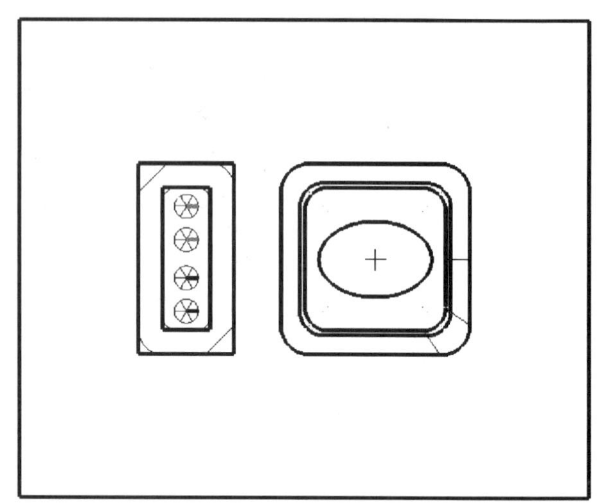

图 5.102　绘制椭圆

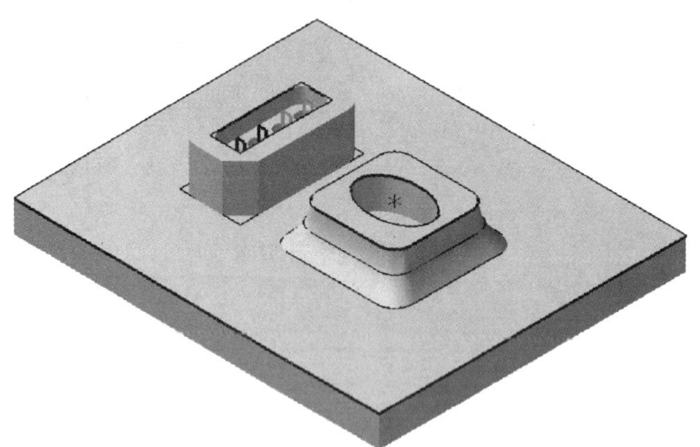

图 5.103　椭圆切割实体

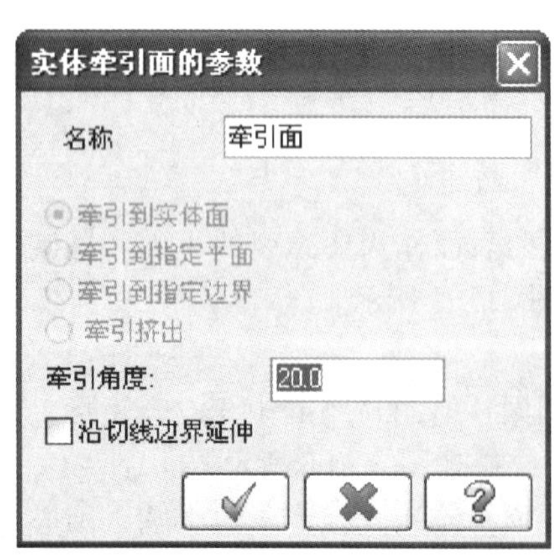

图 5.104　牵引面角度设置

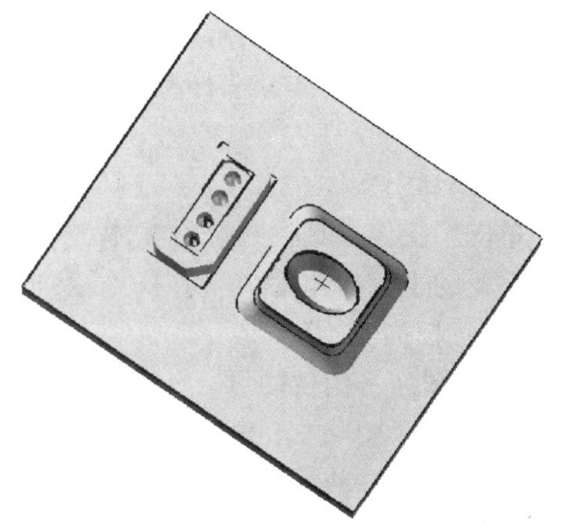

图 5.105　牵引实体

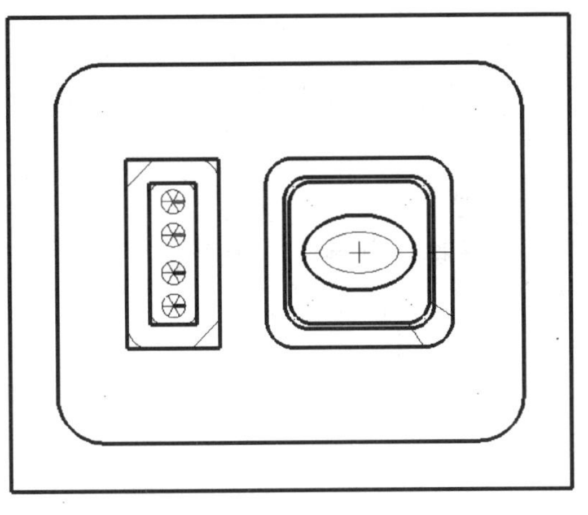

图 5.106　创建扫描引导线

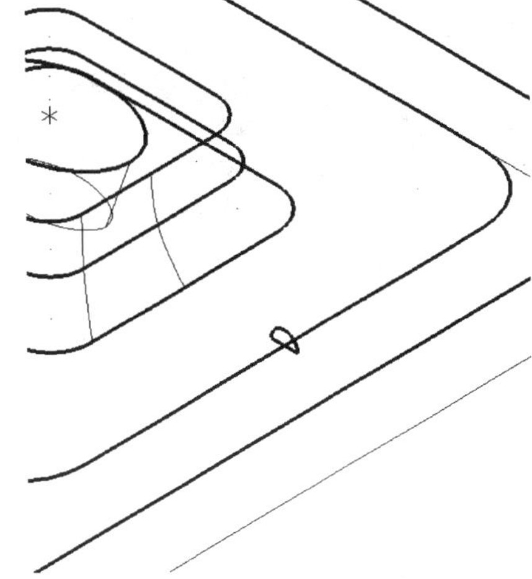

图 5.107　创建扫描截面线

③ 扫描实体，先选择截面线，再选择引导线。注意曲线选择顺序，设置为增加凸缘，如图 5.108 和图 5.109 所示。

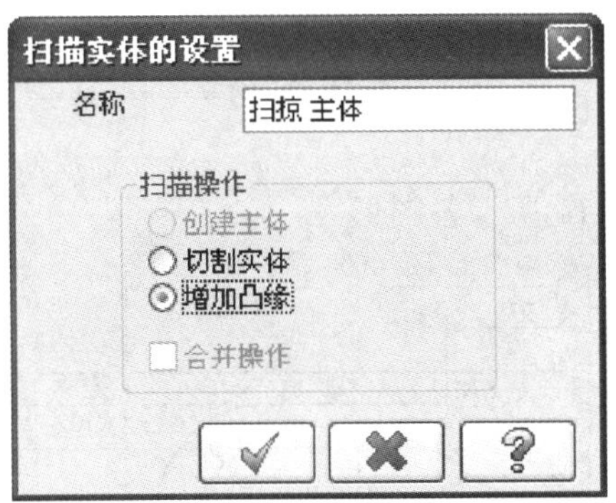

图 5.108　扫描实体参数设置

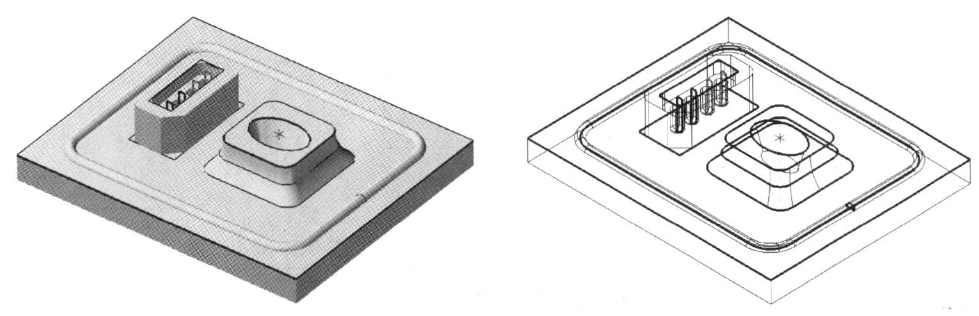

图 5.109　实体建模图形

(13) 隐藏实体

除实体外，将其他所用的曲线、直线、圆弧和点的图素全部隐藏。

单击屏幕-隐藏图素按钮，或单击工具栏隐藏图素按钮，如图 5.110 所示，选择屏幕上要保留的图素，选择完毕后按 Enter 键即可。

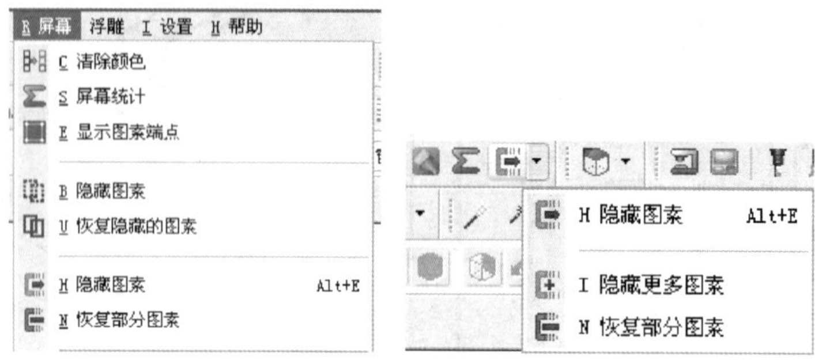

图 5.110　隐藏图素

要　点

1. 不能将产生实体的原始图素删除，否则不能全部重建。
2. 实体的有关参数修改后必须全部重建，否则更改后的参数将不能更新。
3. 如隐藏了不该隐藏的图素，可用恢复隐藏的图素进行恢复，不必重新建立图素。

上机练习

利用实体功能绘制图 5.111 所示各图形。

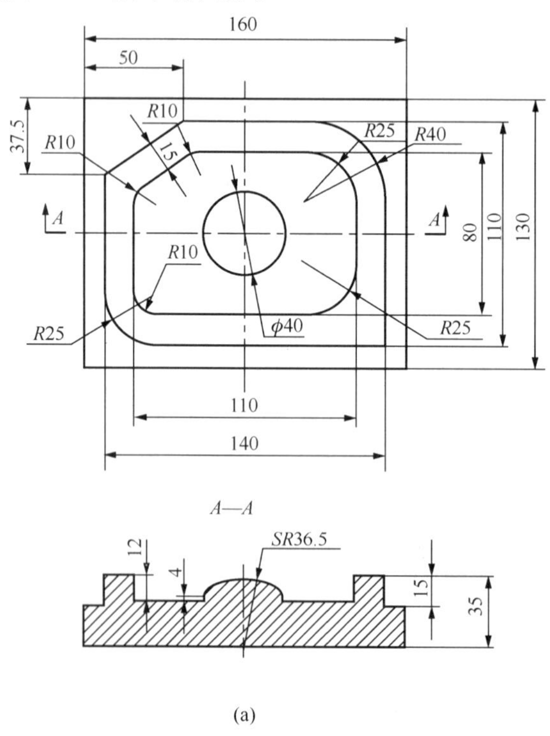

(a)

图 5.111　习题图

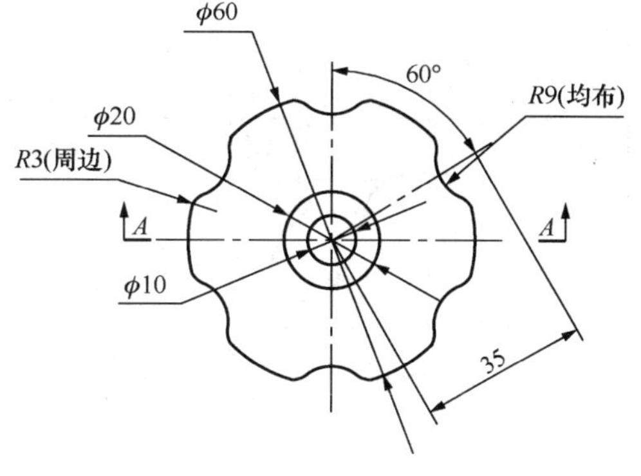

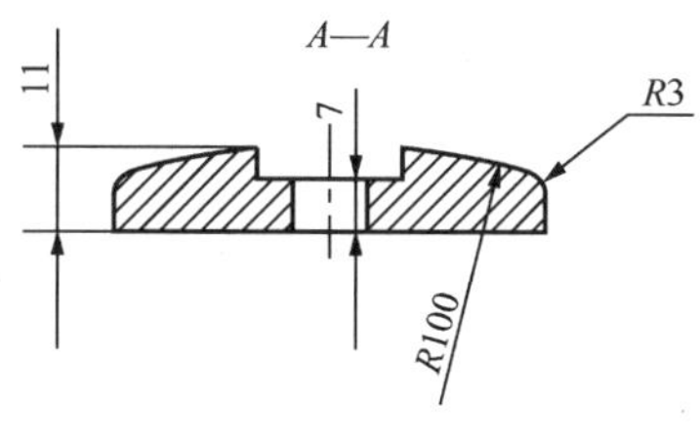

(b)

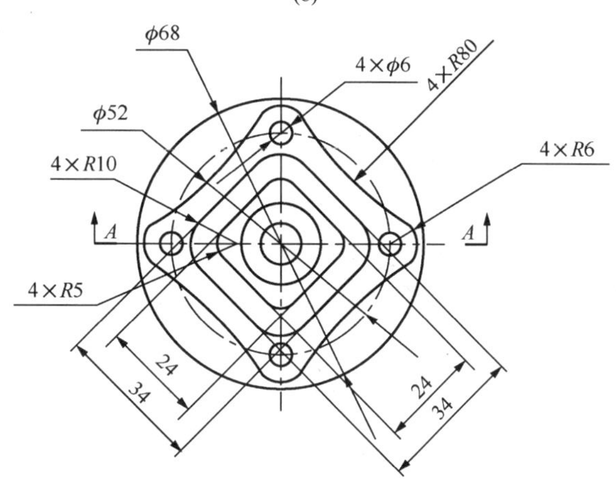

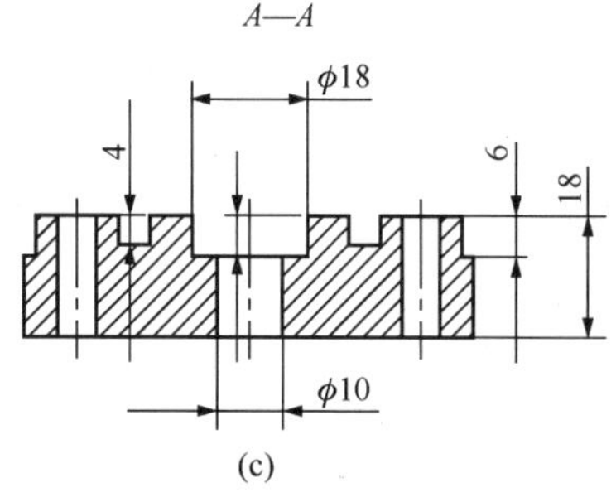

(c)

图 5.111 习题图（续）

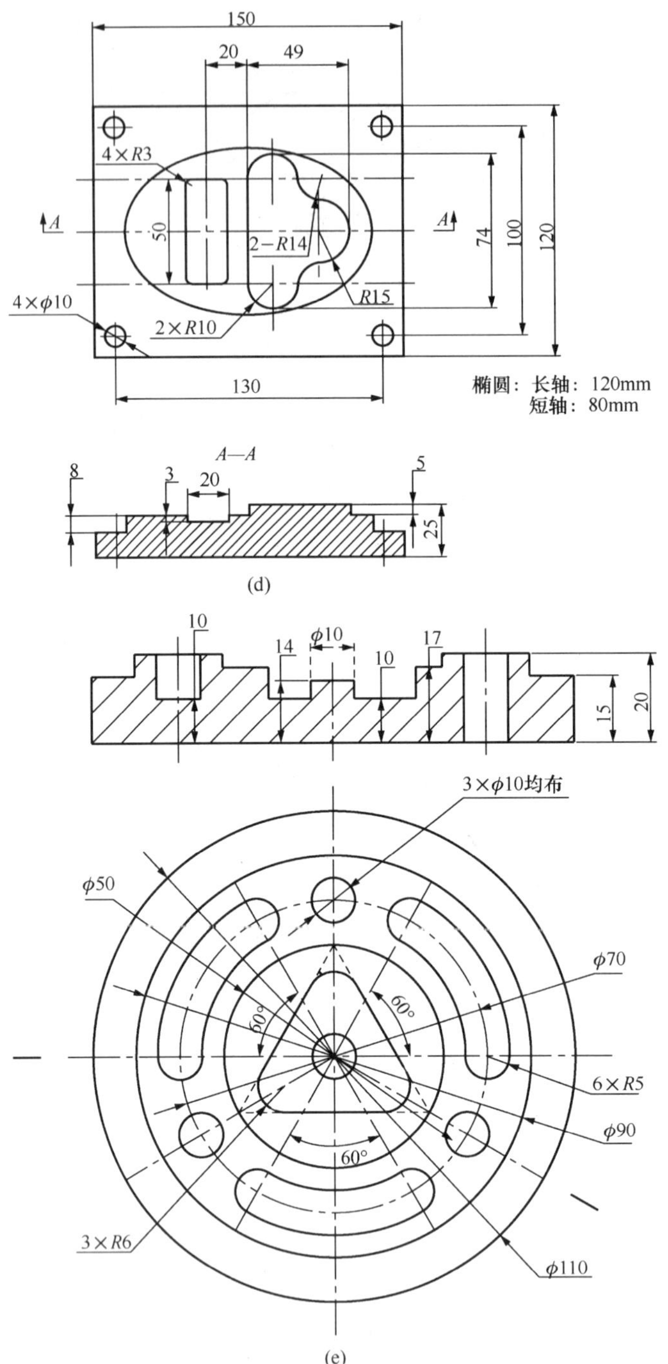
150
20
49
4×R3
A
50
2−R14
A
74
100
120
4×φ10
2×R10
R15
130
椭圆：长轴：120mm
短轴：80mm
A—A
8
3
20
5
25
(d)
10
14
φ10
10
17
15
20
3×φ10均布
φ50
φ70
60°
60°
6×R5
φ90
60°
3×R6
φ110
(e)

图 5.111　习题图（续）

项目6　绘制实体模型图（2）：实体高级

项目任务

任务内容

如图6.1所示的实体图，其为PRO/E文件，首先将该文件导入MasterCAM X4中，将其转化为MasterCAM X4实体文件，如图6.2所示；其次利用实体生成三视图的功能生成该实体的三视图，如图6.3所示；编辑为符合国家标准的形式，如图6.4所示；将其保存在“D：/MasterCAM项目6”文件夹中，文件名为“6-1.mcx”。

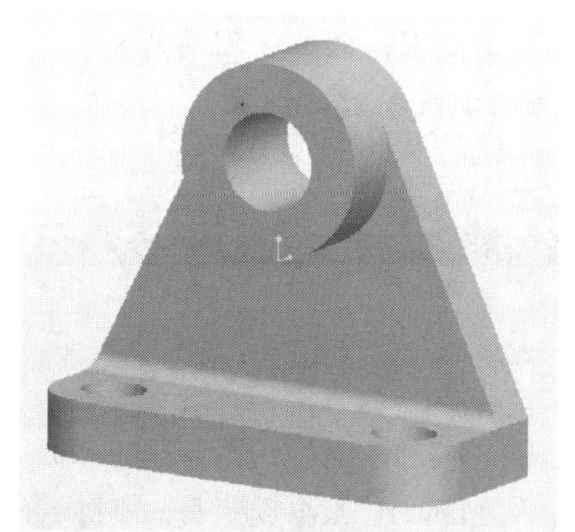

图6.1　PRO/E文件

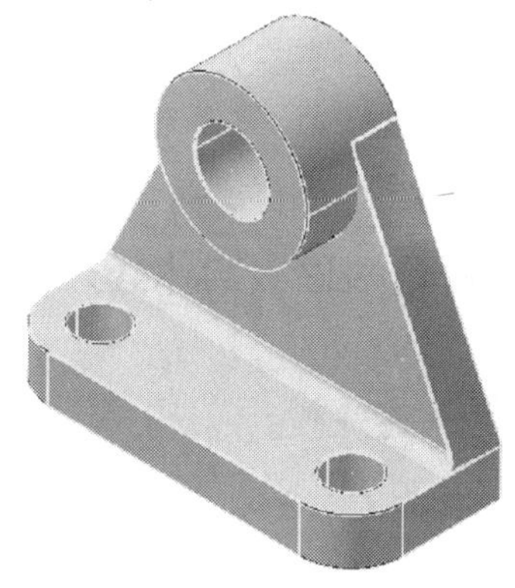

图6.2　MasterCAM文件

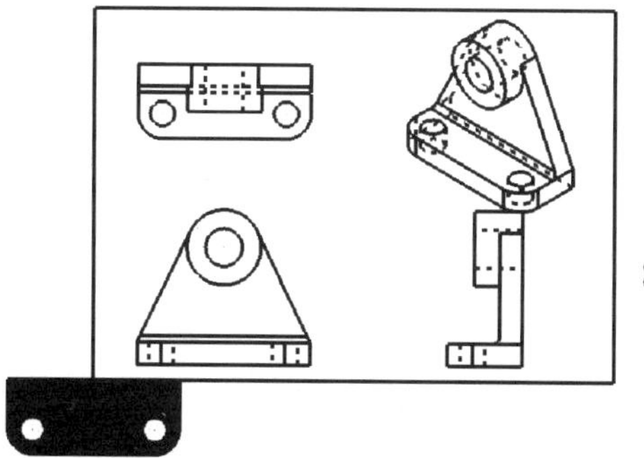

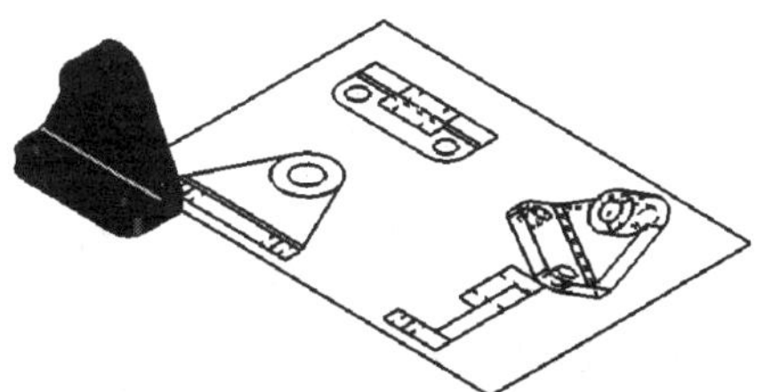

图6.3　MasterCAM X4生成的三视图

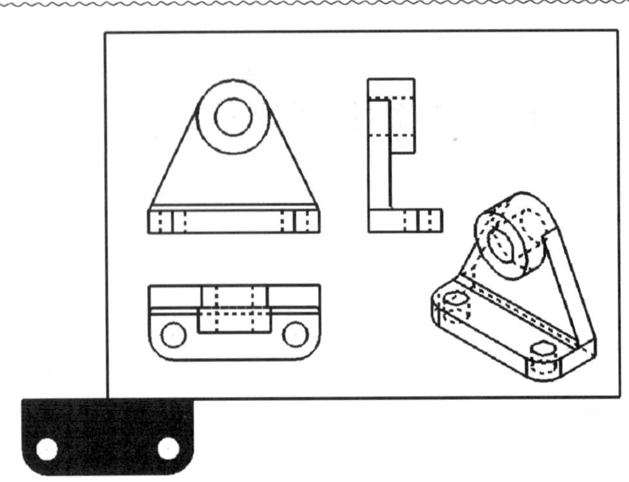

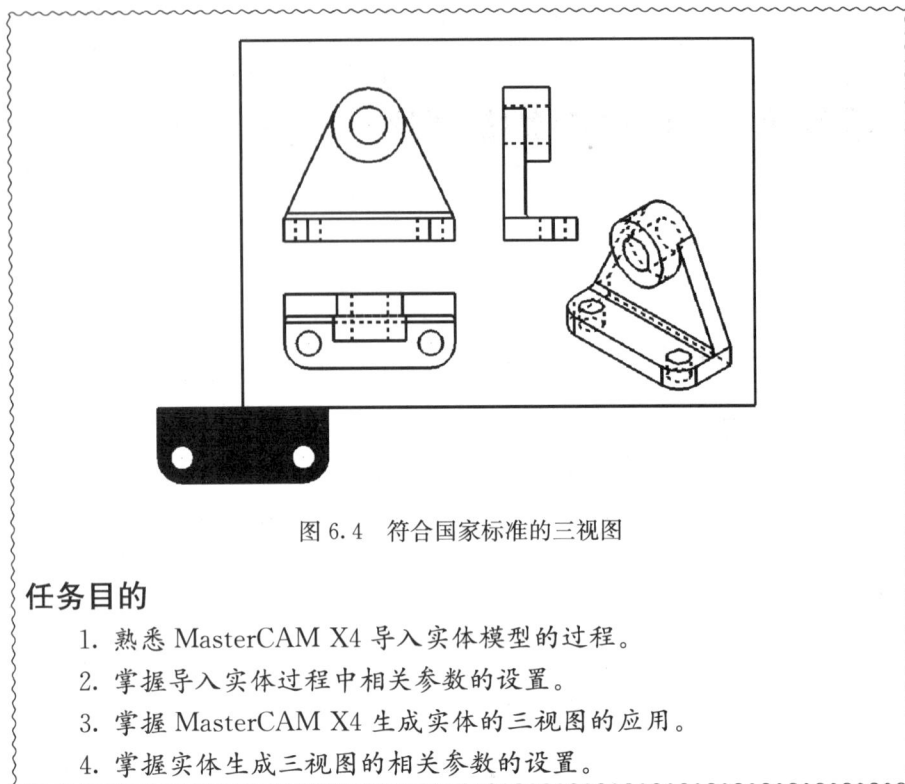

图 6.4　符合国家标准的三视图

任务目的

1. 熟悉 MasterCAM X4 导入实体模型的过程。
2. 掌握导入实体过程中相关参数的设置。
3. 掌握 MasterCAM X4 生成实体的三视图的应用。
4. 掌握实体生成三视图的相关参数的设置。

相关理论知识：实体导入与生成

1　实体导入

MasterCAM X4 可以输入多种类型的 CAD 文件，例如 Pro/E 的 part 文件或 AutoCAD 等类型的文件，并把读取的 CAD 文件转入 MasterCAM 资料库。MasterCAM X4 也可以读取 MasterCAM 老版本的文件格式；同样 MasterCAM X4 可以输出多种格式的 CAD 文件。

(1) 单个实体文件的导入

单击菜单“文件”→“打开”选项或单击绘图工具栏中的“打开”图标，会弹出“打开”对话框，如图 6.5 所示。

设置打开文件的类型，常用的文件类型有 Pro/E 文件、AutoCAD 文件、SolidWorks 文件、Catia 文件、IGES 文件和 STEP 文件等。设置好查找范围，单击“确定”按钮即可完成。

(2) 成批实体文件的导入

单击菜单“文件”→“汇入目录”命令，会显示“汇入文件夹”对话框，如图 6.6 所示。

设置打开文件的类型，常用的文件类型有 Pro/E 文件、AutoCAD 文件、SolidWorks 文件、Catia 文件、IGES 文件和 STEP 文件等，单击汇入文件类型右边向下的箭头按钮，

图 6.5　“打开”对话框

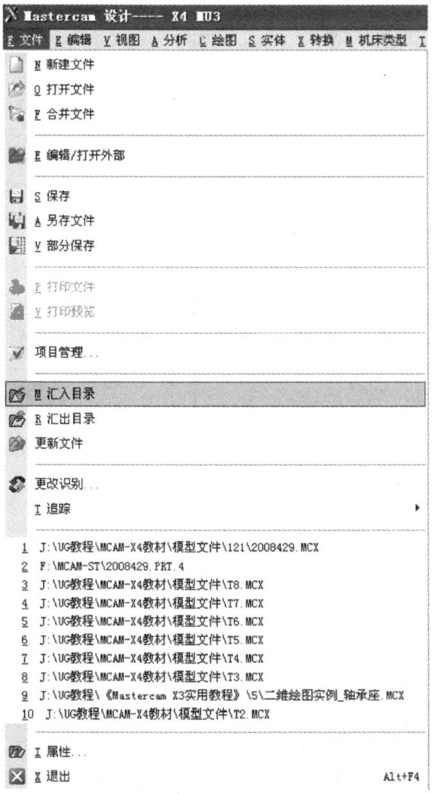

图 6.6　选择“汇入目录”选项

选择汇入文件的类型。设置汇入文件的文件夹，单击从这个文件夹右边的图标按钮，浏览汇入文件夹的位置。设置转换文件后的文件夹，单击到这个文件夹右边的图标按钮，浏览文件转换后放入文件夹的位置。

在子文件夹内查找，设置是否在从这个文件夹内查找设置文件夹的子文件夹，如需设置要在前面打上勾，设置完成后单击“确定”按钮。“汇入文件夹”对话框如图 6.7 所示。

图 6.7　“汇入文件夹”对话框

导入完成后在设置好的到这个文件夹的文件夹内会出现一系列扩展名为 .MCX 的文件，即可表明导入成功。

要　点

导入的文件类型必须设置正确，否则实体导入将不会成功。

2 实体生成视图

实体生成投影视图可以创建一张具有不同投影方向的工程图，并且工程图可以按国家标准定义，可以设置大小和方向，可以选择所需的投影图。生成视图步骤如下：

① 单击菜单“菜单”→“生成工程图”选项或单击工具栏中的“生成工程图”图标，会显示“绘制实体的设计图纸”对话框，如图 6.8 所示，参数设置完毕后单击确定，将出现“深度选择”对话框，如图 6.9 所示，选择生成的三视图的图素放置的图层，参数设置完毕后单击确定，出现新的“绘制实体的设计图纸”对话框，参数设置完毕后单击确定，就会生成三视图。设置以下参数：

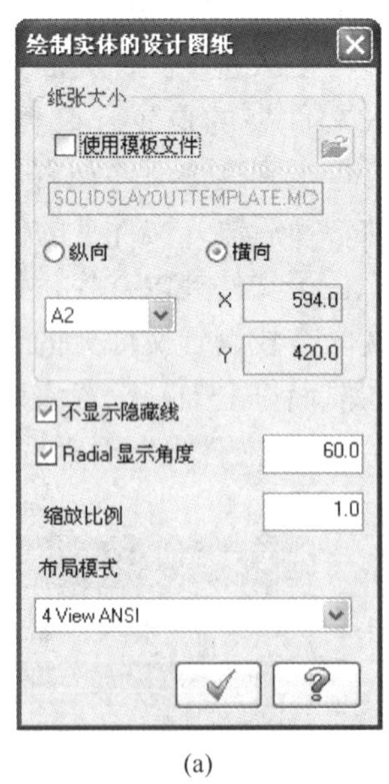

(a)

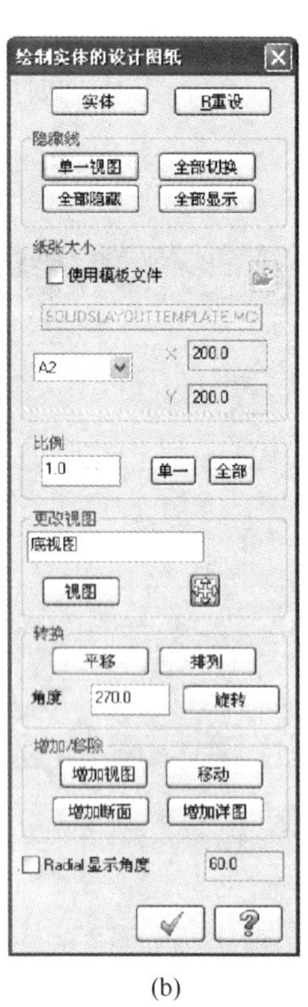

(b)

图 6.8 “绘制实体的设计图纸”对话框

• 使用模板文件，可以使用自己定义的模板文件，如需使用请在使用模板文件前面打勾，并单击在后边的打开文件按钮，浏览自己定义的模板位置。

• 纵向＼横向，设置图纸如何放置，一般为 A4 图纸纵向放置，其余为横向放置。

• 指定图纸大小，后面为指定的图纸尺寸。

图 6.9 “深度选择”对话框

• 不显示隐藏线，设置不可见线的显示与否。

• Radial 显示角度，设置是否增加或移除实体视图中的代表封闭表面径向显示线，如果选中后，设置的角度将定义被创建的放射线的位置与数量。

• 缩放比例，设置工程图比例。

• 布局形式，设置视图的布置方式。单击右侧向下箭头可以选择。

② 设置完成后单击确定按钮，会出现深度选择对话框，用于设置投影后的图形图素放置的层别，设置以下参数：

• 层别号码，在下面的方框内输入数字，表示图形图素放置的层别。

• 设置将要放入上步设置完毕的层别号码中的图素。

③ 设置完成后单击确定按钮，会出现绘制实体的设计图纸对话框，用于设置投影后的图形图素的相关参数，设置以下参数：

• 实体，使用相同的生成工程图设置重新选择放置图层创建一个新的工程图。

• 重设，重新设置所用参数生成新的工程图。

• 隐藏线，设置隐藏线的显示方式。

• 纸张大小，设置工程图图幅的大小，通常选符合国家标准的。

• 比例，设置工程图图形比例，分为单一和全部：单一，只改变一个视图的比例，操作过程：首先改变比例的数值，然后选择要改变的视图，在视图的任意位置单击即可；全部，改变所有视图的比例。

利用单一比例更改轴测图的图纸如图 6.10 所示。

④ 更改视图，更改已投影后的视图。首先选择改后的视图，再选择要改动的视图。单击更改视图下面视图按钮，选择改后的视图，在单击按钮，在工程图纸中选择要更改的视图的任一图素即可。

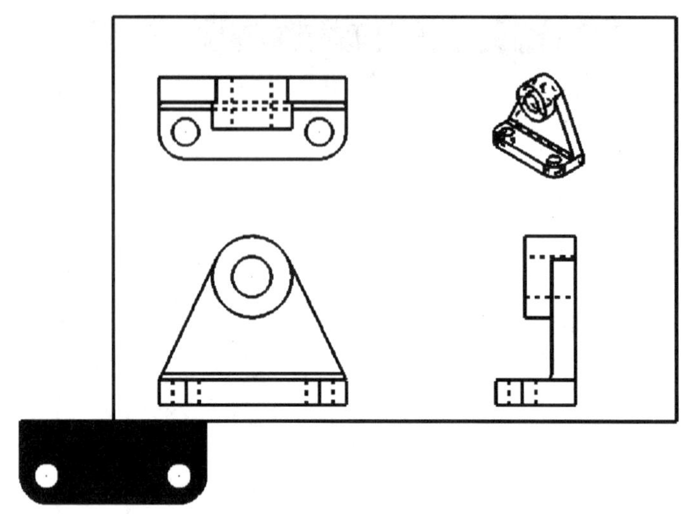

图 6.10 “利用单一比例更改轴测图”的图纸

⑤ 转换、平移视图，对齐视图和旋转视图。

⑥ 增加/移除：设置增加普通视图，增加断面视图，增加细节视图和移除视图。其中移动按钮是移除视图。

⑦ 设置完成后单击确定按钮，即可输出工程图。

要 点

一般生成的工程图放置在 *XOY* 坐标平面。

项目实施：生成实体三视图

1 实体三视图的生成分析

本项目是练习将 Pro/E 格式的文件导入 MasterCAM X4 中，并将导入的模型生成工程图，同时编辑工程图的各种视图。

2 生成实体三视图的过程

（1）导入 Pro/E 实体文件

单击 MasterCAM X4 软件“文件”按钮，单击“打开”按钮，出现图 6.11 所示“打开”对话框，查找文件 proefile. prt 文件，找到后选中，然后设置“文件类型”为 Pro/E 文件，单击确定按钮。即可将 Pro/E 实体文件导入 MasterCAM X4 中，且为实体文件，如图 6.2所示。

（2）实体生成三视图

1）实体生成三视图。

单击下拉菜单“实体”，查找“生成工程图”后单击，打开“绘制实体的设计图纸”对

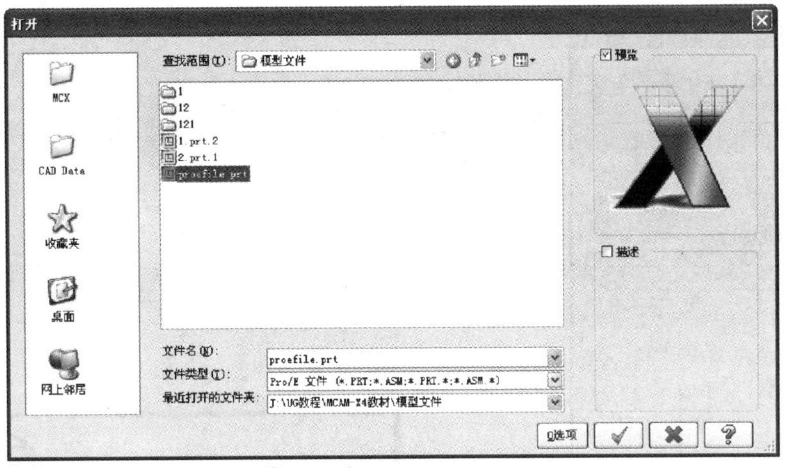

图 6.11　“打开”对话框

话框，设置如图 6.12 所示。设置完毕后单击确定，弹出“深度选择”对话框，如图 6.13 所示，层别号码设置为 2，选择新的图层放置实体投影后的图素。设置完毕后单击“确定”按钮，弹出“绘制实体的设计图纸”对话框，这次设置的内容比较全面，如图 6.14 所示，按图设置参数后单击确定，三视图即可生成，如图 6.15 所示。

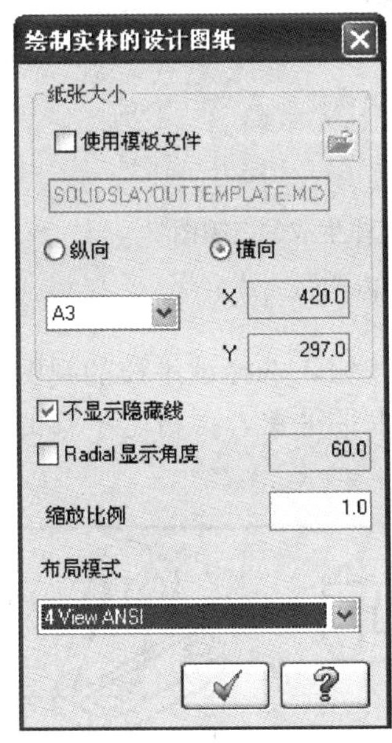

图 6.12　“绘制实体的设计图纸”对话框图

图 6.13　“深度选择”对话框

要　点

投影的三视图需要设置使用何种颜色，在创建三视图之前将绘图的颜色指定为使用的颜色。

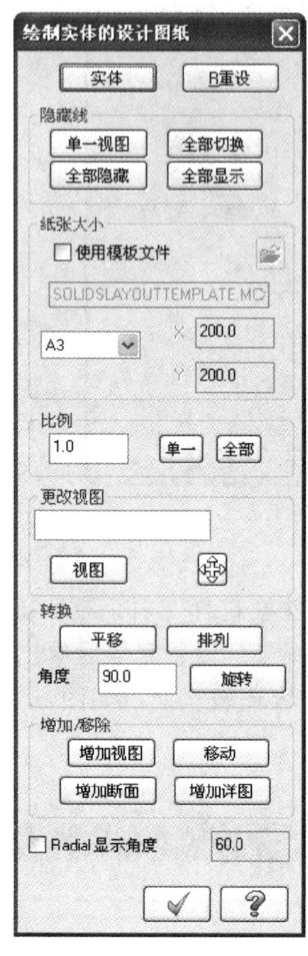

图 6.14 “绘制实体的设计图纸”对话框

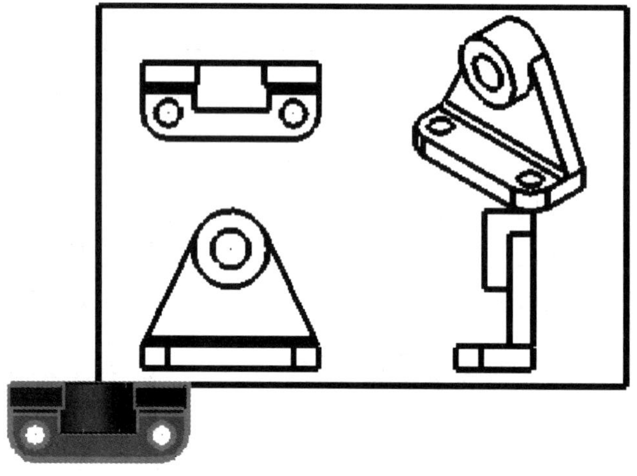

图 6.15 实体生成的三视图

2）平移视图。

单击“绘制实体的设计图纸”对话框“转换”下的平移按钮，选择欲平移的视图的任意一点，作为起始点如图 6.16（a）所示，然后进行竖直和水平平移，再指定平移的终止点，完成视图的平移，平移后如图 6.16（b）所示。

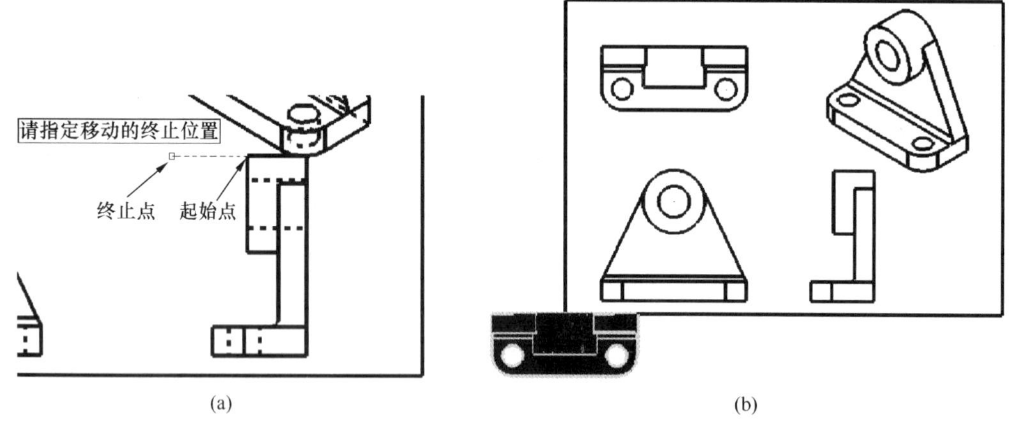

图 6.16 平移三视图

3）更改视图。

单击“绘制实体的设计图纸”对话框“更改视图”中的“视图”按钮，出现“视角选择”对话框如图 6.17 所示，选择改变后的视图，单击确定按钮，然后再单击按钮，在工程图纸中选择要更改的视图的任一图素即可，更改后的视图如图 6.18 所示。

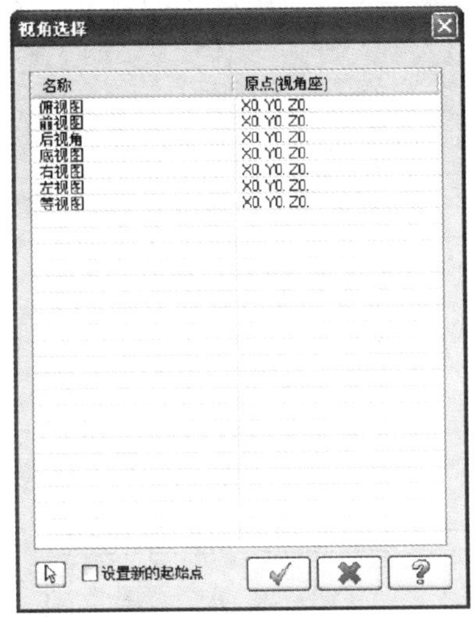

图 6.17　“视角选择”对话框

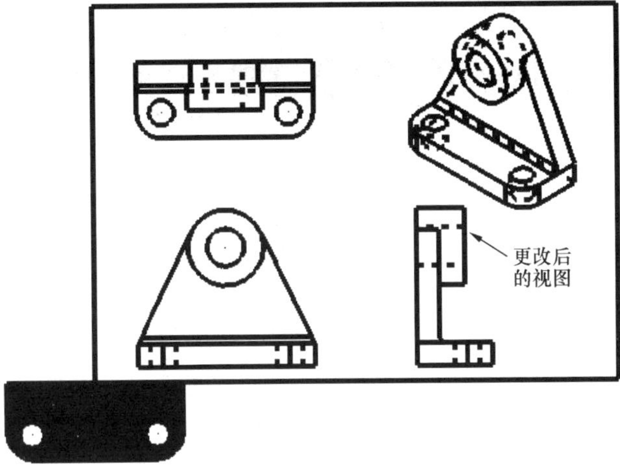

图 6.18　更改后的视图

4）移除视图。

单击“绘制实体的设计图纸”对话框“增加/移除”下的“移动”按钮，选择要删除的视图，随后出现“由实体绘制工程图”对话框如图 6.19 所示，单击“是”按钮，选择的视图将从工程图中删除。更改后的视图如图 6.20 所示。

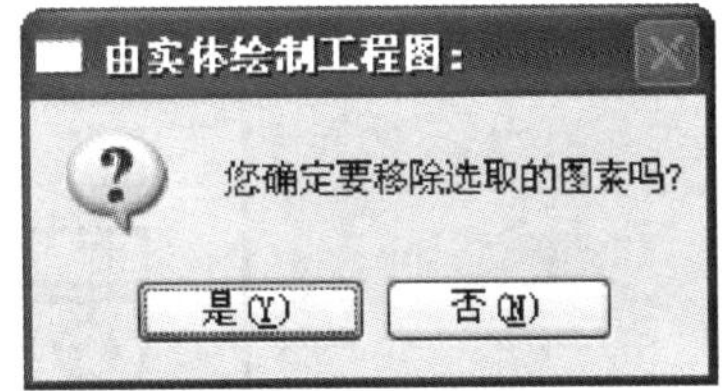

图 6.19　“由实体绘制工程图”对话框

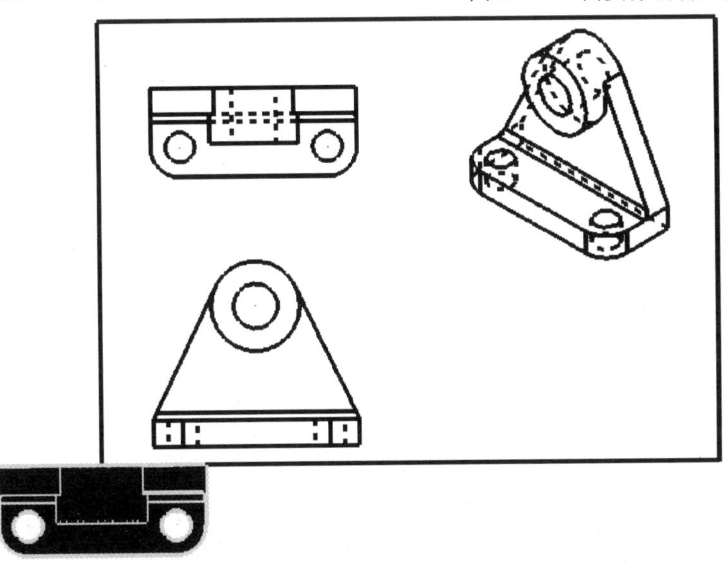

图 6.20　移除视图后的图形

5）增加断面。

单击“绘制实体的设计图纸”对话框“增加/移除”中的“增加断面”按钮，随后出现“断面形式”对话框如图 6.21 所示，点选“垂直下刀”单选按钮，单击“确定”按钮，然后选择上面孔的圆心点作为竖直剖切面的位置，如图 6.22 所示，随后出现“参数”对话框，设置颜色与比例，设置完成后单击“确定”按钮，再选择断面视图放置的位置，更改后的视图如图 6.23 所示。

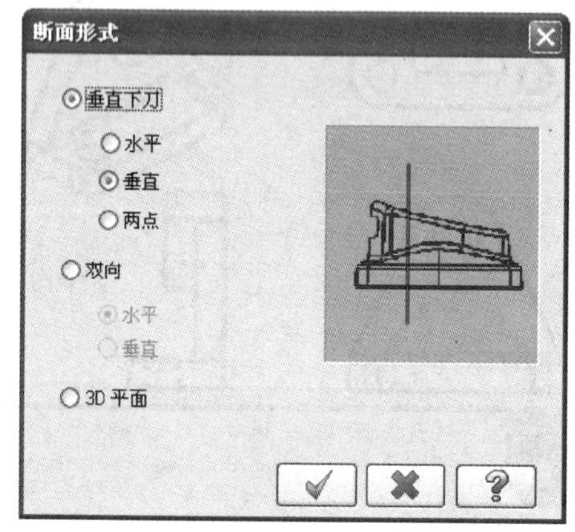

图 6.21 “断面形式”对话框

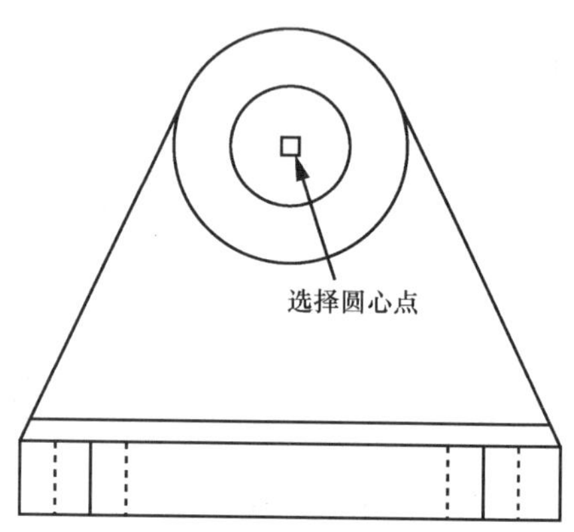

图 6.22 选择位置点

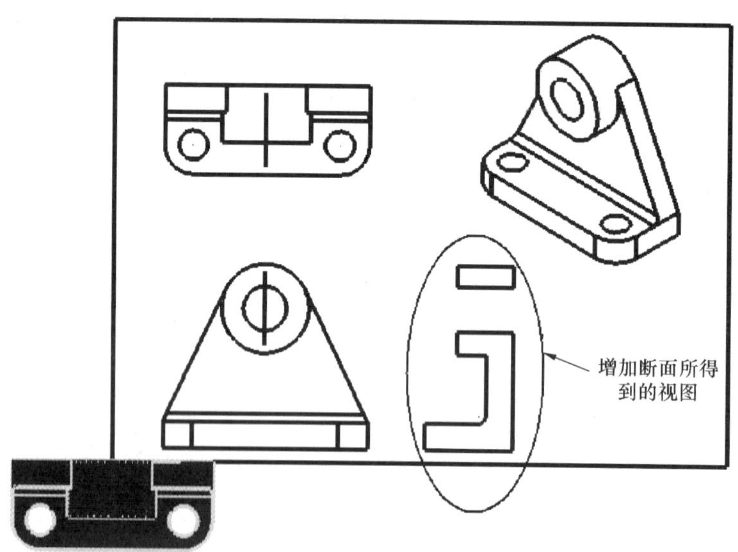

图 6.23 增加断面视图

6）排列视图。

单击“绘制实体的设计图纸”对话框“转换”中的“排列”按钮，先选择要对齐的基准视图的对应位置如图 6.24 所示，再选择要移动对其的对应位置即可，如图 6.25 所示。

7）局部放大视图。

单击“绘制实体的设计图纸”对话框“增加/移除”中的“增加详图”按钮，随后出现“详图形式”对话框如图6.26所示，点选“圆柱”单选按钮，单击确定按钮，然后选择视图上要放大的详细视图的位置，如图6.27所示，随后出现“参数”对话框，设置颜色与比例，设置完成后单击“确定”按钮，选择详细视图放置的位置，如图6.28（a）所示，更改后的视图如图6.28（b)所示。

最后经平移和排列编辑后所得到的图形如图6.29所示。

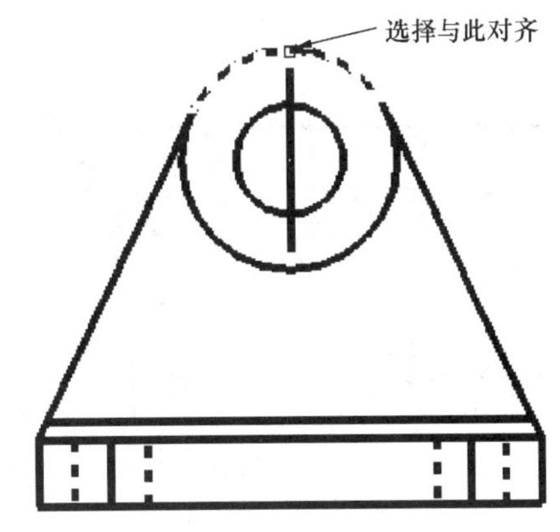

图6.24 基准视图

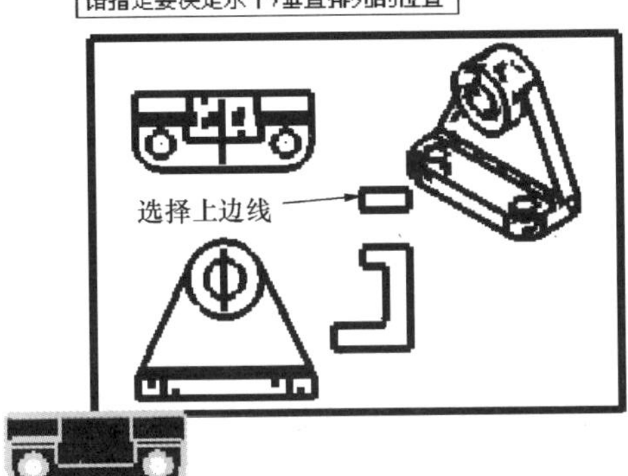

(a) 排列视图

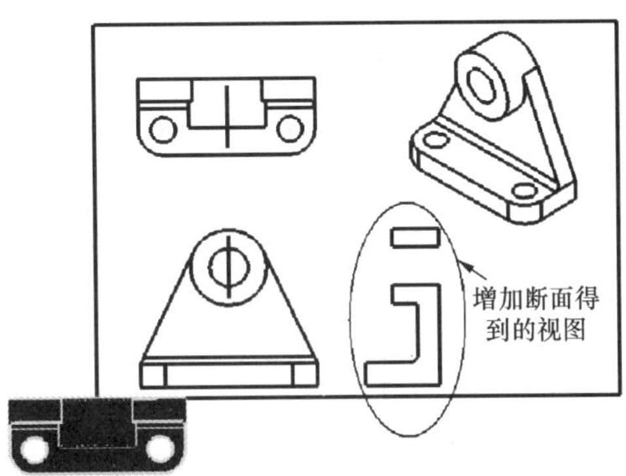

(b) 排列后的视图

图6.25 对齐视图

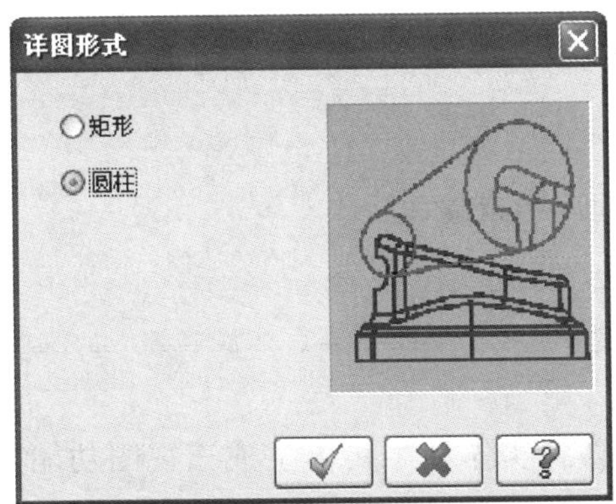

图6.26 “详细视图”对话框

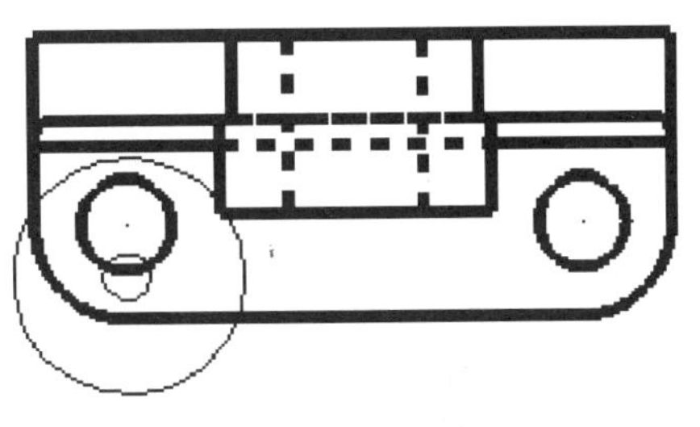

图6.27 “详细视图”放大位置

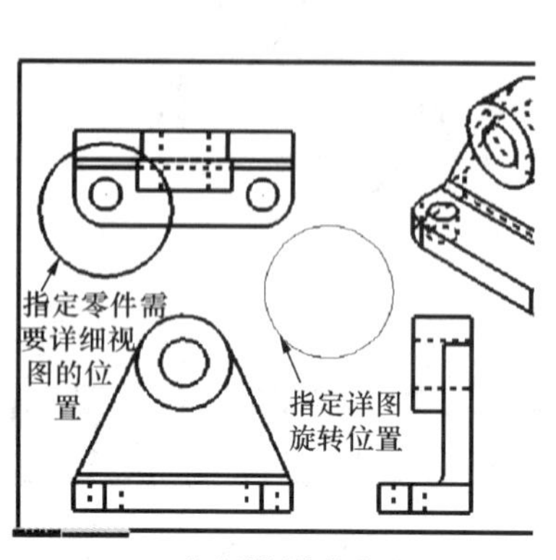

(a) 指定详图旋转位置

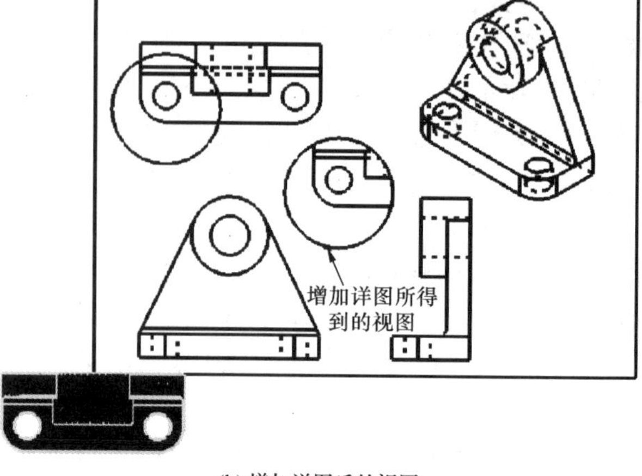

(b) 增加详图后的视图

图 6.28　增加详图

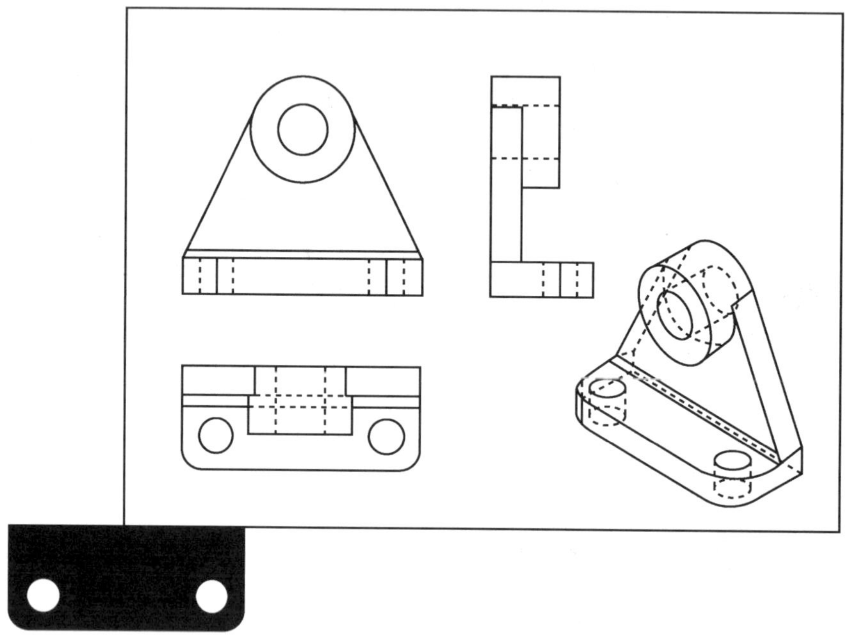

图 6.29　经平移和排列编辑后所得到的图形

上机练习

利用实体功能绘制图 6.30 所示各图形，将得到实体利用实体生成三视图功能生成 MasterCAM X4 软件支持的三视图。

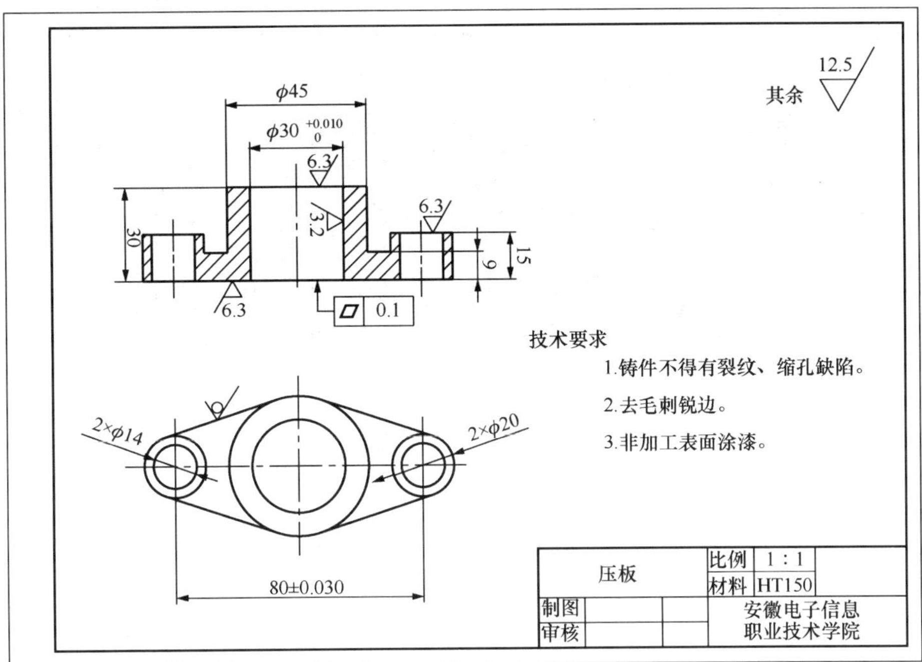

(a)

其余 6.3

10　94　46　24

◎ φ0.025 A

3.2　1.6　3.2

φ20 0 −0.052　φ28 −0.02 −0.04　φ20 0 −0.052

A

20　144　184

16　12　M8−7H　14　23　3.2

轴		图号	LX-11
		比例	1:1
设计	班级	安徽电子信息职业技术学院	
审核	日期		

(b)

图 6.30　习题图

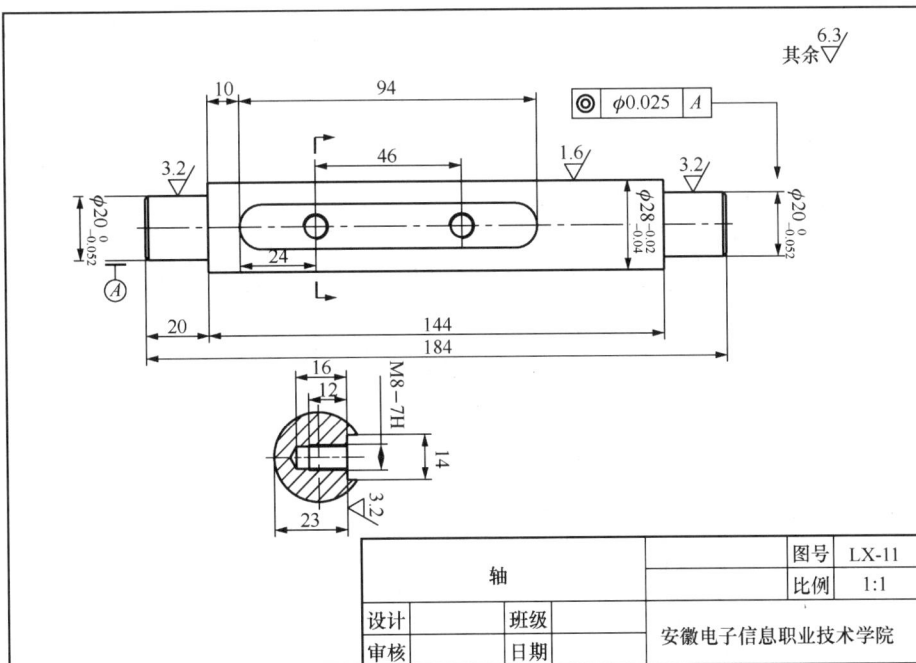

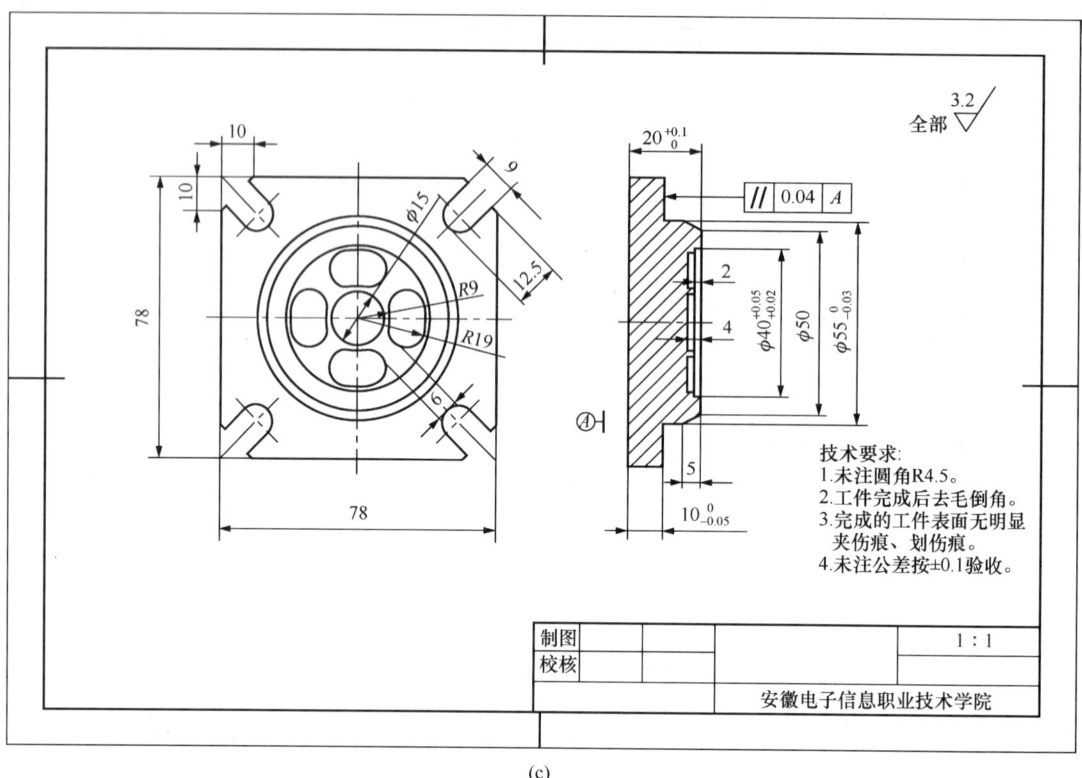

全部 3.2
10
10
9
φ15
12.5
R9
R19
78
6
78
20 +0.1 0
// 0.04 A
2
4
φ40 +0.05 +0.02
φ50
φ55 0 -0.03
A
5
10 0 -0.05
技术要求:
1.未注圆角R4.5。
2.工件完成后去毛倒角。
3.完成的工件表面无明显夹伤痕、划伤痕。
4.未注公差按±0.1验收。
制图
校核
1:1
安徽电子信息职业技术学院

(c)

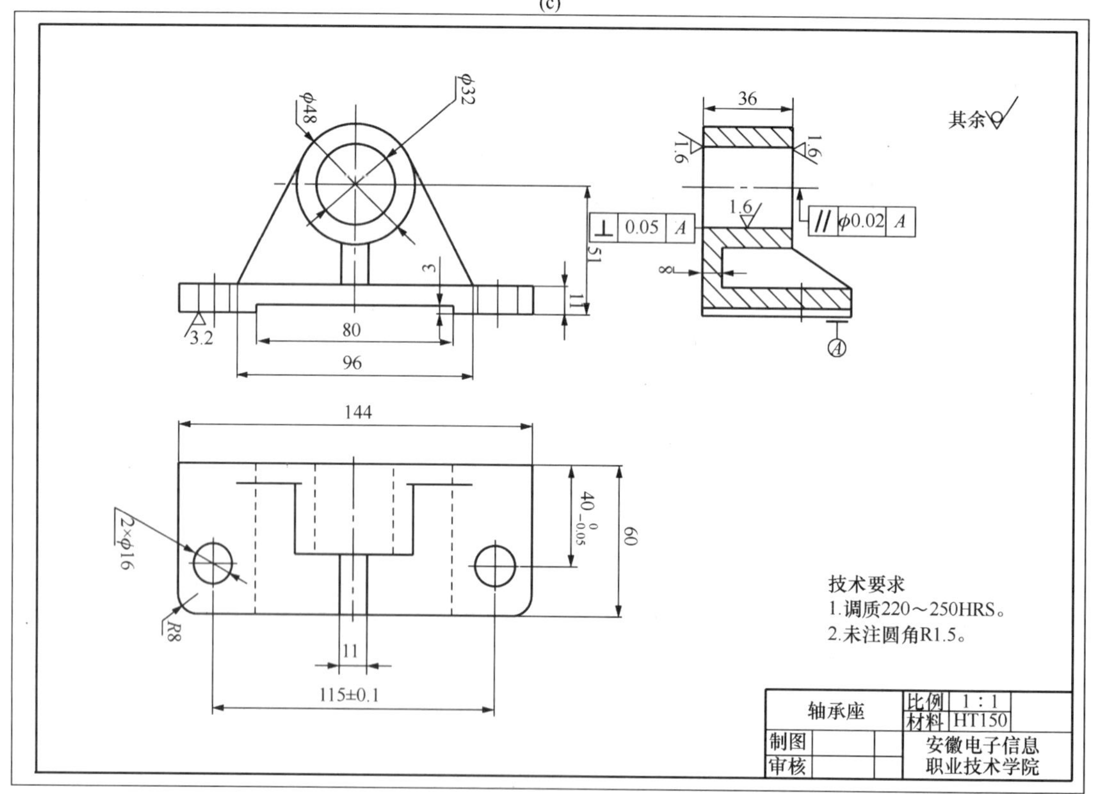

φ48
φ32
36
其余
1.6
1.6
1.6
⊥ 0.05 A
// φ0.02 A
51
3
11
8
3.2
80
96
A
144
40 0 -0.05
60
2×φ16
R8
11
115±0.1
技术要求
1.调质220～250HRS。
2.未注圆角R1.5。
轴承座
比例 1:1
材料 HT150
制图
审核
安徽电子信息职业技术学院

(d)

图 6.30　习题图（续）

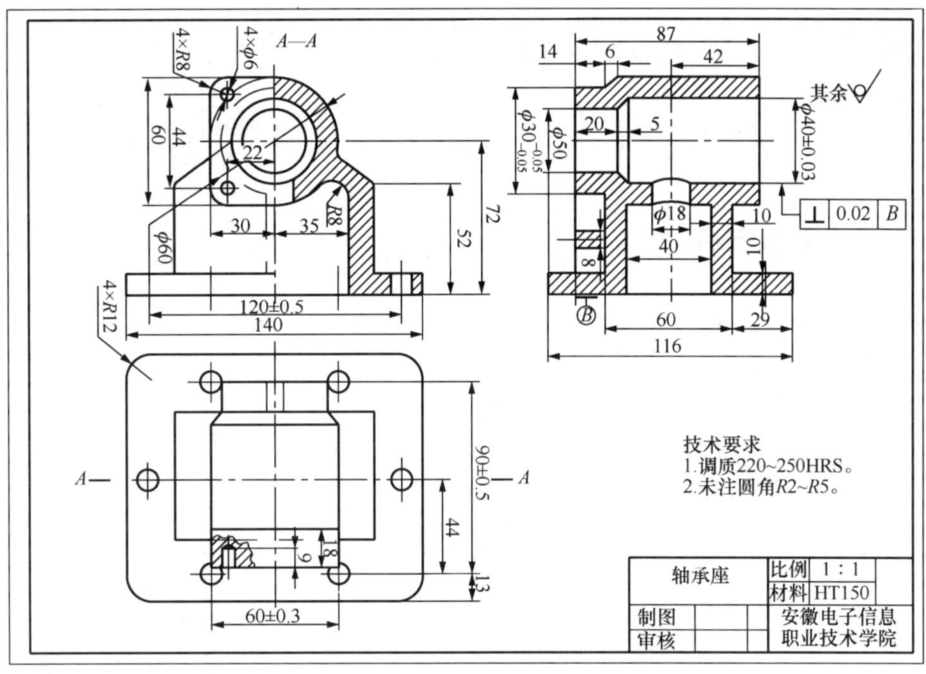
A—A
4×R8
4×φ6
60
44
22
φ60
30
35
R8
72
52
120±0.5
140
4×R12
87
14
6
42
其余
20
5
φ50
φ40±0.03
⊥ 0.02 B
φ18
10
40
10
8
B
60
29
116
A
A
90±0.5
44
18
9
13
60±0.3
技术要求
1.调质220~250HRS。
2.未注圆角R2~R5。
轴承座
比例 1∶1
材料 HT150
制图
审核
安徽电子信息
职业技术学院

(e)

图6.30 习题图（续）

项目 7 绘制曲面图形

项目任务

任务内容

绘制图 7.1 所示的图形，并将其保存在“D：/MasterCAM 项目 7”文件夹中，文件名为“7-1. mcx”。

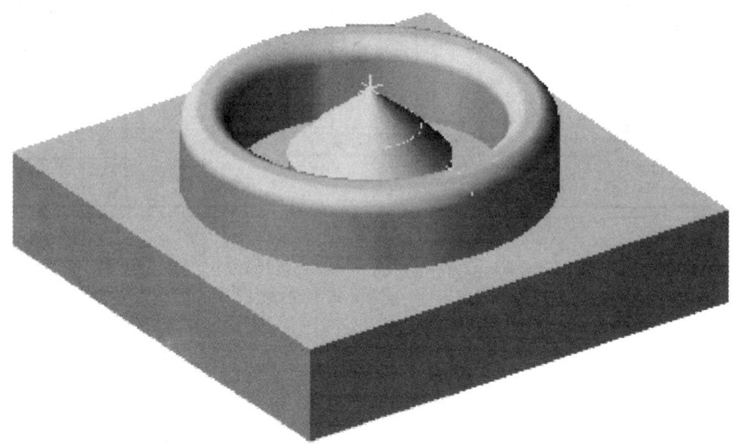

图 7.1 曲面

任务目的

1. 进一步熟悉前面学过的各命令。
2. 学会创建曲面的方法和命令。
3. 通过上例练习使用扫描曲面、牵引曲面、挤出曲面、直纹曲面等命令。

相关理论知识：线架造型和曲面造型的方法

MasterCAM 的三维造型包括三种基本方法：实体造型、曲面造型、线架造型，分别从不同的角度来描述物体的外形与特征。

① 线架造型是用点、线、圆弧、曲线描述二维或三维物体的轮廓或横断面，不具有面和体的特征，因此不能进行消隐和渲染等操作。

② 曲面造型由一定数量的曲面断面组成，描述三维物体的表面特征。曲面造型一般由线架造型经过处理得到。

③ 实体造型具有一般实体的基本属性，能清楚地表达物体的体积、形状及表面特征等，且具有体的特征，能进行布尔运算、生成刀具路径等各种体的操作。

本项目重点介绍线架造型和曲面造型的构建方法。

1　三维线架造型和曲面造型的构建

在运用MasterCAM构建三维造型之前，必须深刻理解视角、绘图面、工作深度和坐标系等基本概念。通过设置视角，可以从不同的角度观察所绘制的图形，绘图面是绘制二维图形的平面。用户可以在不同的绘图面上绘制一些图形进行三维造型。工作深度则用来设置当前绘图面与经过坐标系原点的相应的绘图面之间的平行距离，而设置坐标系可以方便地设置绘图面。

（1）视角的设置

单击状态栏的“屏幕视角”按钮，则显示视角菜单，如图7.2所示。

(a) 视角菜单

(b) 绘图平面菜单

图7.2　视角与平面菜单

通过选取该菜单的不同命令，可以从相应的角度和方向显示绘图区中的图形。需要注意的是，视角的转换并不对绘制区中绘制的图形产生影响，而仅仅只改变观察绘图区图形的角度与方向。

①“屏幕视角”菜单中的“俯视图”、“前视图”、“左视图”和“等视图”这前4个命令是在构建三维造型时经常用到的4种视图，对于图7.1所示的三维造型，不同的视觉效果如图7.3所示。

②“图素定义视角”：该命令提供了利用绘图区已绘制好的图素定义一个新观察视角的方法。可用于定义新视角的图素为：仅位于一个平面内的，诸如二维曲线、圆弧、实体面

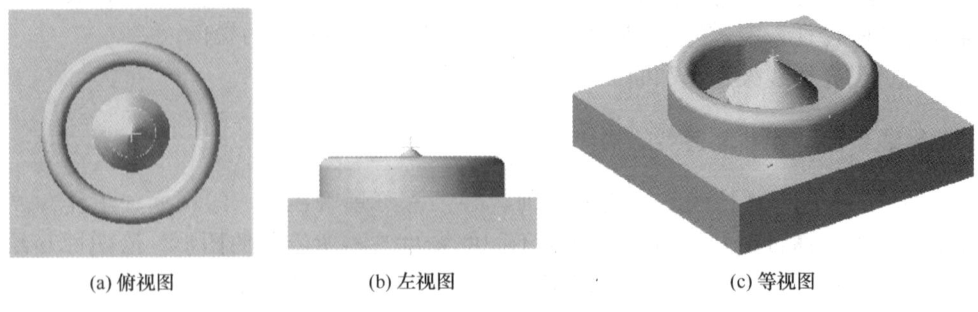

(a) 俯视图　　(b) 左视图　　(c) 等视图

图 7.3　视角

等单一的平面图素；位于同一个平面内的不共线的两条直线（不一定相交，但第一条直线确定新视图的 X 轴正方向，第二条直线确定 Y 轴正方向，因此选取顺序很重要）；独立的且不共线的 3 个点。

③ 旋转定面：利用该命令可以将原视角绕 X、Y、Z 轴旋转一定的角度得到新的视角。

④ 动态旋转：选取该命令后打开抓点方式菜单，可通过该菜单选择一点作为动态视角旋转点，也可在绘图区用光标捕捉旋转点。选取旋转点后松开鼠标键，移动鼠标指针，则绘图区图形会随着鼠标指针的移动而绕旋转点转动，转动至需要的视角，再单击，则视角转换至当前视角。

⑤ 前一视角：选取该命令，系统将自动将上一个视角设置为当前视角。

⑥ 法线面视角：利用该命令可以在绘图区选取一条直线作为法线来定义视角平面。

⑦ 屏幕视角=绘图面：选取该命令，则系统自动将当前的构图平面设置为当前视角平面。

⑧ 屏幕视角=刀具面：选取该命令，则系统自动将当前的刀具平面设置为当前视角平面。

可见，对于同一个三维造型，选择不同的视角，可以在绘图区看到不同的效果。

(2) 绘图平面的设置

为了将复杂的三维绘图简化为简单的二维绘图，在 MasterCAM 中引入绘图平面和工作深度的概念。绘图平面是用户当前要使用的绘图平面，与工作坐标系平行。设置好绘图平面后，则绘制出的所有图形都在该绘图平面上，如绘图平面设置为“前视图”，则用户所绘制出的图形就产生在平行于“前视图”的绘图面上，与“前视图”的距离就是设置的 Z: 0.000（工作深度）。

对于图 7.4 所示的坐标系，XY 轴所在的平面为俯视图绘图面，XZ 轴所在的平面为前视图绘图面，YZ 轴所在的平面为左视图绘图面（它们的工作深度都为 0）。在构建三维造型时，经常需要进行绘图平面的转换。例如，在俯视图绘图面上绘制二维图形的时候，需要对前视图绘图面上的图形进行编辑，则需要进行绘图平面的转换。

单击状态栏的“平面”按钮，打开图 7.2 所示的“绘图平面”菜单，其命令与屏幕视角菜单的命令基本相同。

① 等视图：设置为三维绘图面时，可以在三维空间内进行曲面或实体操作。

② 俯视图：只能在俯视图绘图面上绘图。

③ 前视图：只能在前视图绘图面上绘图。

④ 左视图：只能在左视图绘图面上绘图。

⑤ 按图形定面：利用该命令可以根据绘图区中的图素定义绘图平面。

⑥ 旋转定面：与视角平面的设置方法相同，利用该命令可以将原绘图平面绕 X、Y、Z 轴旋转一定的角度得到新的绘图面。

⑦ 法向定面：该命令是指在绘图区内选择一条直线作为新的绘图面的法线，从而得到新的绘图面。

(3) Z：0.000（工作深度）的设置

在 MasterCAM 中，一旦选择好绘图平面，则只能在该绘图面上绘制图形。当需要在空间中具体坐标位置绘制图形时，必须通过工作深度和绘图平面一起确定图形的绘制位置。

绘图平面与工作深度的关系如图 7.4 所示。如果设定绘图面为前视图，输入不同的工作深度，则所绘制的图形在经过坐标系原点的相应绘图面平行的平面上，该平面与坐标系原点之间的距离即工作深度。

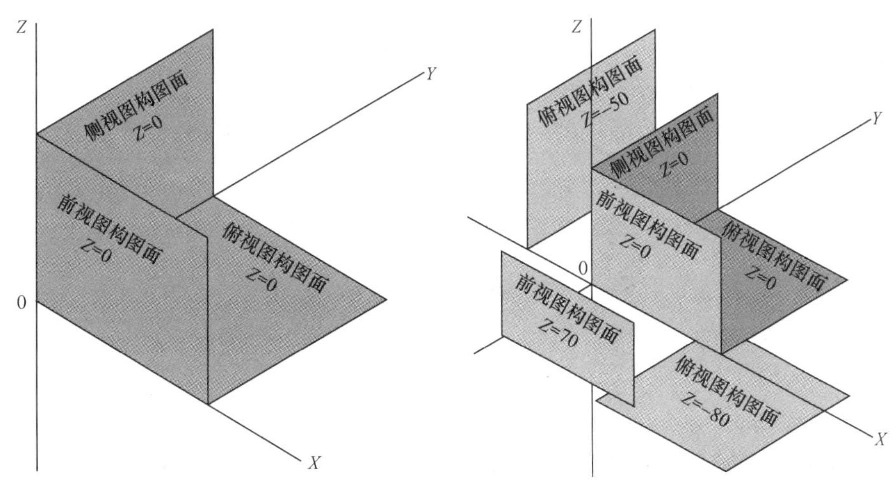

图 7.4　坐标系与工作深度

有三种方法设置工作深度：一种是单击状态栏的“Z”按钮，弹出“自动抓点”工具栏，然后在 Z 文本框中输入需要设置的数值；另一种方法是在状态栏的“Z”按钮后文本框中，直接输入需要设置的数值；还有一种方法是弹出“自动抓点”工具栏后能捕捉绘图区已存在的图素设置工作深度。

(4) WCS（工作坐标系）的设置

MasterCAM 的作图环境有两种坐标系：系统坐标系和工作坐标系。系统坐标系是固定不变的坐标系，遵守右手法则。工作坐标系是用户在设置绘图面时建立的坐标系，又称用户坐标系。

在工作坐标系中，不管绘图面如何设置，总是 X 轴正方向朝右，Y 轴正方向朝上，Z 轴正方向垂直屏幕朝向用户。MasterCAM 界面左下角的三脚架是系统坐标系，而不是工作坐标系。

单击状态栏的“WCS”按钮用于设置工作坐标系。选择“打开视角管理器”命令，弹出“视角管理器”对话框，从视图列表中选择需要的绘图面后，单击“确定”按钮，即可将选择的绘图面作为工作坐标系的 *XY* 平面。

(5) 三维线架造型构建实例

掌握了二维图形构建方法和前面介绍的绘图面、工作深度、视角及工作坐标系设置方法后，就可以进行三维线架造型的构建了。

绘制图 7.5 所示的立方体及各个圆、圆弧及直线的步骤如下：

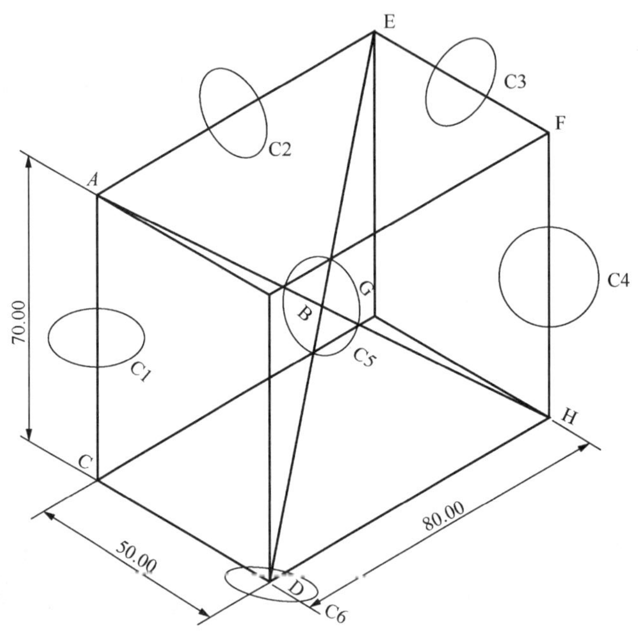

图 7.5　三维绘图实例

① 绘制立方体线架。置视角为等视图，绘图面为俯视图，工作深度为 0，绘制左下角点于原点，宽为 50，高为 80 的矩形 CDGH；保持视角和绘图面不变，在“Z”文本框 Z 70.0 中输入值为 70，按 Enter 键，设置工作深度为 70，按上述方法绘制位置尺寸一样的矩形 ABEF。效果如图 7.6 所示。

设置视角为等视图，绘图面为前视图，工作深度为 0，绘制左下角点位于原点，宽为 50，高为 70 的矩形 ABCD；保持视角和绘图面不变，单击状态栏的“Z”，光标捕捉如图 7.6所示的点 H 和 G，设置工作深度为 H 和 G 点所在的前视图的工作深度，可以看到此时 Z 工作深度按钮变为“Z：－80.000”，按上述方法绘制位置、尺寸一样的矩形 EFGH，效果如图 7.7 所示。

② 绘制绘图面为俯视图的圆 C1。设置视角为等视图，绘图面为俯视图，单击状态栏“Z:”命令，在打开的“抓点方式”菜单中选取“中点”命令，光标在绘图区捕捉直线 AC，则工作深度设置为“Z：35.000”，即直线中点的工作深度。单击“半径＋点”按钮，根据提示在信息提示区用键盘输入圆半径值为 10，按 Enter 键，在打开的“抓点方式”菜单

中选取“中点”命令，光标捕捉直线 AC，绘制圆 C1，效果如图 7.8 所示。

③ 绘制绘图面为前视图的圆 C2。设置视角为等视图，绘图面为前视图，按步骤 2 方法设置工作深度为直线 AE 中点的工作深度。按步骤 2 的方法绘制圆 C2，效果如图 7.9 所示。

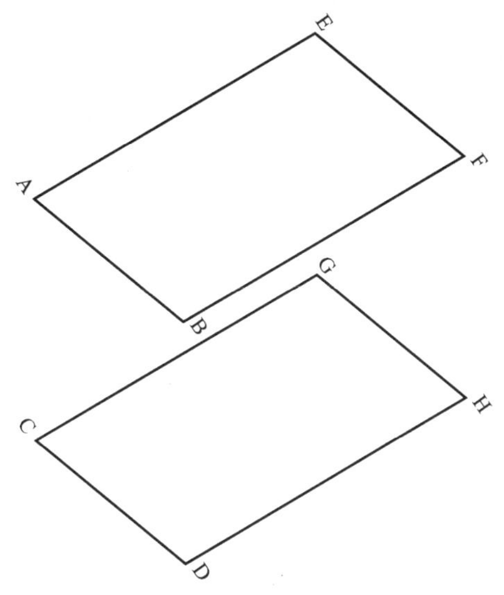

图 7.6 长方体底面和顶面矩形

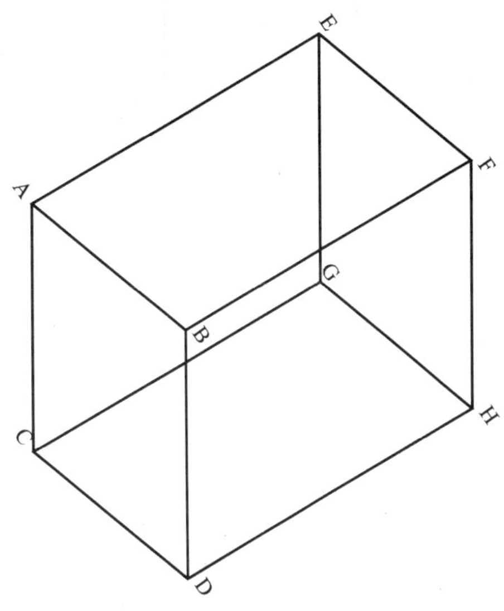

图 7.7 长方体线架

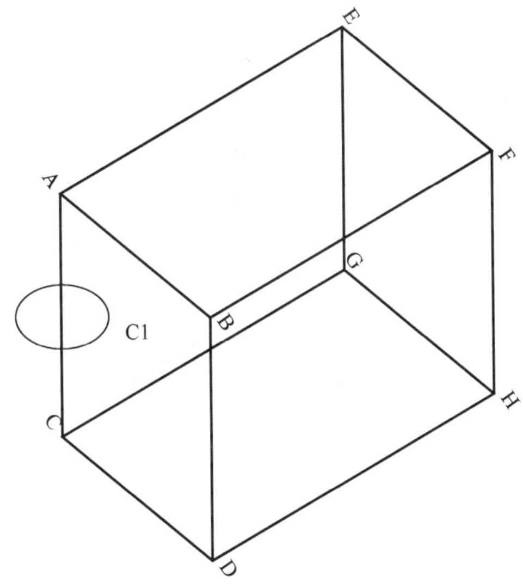

图 7.8 俯视图的圆 C1

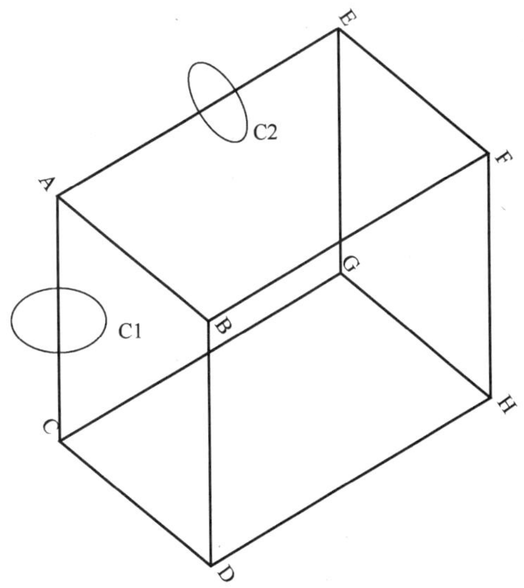

图 7.9 前视图的圆 C2

④ 绘制绘图面为侧视图的圆 C3。设置视角为等视图，绘图面为侧视图，按步骤 2 方法设置工作深度为直线 EF 中点的工作深度。按步骤 2 的方法绘制圆 C3，效果如图 7.10 所示。

⑤ 绘制等角视图中立方体的两条对角线 AH 和 ED。设置视角为等视图，绘图面为等

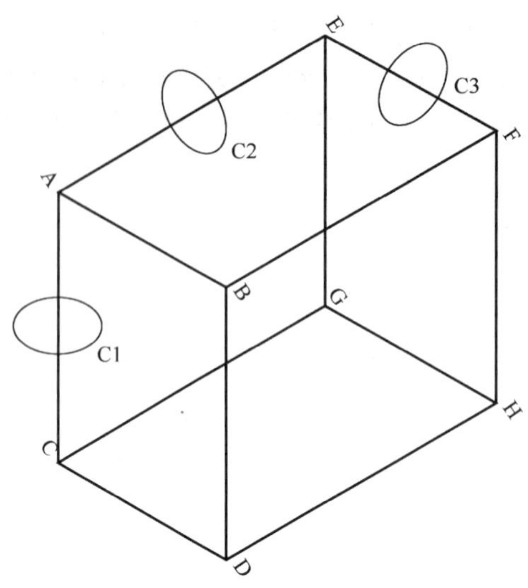

图 7.10　侧视图的圆 C3

角视图，单击“绘制任意线”按钮，光标顺序捕捉 A 和 H 两点，绘制空间直线 AH，然后光标顺序捕捉 E 和 D 两点，绘制空间直线 ED，效果如图 7.11 所示。

⑥ 绘制等视图的圆 C4。设置视角为等视图，设置绘图面为等角视图，仍按步骤 2 的方法设置工作深度为直线 FH 中点的工作深度，得到“Z：2.887”。按步骤 2 的方法绘制圆 C4，效果如图 7.12 所示。

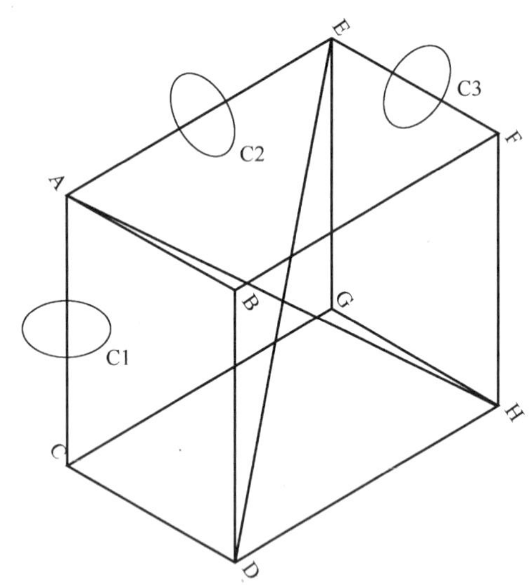

图 7.11　立方体的两条对角线

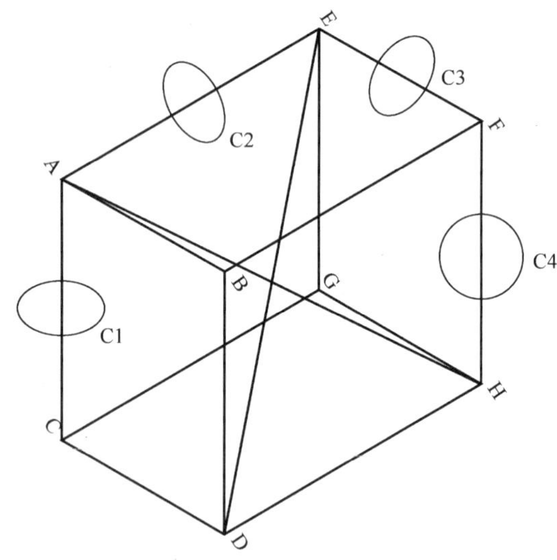

图 7.12　等视图的圆 C4

⑦ 绘制直线 AH、DE 所在平面上的圆 C5。设置视角为等视图，设置绘图面为“按图形定面”，绘图面设置为“新建视角：8”。光标顺序捕捉直线 AH 和 ED 的交点，得到“Z：−40.687”，即直线 AH、ED 交点的工作深度。按步骤 2 方法绘制圆 C5，效果如图 7.13 所示。

⑧ 绘制以直线 ED 为法线，且过 D 点的绘图面中的圆 C6。设置视角为等视图，设置绘图面为“法向定面”，捕捉直线 ED 为法线，绘图面设置为“新建视角：9”。光标捕捉 D 点，得到“Z：21.281”。按步骤 2 绘制圆 C6，效果如图 7.14 所示。

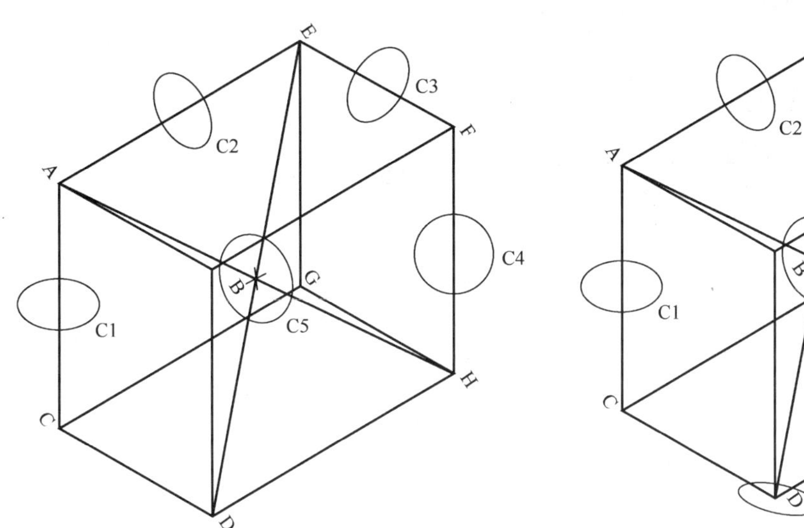

图 7.13 直线 AH、DE 所在平面上的圆 C5

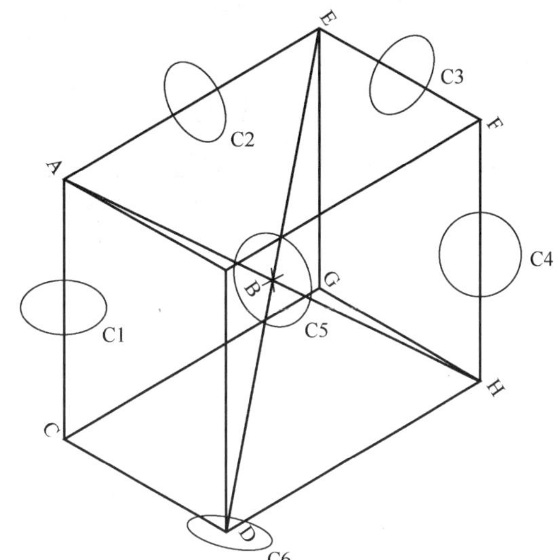

图 7.14 以直线 ED 为法线，且过 D 点的绘图面中的圆 C6

2 创建曲面

选择“绘图”→“曲面”的子菜单中的命令，如图 7.15 所示，可创建曲面有直纹/举升曲面、旋转曲面、扫描曲面、牵引曲面、挤出曲面、网状曲面、围篱曲面。

(1) 直纹/举升曲面

使用该命令可以将多个截面图形按一定的算法顺序连接起来形成曲面，若每个截面图形之间用曲线相连．则称为举升曲面；若每个截面图形之间用直线相连，则称为直纹曲面。

绘制直纹曲面的步骤如下：

① 绘制两条创建直纹曲面的截面的曲线，如图 7.16 所示。

② 选择“绘图”→“曲面”→“直纹/举升曲面”命令，或单击“曲面”工具栏中的“直纹/举升曲面”按钮，弹出“串连选项”对话框。

③ 系统提示“举升曲面定义外形 1”。

④ 单击“串连”按钮，选取第一个圆上点，在端点显示一个箭头。

⑤ 系统提示“举升曲面定义外形 2”，再选取上面的圆上一点，图素反白，注意两次选取点在同一位置，两个箭头方向一致。

⑥ 单击对话框中的“确定”按钮，显示“直纹/举升曲面”工具栏，如图 7.17 所示。

⑦ 单击工具栏中的“直纹曲面”按钮，单击“完成”按钮，完成直纹曲面的创

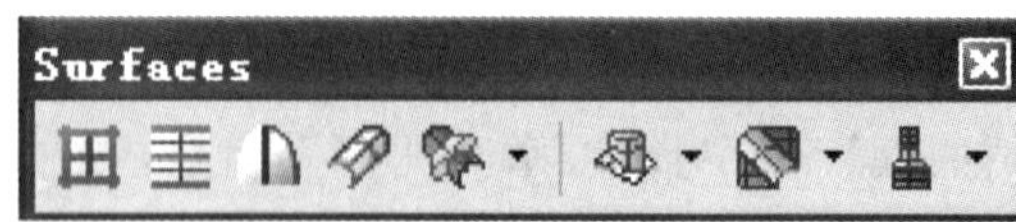

图 7.15 “曲面”菜单及“曲面”工具栏

建，如图 7.18 所示。

绘制举升曲面的步骤如下：

① 先绘制创建举升曲面的三条曲线，如图 7.19 所示。

② 选择“绘图”→“曲面”→“直纹/举升曲面”命令，或单击“曲面”工具栏中的“直纹/举升曲面”按钮，打开“串连选项”对话框。

③ 系统提示“举升曲面：定义外形1”，选取下面圆上的一点，再选取上面圆的点，需选取三条曲线的同一位置的点，图素反白。

④ 单击对话框中的“确定”按钮，显示“直纹/举升曲面”工具栏，如图7.17所示。

⑤ 单击工具栏上的“举升曲面”按钮，单击“完成”按钮，完成举升曲面的创建，如图7.20(a)所示。如果单击“直纹曲面”按钮，则完成直纹曲面的创建，如图7.20(b)所示。

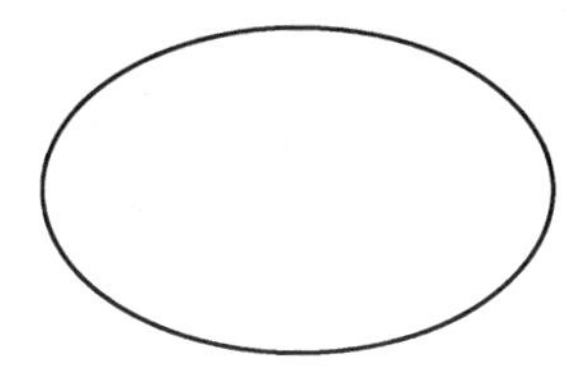

图7.16 “直纹曲面”的截面曲线

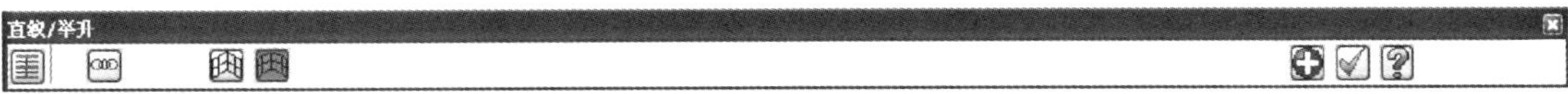

图7.17 “直纹/举升曲面”工具栏

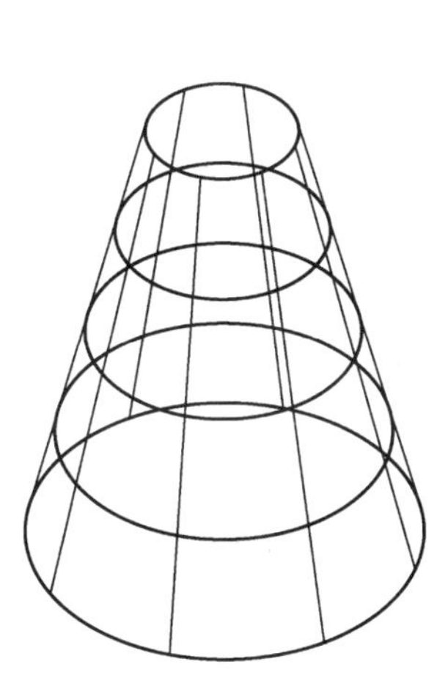

图7.18 直纹曲面

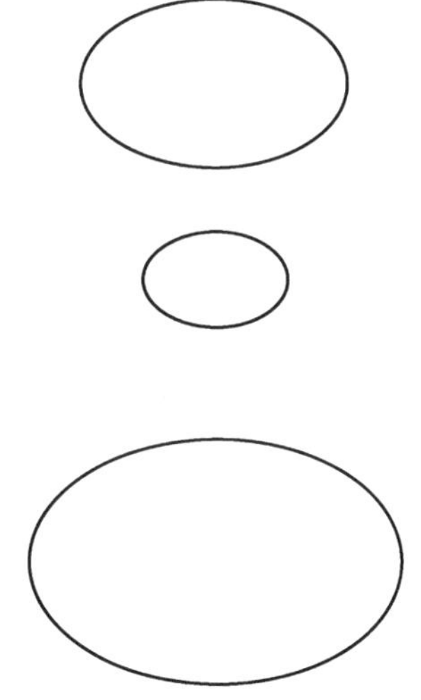

图7.19 “举升曲面”的截面曲线

(2) 旋转曲面

该命令创建一个旋转曲面(Revolved)，曲面截面的曲线绕轴线在一个方向旋转．系统提示串连一个或多个曲线绕着一根筒单轴线(即旋转轴)旋转，当选择一轴线时，系统在轴线的一端显示一个临时箭头，指出旋转的方向。

绘制旋转曲面的步骤如下：

① 先绘制一条轴线和一个旋转截面的曲线，如图7.21所示。

② 选择“绘图”→“曲面”→“旋转曲面”命令，或单击“画曲面”工具栏中的“旋转曲面”按钮，打开“串连选项”对话框．单击“串连”按钮。

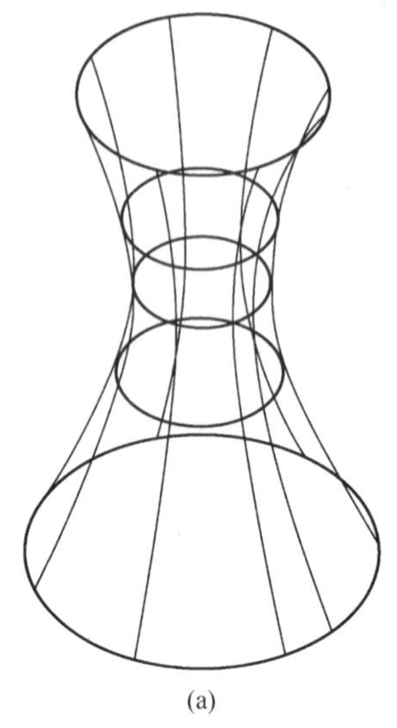
(a)

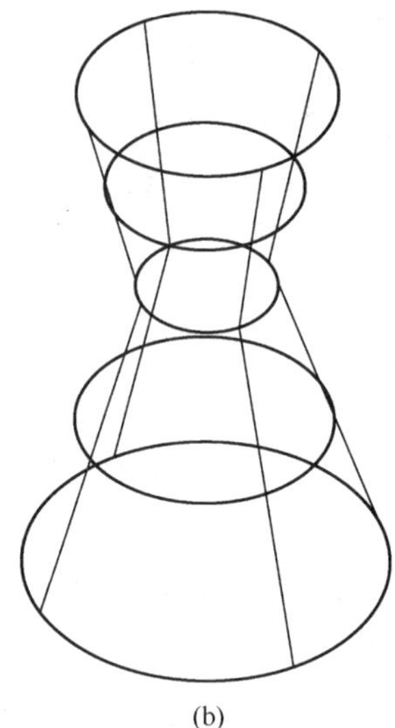
(b)

图 7.20 举升曲面与直纹曲面比较

图 7.21 旋转轴和旋转截面

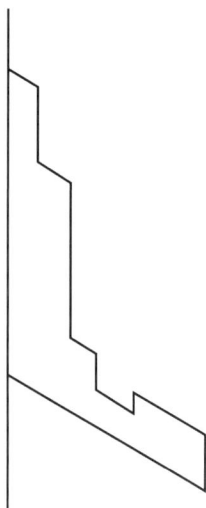

③ 系统提示“选取轮廓曲线 1”，选取旋转轴线，再选取串连曲线，图素反白。

④ 单击“确定”按钮，显示旋转曲面工具栏。

⑤ 系统提示“选取旋转轴”，选取旋转轴线，轴线反白。并显示一个临时箭头，立即完成旋转曲面，单击“完成”按钮，如图 7.22 (a)所示是旋转 360°的旋转曲面。着色后，如图 7.22 (b) 所示。

(3) 扫描曲面

扫描曲面 (Sweep) 是由几个截面方向外形 (Across) 沿着几个引导方向外形 (Along) 平移、旋转创建的曲面。

可绘制出多种不同的曲面，系统设置两个方向的外形，即截面方向外形和引导方向外形。可用截面外形和引导方向（扫描轨迹）串连的组合来定义一个扫描曲面。

创建扫描曲面选择切削方向和横截面方向有以下三个形式，不能选择两个切削方向和两个横截面方向。

1Across/1Along：一个截面方向外形和一个引导方向外形绘制扫描面。

该曲面是沿着引导方向外形平移截面外形，创建扫描曲面，即“一截一轨”扫描曲面。如图 7.23 所示。

创建在一个截面方向外形和一个引导方向外形的扫描曲面，步骤如下：

① 先绘制一个创建扫描曲面外形曲线螺旋线，再绘制一截面圆，如图 7.23 (a) 所示。

要　点

注意截面圆与轨迹线（即螺旋线）垂直。

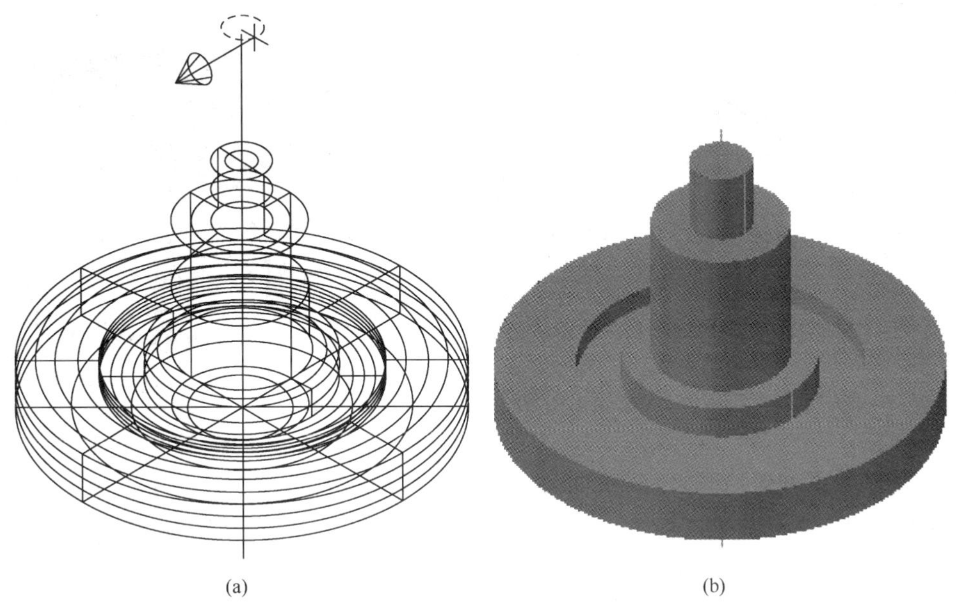

(a)　　(b)

图 7.22　旋转 360°的旋转曲面

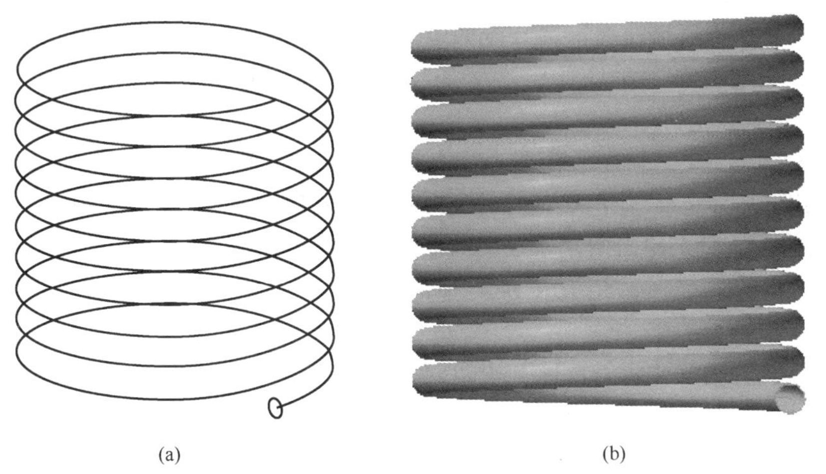

(a)　　(b)

图 7.23　“一截一轨”扫描曲面

② 选择“绘图”→“曲面”→“扫描曲面”命令，或单击“曲面”工具栏中的“扫描曲面”按钮，打开“串连选项”对话框，单击“串连”按钮。

③ 系统提示：“扫描曲面：定义截面方向外形”，选取圆外形，单击对话框中的“确定”按钮。系统提示：“扫描曲面：定义引导方向外形”，再选取引导方向外形螺旋线，图素反白，单击“确定”按钮。屏幕顶部显示扫描曲面工具栏。单击“确定”按钮，完成扫描曲面，如图 7.23（b）所示。

1Across/2Along：用一个截面方向外形和两个引导方向外形创建的扫描面。

该曲面是截面方向外形随着两个引导方向外形创建的曲面，即“两轨一截”扫描曲面如图 7.24 所示。

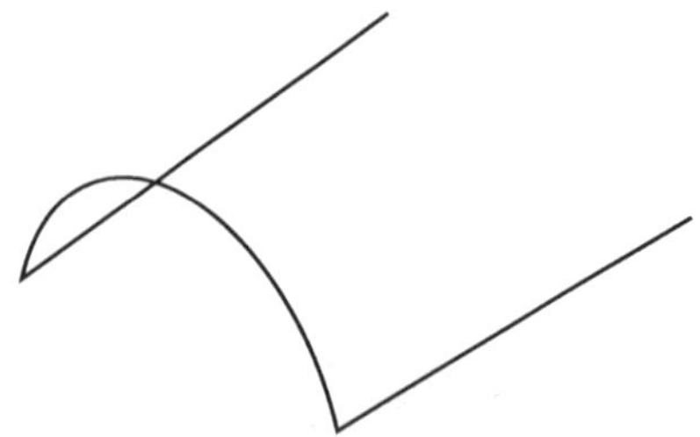

图 7.24　一条截面圆弧和两条轨迹线

创建在一个截面方向外形和两个引导方向外形的扫描曲面，步骤如下：

① 先绘制一个创建扫描曲面外形曲线，如图 7.24 所示，包括一条截面外形曲线，两条引导方向外形曲线。

② 选择“绘图”→“曲面”→“扫描曲面”命令。或单击“曲面”工具栏中的“扫描曲面”按钮，打开“串连选项”对话框；单击“选项”按钮，打开“串连选项”对话框，并设置对话框中的内容，如图 7.25 所示。

③ 系统提示：“扫描曲面：定义截面方向外形”，单击“串连选项”对话框中的“单体”按钮，选取截面方向外形，图素反白。

④ 单击对话框中的“确定”按钮，系统提示“扫描曲面：定义引导方向外形”，单击“串连选项”对话框中的“单体”按钮，分别单击两条轨迹的起点，靠近圆弧处，单击对话框中的“确定”按钮，屏幕顶部显示“扫描曲面”工具栏。

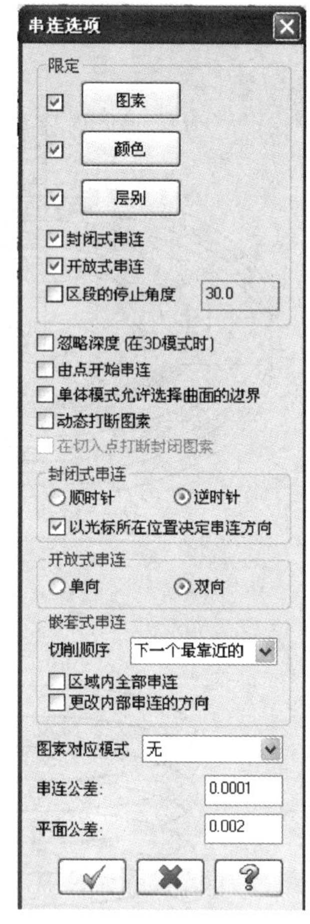

图 7.25　“串连选项”对话框

⑤ 单击工具栏中的“两条轨迹”按钮，再单击“完成”按钮。完成扫描曲面，如图 7.26 所示。

Across/1 Along：用两个截面方向外形和一个引导方向外形来绘制扫描面。

该曲面是两个截面方向沿着一个引导方向外形创建扫描曲面，即“两截一轨”扫描曲面。如图 7.27（a）所示。

绘制步骤同上，注意选择两个截面时点击位置应在相应处，否则扫描曲面会发生扭曲。完成扫描曲面如图 7.27（b）所示。

（4）牵引曲面

牵引曲面可以将一个边界（直线、圆弧、曲线、串连）等沿某一方向做牵引运动后生成曲面。该命令常用于构建截面形状一致或带拔摸角度的模型。如图 7.28（a）所示是牵引曲面对话框。如图 7.28（b）所示是牵引曲面的图素，在牵引曲面对话框中输入图 7.28 所示数据，如图 7.29（a）所示是牵引角度为 5°的牵引曲面，如图 7.29（b）所示是牵引角度反向的牵引曲面。

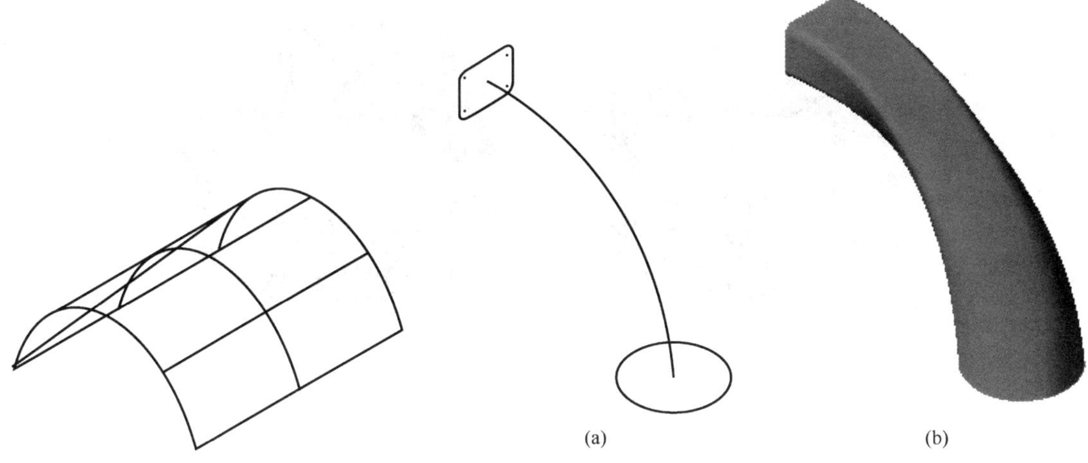

图 7.26 “两轨一截”扫描曲面

图 7.27 “两截一轨”扫描曲面

创建牵引曲面的步骤如下：

① 先绘制一条椭圆线，如图 7.28 所示，是在等视图的俯视图上绘制的，只能向上下方向牵引。

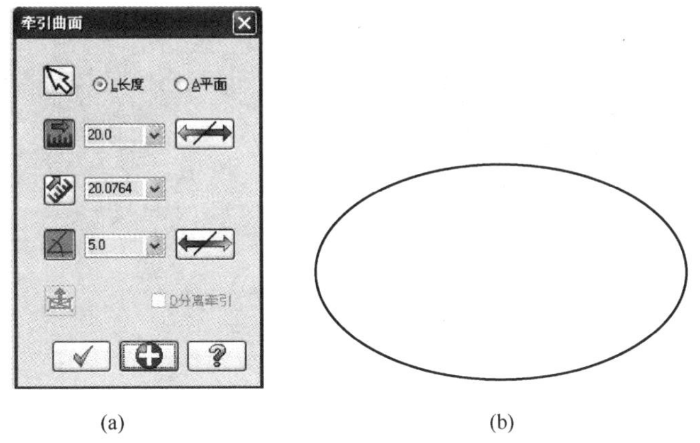

图 7.28 “牵引曲面”对话及牵引曲面的图素

② 选择“绘图”→“曲面”→“牵引曲面”命令，或单击“曲面”工具栏中的“牵引曲面”按钮，弹出“串连选项”对话框。

③ 单击对话框中的“单体”按钮，选中椭圆线，图素反白。

④ 单击“串连选项”对话框中的“确定”按钮，打开“牵引曲面”对话框，如图 7.28 所示；设置牵引长度为 20，牵引角度为 5，单击“确定”按钮，完成牵引曲面，如图 7.29（a）所示，如图 7.29（b）所示是反向牵引后的图形。

（5）围篱曲面

围篱曲面命令是 MasterCAM X4 版本新增的命令，通过在曲面上的一条曲线，构建一个直纹曲面，该直纹曲面与原曲面可以是垂直的，也可以是指定角度的，同时它的高度可以是两端相同的，也可以是变化的。

选择“绘图”→“曲面”→“围篱曲面”命令，或单击“曲面”工具栏中的“围篱曲

图 7.29 牵引角度

面”按钮，显示“围篱曲面”工具栏。

下面列出围篱曲面图形：

① 如图 7.30（a）所示，在原来的扫描曲面两侧分别创建两条围篱曲面，高度和角度没有变化。

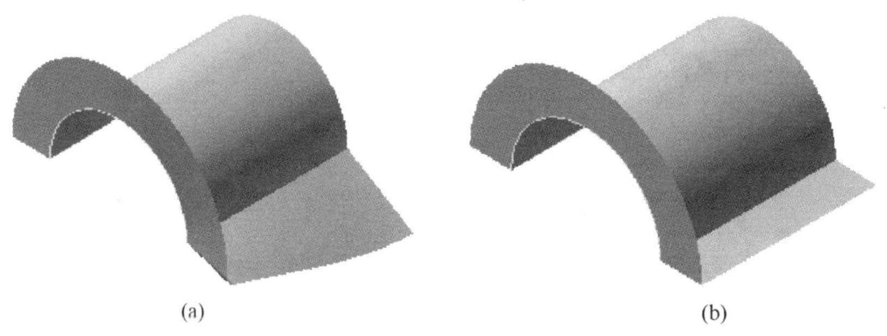

图 7.30 围篱曲面

② 如图 7.30（b）所示，围篱曲面高度和角度有变化，只有熔接方式是“线锥”和“立体混合”，才能设置第二个高度和角度。

以图 7.30 为例说明设置起点和终点高度创建围篱曲面。创建围篱曲面的步骤如下：

① 先要绘曲面和曲线，如图 7.28 所示的圆弧沿直线扫描而成的半圆柱面。

② 选择“绘图”→“曲面”→“围篱曲面”命令，或单击“曲面”工具栏中的“围篱曲面”按钮，显示“围篱曲面”工具栏。

③ 在工具栏设置“熔接方式”为“线锥”，设置起始高度为 5. 终止高度为 15。

④ 系统提示“选取曲面”，选取曲面，弹出“串连选项”对话框。

⑤ 系统提示“选取串连 1”，在该对话框中单击“局部串连”按钮。

⑥ 选取曲线的起点，曲线上显示一个箭头，再选取曲线的终点，单击“串连选项”对话框中的“确定”按钮，再单击“完成”按钮。创建的围篱曲面如图 7.30 所示。

（6）网状曲面

网状曲面是 MasterCAM X4 版本新增的命令，是将旧版本的昆氏曲面与曲线成面综合在一起，简化了曲面创建的过程，提高创建曲面的工作效率。

网状曲面是由一些相交的边界线（直线、曲线、圆弧、串连等）构建而成的曲面，用于创建变化多样、形状复杂的自由曲面。网状曲面至少由3条边界线构成，分成两个方向：一个为顺方向，另一个为交方向，如图7.31（a）所示4条曲线分成两个方向。在“串连选项”对话框中单击“单体”按钮，按顺序分方向选取4条曲线；单击该对话框中的“确定”按钮，再单击工具栏中的“完成”按钮。创建网状曲面，如图7.31（b）所示。

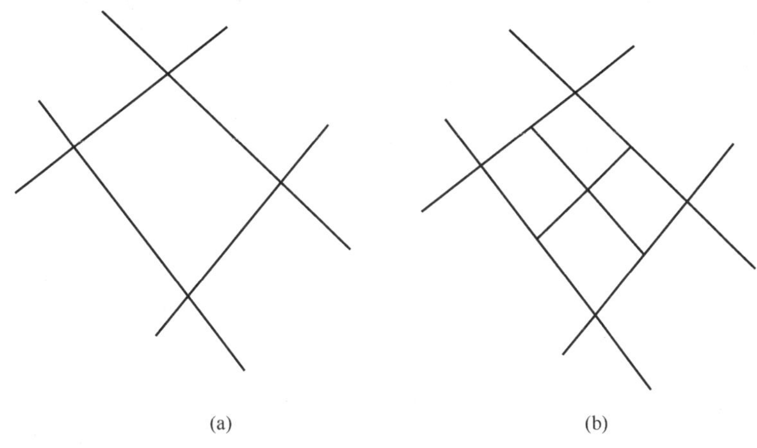

图7.31　曲线和网状曲面

选择“绘图”→“曲面”→“网状曲面”命令，或单击“曲面”工具栏中的“网状曲面”按钮，显示“网状曲面”工具栏，如图7.32所示，其中“类型”下拉列表中有引导方向、截断方向、平均3个选项。

图7.32　“网状曲面”工具栏

创建网状曲面的步骤如下：

① 先在等视图上绘制图7.33所示的曲线。

② 选择“绘图”→“曲面”→“网状曲面”命令，或单击“曲面”工具栏中的“网状曲面”按钮，显示“网状曲面”工具栏，并打开“串连选项”对话框。

③ 在“串连选项”对话框单击“单体”按钮。

④ 分方向依次选取曲线，曲线上显示串连箭头，图素反白。单击该对话框中的“确定”按钮。

⑤ 在类型下拉列表中选择“截断方向”，单击工具栏中的“应用”按钮。打开“串连选项”对话框。单击“确定”按钮。

⑥ 单击工具栏中的“完成”按钮，创建网状曲面，如图7.34所示。

⑦ 当截面方向所有曲线在一或二点上相交时，创建的网状曲面可能产生多个顶点，因为必须在工具栏单击“顶点”按钮，再捕捉一个交点，使用和上面同样方法创建网状曲

面，显示顶点。

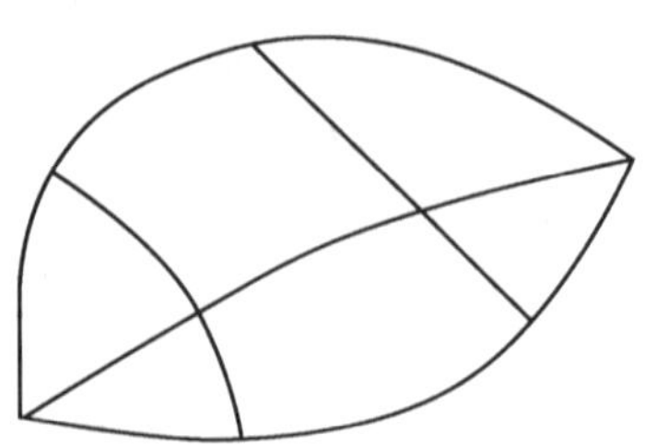

图 7.33　绘制两个方向的曲线

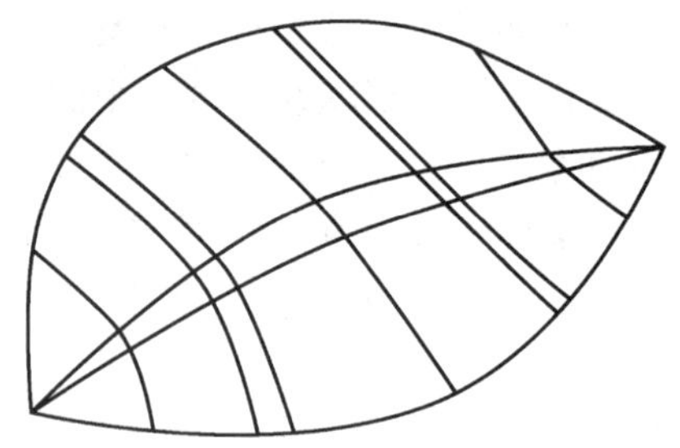

图 7.34　网状曲面

（7）挤出曲面

挤出曲面就是选择一个封闭的外形轮廓拉伸出一个封闭的曲面。

创建挤出曲面的步骤如下：

① 先在俯视图上绘制图 7.35 所示的曲线。

② 选择“绘图”→“曲面”→“挤出曲面”命令，或单击“曲面”工具栏中的“挤出曲面”按钮，弹出“串连选项”对话框。选中曲线后，弹出“拉伸曲面”对话框，在高度栏填入相应的数据就得到图 7.36 所示的“挤出曲面”。

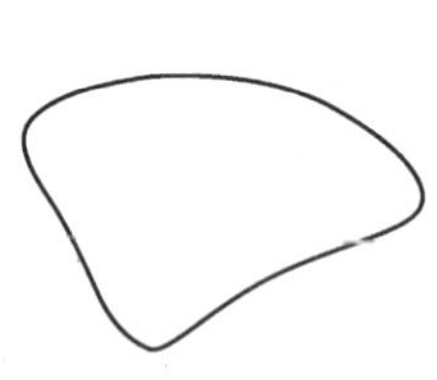

图 7.35　封闭曲线

图 7.36　挤出曲面

项目实施：构建曲面模型

1　曲面模型的构建分析

通过前面基本曲面的绘制的学习，应综合运用这些知识来构建一个产品模型。本项目使用“挤出曲面”、“扫描曲面”、“牵引曲面”和“举升曲面”等功能构建图 7.1 所示的曲面模型。

2　构建曲面模型的步骤

① 在桌面上双击 MasterCAM X4 快捷图标进入 MasterCAM X4 设计界面。

② 在工具栏中单击“等视图”按钮将视角切换到等视图。

③ 在“草绘”工具栏中单击“矩形”按钮，弹出“矩形”工具栏，如图 7.37 所示。选择绘图平面：俯视图，工作深度：Z0。绘制图 7.38 所示矩形。

图 7.37　“矩形”工具栏

④ 在“曲面”工具栏中单击“挤出曲面”按钮，弹出“串连选项”对话框，然后单击“串联”按钮，选择矩形，单击“确定”按钮，弹出“拉伸曲面”对话框，按图 7.39 所示进行操作，单击“确定”按钮。得到图 7.40 所示挤出曲面。

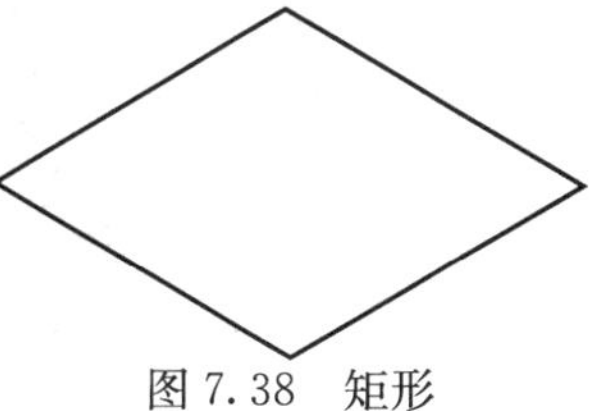

图 7.38　矩形

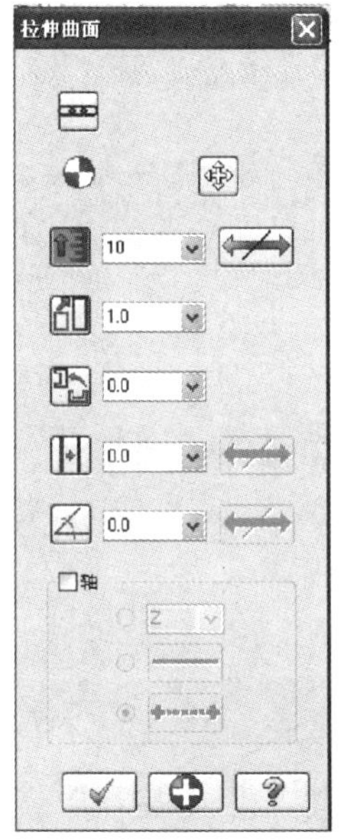

图 7.39　“拉伸曲面”对话框

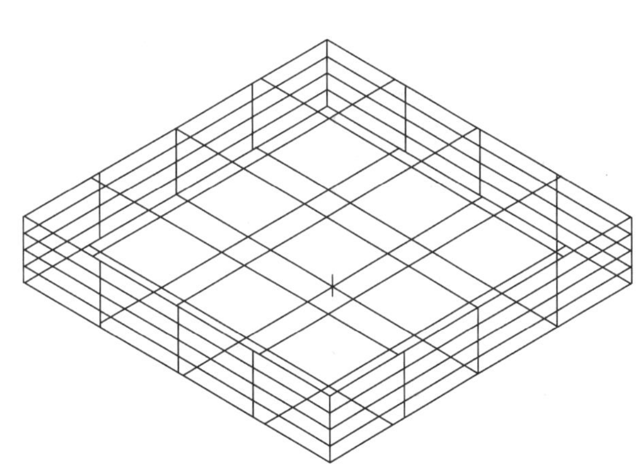

图 7.40　挤出曲面

⑤ 在状态栏中设置当前状态为 2D 状态，然后在“Z”文本框内输入“10”。

⑥ 在“草绘”工具栏中单击“圆心+点”按钮，弹出“编辑圆心点”工具栏，然后根据图 7.41 所示进行操作，绘制圆，如图 7.42 所示。

图 7.41　“编辑圆心点”工具栏

⑦ 在“平面”工具栏中单击“设置平面为俯视图”按钮右方的下三角按钮，接着在弹出的下级菜单中单击“前视图”F 前视图 (WCS)按钮，接着在状态栏中的“Z”文本框内输入“0”。

⑧ 在“草绘”工具栏中单击“矩形”按钮右方的下三角按钮，接着在弹出的下级菜单中单击“矩形形状设置”矩形形状设置按钮，弹出“矩形选项”对话框，然后根据图 7.43所示进行操作。绘制图 7.44 所示矩形。

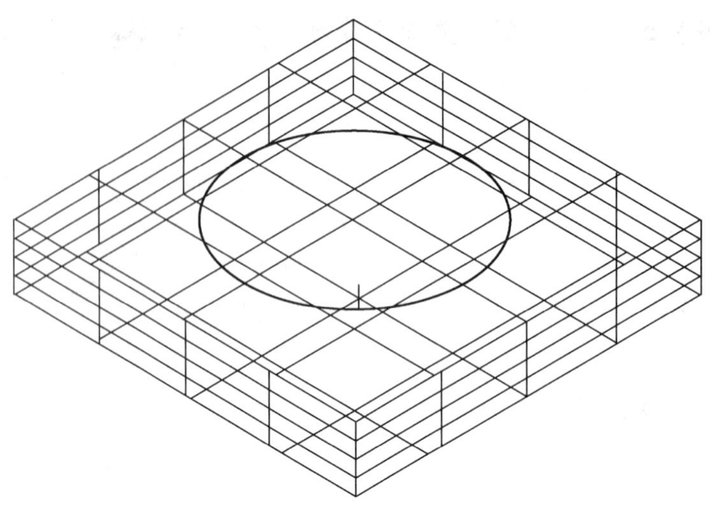

图 7.42　半径为 16 的圆

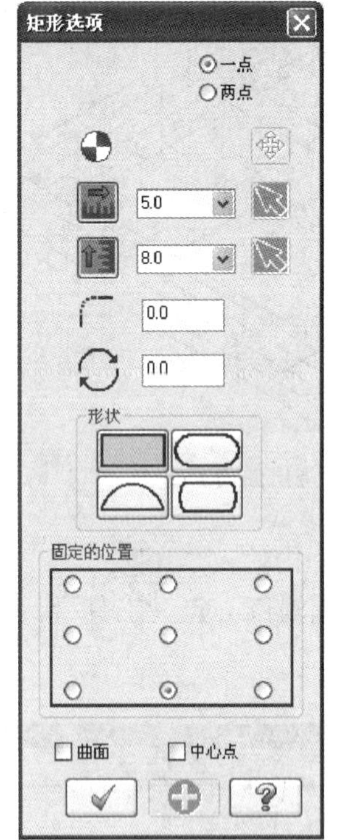

图 7.43　“矩形选项”对话框

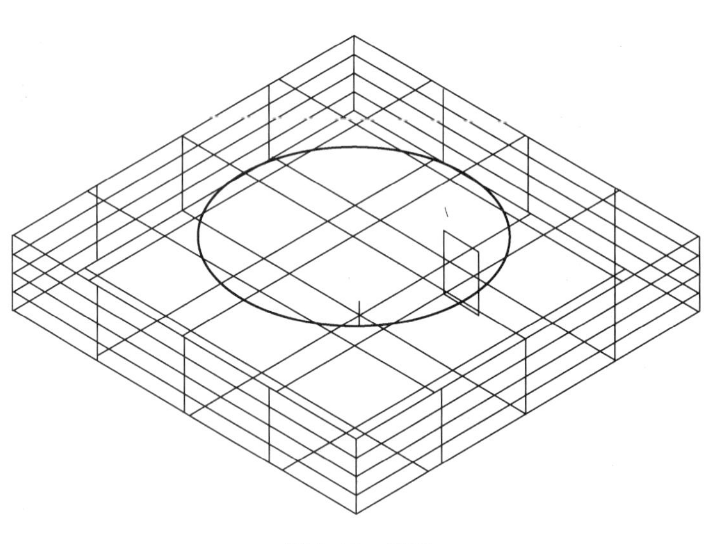

图 7.44　矩形

⑨ 在“草绘”工具栏中单击“倒圆角”按钮，弹出“圆角”工具栏，然后根据图 7.45所示进行操作。绘制矩形的圆角，如图 7.46 所示。

⑩ 在“曲面”工具栏中单击“扫描曲面”按钮，弹出“串连选项”对话框，然后选择圆角矩形为截面外形，圆为引导外形，绘制图 7.47 所示扫描曲面。

图 7.45　“圆角”工具栏

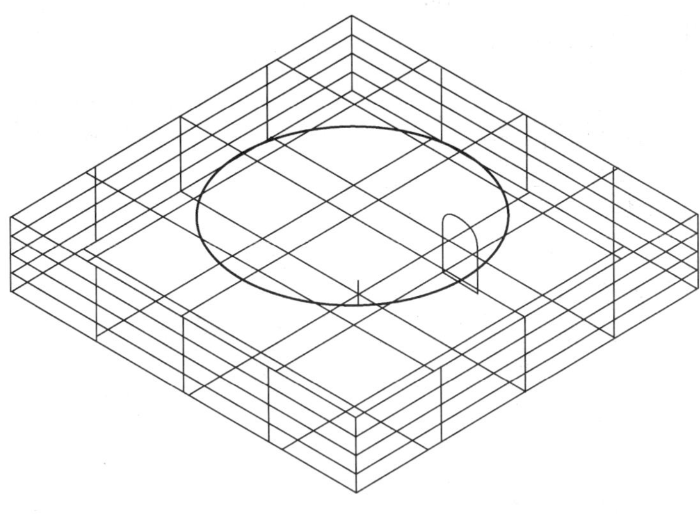

图 7.46　圆角矩形

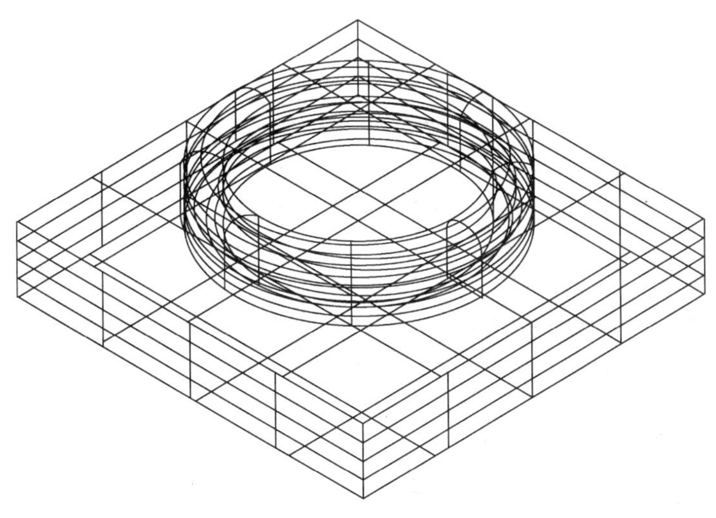

图 7.47　扫描曲面

要　点

当截面外形轮廓存在尖角，在进行扫描曲面操作时，系统会弹出“警告”对话框，这时直接单击“确定”按钮即可，系统会自动将尖角部位进行倒圆角。

⑪ 绘图平面切换到俯视图，在状态栏中的“Z”文本框内输入“13”。

⑫ 在“草绘”工具栏中单击“圆心+点”按钮，弹出“编辑圆心点”工具栏，绘制半径为 8 的圆，如图 7.48 所示。

⑬ 在“曲面”工具栏中单击“牵引曲面”按钮，弹出“串连选项”对话框，然后选择圆，单击，弹出“牵引曲面”对话框，如图 7.49 所示，设置牵引长度为 3，向下牵引，绘制图 7.50 所示牵引曲面。

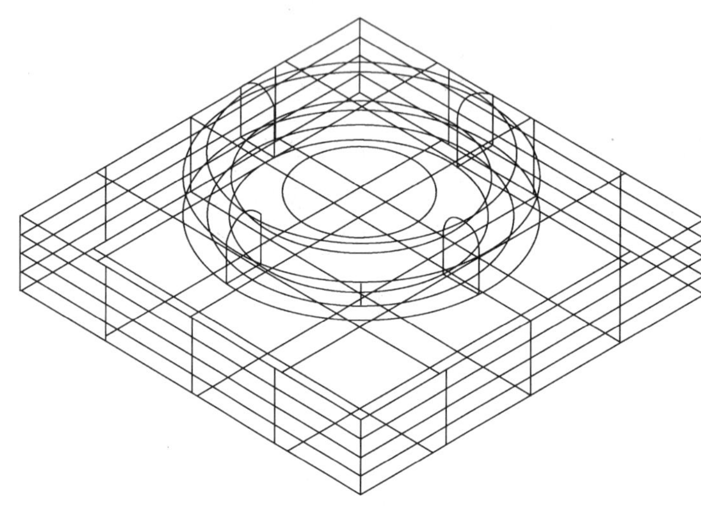

图 7.48　半径为 8 的圆

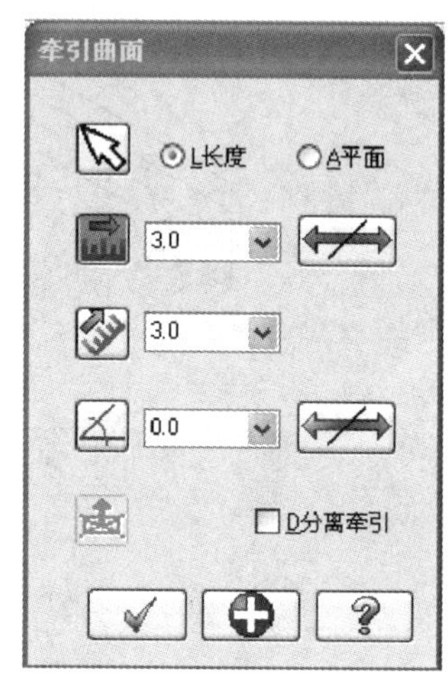

图 7.49　“牵引曲面”对话框

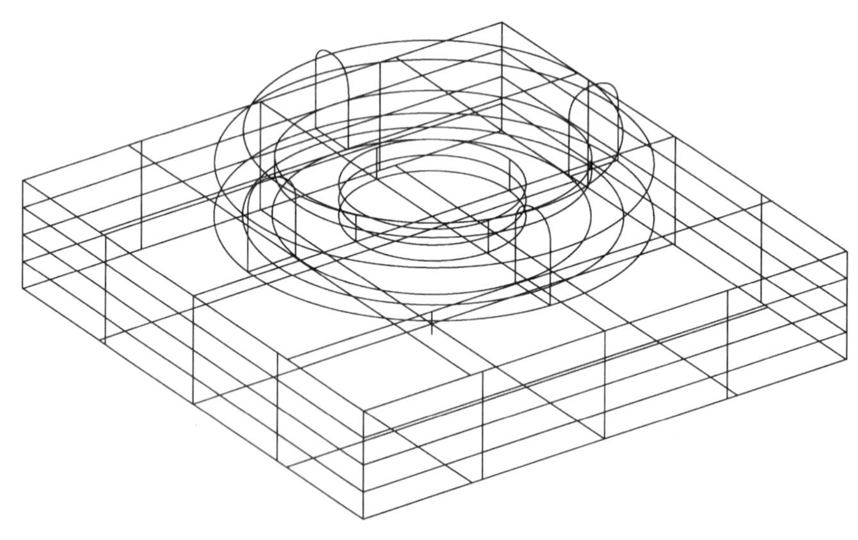

图 7.50　牵引曲面

⑭ 在状态栏中的“Z”文本框内输入“16”。

⑮ 在“草绘”工具栏中单击“圆心+点”按钮，弹出“编辑圆心点”工具栏，绘制半径为 5 的圆，如图 7.51 所示。为显示清楚，图形已着色。

⑯ 在状态栏中的“Z”文本框内输入“20”。

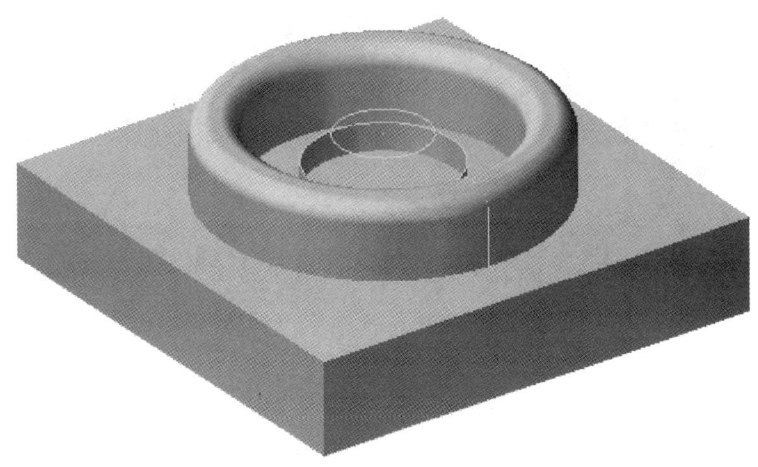

图 7.51 半径为 5 的圆

⑰ 在“草绘”工具栏中单击“绘点”按钮，弹出“点”工具栏如图 7.52 所示，绘制图 7.53 所示点。

图 7.52 “点”工具栏

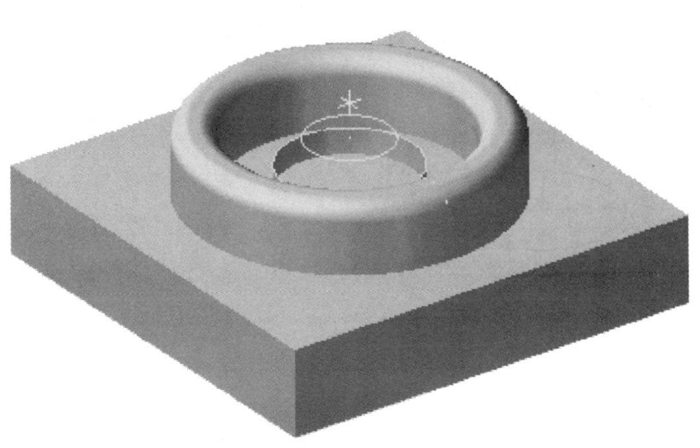

图 7.53 点

⑱ 在“曲面”工具栏中单击“举升曲面”按钮，弹出“串连选项”对话框，然后依次在相应位置选择半径为 8 的圆、半径为 5 的圆、点，单击，弹出“直纹/举升曲面”工具栏，选择“直纹”按钮，单击，绘制图 7.54 所示直纹曲面。

⑲ 保存此图，文件名为“7-1. mcx”。

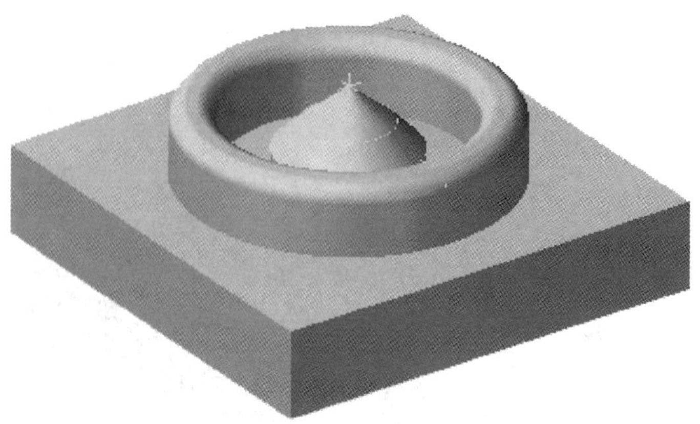

图 7.54　直纹曲面

上机练习

7.1　将完成图 7.55 所示线框各图，并由线框图形构建出曲面。

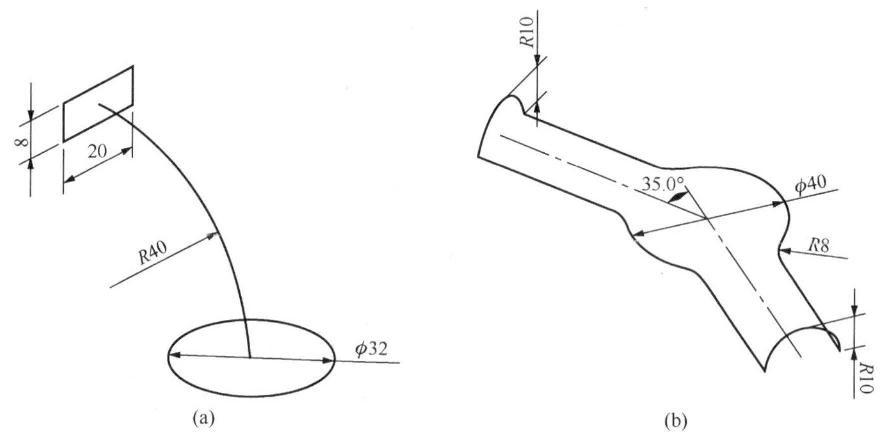

图 7.55　习题 7.1 图

7.2　参照图 7.56 所示各图形绘制曲面，尺寸自定。

(a)

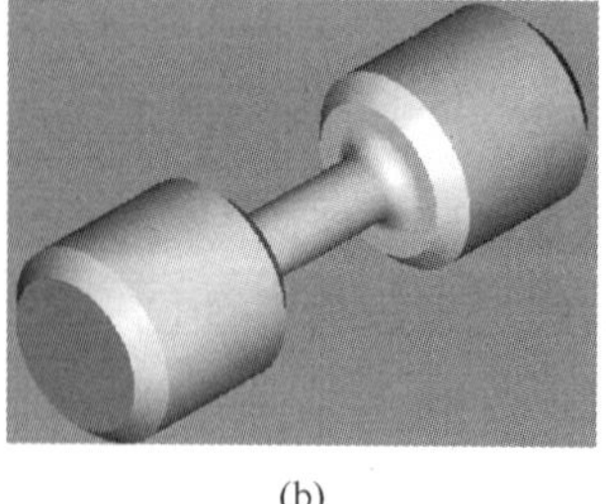

(b)

(c)

图 7.56　习题 7.2 图

项目8　绘制、编辑曲面图形

项目任务

任务内容

绘制图8.1所示的图形，并将其保存在“D：/MasterCAM项目8”文件夹中，文件名为“8-1.mcx”。

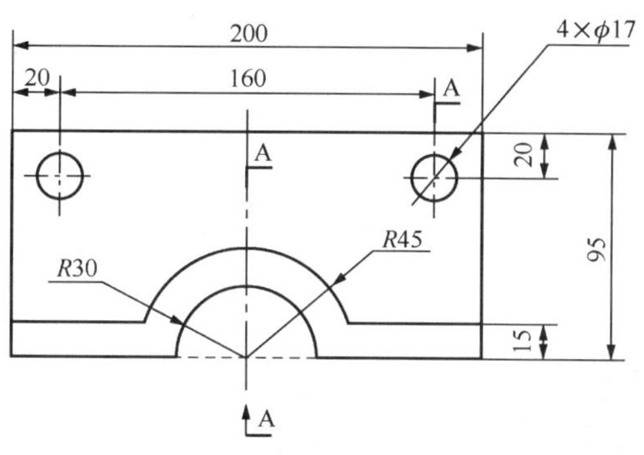

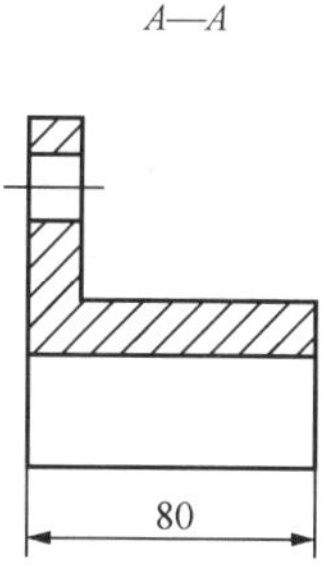

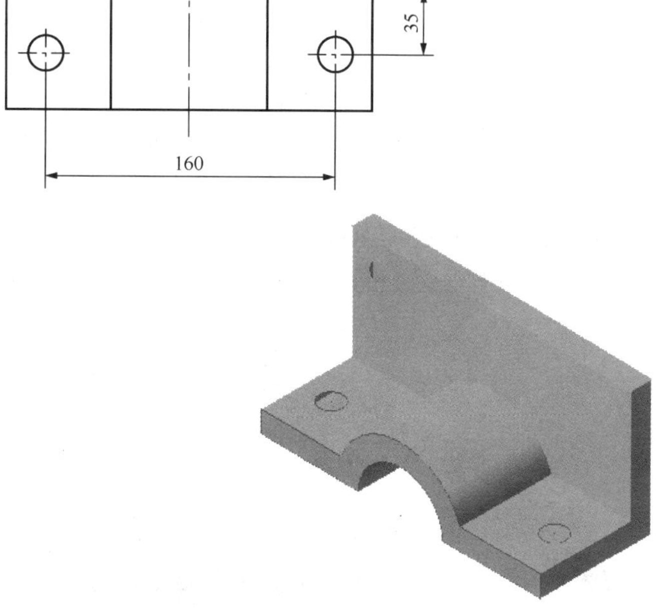

图8.1　角铁

任务目的

1. 进一步熟悉前面学过的各命令。
2. 学会曲面编辑的方法和命令。
3. 通过上例练习使用曲面修剪、曲面倒圆角、曲面偏移等命令。

相关理论知识：曲面编辑的基本概念

曲面编辑是将已有曲面进行编辑修改、修剪等。编辑曲面有曲面补正、曲面倒圆角、修剪曲面、曲面延伸、由实体产生曲面、平面修剪、填补内孔、恢复边界、恢复修剪曲面、曲面分割、曲面熔接共 11 种。

1 曲面补正

该功能是指定距离和方向，补正一个或多个曲面，补正的曲面平行于原有曲面可正向或反向补正。

图 8.2 原曲面

创建曲面补正的步骤如下：

① 先绘制一曲面，如图 8.2 所示。

② 选择“绘图”→“曲面”→“曲面补正”命令，或单击“曲面”工具栏中的“补正”按钮，系统提示“选择要补正的曲面”，选取曲面，曲面反白，回车。

③ 显示“曲面补正”工具栏，如图 8.3 所示。

④ 在工具栏设置“补正距离”为 8，如果曲面补在下面，单击“反向”曲面补正到上面，单击工具栏中的“应用”按钮，完成曲面补正，如图 8.4 所示。

图 8.3 “曲面补正”工具栏

图 8.4 曲面补正

⑤ 如果要补正原曲面下面输入负值－8，看现在曲面是否在下面，如果在下面，直接单击工具栏中的“应用”按钮，完成负值补正，如图 8.5 所示。

图 8.5 曲面补正在下方

2 曲面倒圆角

曲面倒圆角有三种类型：曲面与平面、曲面与曲线、曲面与曲面。

（1）曲面与平面倒圆角

该功能是在曲面和平面之间创建一或多个倒圆角曲面，每个圆角可定义一个半径，位于两个面相交线上，并正切于选取的曲面上。

构建曲面与平面间的圆角的步骤如下：

① 先绘制一个曲面与平面的倒圆角图形，如图 8.6 所示。

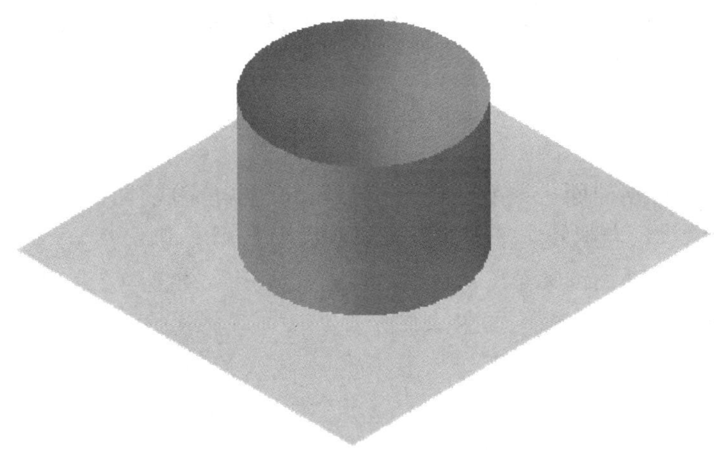

图 8.6 曲面与平面的倒圆角图形

② 选择“绘图”→“曲面”→“曲面倒圆角”→“曲面与平面”命令，或单击“曲面”工具栏的“曲面与平面”按钮。系统提示“选取曲面或按＜Esc＞键退出”，使用“窗选”选取圆柱面和平面。图形反白，回车。

③ 显示“平面选择”和“平面与曲面倒圆角”对话框，如图 8.7 所示是平面选择对话

框，图 8.8 所示是“平面与曲面倒圆角”对话框，在该对话框设置圆角半径为 2。

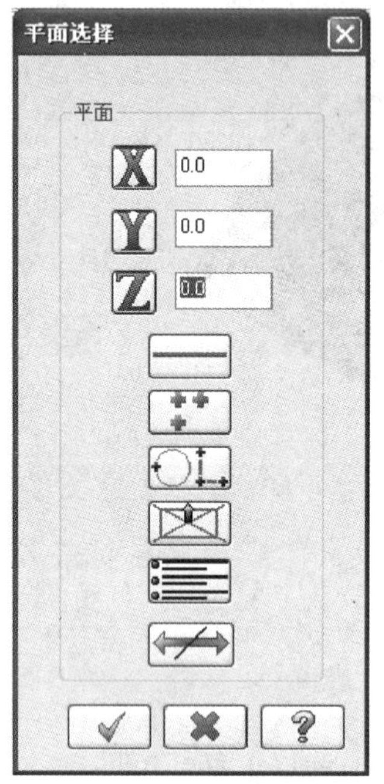

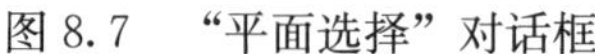

图 8.7 “平面选择”对话框

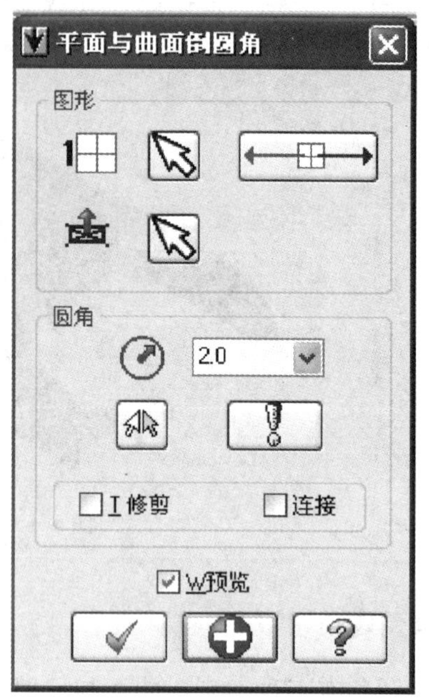

图 8.8 “平面与曲面倒圆角”对话框

④ 系统提示“选取平面”，在“平面选项”对话框中单击“三点”按钮，选取平面上三个角点，这时平面被选取，平面反白。选择“确定”按钮。

⑤ 在“平面选择”对话框中的法向，是检查被选曲面的法向，倒两个曲面的外圆角，两个曲面上显示的箭头必须向外，倒内圆角箭头向内。

⑥ 在“平面选项”对话框中，单击“法向”按钮，系统提示“选取法线”，用三点方法分别选取平面和圆柱面。

⑦ 在“平面与曲面倒圆角”对话框中单击“反向法线”按钮，在图形的曲面上分别显示箭头。

⑧ 系统提示“单击曲面去改变法向，按<Enter>键完成”，如果发现某个箭头向内，再选取该曲面使箭头反向朝外，平面的箭头朝上，按 Enter 键。

⑨ 返回“平面与曲面倒圆角”对话框，单击“确定”按钮，关闭对话框。

⑩ 完成倒圆角曲面的创建，如图 8.9 所示。

(2) 曲面与曲线倒圆角

该功能是在曲线和曲面之间创建一个或多个倒圆角曲面，每个圆角可定义一个半径，位于串连的曲线上，并正切于被选的曲面上。

构建曲面与曲线倒圆角的步骤如下：

① 先绘制一个曲面和曲线倒圆角图形，如图 8.10 所示。

要 点

注意绘图平面及工作深度须选择正确。

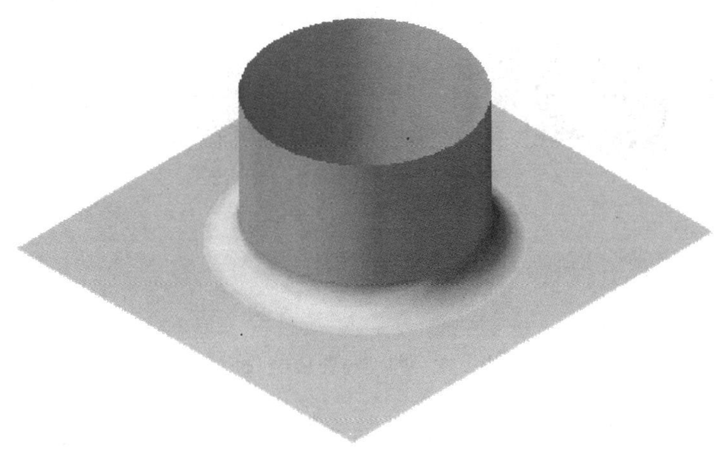

图 8.9　平面与曲面倒圆角

② 选择“绘图”→“曲面”→“曲面倒圆角”→“曲面与曲线”命令，或单击“曲面”工具栏中的“曲面与曲线”按钮，系统提示“选取曲面或按＜Esc＞键退出”，使用“窗选”选取曲面，曲面反白，回车。

③ 弹出“串连选项”对话框，单击“局部串连”按钮，系统提示“选取第一图素”，选取曲线的起点，系统提示“选取最后一图素”，选取图素终点，图素反白。

④ 单击“确定”按钮，关闭该对话框。

⑤ 打开“曲线与曲面倒圆角”对话框，如图 8.11 所示，设置圆角半径为 5，单击“确定”按钮关闭对话框。

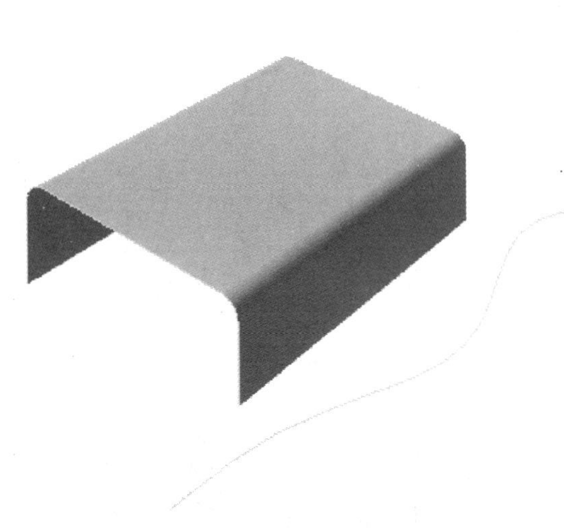

图 8.10　曲面和曲线倒圆角图形

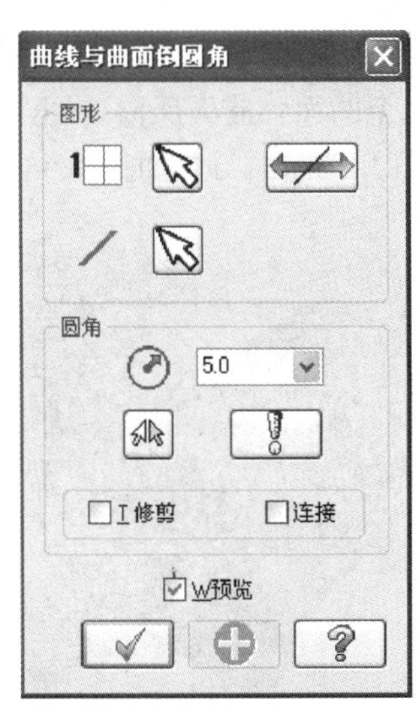

图 8.11　“曲线与曲面倒圆角”对话框

⑥ 完成曲面与曲线倒圆角曲面的创建，如图 8.12 所示。

(3) 曲面与曲面倒圆角

该功能绘制一个或多个倒圆角曲面，每个曲面正切于两个曲面，系统提示要选择

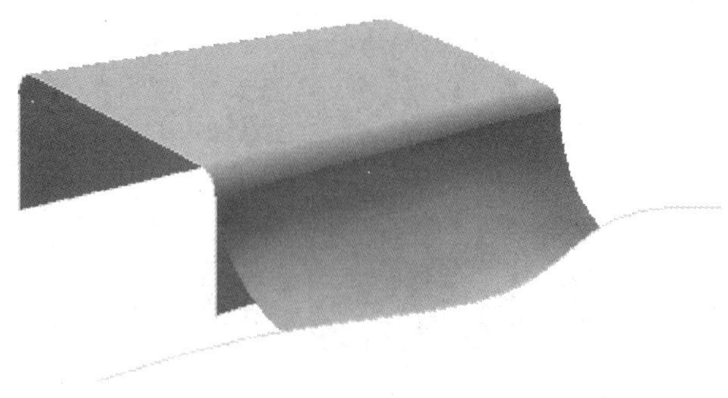

图 8.12　曲面与曲线倒圆角

二套曲面，试图在第一套曲面与第二套曲面间创建倒圆角曲面．也可选取一套曲面，但必须至少包含两个曲面。用一套曲面，系统会在该套曲面的每个曲面间创建倒圆角曲面。

在有些情况下，只有一套曲面圆角时更耗时间，例如，若有多个曲面壁和一个单一地板曲面作为单套，系统寻找壁与壁及壁与地板间的交线。但是，用户选择的壁作为一套曲面．地板作为第二套曲面，系统只要在每个曲面壁和地板间寻找交线。

创建曲面与曲面倒圆角步骤如下：

① 先绘制一个曲面和曲面倒圆角图形，如图 8.13 所示。

② 选择“绘图”→”“曲面”→“曲面倒圆角”→“曲面与曲面”命令，或单击“曲面”工具栏中的“曲面与曲面”按钮，系统提示“选取第一个曲面或按<Esc>退出”，选取第一个曲面，曲面反白，回车。

③ 系统提示“选取第二个曲面或按<Esc>退出”，选取第二个曲面，曲面反白，回车。

④ 打开“曲面与曲面倒圆角”对话框，如图 8.14 所示。

图 8.13　曲面和曲面倒圆角图形

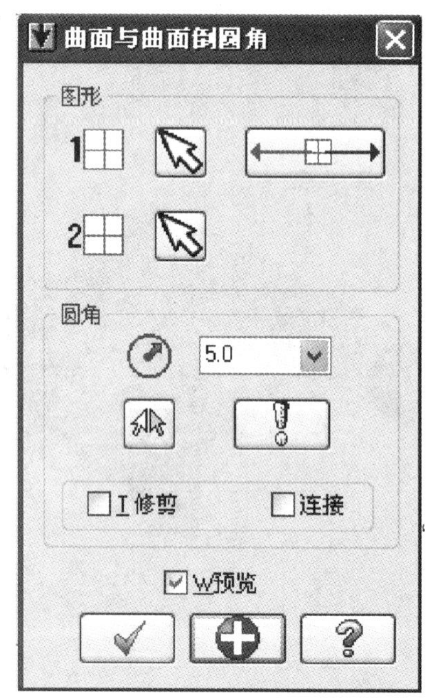

图 8.14　“曲面与曲面倒圆角”对话框

⑤ 设置圆角半径为 5，单击“应用”按钮，关闭对话框。

⑥ 完成曲面与曲面倒圆角的创建，如图 8.15 所示。

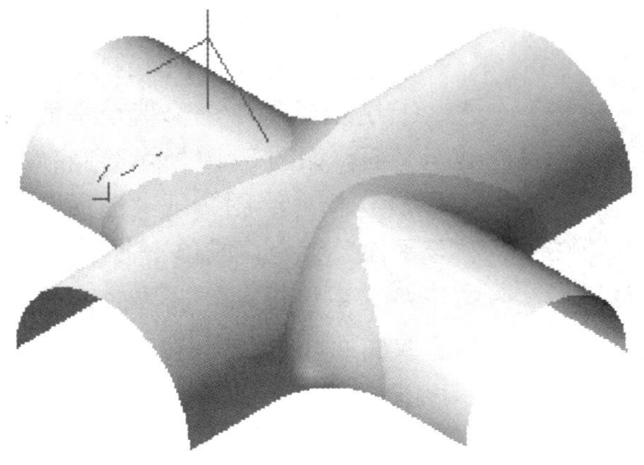

图 8.15　曲面与曲面倒圆角

3　修剪曲面

修剪曲面是根据指定的参照减去曲面上多余的部分。根据参数对象的不同，可以选择修剪曲面的不同操作：修剪至曲线、修剪至平面、修剪至曲面。

（1）修剪至曲线

若修剪曲线不位于曲面上，系统会将曲线投影至曲面上，直到曲线与曲面相交时才能进行修剪。

修剪曲面至曲线的步骤如下：

① 先要绘制一个修剪曲面至曲线的图形，在曲面图形顶部绘制一条封闭曲线，如图 8.16 所示。

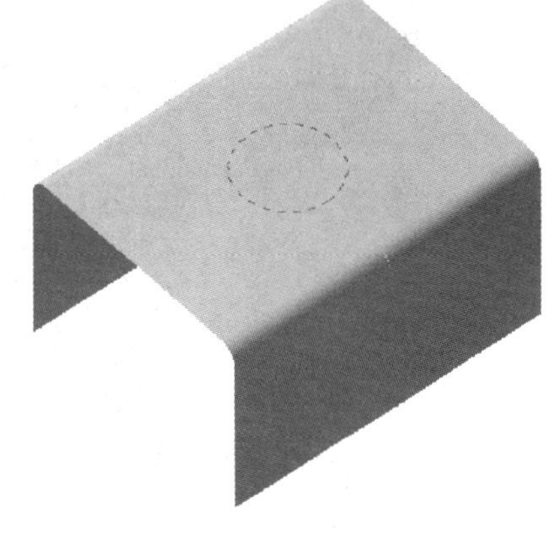

图 8.16　修剪曲面至曲线的图形

② 选择“绘图”→“曲面”→“曲面修剪”→“修整至曲线”命令，或单击“曲面”工具栏中的“修整至曲线”按钮，系统提示“选取曲面或按＜Esc＞键退出”，选取曲面，曲面反白，回车。

③ 打开“串连选项”对话框，系统提示“选取曲线 1”，单击对话框中的“串连”按钮，选取曲面上面曲线，曲线反白，单击“确定”按钮，关闭对话框。

④ 显示“曲面至曲线”工具栏，如图 8.17 所示。

图 8.17　“曲面至曲线”工具栏

⑤ 系统提示“指出保留区域/选取曲面去修剪”，选取曲面并移动临时箭头至要保留的区域，单击完成保留。

⑥ 在工具栏中单击“法向”按钮，也可在法向右侧的文本框输入一个距离值，单击“应用”按钮，完成修剪至曲线的修剪曲面的创建，如图 8.18 所示。

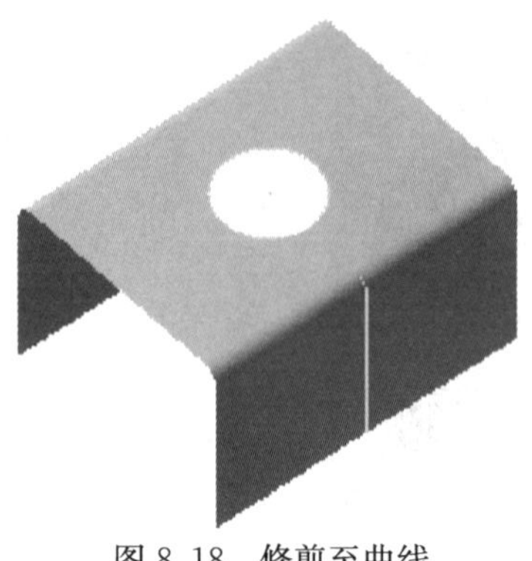
图 8.18 修剪至曲线

(2) 修剪至平面

创建修剪曲面至平面的步骤如下：

① 先要绘制一个修剪至平面的图形，是用原图形修剪至平面，如图 8.19 所示绘制一直纹面。

② 选择“绘图”→“曲面”→“曲面修剪”→“修整至平面”命令，或单击曲面工具栏中的“修整至平面”按钮，系统提示“选取曲面或按<Esc>键退出”，选取直纹曲面，曲面反白，回车。

③ 打开“平面选择”对话框，如图 8.20 所示，设置平面，在 Z 文本框辅入 20。

图 8.19 修剪至平面的图形

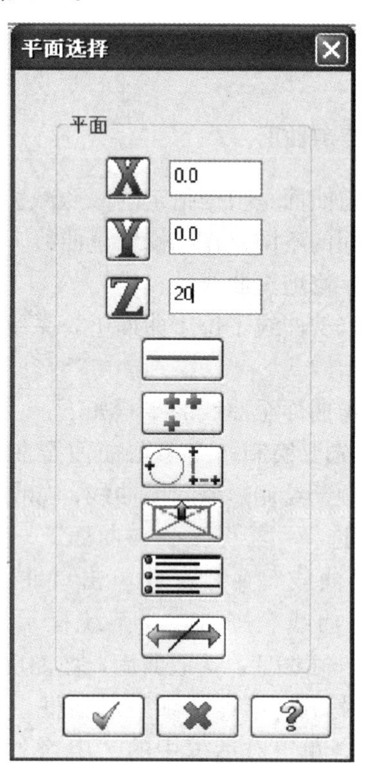

图 8.20 “平面选择”对话框

④ 在“平面选项”对话框中，单击“法向”按钮，在图形上显示一个平面，如图 8.21所示。

⑤ 单击“确定”按钮，显示“修剪曲面至平面”工具栏，如图 8.22 所示，在工具栏中单击“删除”按钮，直纹曲面下面部分被删除，如图 8.23 所示。如果单击“保留”按钮，直纹曲面下面部分将被保留，如设置 X 为 10，修剪曲面至平面方向改变，如设置 Y 为 10，修剪曲面至平面方向也改变。

(3) 修剪至曲面

使用该功能可在两套曲面之间修剪曲面。一套曲面只能包括一个曲面，且修剪一套或两套曲面。

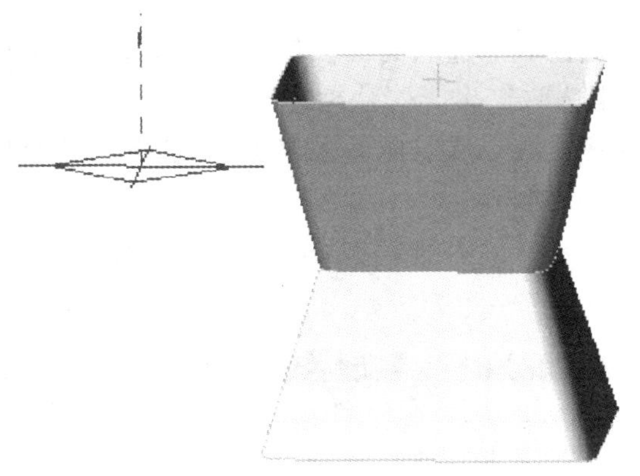

图8.21 平面

图8.22 “曲面至平面”工具栏

创建修剪曲面至曲面的步骤如下：

① 先要绘制一个修剪至曲面的图形，如图8.24所示。

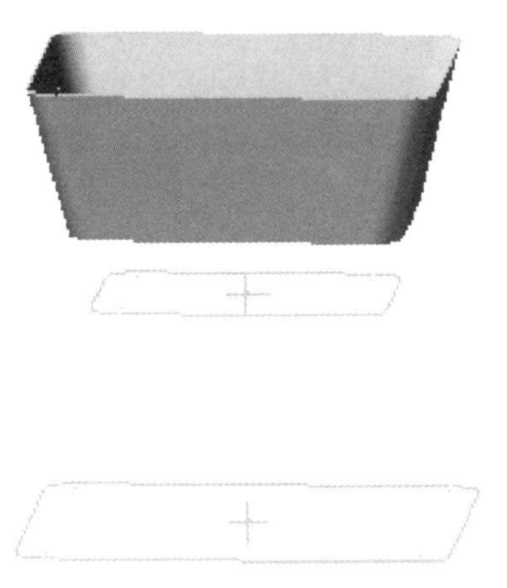

图8.23 修剪曲面至平面

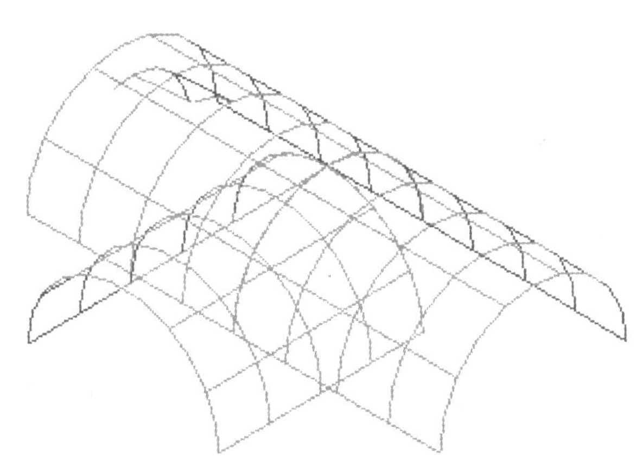

图8.24 修剪至曲面的图形

要 点

为了更清楚观察曲面相交部分，采用线架显示。

② 选择“绘图”→“曲面”→“曲面修剪”→“修整至曲面”命令，或单击“曲面”工具栏中的“修整至曲面”按钮。系统提示“选取第一个曲面或按<Esc>键退出”，选取第一个曲面，曲面反白，回车。

③ 系统提示“选取第二个曲面或按<Esc>键退出”，选取第二个曲面，曲面反白，

回车。

④ 系统提示“指定保留区域—选取曲面去修剪”。选取第一个曲面，并在曲面上移动临时箭头单击鼠标左键结束选取。

⑤ 系统提示“指定保留区域—选取曲面去修剪”。选取第二个曲面，并在曲面上移动临时箭头，单击鼠标左键结束选取。

⑥ 显示“至曲面”工具栏，如图 8.25 所示，在工具栏中单击“选第二曲面”按钮，再单击“删除”按钮。

图 8.25 “至曲面”工具栏

⑦ 单击“应用”按钮，完成曲面至曲面的修剪，如图 8.26 所示。

⑧ 删除第二曲面留下的曲线，单击工具栏中的“删除”按钮，选取要删除的线，曲线反白，回车，曲线便被删除，如图 8.27 所示。

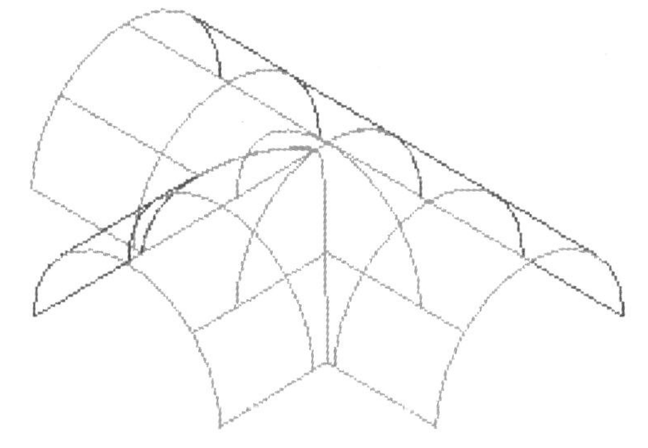

图 8.26 曲面至曲面的修剪

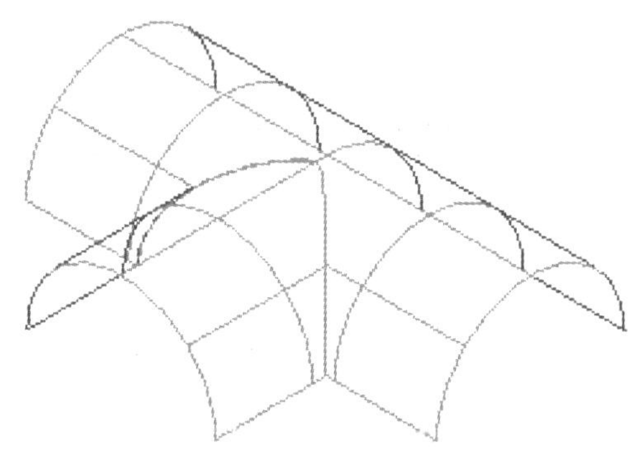

图 8.27 删除第二曲面留下的曲线

4 曲面延伸

曲面延伸是将曲面沿指定的方向延伸至指定的平面或延伸给定的长度。

图 8.28 要延伸的曲面

创建曲面延伸的步骤如下。

(1) 使用输入延伸长度创建延伸曲面

① 先要绘制一个曲面的图形，如图 8.28 所示。

② 选择“绘图”→“曲面”→“曲面延伸”命令，或单击“曲面”工具栏中的“曲面延伸”按钮，显示“曲面延伸”工具栏，如图 8.29 所示，在工具栏上输入延伸长度 20。

图 8.29 “曲面延伸”工具栏

③ 系统提示“选取要延伸的曲面”，选取曲面，曲面反白。

④ 系统提示“移动箭头到要延伸的边界”，移动临时箭头至要延伸的边界，曲面的右端，再单击鼠标左键结束。

⑤ 单击“应用”按钮，再单击“完成”按钮，关闭对话框，完成曲面延伸。如图 8.30 所示。

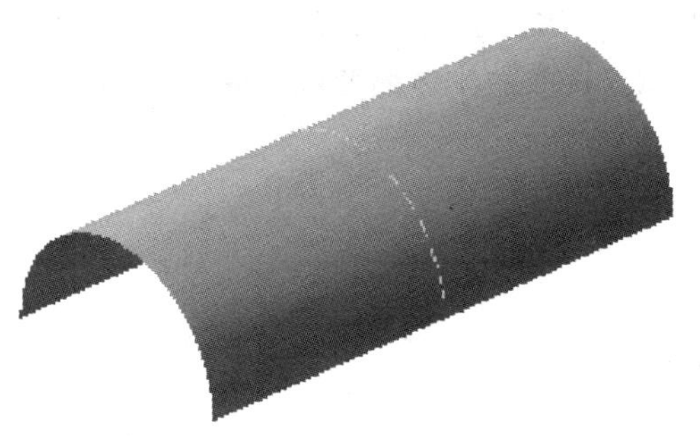

图 8.30　曲面延伸

(2) 使用平面选项延伸曲面

① 在工具栏单击“平面”按钮，打开“平面选择”对话框，如图 8.31 所示，在 Y 文本中输入 20。单击“法向”按钮，图形上显示平面图标，如图 8.32 所示，单击“确定”按钮。

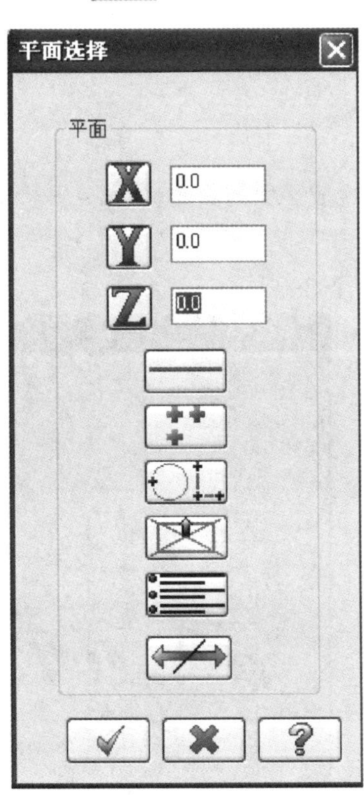

图 8.31　“平面选择”对话框

② 系统提示“选取要延伸的曲面”，选取曲面，曲面反白。

③ 系统提示“移动箭头到要延伸的边界”，移动临时箭头至要延伸的边界，曲面的右端，再单击鼠标左键结束。

④ 曲面按“平面选择”对话框输入的 Y 为 20 延伸，单击“应用”按钮，再单击“确定”按钮，关闭对话框，完成曲面延伸，得到图 8.30 所示图形。

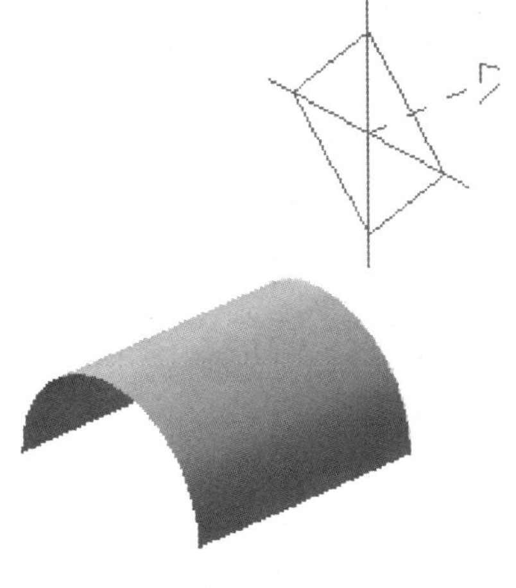

图 8.32　“法向”

5　由实体产生曲面

该命令是从现有的实体上选取的面创建一个曲面。在实体选取每个面创建一个单独 NURBS 曲面，选取实体或面，实体面周边反白，回车，选取的实体面变成了曲面。

创建由实体产生曲面的步骤如下：

① 先绘制一个实体，如图 8.33 所示为线架显示的实体。

② 选择“绘图”→“曲面”→“由实体产生曲面”命令，或单击“曲面”工具栏的

“由实体产生曲面”按钮。系统提示“选取实体，主体或面”，选取实体顶面、前面、右侧面，实体面反白，回车。

③ 选取的实体面变成了曲面，如图 8.34 所示。

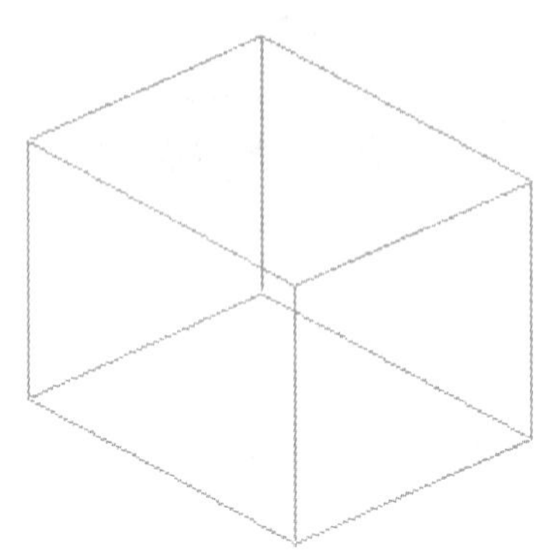
图 8.33　实体

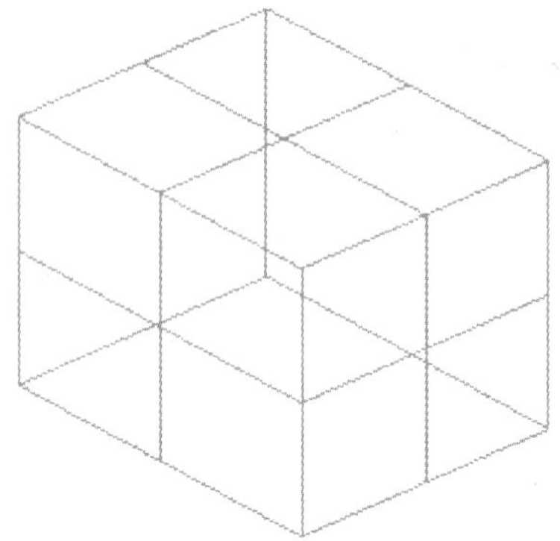
图 8.34　实体面变成了曲面

6　平面修剪（平边界）

使用该命令可以对一个封闭的边界曲线内部进行填充后生成平面的曲面。

创建平面修剪步骤如下：

① 先绘制一个图形内部具有多个封闭图素的图形，如图 8.35 所示。

② 选择“绘图”→“曲面”→“平面修剪”命令，或单击“曲面”工具栏中的“平面修剪”按钮，打开“串连选项”对话框，如图 8.36 所示。

③ 单击“串连”按钮，系统提示“选取定义平面边界的串连 1”，选取外部六边形的边，曲线反白，单击“串连选项”对话框中的“确定”按钮。

④ 显示“平面修整”工具栏，如图 8.37 所示。

⑤ 图形上产生一个临时曲面，如图 8.38 所示。

⑥ 在“平面修整”工具栏单击“增加串连”按钮，打开“串连选项”对话框，单击“串连”按钮，选取六边形内的所有多边形，再单击“单体”按钮，选取两个圆，图素反白，单击对话框中的“确定”按钮，显示

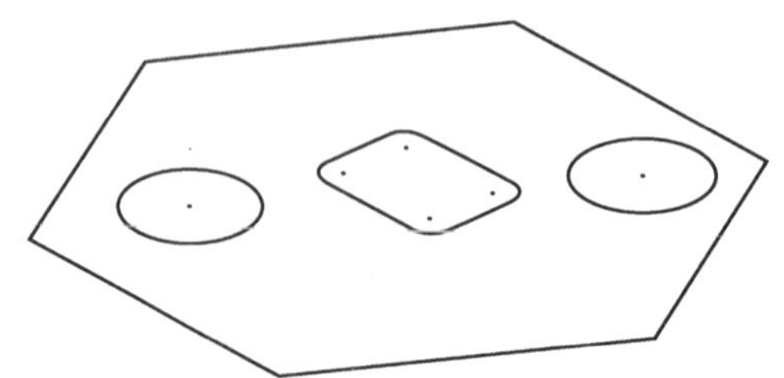
图 8.35　内部具有多个封闭图素的图形

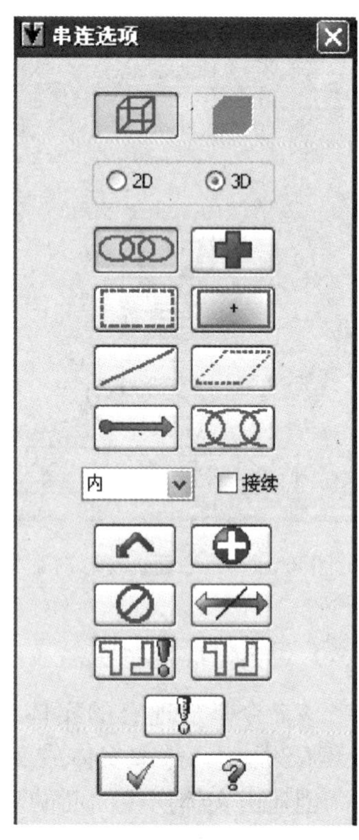

图 8.36　“串连选项”对话框

“平面修整”工具栏。

⑦ 单击工具栏中的“应用”按钮，在打开的“串连选项”对话框中，单击“确定”按钮，关闭对话框。单击“完成”按钮，完成平面修剪曲面创建，如图 8.39 所示。

图 8.37 “平面修整”工具栏

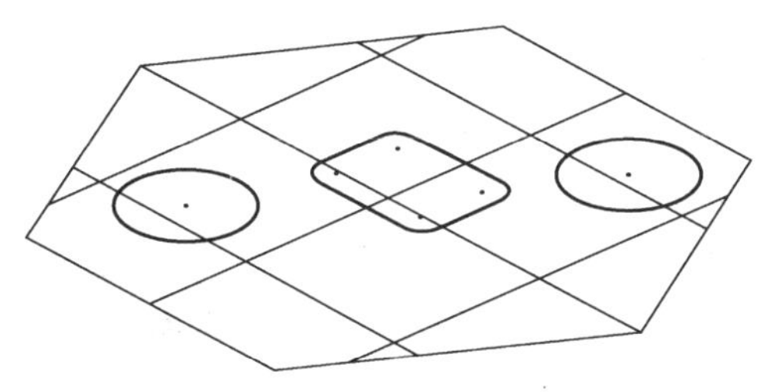

图 8.38 临时曲面

图 8.39 平面修剪曲面

7 填补内孔

该命令用于在曲面上的孔处创建一个新的曲面。

创建填补孔的步骤如下：

① 先打开一个平边界曲面图形，如图 8.39 所示。

② 选择“绘图”→“曲面”→“填补内孔”命令，或单击“曲面”工具栏中的“填补内孔”按钮，显示“填补内孔”工具栏，如图 8.40 所示。

图 8.40 “填补内孔”工具栏

③ 系统提示“选取曲面或实体”，选取一个曲面，曲面反白。

④ 系统提示“选取填补的孔边界”，并在曲面显示一个临时箭头，移动箭头至要填补孔的边界，单击。

⑤ 弹出“警告”对话框，提示“要填补所有孔吗?”，单击“是”按钮。

⑥ 图形所有孔已被填补，但图形反白，单击“应用”按钮和“完成”按钮完成所有孔的填补，如图 8.41 所示。

图 8.41 填补内孔

8 恢复边界

该命令用于恢复曲面的边界线。

创建恢复边界的步骤如下：

① 先打开一个平边界曲面图形，如图 8.39 所示。

② 选择“绘图”→“曲面”→“恢复曲面边界”命令，或单击“曲面”工具栏的“恢复曲面边界”按钮，系统提示“选取一曲面”，选取一个曲面，曲面反白。

③ 系统提示“请将箭头移到要恢复的边界”，移动临时箭头到孔的边界上，单击。弹出“警告”对话框，单击“是”按钮。

④ 完成恢复边界曲面，如图 8.41 所示。

9 恢复修剪曲面

图 8.42 已被修剪至曲线的曲面

该命令用于撤销对曲面所进行的修剪操作，恢复曲面修剪前的状态，即保持原有的曲面不变。

(1) 恢复修剪曲面至曲线

① 选取已被修剪至曲线的曲面，如图 8.42 所示。

② 选择“绘图”→“曲面”→“恢复修剪曲面”命令，或单击“曲面”工具栏中的“恢复修剪曲面”按钮，显示“恢复修整”工具栏，如图 8.43 所示，在工具栏中单击“保留”按钮。

图 8.43 “恢复修整”工具栏

③ 系统提示“选取曲面”，选取一个曲面，曲面反白。

④ 单击工具栏中的“完成”按钮，完成恢复修剪曲面，如图 8.44 所示。

(2) 恢复修剪曲面至平面

① 选取已被修剪至平面的曲面，如图 8.45 所示。

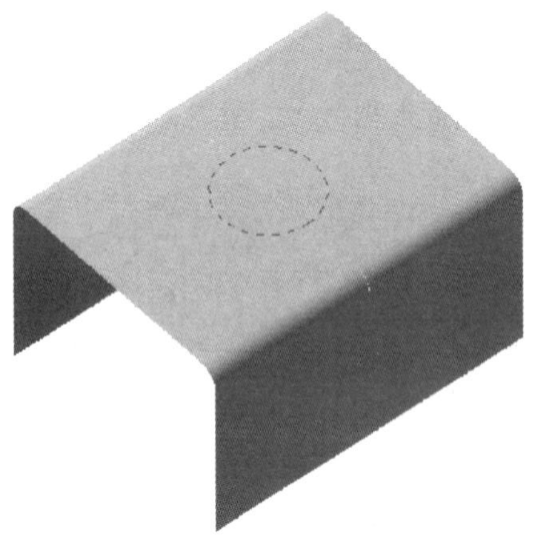

图 8.44 恢复修剪曲面

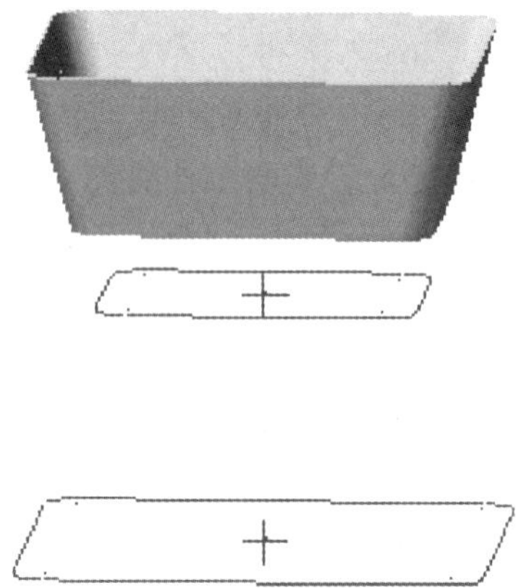

图 8.45 已被修剪至平面的曲面

② 恢复方法同上所述，恢复修剪的图形，如图 8.46 所示。

10 曲面分割

该命令用于将曲面在指定的位置分开，使一个曲面分割成为两个曲面，以便分别对它们进行操作。

图 8.46　恢复修剪的图形

创建曲面分割的步骤如下：

① 先创建一个曲面，如图 8.47 所示。

② 选择“绘图”→“曲面”→“曲面分割”命令，或单击“曲面”工具栏中的“曲面分割”按钮，显示“分割曲面”工具栏，如图 8.48 所示。

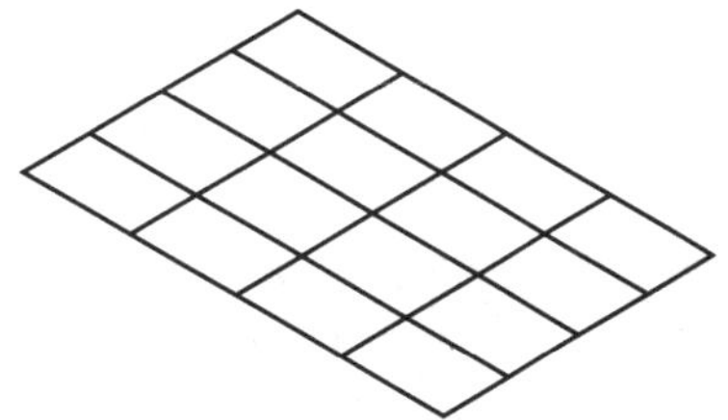

图 8.47　曲面

图 8.48　“分割曲面”工具栏

③ 系统提示“选取曲面”，选取一个曲面，曲面反白。

④ 系统提示“移动箭头到要分割的位置”；移动鼠标至分割位置，单击鼠标左键，完成分割图形。

⑤ 系统提示“选取‘反向’去转换分割方向，或者选取其他曲面去分割”，该例可不选取。

⑥ 单击“应用”按钮和“完成”按钮，完成分割曲面，如图 8.49 所示。

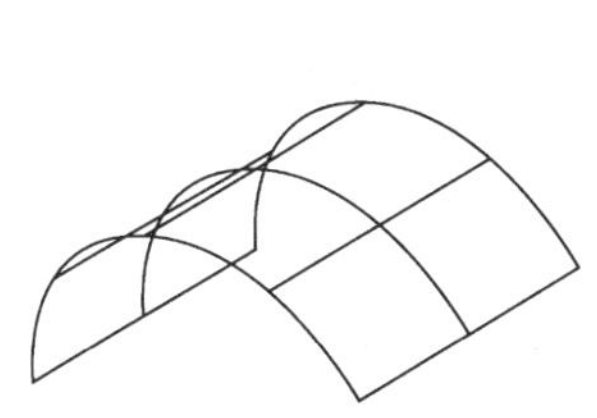

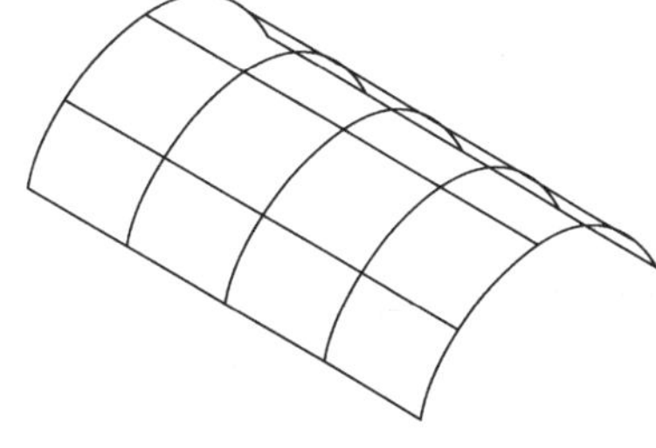

图 8.49　分割曲面

11 曲面熔接

曲面熔接分为三种类型：两曲面熔接、三曲面熔接，三圆角熔接。

(1) 两曲面熔接

使用该功能是熔接两个曲面去创建第三个曲面，该曲面正切于第一、二曲面，该功能用于消除凸凹不平的外形使曲面模型外观更加平滑。

创建两曲面熔接的步骤如下：

① 先绘制两个要熔接的曲面，如图 8.50 所示。

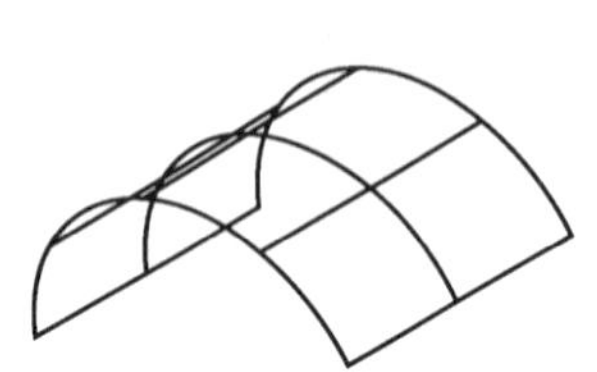

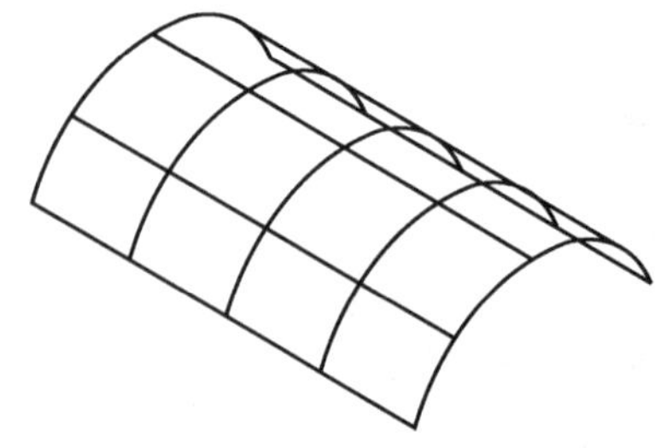

图 8.50　两个要熔接的曲面

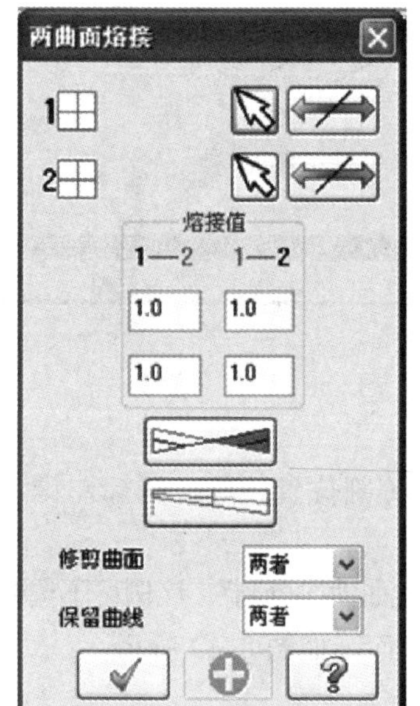

图 8.51　“两曲面熔接”对话框

② 选择“绘图”→“曲面”→“两曲面熔接”命令，或单击“曲面”工具栏中的“两曲面熔接”按钮，打开“两曲面熔接”对话框，如图 8.51 所示。

③ 系统提示“选取曲面去熔接”，选取第一个曲面，曲面反白，移动箭头至熔接的边，使箭头朝向要熔接的第二曲面，如果不对，单击“反向”按钮。

④ 在对话框单击“选取第二曲面”按钮，选取第二曲面，曲面反白，移动箭头至熔接的边，使箭头朝向要熔接的第一曲面，如果不对则单击“反向”按钮。如图 8.52 所示。

图 8.52　曲面熔接过程

⑤ 如果发现熔接不对，可单击对话框中的“更改端点”按钮，系统提示“指定一个曲线熔接位置的端点.”指定曲线熔接位置一个端点，用鼠标指定第二个曲面的曲线，系统提示：“移动箭头指定曲线熔接的新端点”。移动鼠标至分割位置，用鼠标移动箭头至曲线，单击，单击第二个曲面的反向，完成两曲面的熔接的创建，如图 8.53 所示。

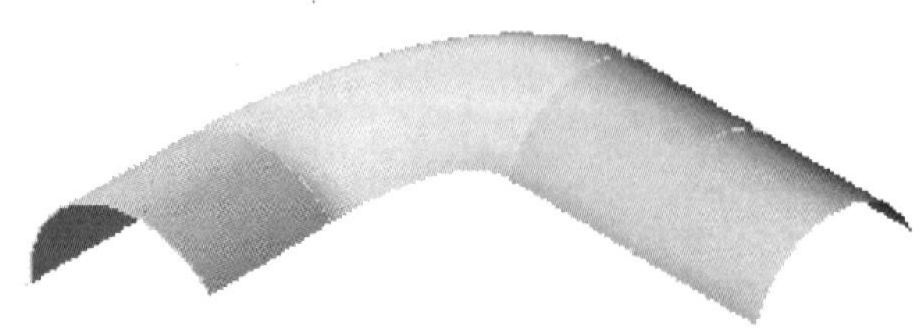

图 8.53　两曲面的熔接

⑥ 单击“应用”按钮和“完成”按钮，关闭对话框。

(2) 三曲面熔接

使用该功能去熔接三个曲面，创

建一个曲面正切于三个曲面，该功能用于消除凸凹不平的外形使曲面模型外观更加平滑。

创建三个曲面熔接的步骤与创建两曲面熔接的步骤类似。

(3) 三圆角熔接

该功能是熔接三个相交的圆角曲面，创建一个或多个曲面正切于第一至第三个曲面。它用于立方体相接的三个圆角曲面进行熔接，系统自动计算熔接曲面的位置正切于三个圆角曲面。

创建三圆角熔接的步骤如下：

① 先在立方体上创建三个圆角曲面，如图 8.54 所示。

② 选择“绘图”→“曲面”→“三圆角熔接”命令，或单击“曲面”工具栏中的“三圆角熔接”按钮。

③ 系统提示“选取第一个圆角曲面”，选取第一圆角曲面。

④ 系统提示“选取第二个圆角曲面”，选取第二圆角曲面。

⑤ 系统提示“选取第三个圆角曲面”，选取第三圆角曲面，回车。

⑥ 打开“三个圆角曲面熔接”对话框，如图 8.55 所示，在对话框中单击“3”边数，再单击“应用”按钮，单击“确定”按钮，完成三圆角曲面熔接的创建，如图 8.55 所示。

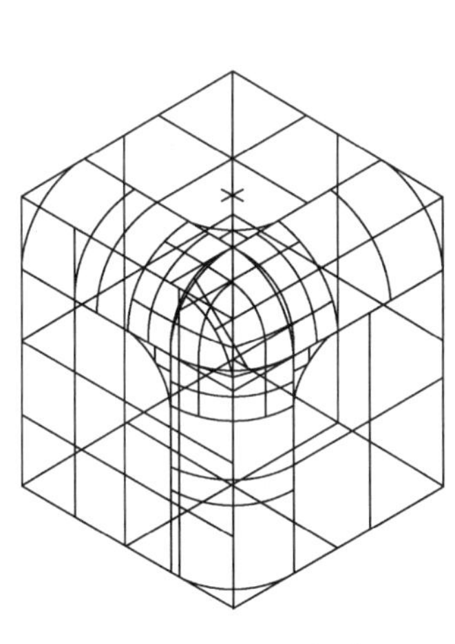

图 8.54　三个圆角曲面

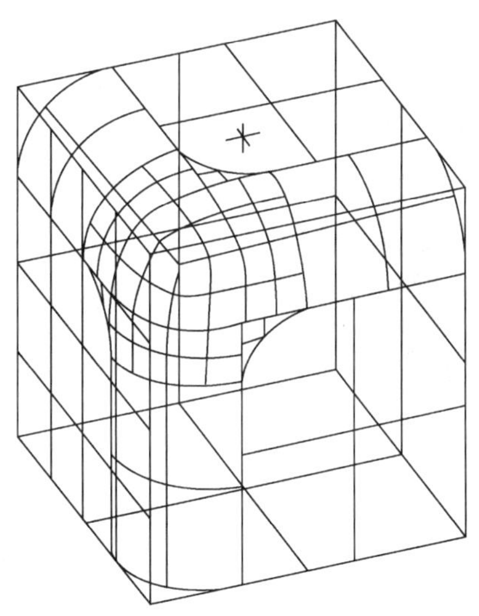

图 8.55　三圆角曲面熔接

项目实施：绘制三维零件

1　三维零件的绘制分析

前面学习了创建曲面和编辑曲面，现在利用所学习的知识，学习如何绘制三维的机械零件，绘制一件常用角铁。角铁是钳工常用的工具，有各种形状，图 8.56 所示给出了绘制图形的尺寸。绘制三维零件可以用曲面造型，也可以用实体造型，本例采用曲面造型，但表达面没有体的特征，不能进行布尔运算、生成刀具路径等各种体的操作。

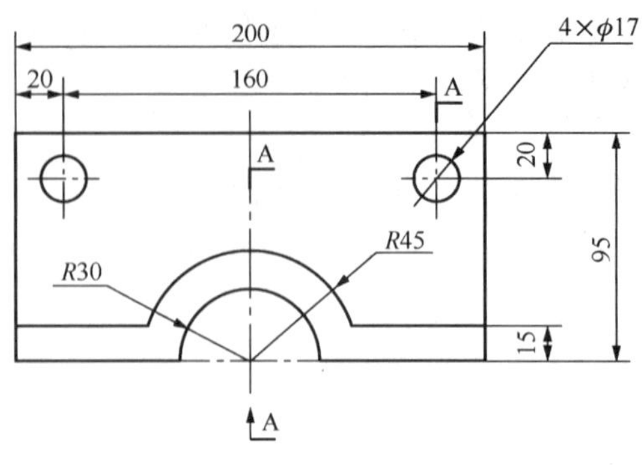

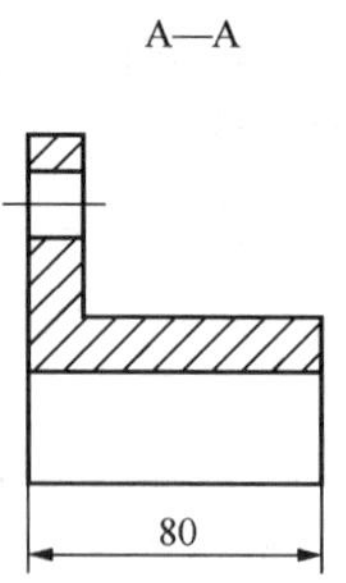

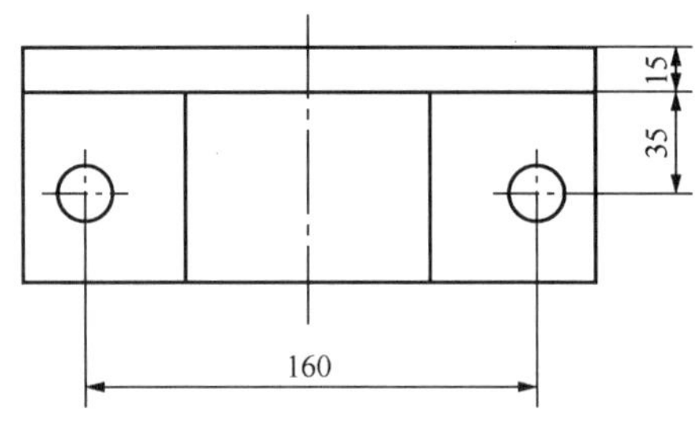

图 8.56 零件图

2 绘制三维零件的过程

(1) 先绘制角铁垂直墙板的牵引曲面的矩形图形

1) 设置屏幕视角。

设置屏幕视角为等角视图，绘图平面为俯视图，设置工作深度 Z 为 0，图层为 1。

要 点

绘图时一定要注意选择正确的绘图平面和工作深度，也要选择适当的屏幕视角用来观察所绘图形。

2) 绘矩形。

① 选择“绘图”→“矩形”命令，显示“矩形”工具栏，设置矩形第一角点 X 为 0、Y 为 0，设置矩形长度为 200、宽度为 15，如图 8.57 所示。

图 8.57 “矩形”工具栏

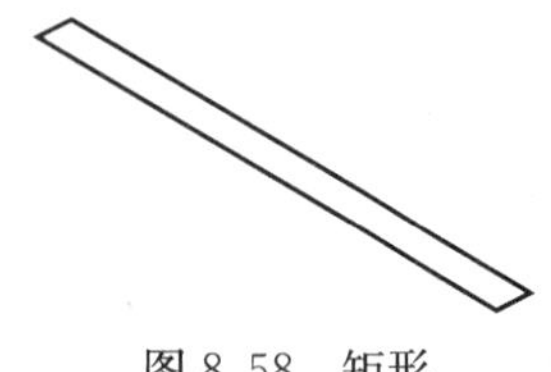

图 8.58 矩形

② 单击工具栏中的“应用”按钮，再单击“完成”按钮，完成矩形的创建，如图 8.58 所示。

(2) 绘制角铁水平底板牵引曲面的图形

1) 设置屏视角。

设置屏幕视角为等角视图，绘图平面为前视图（主视图），设置工作深度 Z 为 80，设置图层为 1。

2）绘直线。

① 选择“绘图”→“任意线”→“绘制任意线”命令。

② 显示“直线”工具栏，如图 8.59 所示，单击“多段线”按钮，设置第一点 X 为 0、Y 为−95，再设置线长为 200、角度为 0，单击工具栏中的“完成”按钮，完成第一条直线。

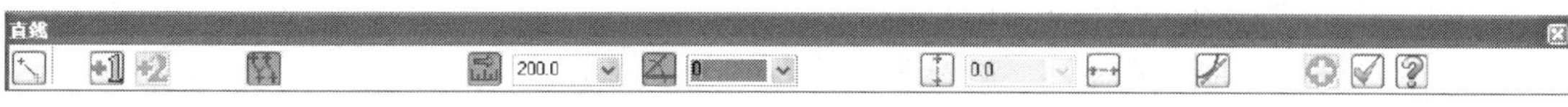

图 8.59 “直线”工具栏

③ 在工具栏输入线长 15、角度−90°，单击“完成”按钮，完成第二条直线。

④ 在工具栏输入线长 200、角度 180°，单击“完成”按钮，完成第三条直线。

⑤ 在工具栏输入线长 15、角度 90°，单击“完成”按钮，完成第四条直线。如图 8.60 所示。

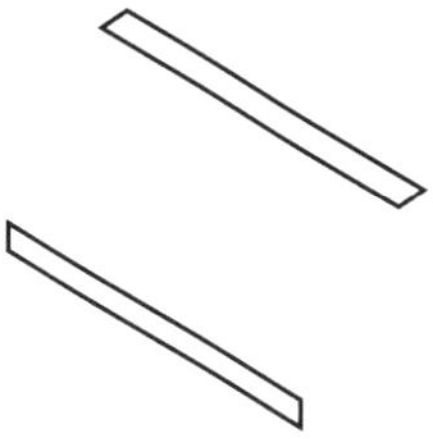

图 8.60 绘四条直线

3）绘圆。

① 选择“绘图”→“圆弧”→“圆心+点”命令。

② 显示“编辑圆心点”工具栏．如图 8.61 所示，设置半径为 45，捕捉左边矩形下面水平线的中点，单击“完成”按钮，完成第一个圆的创建，用同一方法完成 R 为 30 的圆，如图 8.62 所示。

图 8.61 “编辑圆心点”工具栏

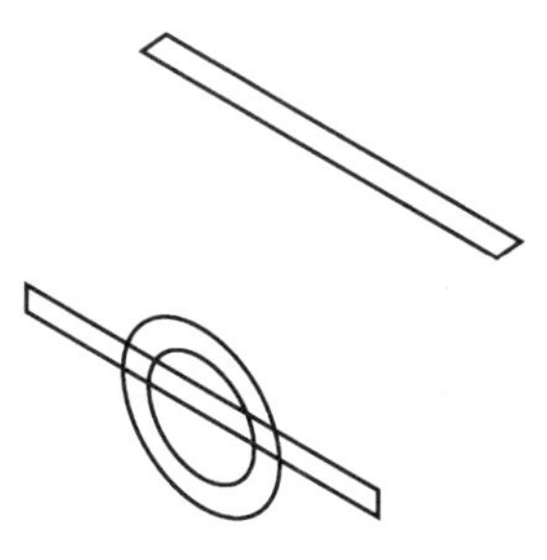

图 8.62 绘圆

4）修剪。

① 选择“编辑”→“修剪/打断”→“修剪/打断/延伸”命令。

② 显示“修剪/延伸/打断”工具栏，如图 8.63 所示。

图 8.63 “修剪/延伸/打断”工具栏

③ 单击“修剪两物体”按钮来修剪中间的圆和直线．完成后如图 8.64 所示。

要　点

修剪/打断不好用，比 AutoCAD 差多了，必要时可以先用打断命令在交点处打断再修剪。

以上完成了角铁垂直墙板和水平底面的牵引曲面图形。

(3) 绘垂直墙板上两个 ϕ17 孔（圆）

1）设置绘图平面，视角，工作深度，图层。

① 设置屏幕视角为等角视图，绘图平面为前视图。

② 设置工作深度，在文本框中右击，显示“工作深度”菜单。如图 8.65 所示，选择菜单中的“Z=点的 Z 坐标”，再用鼠标选取图 8.64 中的矩形框的里线。在工作深度文本框显示工作深度为 15，完成工作深度的设置。

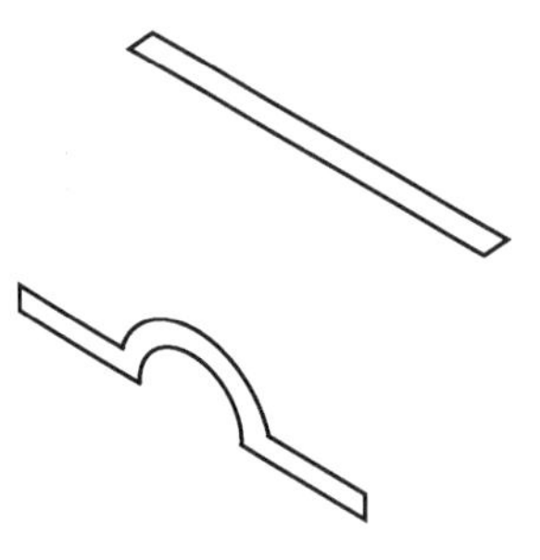

图 8.64　修剪后

X =点的 X 座标
Y = 点的 Y 座标
Z = 点的 Z 座标
R = 圆弧的半径
D = 圆弧的直径
L = 图素的长度
S = 两点间距
A = 角度菜单
U 撤消
C 剪切
O 复制
P 粘贴
E 删除
T 选择所有的

图 8.65　“工作深度”菜单

③ 设置图层为 1。

2）绘圆。

① 选择“绘图”→“圆弧”→“圆心+点”命令。

② 显示“编辑圆心点”工具栏，如图 7.41 所示，在工具栏输入 X 为 20、Y 为－20、半径为 8.5，单击工具栏中的“应用”按钮，再单击”完成”按钮，完成第一个圆。

③ 用同样方法完成第二个圆，输入 X 为 180、Y 为－20、半径为 85，单击工具栏中“应用”按钮，再单击“完成”按钮，完成第二个圆，如图 8.66 所示。

(4) 绘制水平底板上两个 ϕ17 孔（圆）

1）设置视角，工作深度，图层。

① 设置屏幕视角为等角视图，绘图平面为俯视图。

② 设置工作深度，在文本框中右击，显示“工作深度”菜单，选择菜单中的“Z=点的 Z 坐标”，再用鼠标选取半圆线，在工作深度文本框显示工作深度为－80，完成工作深度的设置。

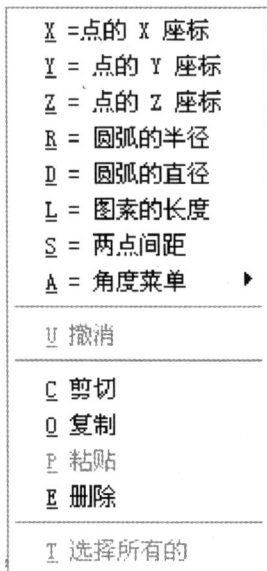

③ 设置图层为 1。

2）绘圆。

① 选择“绘图”→“圆弧”→“圆心+点”命令。

② 显示“编辑圆心点”工具栏，在工具栏输入 X 为 20，Y 为－50、半径为 8.5。单击

工具栏中的“应用”按钮，再单击“完成”按钮，完成第一个圆。

③ 用同样方法完成第二个圆，输入坐标 X 为 180、Y 为－50、半径为 8.5，单击工具栏中的“应用”按钮，再单击“完成”按钮，完成第二个圆，如图 8.67 所示。

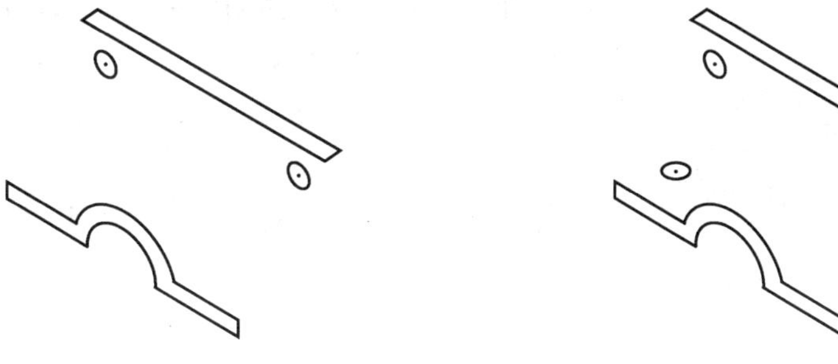

图 8.66　绘小圆　　　　图 8.67　绘水平的小圆

(5) 检查上面绘制的圆位置和孔径是否正确

选择“绘图”→“尺寸标注”→“尺寸标注”→“水平标注”或“垂直标注”命令，来标注孔径位置和孔径尺寸，标注后检查尺寸。

(6) 绘垂直墙板的牵引曲面

1) 设置视角、工作深度、图层。

① 设置屏幕视角为等角视图，绘图平面为俯视图。

② 设置工作深度，在 Z 15.0 文本框中右击，显示“工作深度”菜单，选择菜单中的“Z=点的 Z 坐标”，再用鼠标选取矩形框里线。在工作深度文本框显示工作深度为 0，完成工作深度的设置。

③ 设置图层，单击状态行层别，打开“层别管理”对话框，如图 8.68 所示；在“编

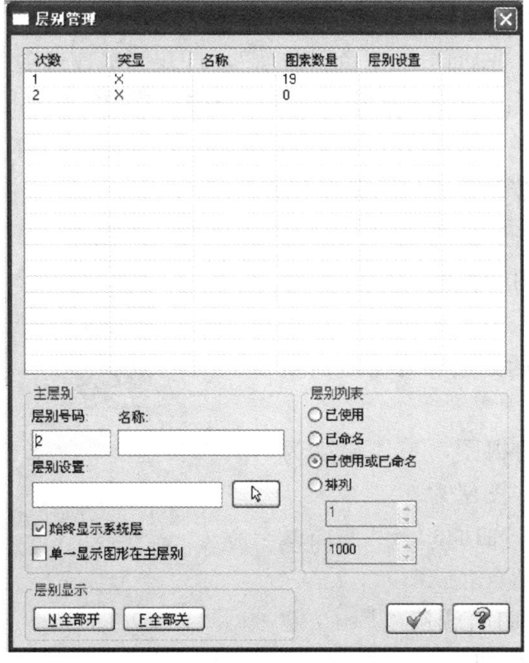

图 8.68　“层别管理”对话框

号”文本框输入 2，单击上面第 2 行，图层 2 显示在第二行，单击“确定”按钮，关闭对话框，完成设置图层。

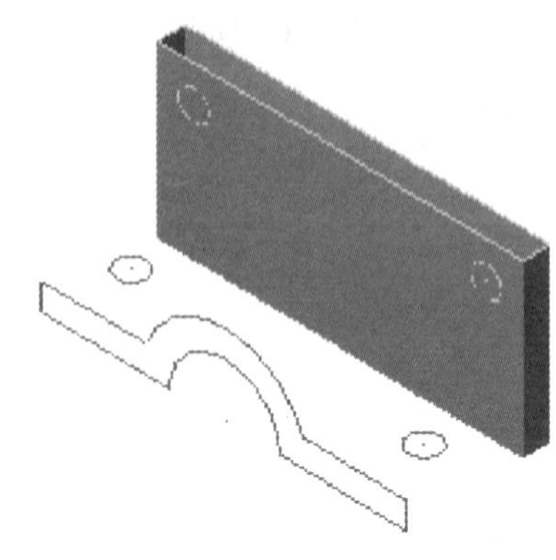

图 8.69　牵引曲面

2）牵引曲面的完成。

选择“绘图”→“曲面”→“牵引曲面”命令，打开“串连选项”对话框，单击“串连”按钮，选取矩形的一个边，图素反白，单击“确定”按钮，关闭对话框。

打开“牵引曲面”对话框，设置牵引长度为 95，看图形是向哪个方向牵引，如果向上牵引，单击“反向”按钮，则会向下牵引。

单击“应用”按钮，再单击“确定”按钮，完成牵引曲面，如图 8.69 所示。

要　点

如果线框造型看不清，可以着色后观察，步骤如下：

① 单击“实时着色”工具栏中的“图形着色设置”右边的下拉按钮，列出列表内容。

② 单击“图形着色设置”项，打开“着色的设置”对话框。勾选“启用着色”、“所有图素”复选框，选择“单一材质”单选按钮，选取一种材料，单击“确定”按钮，完成着色。

③ 可以使用按钮完成着色与线架的切换。

（7）绘制水平底板的牵引曲面

① 设置屏幕视角为等角视图，绘图平面为前视图，设置工作深度 Z 为 80，图层为 3，设置方法同上。

② 选择“绘图”→“曲面”→“牵引曲面”，打开“串连选项”对话框，单击“串连”按钮，选取圆弧底板的一个边，图素反白，单击“确定”按钮，关闭对话框。

③ 打开“牵引曲面”对话框，设置牵引长度为 80，看图形是向哪个方向牵引，如果向左牵引，单击“反向”按钮，则会向右牵引。

④ 单击“应用”按钮，再单击“确定”按钮。完成牵引曲面，如图 8.70 所示。

（8）在垂直墙板上的孔创建修剪曲面至曲线

① 设置视角为等角视图，工作深度为 15，绘图平面为前视图，图层为 4。

② 选择“绘图”→“曲面”→“曲面修剪”→“修整至曲线”命令。

③ 系统提示“选取曲面或按<Esc>键去退出”，框选垂直墙板曲面，曲面反白，回车。

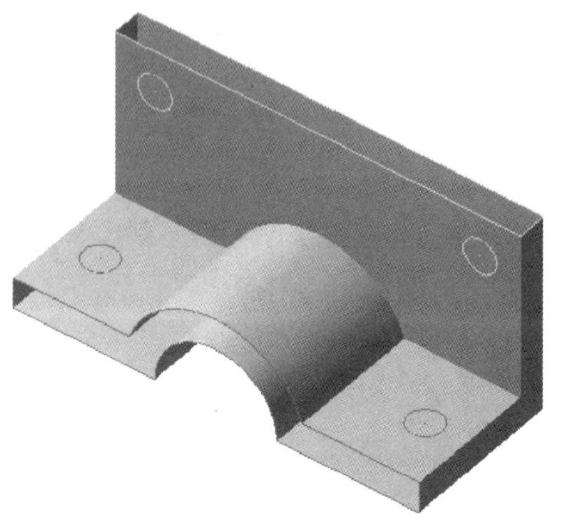

图 8.70　水平地板的牵引曲面

④ 打开“串连选项”对话框，单击“单体”按钮，选取两个圆，圆反白，单击“确定”按钮，关闭对话框。

⑤ 系统提示“指出保留区域，选取曲面去修剪”，选取曲面并移动临时箭头至要保留的区域，单击鼠标左键完成保留。

⑥ 显示“曲面至曲线”工具栏，如图 8.71 所示。在工具栏中单击“视图”按钮，单击“应用”按钮，再单击“完成”按钮，创建修剪至曲线的修剪曲面，如图 8.72所示。

图 8.71　“修剪曲面至曲线”工具栏

(9) 在水平底板上的孔创建修剪曲面至曲线

① 设置绘图平面为俯视图，工作深度为−80，图层为 5。

② 选择“绘图”→“曲面”→“曲面修剪”→“修整至曲线”命令。

③ 系统提示“选取曲面或按＜Esc＞键退出”，框选水平底板部分曲面，曲面反白，回车。

④ 打开“串连选项”对话框，单击“单体”按钮，选取一个圆，圆反白，单击“确定”按钮，关闭对话框。

⑤ 系统提示“指出保留区域，选取曲面去修剪”，选取曲面并移动临时箭头至要保留的区域，单击完成保留。

⑥ 显示“曲面至曲线”工具栏，在工具栏中单击“视图”按钮，单击“应用”按钮，再单击“完成”按钮，创建修剪至曲线的修剪曲面，如图 8.73 所示。

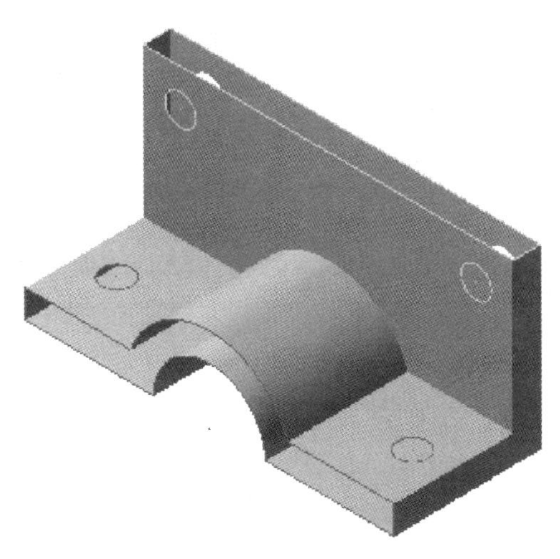

图 8.72　修剪曲面

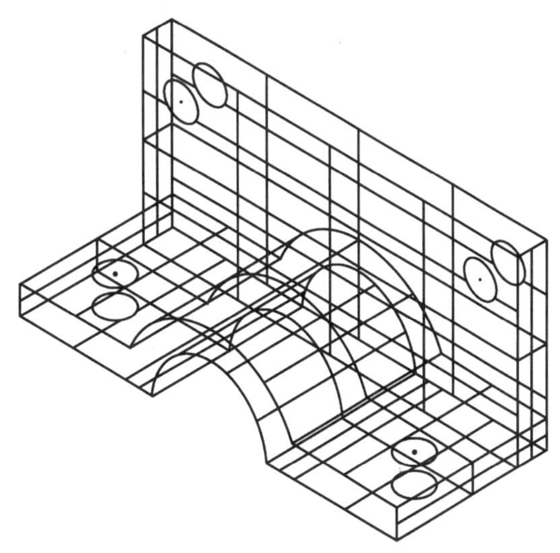

图 8.73　水平板的修剪曲面

(10) 绘垂直墙板顶面的平面修剪曲面

① 设置绘图平面为俯视图，工作深度为 0，图层为 6。

② 选择“绘图”→“曲面”→“平面修剪”命令，打开“串连选项”对话框，单击“串连”按钮，选取顶面的矩形，图素反白，单击对话框中的“确定”按钮，关闭对话框。

③ 显示“平面修剪”工具栏，单击“应用”按钮，打开“串连选项”对话框，单击“确定”按钮，关闭对话框，单击“完成”按钮，完成平面修剪曲面，如图 8.74 所示。

(11) 绘水平底板前面的平面修剪曲面

① 设置视角为前视图和等角视图，工作深度为 80，图层为 7。

② 选择“构图”→“画曲面”→“平面修剪”命令。

③ 打开“串连选项”对话框，单击“串连”按钮，选取水平底板前面的图形，图素反白，单击“确定”按钮，关闭对话框。

④ 显示“平面修剪”工具栏，单击“应用”按钮，打开“串连选项”对话框，单击“确定”按钮，关闭对话框，单击“完成”按钮，完成平面修剪曲面，如图 8.75所示。

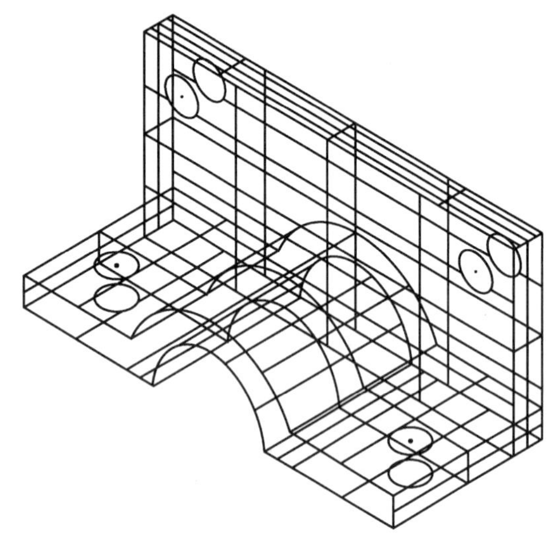

图 8.74 平面修剪曲面

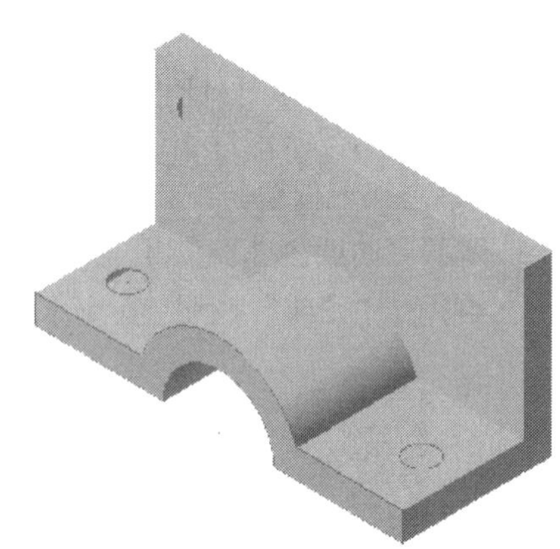

图 8.75 水平板的平面修剪曲面

上机练习

8.1 完成习题 8.1 各图所示线框构建，并由线框图产生曲面并编辑。

8.2 参照习题 8.2 各图绘制曲面，尺寸自定。

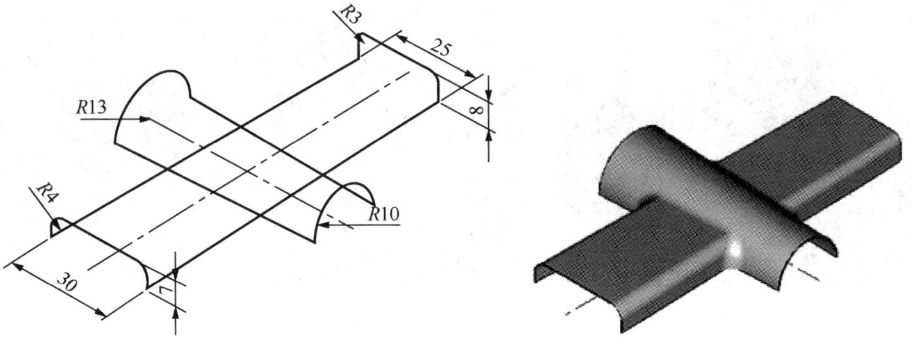

(a)

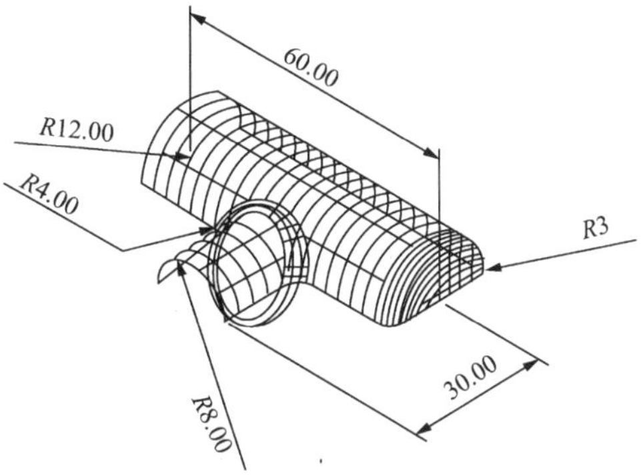

(b)

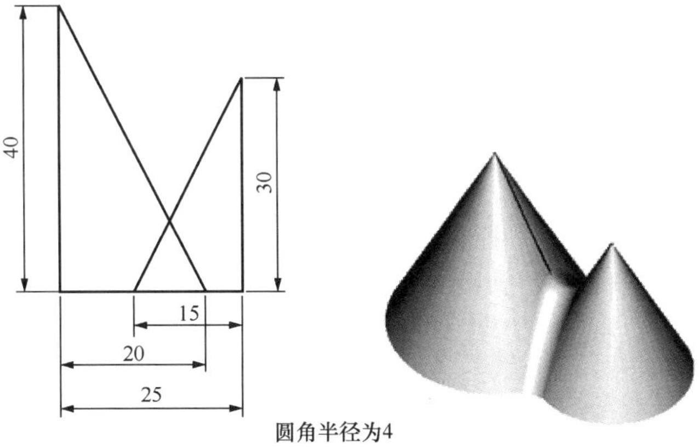

圆角半径为4

(c)

图 8.76　习题 8.1 图

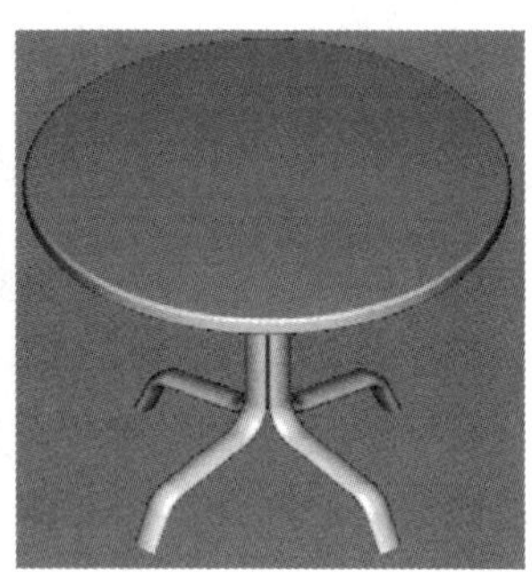

图 8.77　习题 8.2 图

项目9　绘制曲面曲线图形

项目任务

任务内容

绘制图9.1（a）图所示的曲面图形，然后在曲面上创建各种曲面曲线，并将其保存在“D：/MasterCAM项目9”文件夹中，文件名为“9-1.mcx”。

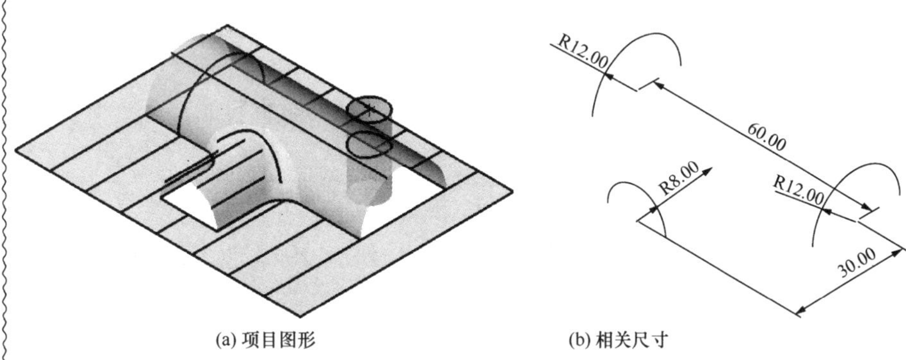

(a) 项目图形　　(b) 相关尺寸

图9.1　创建曲面曲线

任务目的

1. 熟悉曲面曲线的创建路径。
2. 掌握各种曲面曲线创建的原理与基本操作。
3. 了解曲面曲线在实际中的应用。

相关理论知识：曲面曲线的基本概念

1　初识曲面曲线

曲面曲线的功能是在曲面或实体的表面创建三维的空间曲线，利用创建的曲线建立新的曲面或编辑曲面。

单击菜单“绘图”→“曲面曲线”，单击“曲面曲线”图标，选择所要创建的曲面曲线，如图9.2所示。

2　曲面曲线

（1）创建单一边界

此命令用于从选取曲面的边界曲线链中，在指定的边界位置创建单一的曲面边界。

单击菜单“绘图”→“曲面曲线”命令，选择“单一边界”命令。

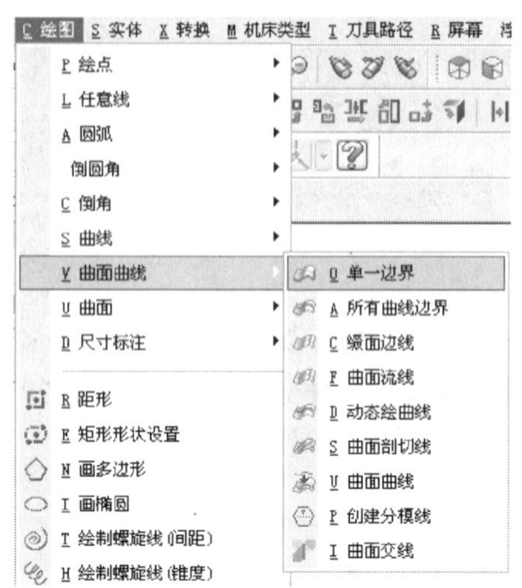

图 9.2　曲面曲线的创建路径

创建步骤如下：

① 进入“创建单一边界”命令后，选择欲创建单一边界的曲面。

② MasterCAM 显示动态箭头，移动箭头到欲创建单一边界的位置单击。

③ 设置选项，设置完毕后单击“应用”按钮。

创建示例如图 9.3 和图 9.4 所示。

（2）创建所有曲线边界

此命令用于从选取曲面的边界曲线链中，创建所有的曲面边界。

单击菜单“绘图”→“曲面曲线”命令，选择“曲线边界”命令。

创建步骤如下：

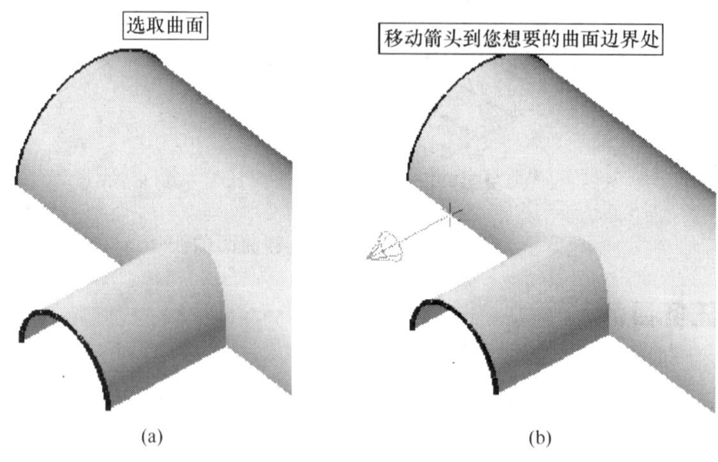

图 9.3　单一边界创建过程

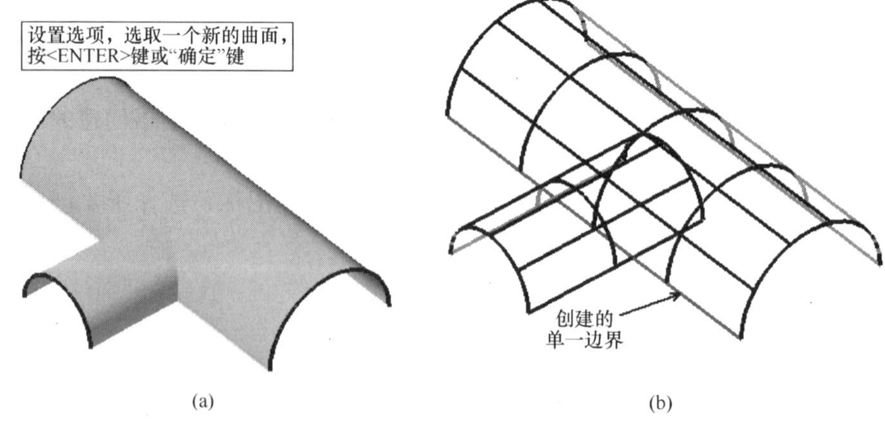

图 9.4　单一边界曲线的创建结果

① 进入“创建所用曲线边界”命令后，选择欲创建所用曲线边界的曲面。

② 选择完毕后单击“应用”按钮。

创建示例过程如图 9.5～图 9.7 所示。

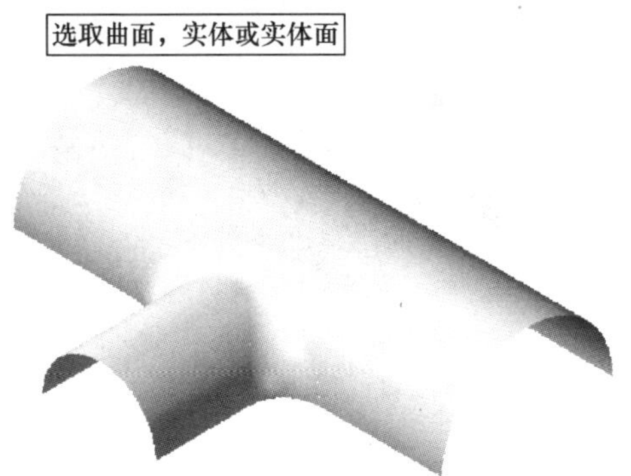

图 9.5　创建所有曲线边界

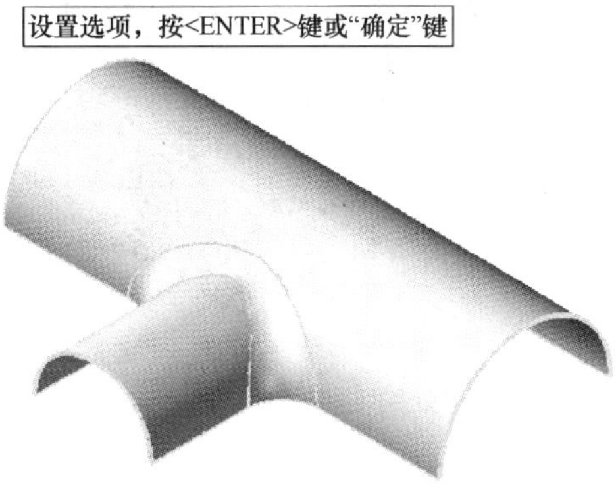

设置选项，按<ENTER>键或“确定”键

图 9.6　创建所有曲线边界

(3) 创建缀面边线

此命令用于在 NURBS 曲面或参数曲面上，在指定的精确位置创建一条曲面曲线。曲线的方向可以更改。

单击菜单“绘图”→“曲面曲线”命令，选择“缀面边线”命令。

创建步骤如下：

① 进入“缀面边线”命令后，选择欲创建缀面边线的曲面。

② MasterCAM 显示动态箭头，移动箭头到欲创建曲线的位置单击。

③ 设置选项，设置完毕后单击“应用”按钮。

创建示例过程如图 9.8～图 9.11 所示。

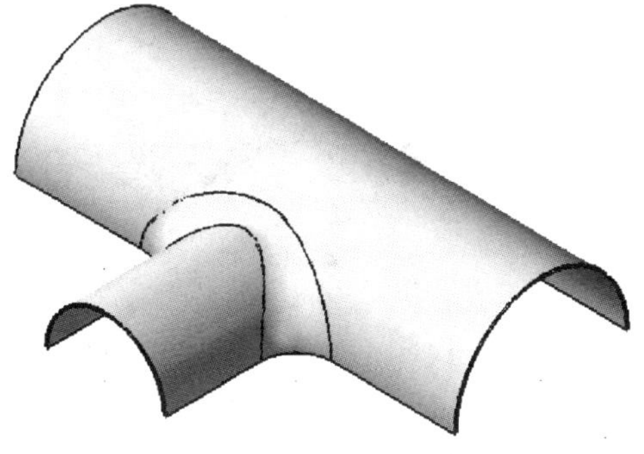

图 9.7　创建所有曲线边界结果

要　点

在工具栏中单击“反向”按钮，即可在一个方向、反方向或两个方向同时产生曲面曲线。

(4) 创建曲面流线

此命令用于在 NURBS 曲面或参数曲面上，在指定的精确位置创建一条曲面流线。曲线的方向可以更改。

单击菜单“绘图”→“曲面曲线”，单击“曲面曲线”图标，选择“曲面流线”命令。

创建步骤如下：

① 进入“曲面流线”命令后，选择欲创建曲面流线的曲面。

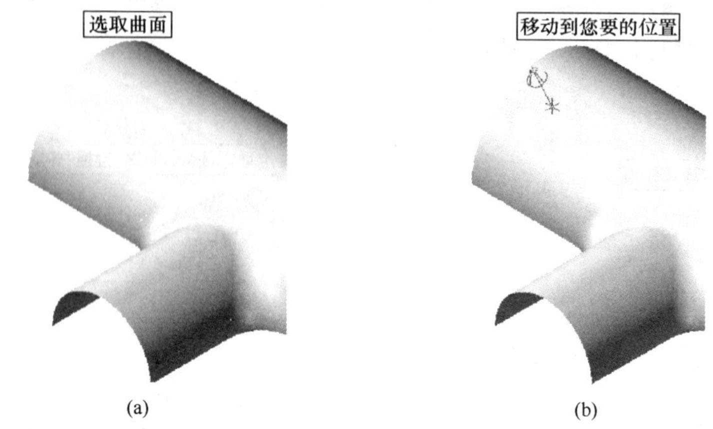

图 9.8　创建缀面边线过程

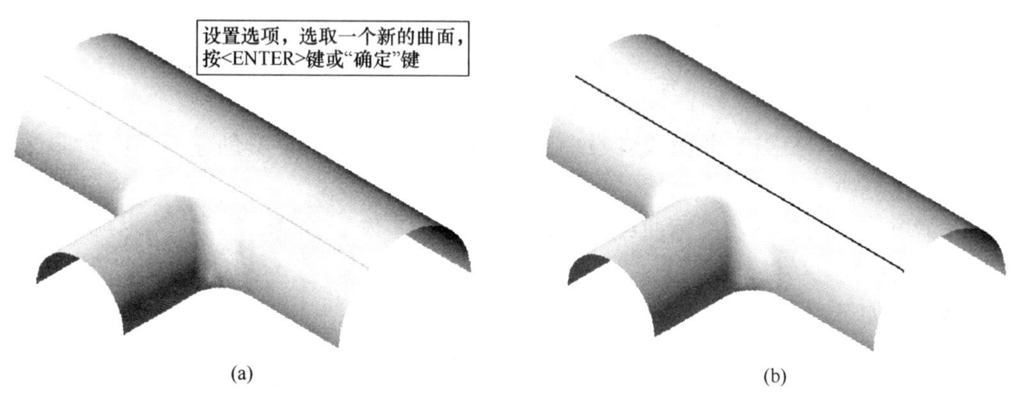

图 9.9　一个方向创建缀面边线

图 9.10　创建缀面边线参数设置

② 设置选项，主要是设置曲面流线的方向、数量和质量，完毕后单击“应用”按钮。创建示例过程如图 9.12～图 9.18 所示。

要　点

1. 在工具栏中单击“反向”按钮，即可在一个方向、反方向或两个方向同时产生曲面曲线。

2. 设置数量的方式有 3 种：弦高、距离和数量。

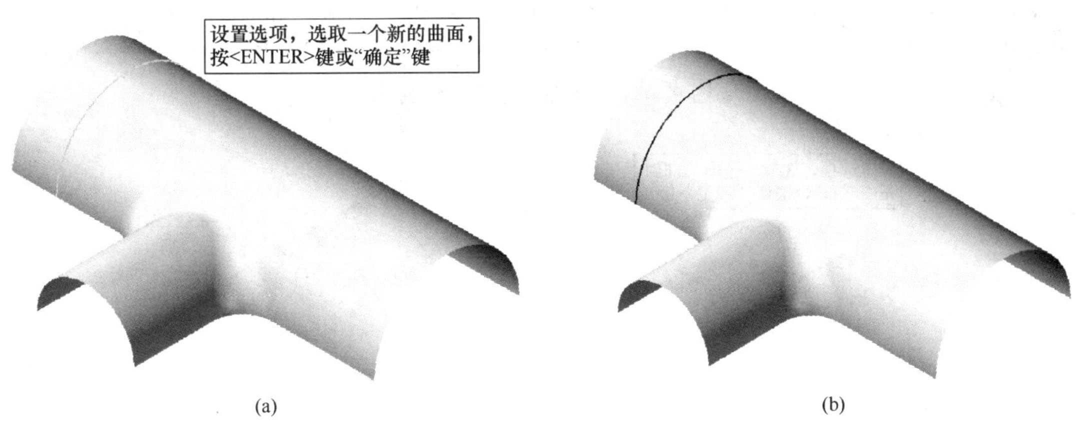

图 9.11　反方向创建缀面边线

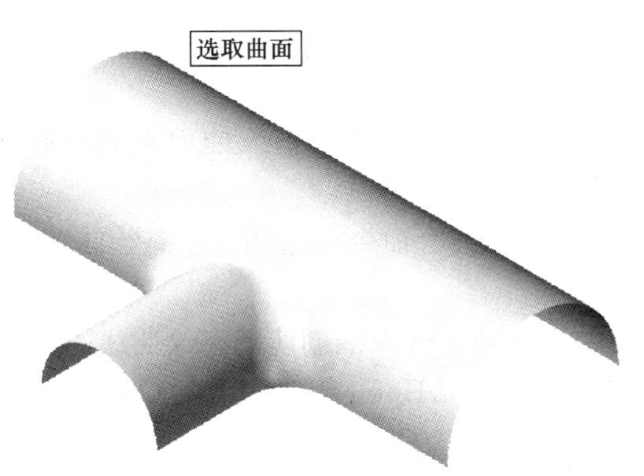

图 9.12　创建曲面流线

图 9.13　创建曲面流线参数设置

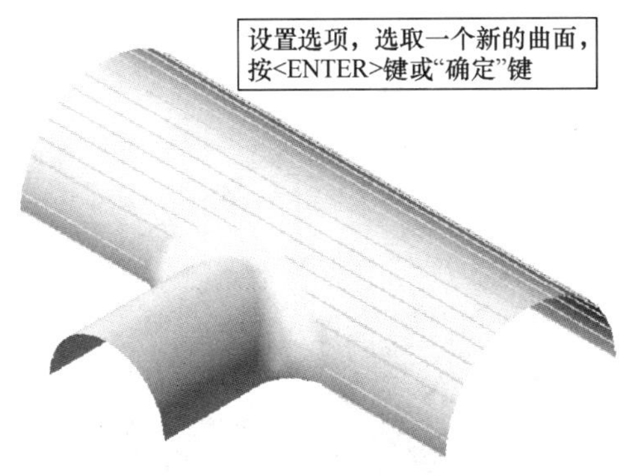

图 9.14　一个方向创建曲面流线参数

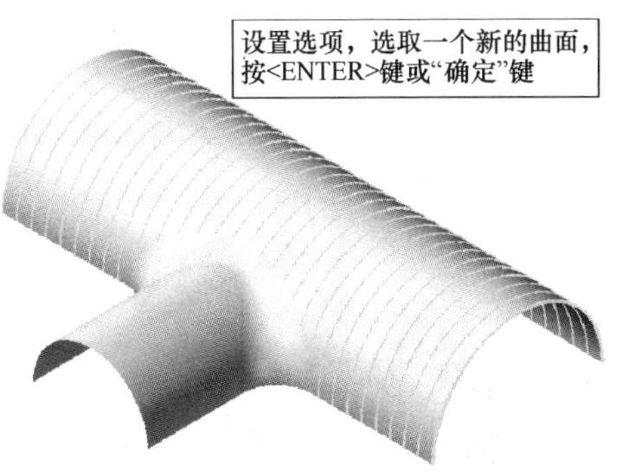

图 9.15　反个方向创建曲面流线参数

图 9.16　创建曲面流线参数设置

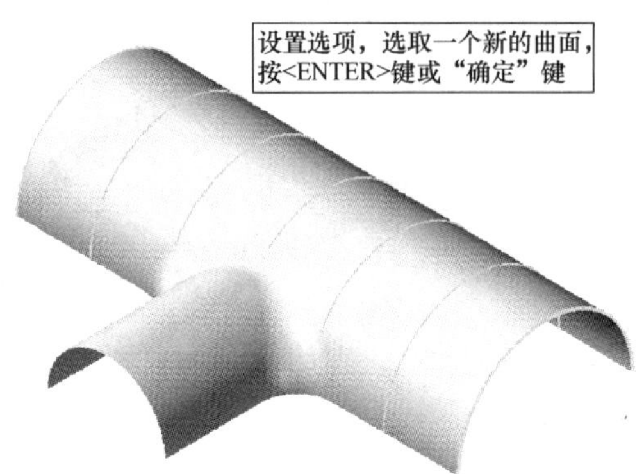

图 9.17　距离参数 10 创建曲面流线参数

图 9.18　距离参数 10 创建曲面流线参数的结果

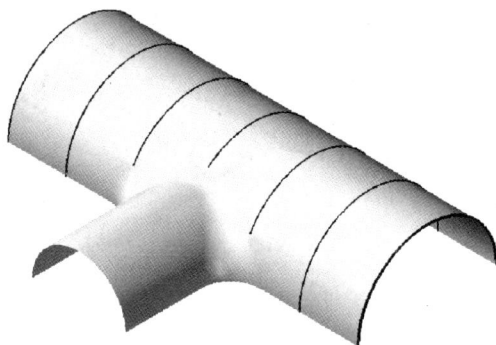

（5）创建动态绘曲线

此命令用于在曲面上创建曲线，要求用户输入曲面上的一些列点，用鼠标输入，系统按输入点的顺序在曲面上建立一条曲线。

单击菜单“绘图”→“曲面曲线”命令，选择“动态绘曲线”命令。

创建步骤如下：

① 进入“动态绘曲线”命令后，选择欲创建动态绘曲线的曲面。

② 单击建立一系列点，结束后按 Enter 键，完毕后单击“应用”按钮。

创建示例过程如图 9.19～图 9.23 所示。

（6）创建曲面剖切线

此命令用于在曲面上创建剖切线。剖切线指曲面与平面的交线，用指定的平面剖切曲面后，二者的交线既为剖切线。

单击菜单“绘图”→“曲面曲线”命令，选择“曲面剖切线”命令。

创建步骤如下：

① 进入“曲面剖切线”命令后，选择欲创建曲面剖切线的曲面。

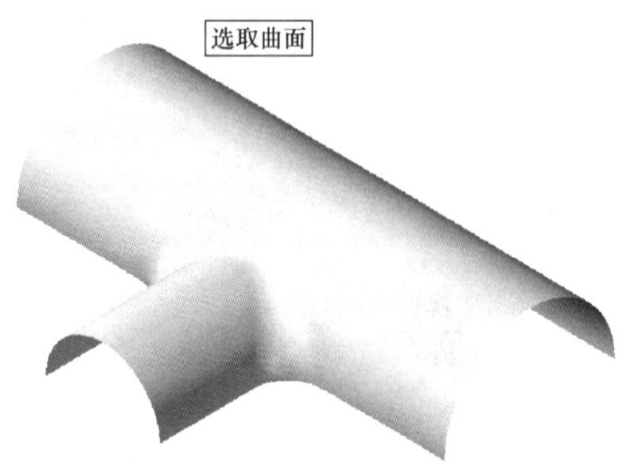

图 9.19　创建动态绘曲线

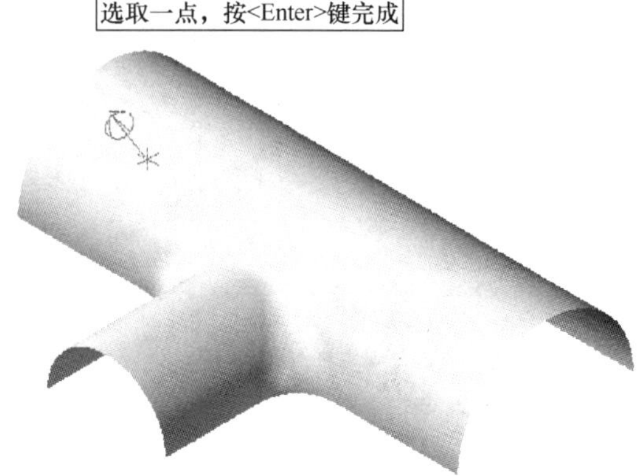

图 9.20　创建动态绘曲线确定点

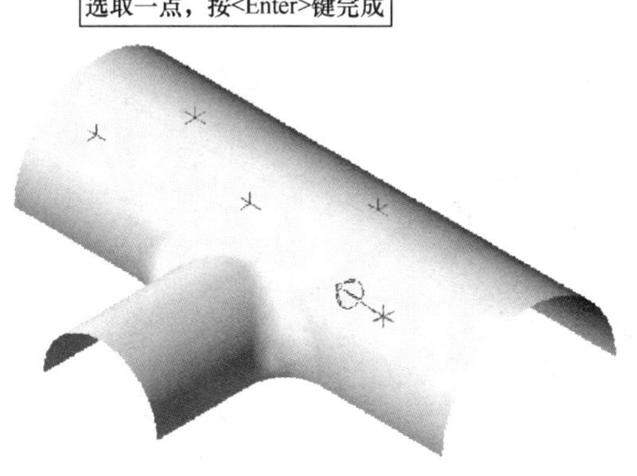

图 9.21　创建动态绘曲线确定点

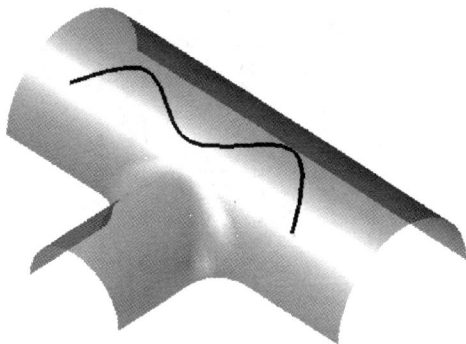

图 9.22　创建动态绘曲线结果

图 9.23　创建动态绘曲线参数设置

② 设置选项，主要是设置剖切平面、剖切平面间距和偏置距离，单击“确定”按钮观察设置结果，完毕后单击“应用”按钮。

创建示例过程如图 9.24～图 9.30 所示。

要　点

1. 在工具栏中单击“反向”按钮，即可在一个方向、反方向或两个方向同时产生曲面曲线。

2. 设置数量的方式有三种：弦高、距离和数量。

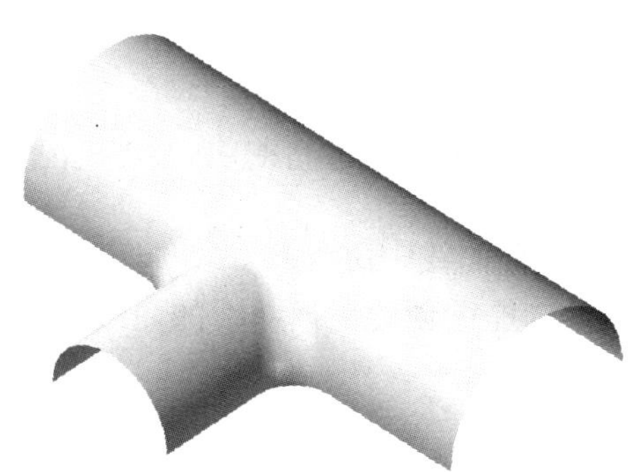

图 9.24　创建曲面剖切线

图 9.25　创建曲面剖切线

（7）创建曲面曲线

此命令用于将 Spline 曲线（一般指参数曲线和 NURBS 曲线）转换为曲面曲线。

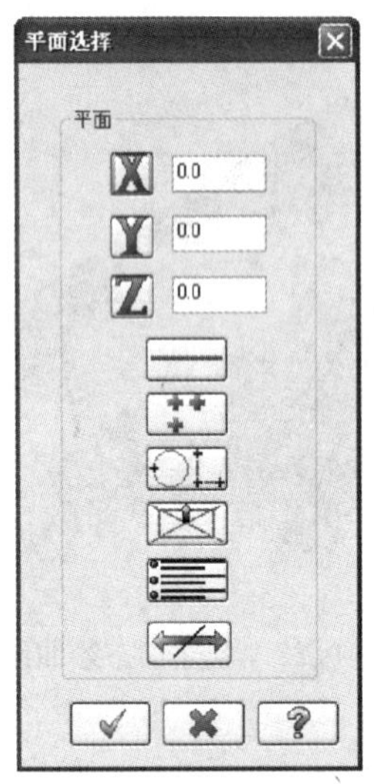

图 9.26　设置剖切平面选择 X 法向

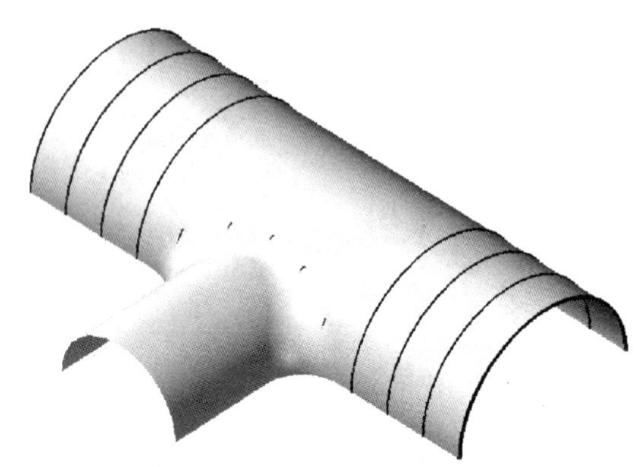

图 9.27　创建曲面剖切线结果

图 9.28　创建曲面剖切线参数设置

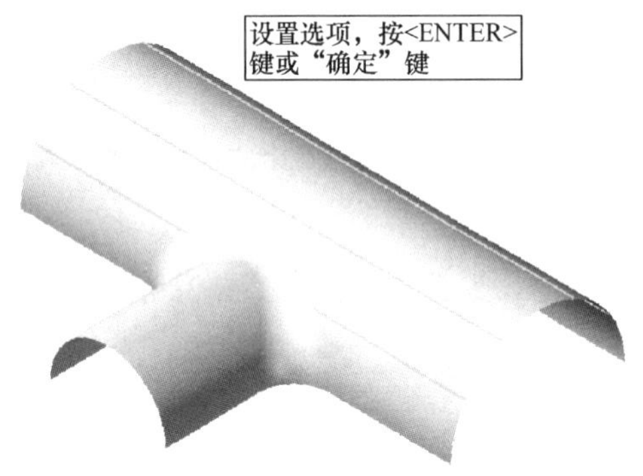

图 9.29　创建曲面剖切线选择 Y 法向

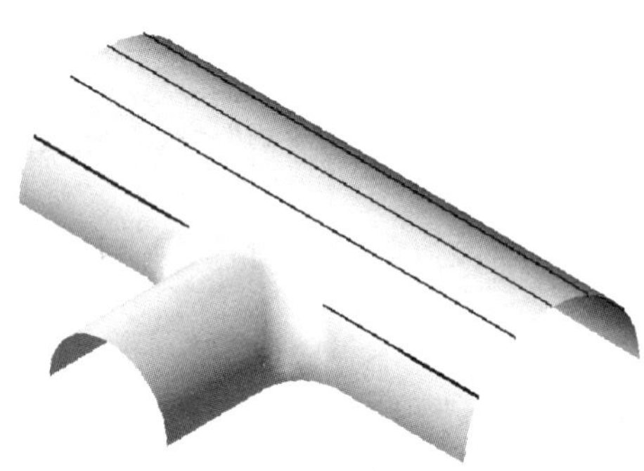

图 9.30　创建曲面剖切线选择 Y 法向结果

单击菜单“绘图”→“曲面曲线”命令，选择“曲面曲线”命令。

创建步骤如下：进入“创建曲面曲线”命令后，选择欲创建曲面曲线的曲线。转换后的曲面曲线可以用分析功能进行属性识别。

创建示例过程如图 9.31～图 9.34 所示。

(8) 创建分模线

此命令用于创建分型模具的分模线，在曲面的分模线上构建一条曲线。分模线将曲面分成两部分，分别作为上模和下模的型腔进行模具设计。

单击菜单“绘图”→“曲面曲线”命令，选择“创建分模线”命令。

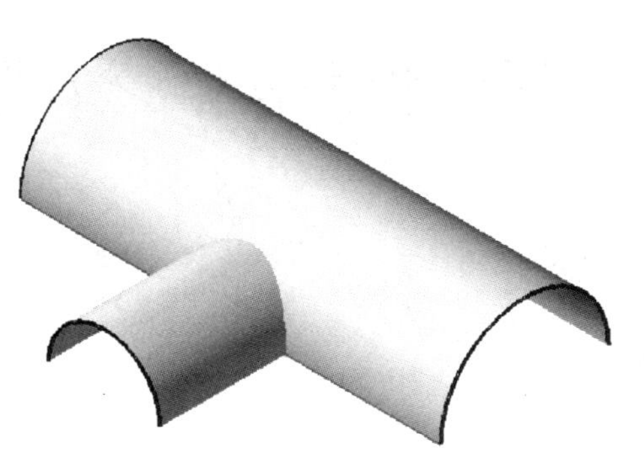

图 9.31 创建曲面曲线原始图形

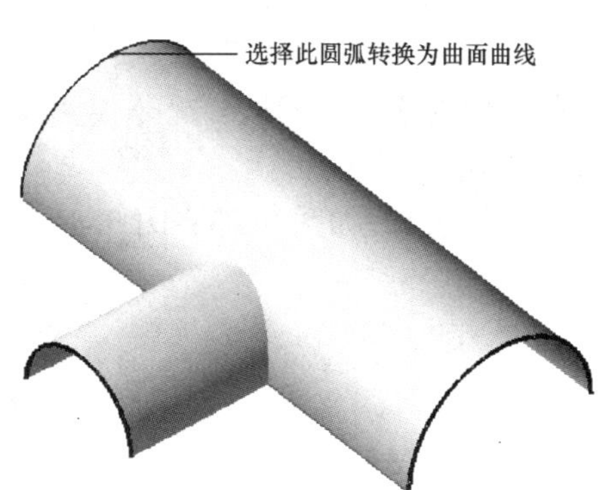

图 9.32 创建曲面曲线

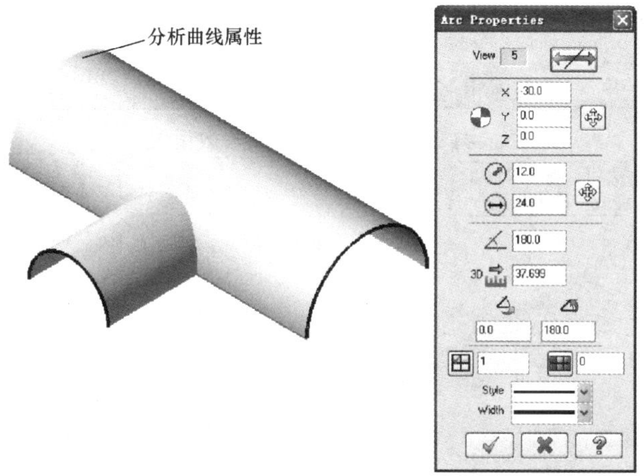

图 9.33 创建曲面曲线前属性分析

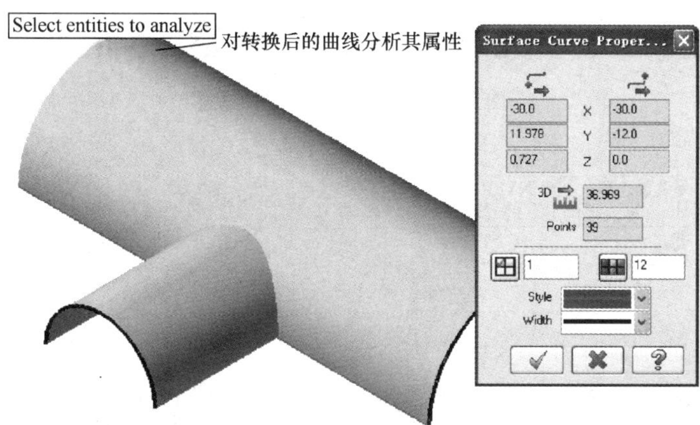

图 9.34 创建曲面曲线后属性分析

创建步骤如下：

① 进入“创建分模线”命令后，选择欲创建分模线的曲面。

② 设置选项，主要是设置分模角度，单击“确定”按钮观察设置结果，完毕后单击“应用”按钮。

创建示例过程如图 9.35～图 9.41 所示。

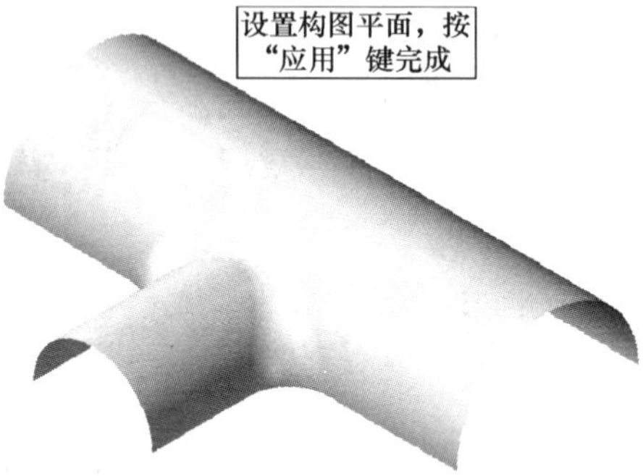

图 9.35　创建分模线

图 9.36　创建分模线参数设置

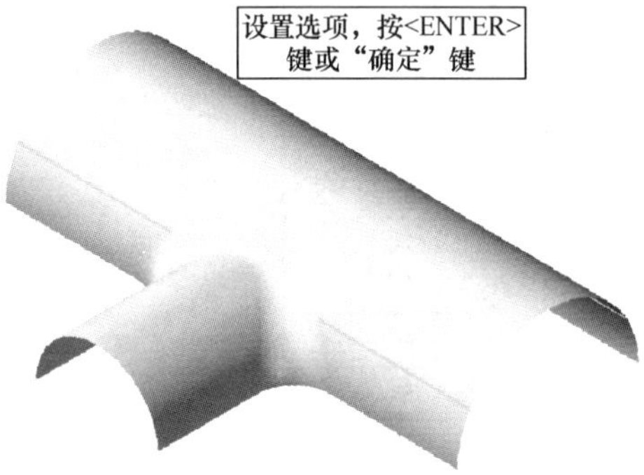

图 9.37　创建分模线预览 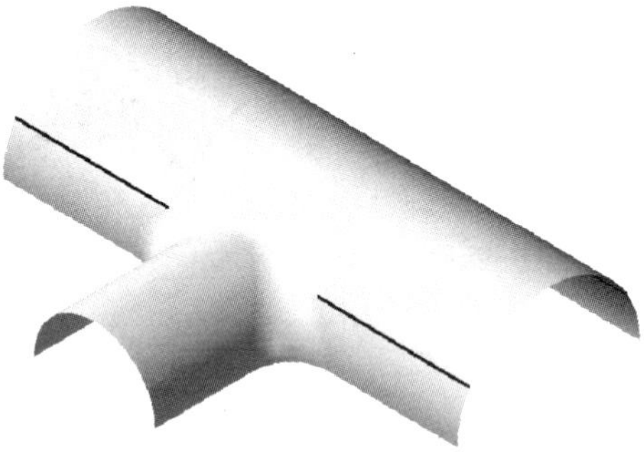　　图 9.38　创建分模线结果

图 9.39　创建分模线参数设置

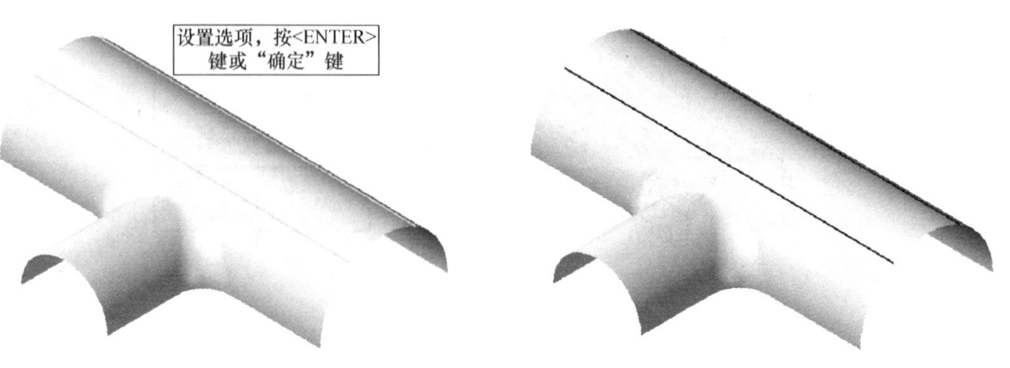

图 9.40　创建分模线预览　　图 9.41　创建分模线结果

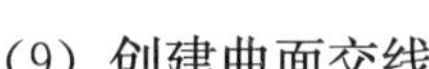

(9) 创建曲面交线

此命令用于在两曲面相交处创建一曲线。

单击菜单“绘图”→“曲面曲线”命令，选择“曲面交线”命令。

创建步骤如下：

1) 进入“创建曲面交线”命令后，选择欲创建曲面交线的曲面。

① 选择第一曲面，单击“确定”按钮。

② 选择第二曲面，单击“确定”按钮。

2) 设置选项，主要是设置补正一的参数和补正二的参数，单击“确定”按钮观察设置结果，完毕后单击“应用”按钮。

创建示例过程如图 9.42～图 9.48 所示。

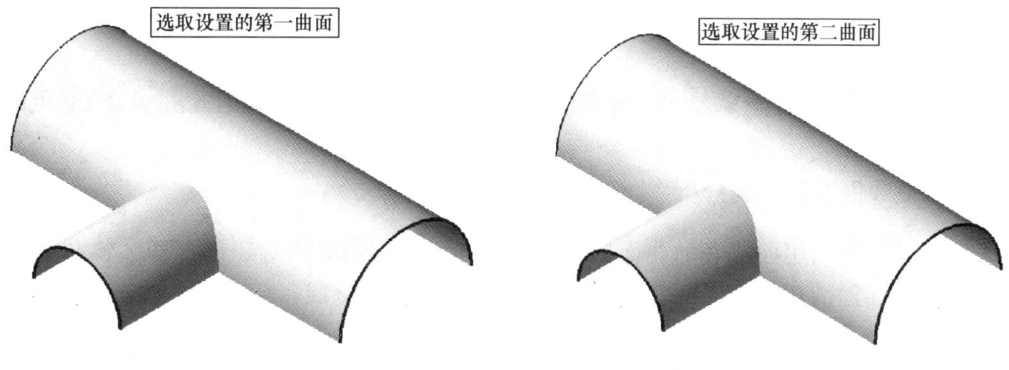

图 9.42 创建曲面交线　　图 9.43 创建曲面交线

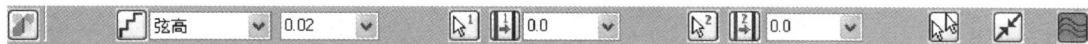

图 9.44 创建曲面交线参数设置

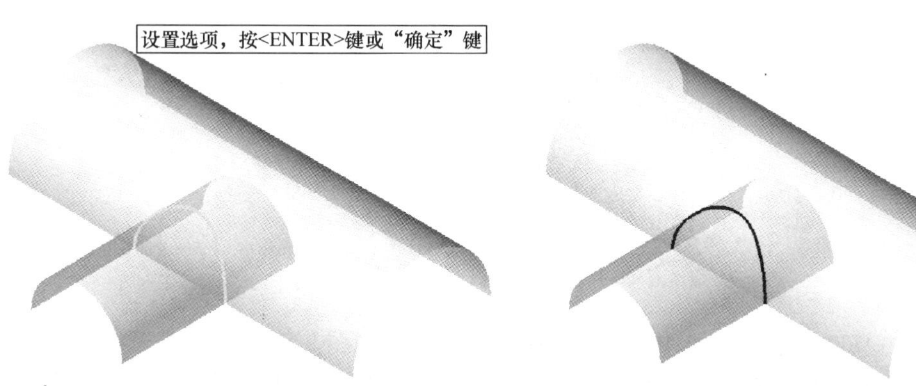

图 9.45 创建曲面交线预览　　图 9.46 创建曲面交线结果

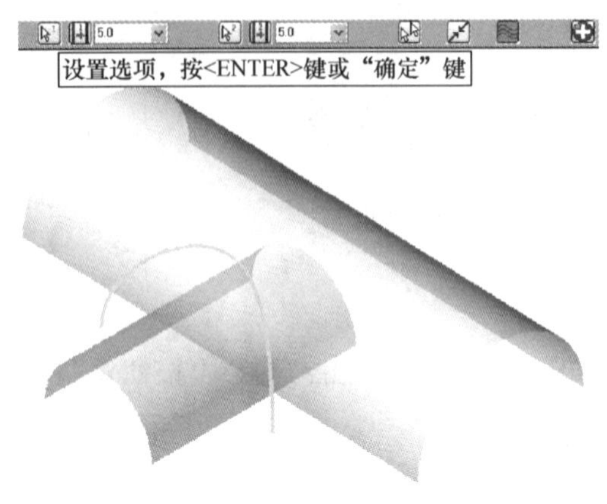

图 9.47　创建曲面交线预览

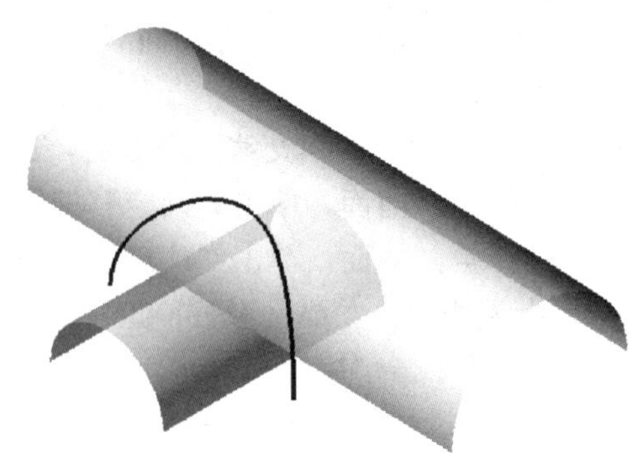

图 9.48　创建曲面交线结果

项目实施：绘制曲面曲线图形

1　曲面曲线图形的绘制分析

本项目可直接利用已建好的曲面创建单一边界、所用曲线边界、缀面边线、曲面流线、动态绘曲线、曲面剖切线、曲面曲线、创建分模线和曲面交线，应熟悉相关的创建过程与步骤。

2　绘制曲面曲线图形的步骤

① 启动 MasterCAM X4 软件，建立新的文件并完成曲面图形，名称 9-1.Mcx，如图 9.49所示。

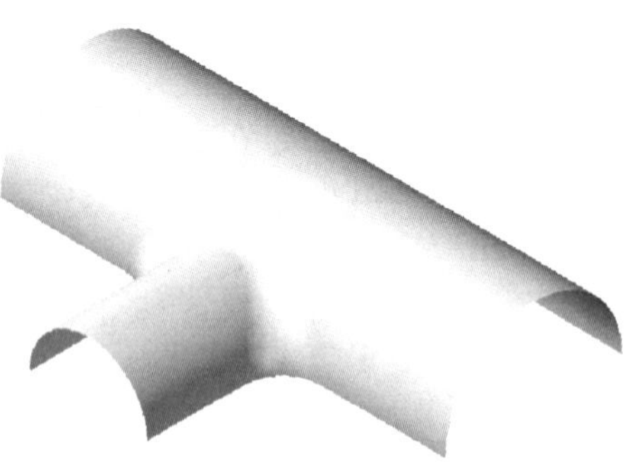

图 9.49　建立项目曲面图形

② 绘制 80×60 矩形，矩形中心为曲面图形的中心，如图 9.50 所示。

③ 创建所有曲面边界，选择 $R12$ 曲面。删除与 $R5$ 过渡圆弧面的边界线，如图 9.51 所示。

④ 创建单一边界，选择 $R5$ 过渡圆弧曲面和 $R8$ 的圆弧曲面。分别创建底面的边界，动态箭头移动到靠近底面的两侧，如图 9.52 所示。

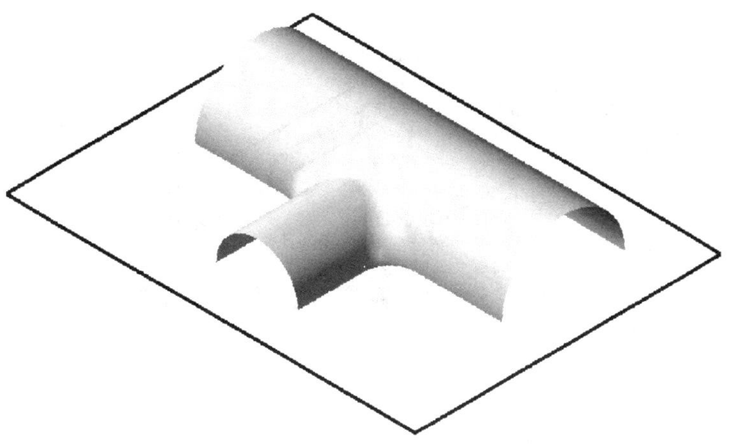

图 9.50　建立矩形

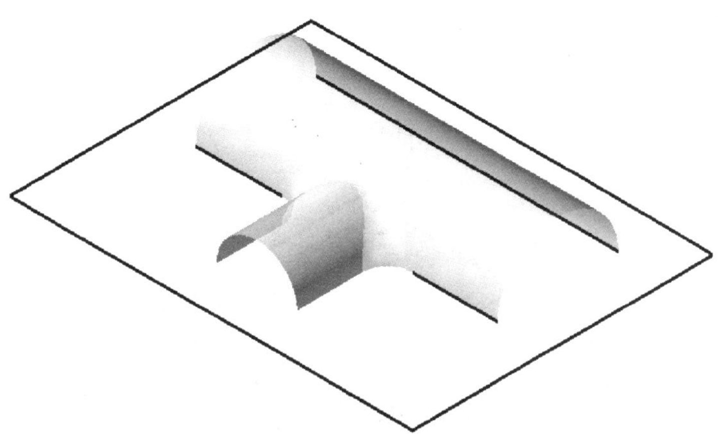

图 9.51　建立 $R12$ 曲面所有边界

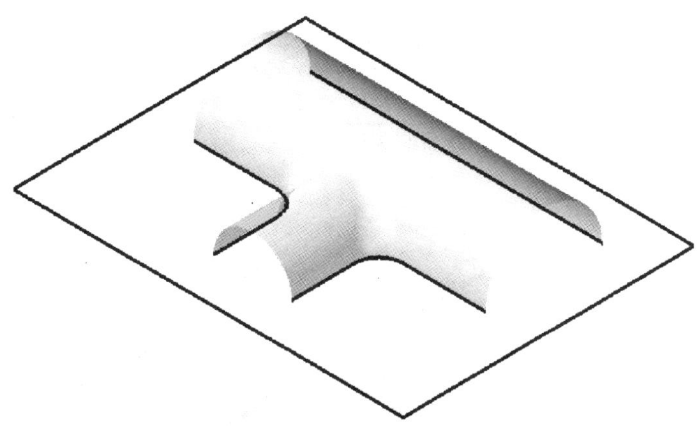

图 9.52　建立 $R5$ 和 $R8$ 曲面单一边界

⑤ 创建直线。利用两点画线，选择间断的两点，将底面连成一个封闭的图形，结果如

图 9.53 所示。

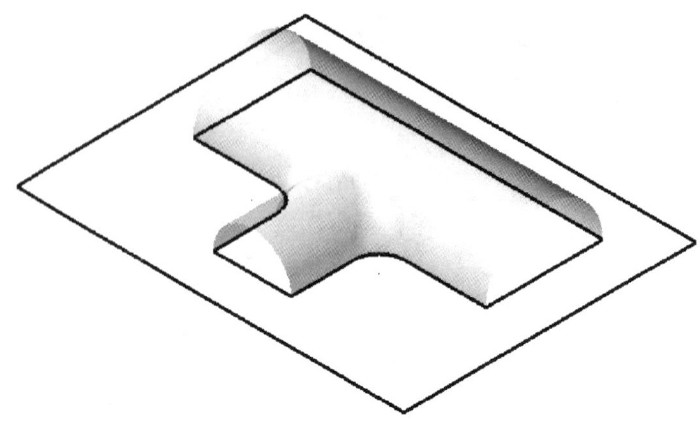

图 9.53 建立直线

⑥ 创建平面。利用平面修剪，选择外边界矩形，选择内边界封闭图形，创建过程如图 9.54～图 9.57 所示，结果如图 9.57 所示。

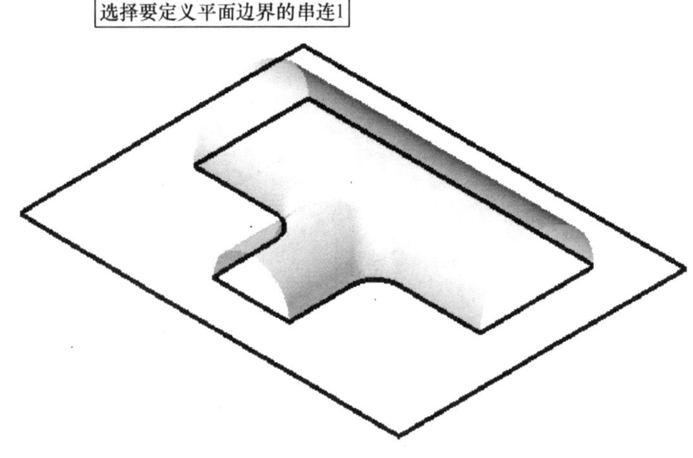
选择要定义平面边界的串连1

图 9.54 创建平面

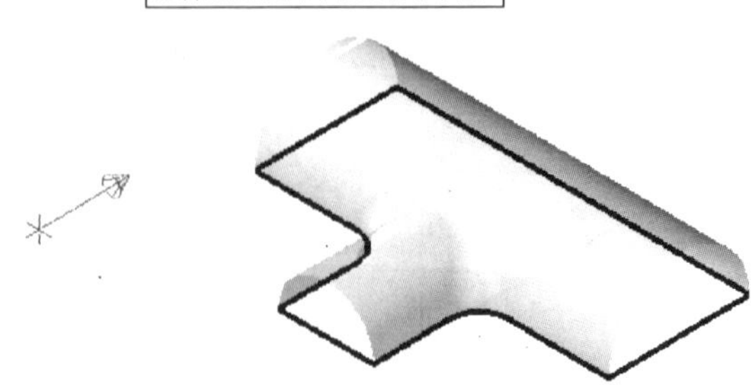
选择要定义平面边界的串连2

图 9.55 创建平面

图 9.56 创建平面

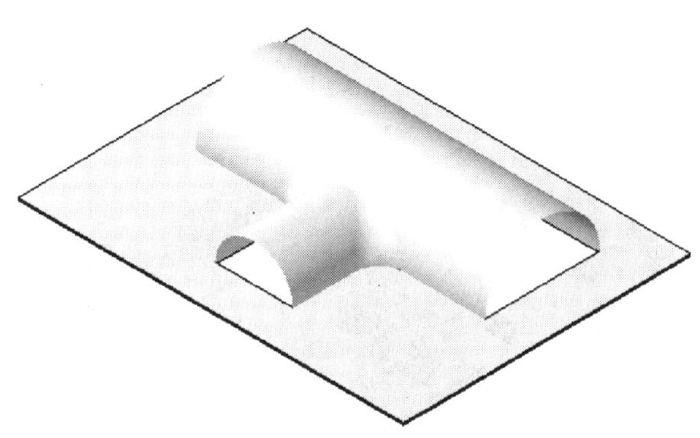

图 9.57 创建平面

⑦ 创建缀面边线。利用缀面边线，选择 $R12$ 曲面，在如图所示的位置创建两条缀面边线，利用反向调整按钮，结果如图 9.58 所示。

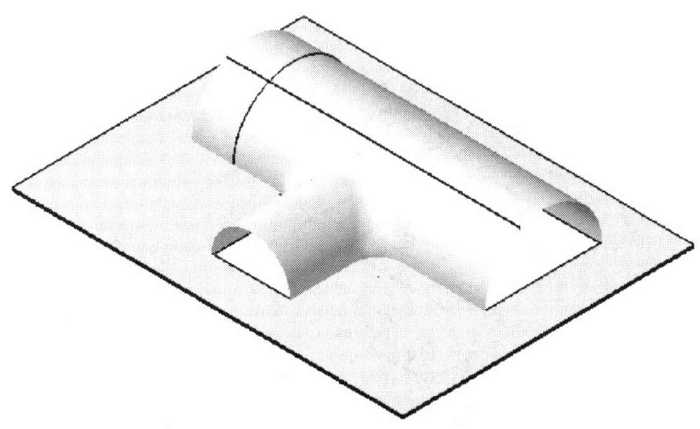

图 9.58 创建缀面边线

⑧ 创建曲面流线。利用曲面流线，选择 $R8$ 曲面，在如图所示的位置创建曲面曲线，参数如图 9.59 所示。结果如图 9.60 所示。

⑨ 创建动态绘曲线。利用动态绘曲线，选择 $R5$ 过渡圆弧曲面，在如图所示的位置确

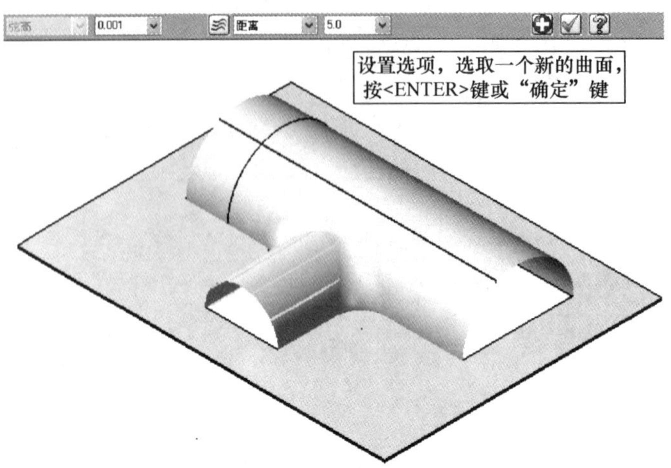

图 9.59　创建曲面曲线

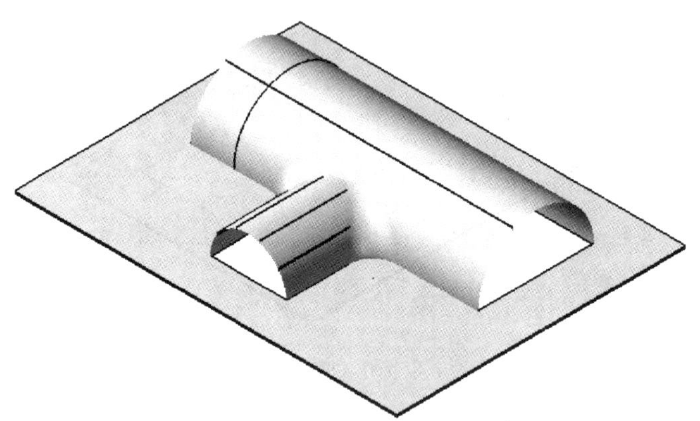

图 9.60　创建曲面曲线

立 4 点创建动态绘曲线，结果如图 9.61 所示。

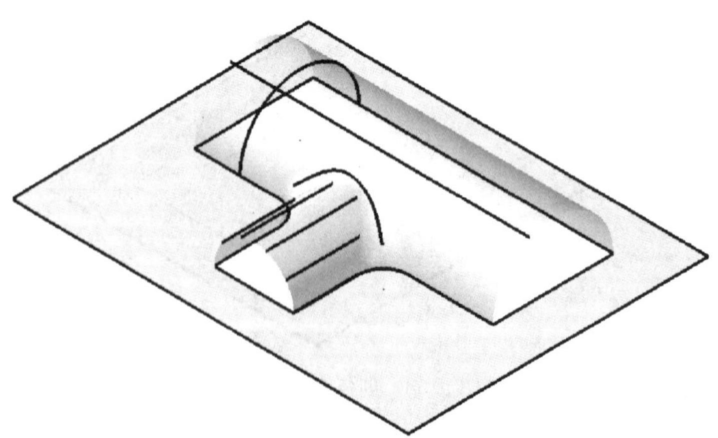

图 9.61　创建动态绘曲线

⑩ 创建曲面剖切线。利用创建曲面剖切线，选择底平面，设置剖切平面为X轴的法向面，如图9.62所示，参数如图9.63所示，结果如图9.64所示。

⑪ 创建相交曲线。利用创建相交曲线，在图9.65所示的位置创建一圆柱面，进入“创建相交曲线”命令，选择圆柱面，如图9.66所示，回车；选择R12曲面，回车。参数如图9.66所示，结果如图9.67所示。

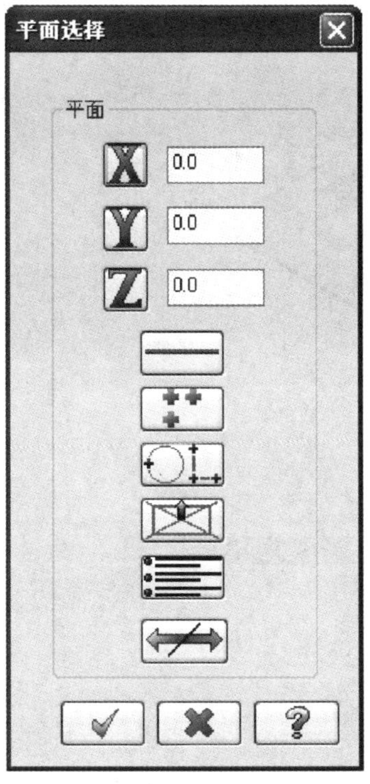

图9.62　创建曲面剖切线平面选择X法向

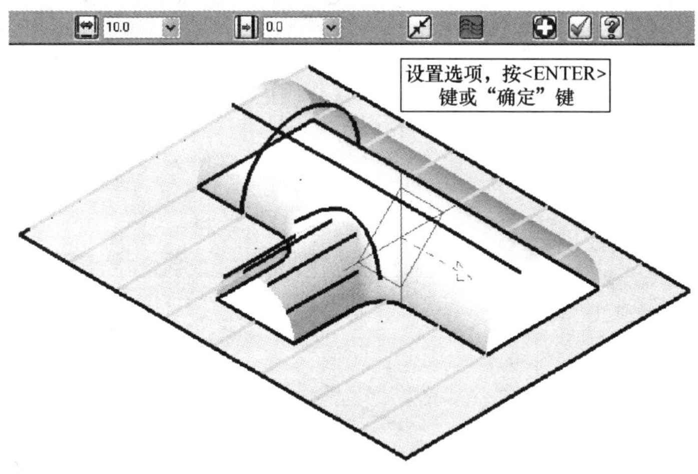

图9.63　创建曲面剖切线

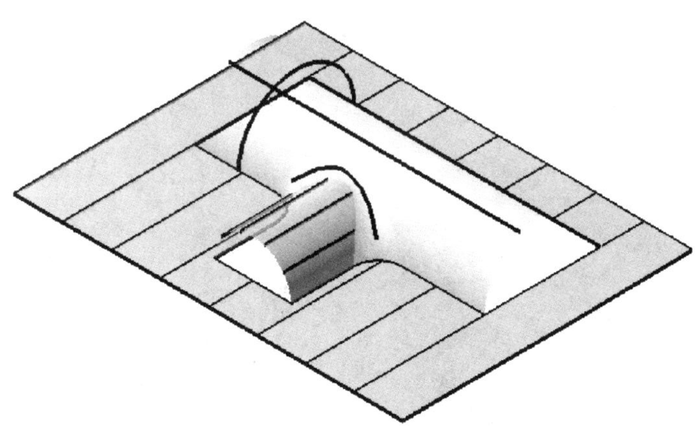

图9.64　创建曲面剖切线结果

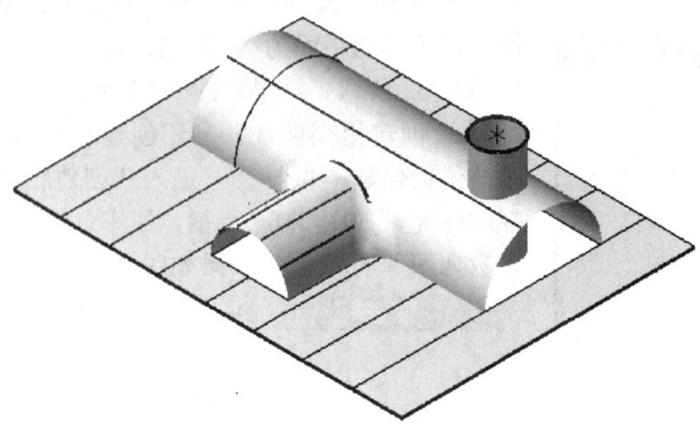

图 9.65　创建相交曲线

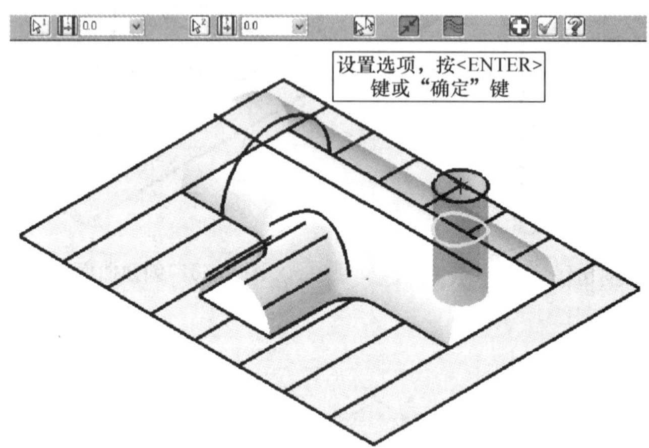

图 9.66　创建相交曲线

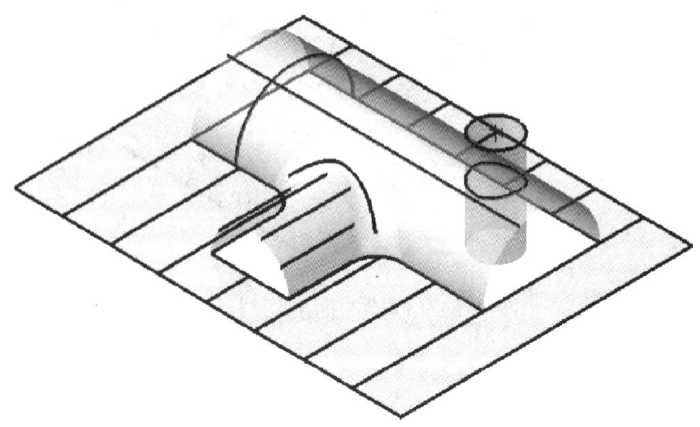

图 9.67　创建相交曲线结果

上机练习

9.1　利用曲面曲线修整图 9.68 所示图形，基本图形尺寸见习题 9.2 图中所示。

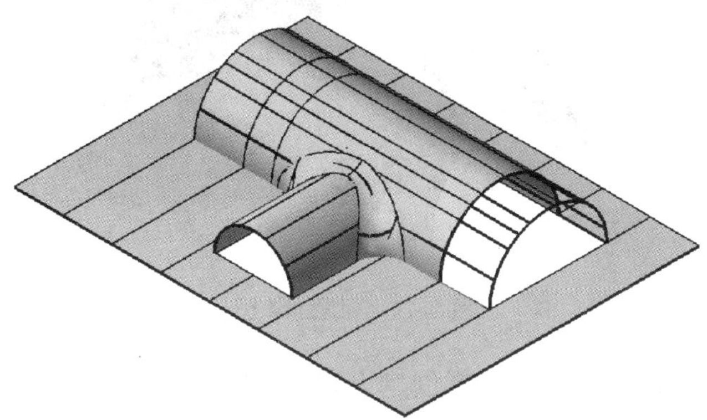

图 9.68　习题 9.1 图

9.2　利用曲面曲线修整图 9.69 所示图形。

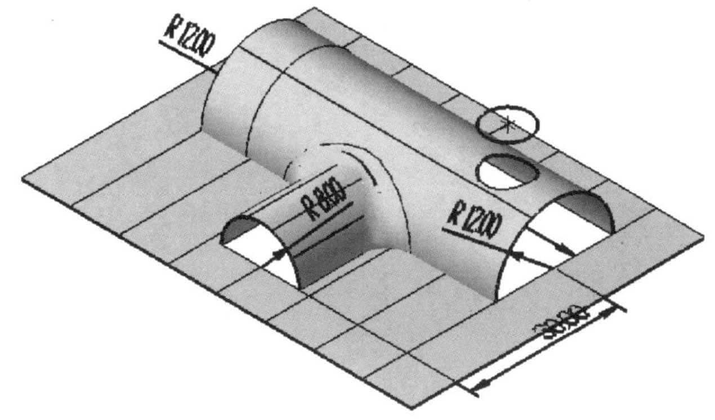

图 9.69　习题 9.2 图

9.3　在图 9.70 曲面上创建曲面剖切线和曲面流线，尺寸自定。

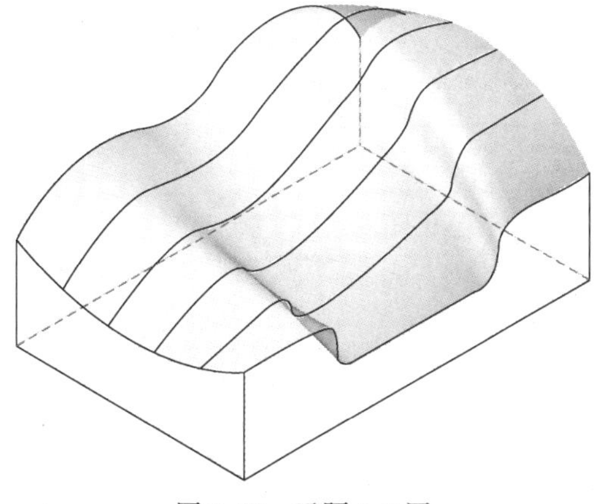

图 9.70　习题 9.3 图

9.4　在图 9.71 图形上创建曲面所有边界线，并创建所有曲面交线，尺寸自定。

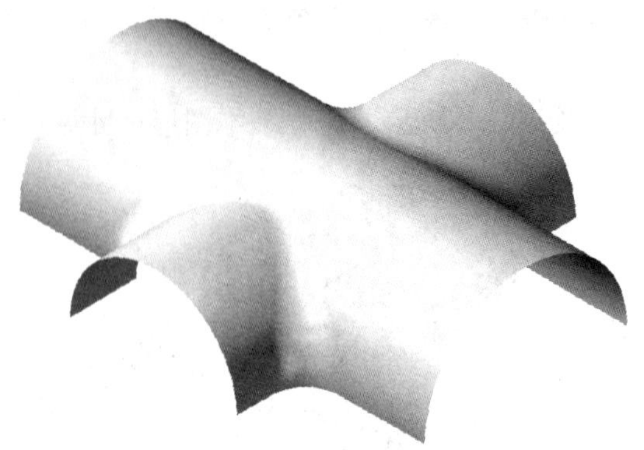

图 9.71　习题 9.4 图

9.5　在习题 9.4 的基础上将图形创建为底面和所有外边界全部用平面封闭的曲面模型，尺寸自定。

项目 10　铣床加工

项目任务

任务内容

加工如图 10.1 所示的工件，来进一步详细了解 MasterCAM X4 系统是如何加工工件的。这一工作流程包括如何利用 CAM 功能产生合理的刀具路径，选择匹配的 POST 后处理产生 NC 程序，使读者快速进入 MasterCAM X4 系统的加工状态。

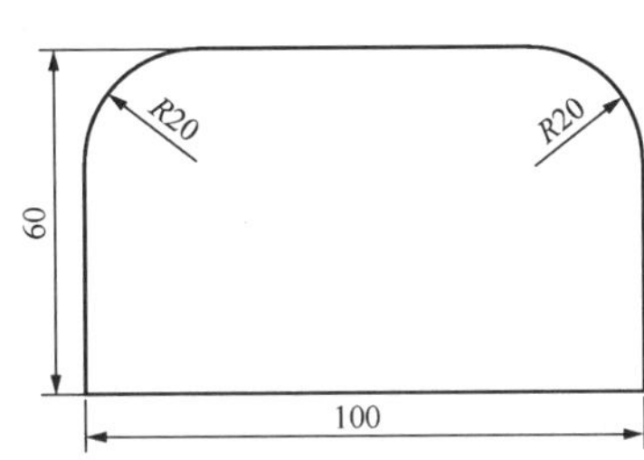

图 10.1　工件图

任务目的

1. 熟悉 MasterCAM X4 加工的基础知识。
2. 掌握 MasterCAM X4 的数控加工的基本设置。
3. 掌握二维刀具路径的基本设置。

相关理论知识：Master CAM X4 加工的基础知识

1　MasterCAM X4 系统 CAM 功能

作为一个 CAD/CAM 集成软件，MasterCAM X4 系统包括了设计（CAD）和加工（CAM）两大部分。使用 CAM 软件的最终目的就是要产生加工路径和生成加工程序，所以设计（CAD）功能是为加工（CAM）功能服务的。加工功能 CAM 部分主要由 Mill、Lathe 和 Router 三大模块组成。Lathe 模块用来生成车削加工刀具路径，Router 模块用来生成线切割激光加工路径，其中 Mill 模块可以用来生成铣削加工刀具路径，还包括进行外形铣削、型腔加工、钻孔加工、平面加工、曲面加工以及多轴加工等的模拟，Mill 模块用于铣削加工是 MasterCAM X4 系统的主要功能。

2 铣削加工编程的基础知识

（1）铣削机床控制轴和坐标系

1）控制轴。

由数控系统控制的机床运动轴称为控制轴，数控系统所能控制的标准轴数为 3 轴（X、Y 和 Z 轴），并且可分别增加到 4 轴、5 轴或 6 轴。大部分的数控铣削设备都是标准 3 轴。附加轴可以为 A、B、C、U、V、W 轴中的任意一个，其中旋转轴使用 A、B 和 C 轴，直线轴使用 U、V 和 W 轴，各轴的定义如图 10.2 所示。

2）加工坐标系。

一般立式数控加工中，通常使用直角坐标系来描述刀具与工件的相对运动，应符合 GB/T 19660—2005 的规定，刀具相对于静止的工件面运动的原则。由于机床的结构不同，有的是刀具运动，工件固定；有的是刀具固定，工件运动等。为了编程方便，一律规定为工件固定，刀具运动。

标准的机床坐标系是一个右手直角坐标系，拇指为 X 轴，食指为 Y 轴，中指为 Z 轴，指尖指向各坐标轴的正方向，即增大刀具和工件距离的方向，如图 10.3 所示。若有旋转轴时，规定绕 X、Y、Z 轴的旋转轴为 A、B、C 轴，其方向为右手螺旋方向。旋转轴的原点一般在水平面上。

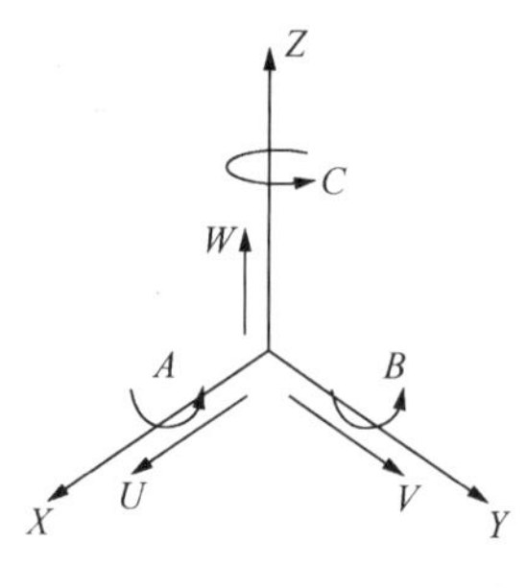

图 10.2 控制轴

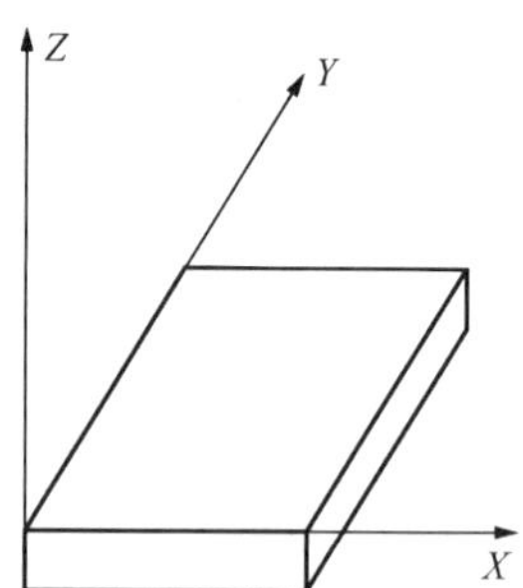

图 10.3 加工坐标系

各坐标轴在机床上有以下规定：Z 轴是传递切削动力的主轴，其正方向是刀具远离工件的方向，或者说是增大刀具与工件距离的方向。车床的 Z 轴是带动工件旋转的主轴；钻床、铣床、镗床的 Z 轴是带动刀具旋转的主轴。X 轴是水平的，平行于工件装夹面，其正方向按以下方法确定：对 Z 轴水平分布的，如卧式铣、钻、镗床等由主轴向工件看，X 轴的正方向指向右方；对 Z 轴垂直分布的，如立式铣、钻、镗床等由主轴向立柱看，X 轴的正方向指向右方。对工件旋转的卧式数控车床，X 轴布置在径向，即平行于横向滑座，增大刀具与工件距离的方向为正向。

（2）MasterCAM X4 系统加工的一般流程

MasterCAM X4 系统的最终目的是生成 CNC 控制器可以解读的数控加工程序（NC 代码）。一般需要以下三个步骤：

① 由系统本身的 CAD 造型建立“. MCX”工件的几何模型。

② 计算机辅助制造 CAM，生成一种通用的刀具路径数据文件“. NCI”文件。加

工模型建立后，即可利用 CAM 系统提供的多种形式的刀具轨迹生成功能进行模拟验证。可以根据不同的工艺要求与精度要求，指定加工方式和加工参数等，生成刀具切削轨迹。

MasterCAM X4 系统可以通过 Backplot（刀具路径模拟）和 Verify（实体切削验证）验证生成的刀具轨迹的精度，还可进行干涉检查，用图形方式检验加工代码的正确性。为满足特殊工艺需要，CAM 系统还提供了对已生成刀具路径轨迹进行编辑的功能。

③ 后置处理 POST 将 NCI 文件转换为 CNC 控制器可以解读的“. NC”代码。

MasterCAM X4 系统后置处理文件的扩展名为 . NC，是一种可以由用户以回答问题的形式自行修改的文件，在编程前必须对这个文件进行编辑，才能在执行后处理程序时产生符合控制器需要和使用者习惯的 NC 程序。

通过上述步骤生成 NC 代码后，MasterCAM X4 系统可通过计算机的串口或并口与数控机床连接，将生成的加工代码由系统自带的 Communications 通信功能传输到数控机床。

3　设置加工刀具

利用 CAM 模块下相应的加工方式进行加工时，首先是加工刀具的设置，读者可以直接调用系统刀具库中的刀具，也可以修改刀具库中的刀具产生需要的刀具形式，还可以自己定义新的刀具，并将其保存到刀具库中。

（1）直接从刀具库选择刀具

如图 10. 4 所示，单击菜单“刀具路径”→“刀具管理器”命令打开刀具管理器，在“刀具管理”对话框下面选择所需刀具直接拖动到上面空白处释放鼠标即可选择好刀具，如图 10. 5 所示。

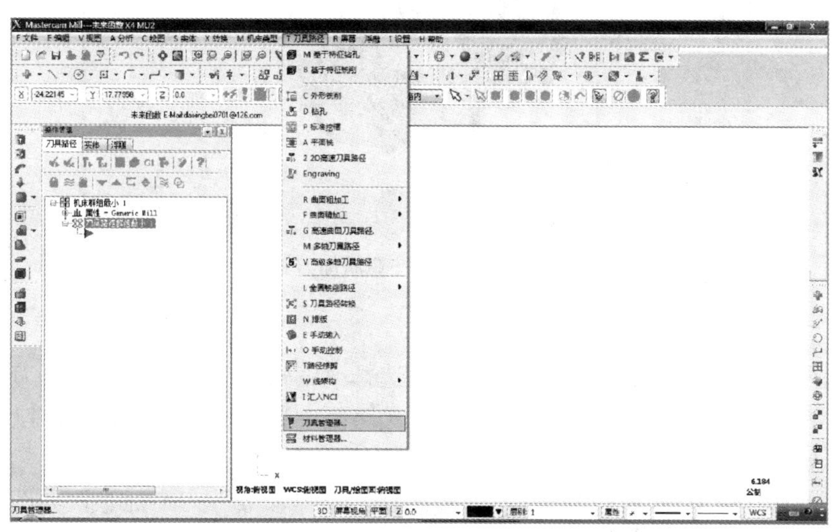

图 10. 4　从“刀具路径”中选择刀具管理器

或者在图 10. 6 所示在“2D 刀具路径”对话框中单击刀具图标按钮命令，也可以打开“刀具管理器”对话框。

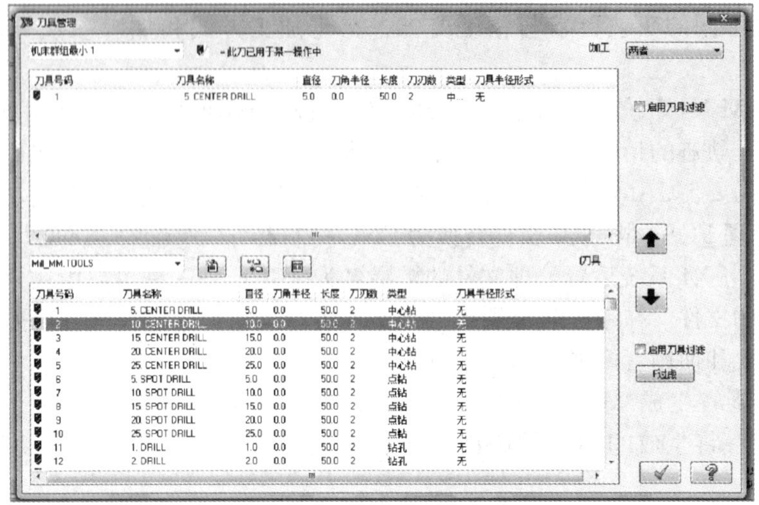

图 10.5　在刀具管理器中拖动添加刀具

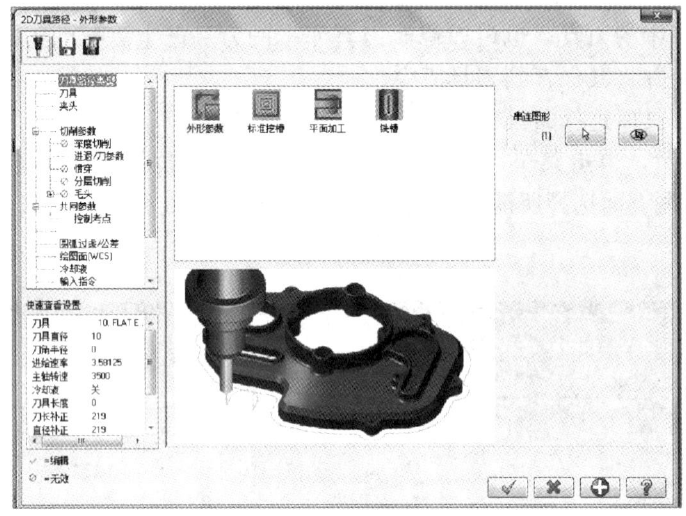

图 10.6　图标按钮添加刀具

（2）自定义新刀具

在刀具列表中右击，从弹出的快捷菜单中选择“编辑刀具”或“构建新刀具”命令可打开“定义刀具”对话框。或者从已存在的刀具路径中单击已选刀具，也可以打开定义刀具对话框，如图 10.7 所示。

在定义刀具对话框中，有“平底刀”、“类型”和“参数”三个标签，如图 10.8 所示，选择“刀具类型”选项卡，弹出刀具参数对话框，如图 10.9 所示，进行刀具参数设置。选择“参数”选项卡，输入刀具参数和刀具的名称，并单击“保存至刀具库”按钮，定义保存路径就可以把新刀具保存到刀具库中了，如图 10.10、图 10.11 所示。

（3）修改刀具参数

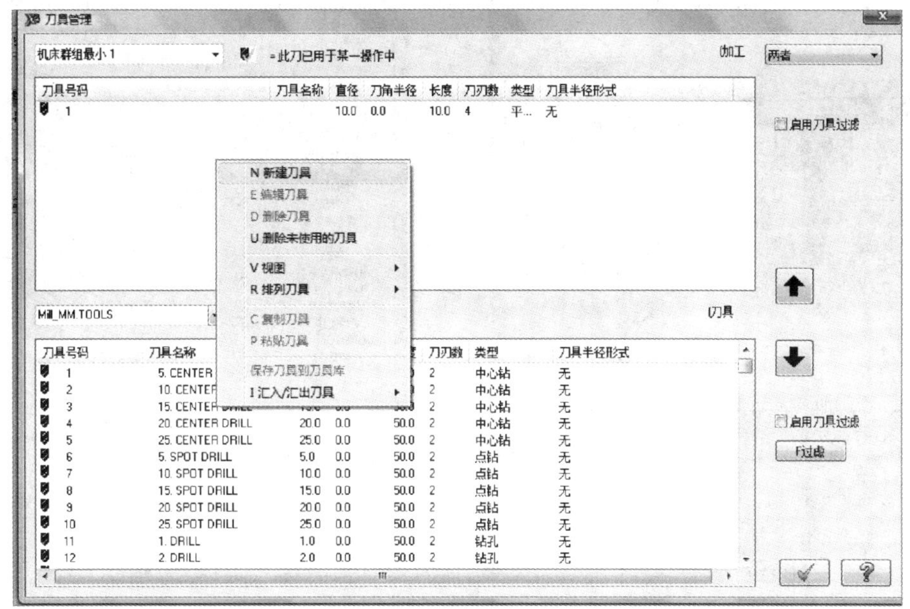

图 10.7　新建刀具

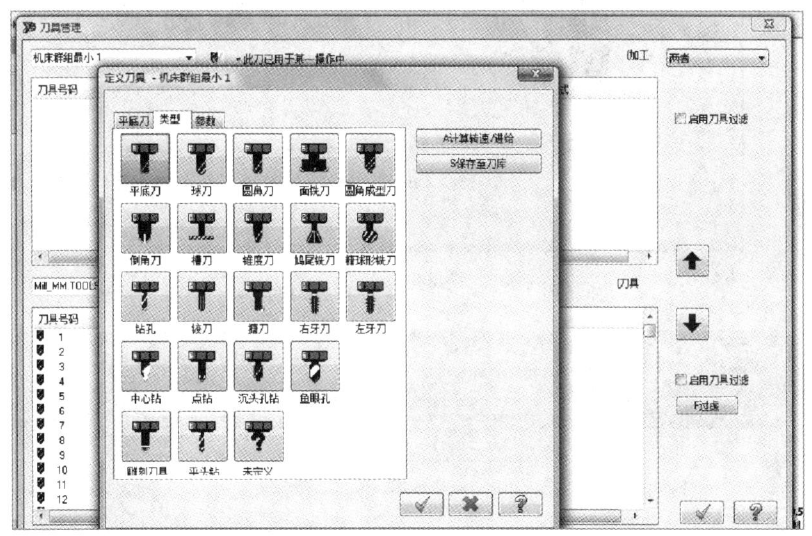

图 10.8　选择刀具类型

从刀具库选择的加工刀具，其刀具参数（如刀径、刀长、切刃长度等）采用是系统给定的参数，用户也可以对相应参数进行修改设置。如图 10.12 所示，在已有的刀具上右击鼠标，在弹出的快捷菜单中选择“编辑刀具”命令，系统弹出图 10.13 所示的定义刀具参数设置对话框，用户编辑所需要的刀具参数。

1）编辑刀具。

使用定义刀具对话框，定义或编辑刀具的参数，对于不同外形的刀具，该选项卡的内容也不相同，以图 10.13 所示“平铣刀”为例，一般刀具包括以下几个参数：

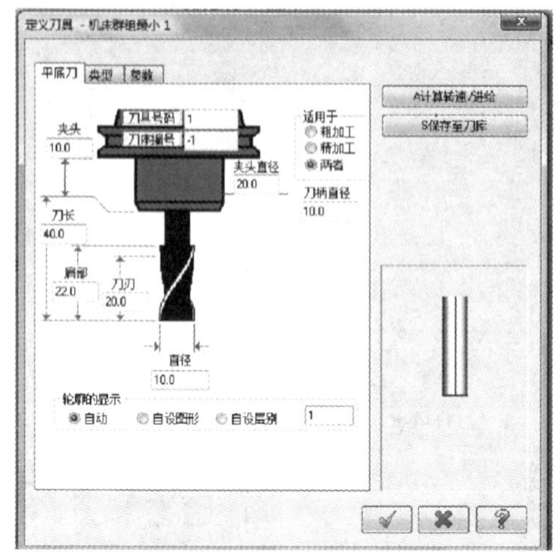

图 10.9 设置刀具参数

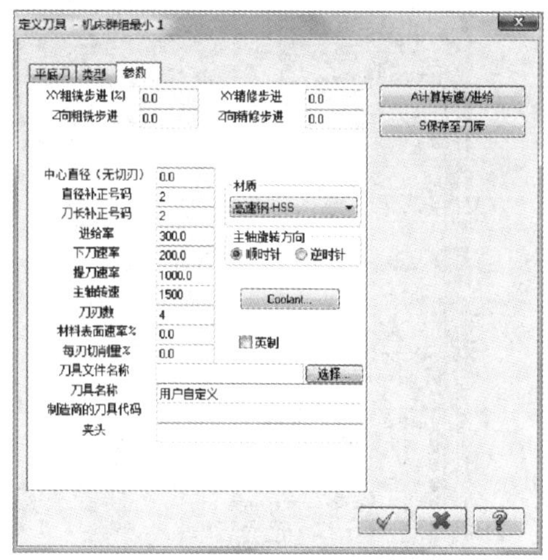

图 10.10 输入刀具参数及刀具名称

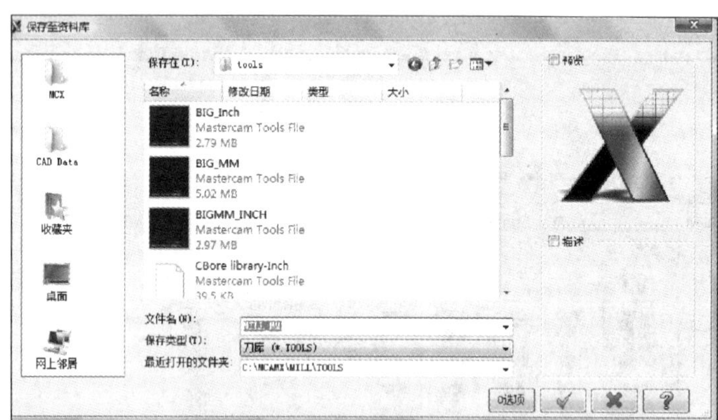

图 10.11 保存新刀具到刀具库

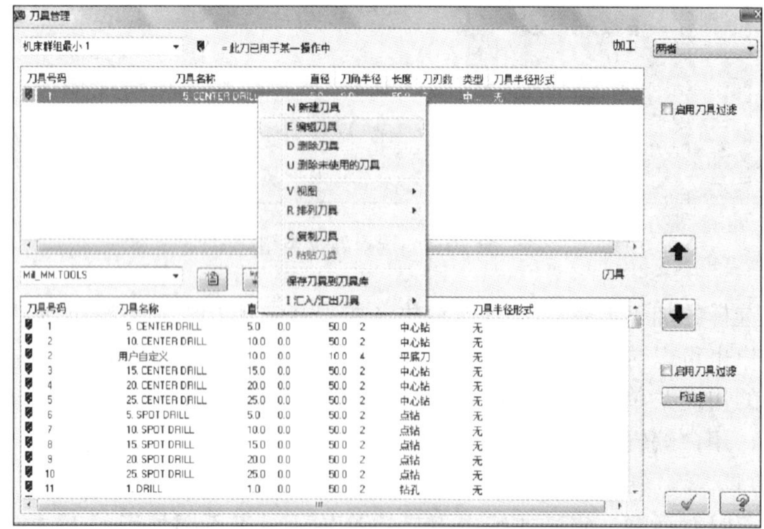

图 10.12 编辑刀具

·直径：设置刀具切口的直径。

·切刃长度：设置刀具有效切刃的长度。

·刀刃长度：设置刀具从刀尖到刀刃的长度。

·刀长：设置刀具从刀尖到夹头底端的长度。

·刀柄直径：设置刀柄直径。

·夹头：有两个文本框，左边文本框是用来设置夹头长度，右边文本框是用来设置夹头直径。

·刀具编号：系统按自动创建的顺序给出刀具编号，也可自行设置编号。

·刀具应用场合：设置该刀具的应用场合，可选择粗加工、精加工和粗、精加工。

2）刀具类型。

若需要改变刀具类型，在“定义刀具”对话框中单击“刀具类型”选项卡，如图 10.14 所示，可选的刀具类型有 20 种。

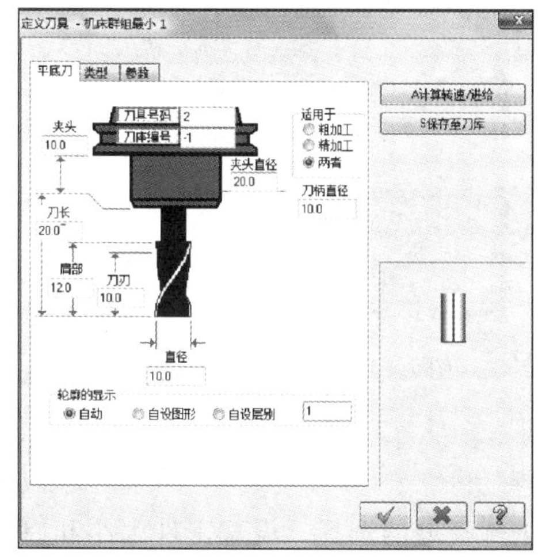

图 10.13　设置刀具参数

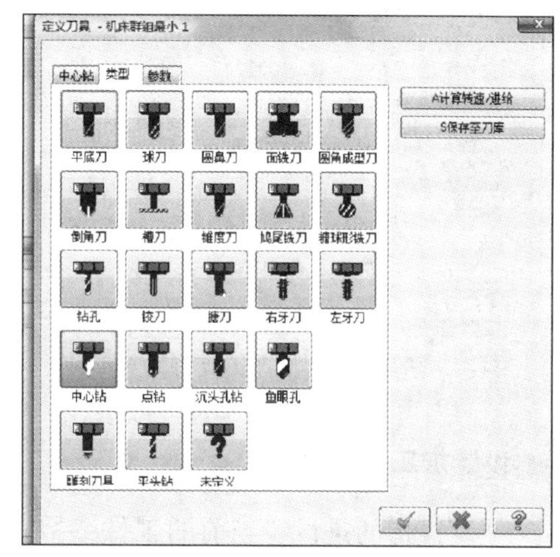

图 10.14　设置刀具类型

3）刀具参数。

若需要改变刀具参数，可选择“参数”选项卡，如图 10.15 所示。可设置使用该刀具在加工时的进给量、冷却方式等。主要参数的含义说明如下：

·*XY* 方向粗切步进（%）：粗加工时，在垂直刀轴方向（*XY* 方向）的每次进给量，以刀具直径的百分率表示。

·*Z* 方向粗切步进：粗加工时，在刀轴方向（*Z* 方向）的每次进给量。

·*XY* 方向精切步进：精加工时，在垂直刀轴方向（*XY* 方向）的每次进给量。

·*Z* 方向精切步进：精加工时，每次铣削在刀轴方向（*Z* 方向）的进给量。

·底孔直径：通常用于在攻丝、镗孔时，设置刀具所需要的中心孔直径。

·刀具半径补偿/刀具长度补偿：当用 CNC 控制器设置刀补参数时，该值赋于刀补号，刀补号相当于一个寄存器。

·刀具进给率：进给率参数，用于控制刀具进给的速度（in/rain，mm/min）。

·轴向进刀速度：下刀进给率，用于控制刀具快速趋近工件的速度。

· 退刀速率：用于控制刀具快速提刀返回的速度。

· 刀具的刃数：MasterCAM X4 使用该参数可计算进给率。

· 主轴旋转方向：有“CW”（顺时针）方向和“CCW”（逆时针）方向。

· 夹头参数，是机床上夹紧刀具的附件。

· 刀具材料：设置刀具材料，系统使用该材料用于计算主轴转速、进给率和插入速率。

· 冷却方式：设置加工时的冷却方式。如图 10.16 所示：Flood：柱状喷射冷却液。Mist：雾状喷射冷却液。Thrutool：从刀具喷出冷却液。

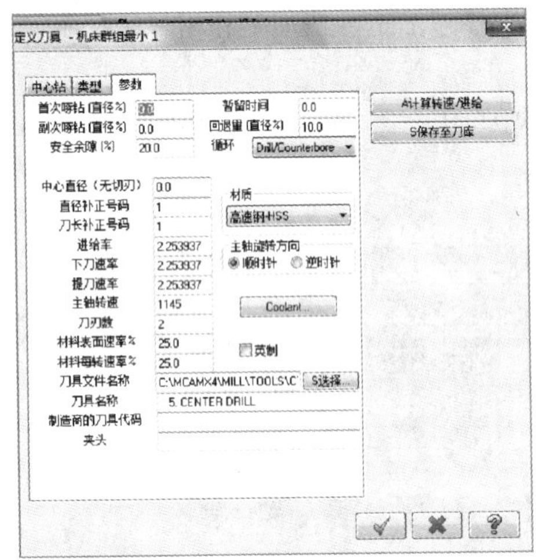

图 10.15　修改刀具参数

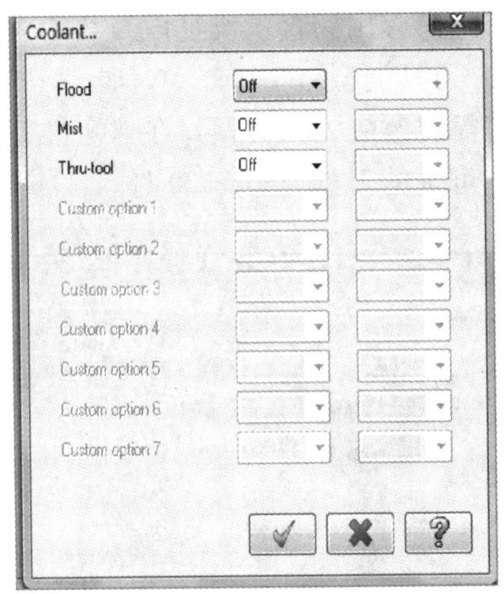

图 10.16　设置刀具冷却方式

4　设置加工工件

工件设置指的是设置当前的工件参数，它包括工件类型的选择、设置工件大小和原点及工件材质设置。设置好工件后，在验证刀具路径时可以看到所设置工件的三维图形效果。

要设置加工工件尺寸及原点，其具体的操作方法如下：

① 按 Alt+O 快捷键，打开加工操作管理器窗口，并展开“属性”项，单击“材料设置”。

② 在操作管理器窗口中单击“材料设置”，弹出“机器群组管理属性”对话框，选择“材料设置”选项卡，系统将弹出工件设置对话框，如图 10.17 所示。

(1) 工件类型选择

根据毛坯形状可选择“矩形”或“圆柱形”，如图 10.18 所示。

· 在选择“圆柱形”时，可选 X、Y 和 Z 轴来确定圆柱摆放的方向。

· 选择“实体”选项卡通过单击 [↖] 按钮在图上选择一部分实体作为毛坯形状。

· 选择“文件”选项卡则可通过单击 [↖] 按钮从一个 STL 文件输入毛坯形状。

· 可通过“显示”选项决定是否在屏幕上显示工件。

(2) 设置工件尺寸

设置工件尺寸有以下方法：

· 直接在“工作设定”对话框中的 X、Y 和 Z 文体框中输入工件的尺寸。

· 单击“选取工件范围”按钮，在绘图区选取工件的两个角点。

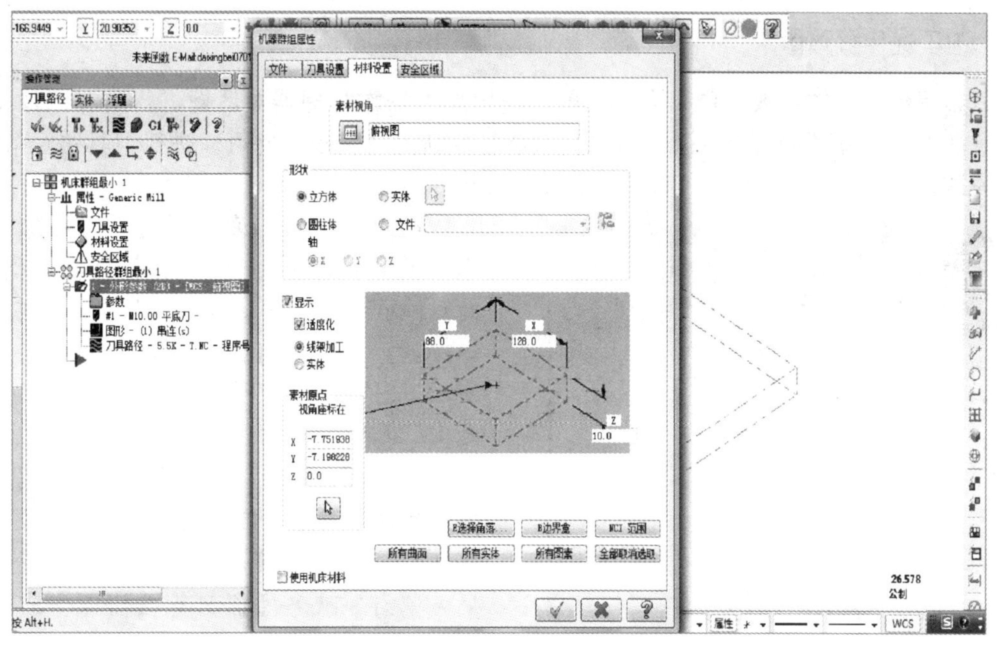

图 10.17　启动工件设置对话框

・单击"使用边界盒"按钮，在绘图区选取几何对象后，根据选取对象的外形来定义工件的大小和原点坐标。

・单击"使用 NCI 之位移"按钮，根据 NCI 文件的刀具移动范围，计算工件的大小和原点坐标。

(3) 设置工件原点

默认的毛坯原点位于毛坯的中心。可以通过在工件原点设置的 X、Y 和 Z 文本框内输入坐标值以确定工件原点，如图 10.19 所示。

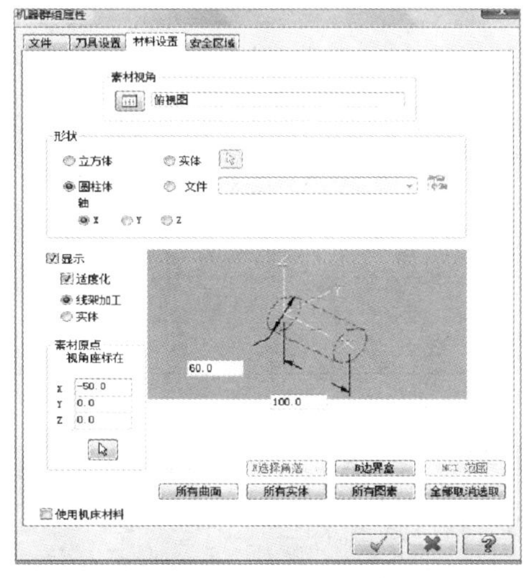

图 10.18　设置工件参数

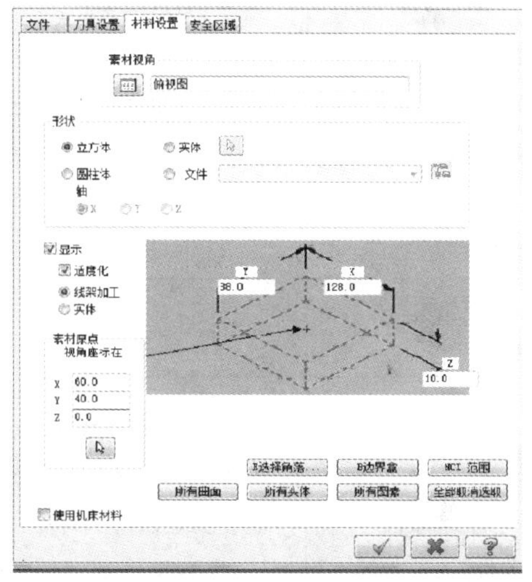

图 10.19　设置工件原点

5 加工操作管理器

刀具参数及工件参数设置完毕后就可以利用加工操作管理器对话框进行所有的加工操作了。加工操作管理器可以产生、编辑、重新计算新刀具路径，并可以进行刀具路径模拟、加工模拟、POST 后置处理功能输出 NC 加工程序。

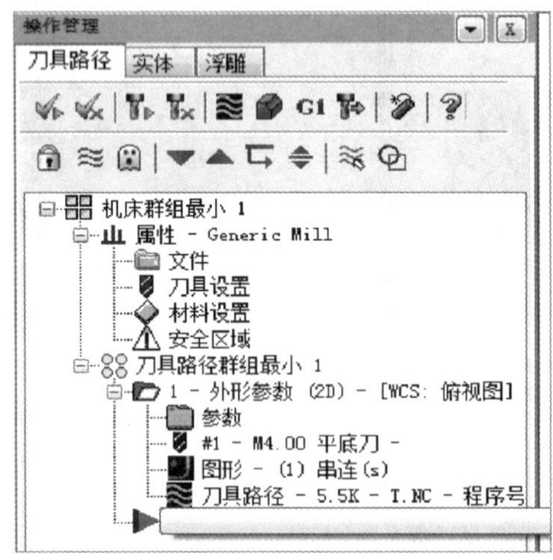

图 10.20 加工操作管理器

选择“视图”菜单下的“切换操作管理”子菜单命令，打开操作管理器对话框，此对话框不再是活动窗口，而是固定在主窗口左侧。也可以打开一个含有刀具路径的 MCX 文件同时打开操作管理器对话框，如图 10.20 所示。此对话框中的各项可以进行拖动、剪切、复制、删除等操作，也可以改变刀具路径参数、刀具及与刀具路径关联的几何模型等进行修改，对各参数进行设置后，单击或重新计算按钮即生成新的刀具路径。

图 10.20 加工操作管理器对话框中各按钮的含义见表 10.1。

表 10.1 “加工操作管理器”各按钮选项含义

按钮	说　明
	选择所有加工操作
	选择所有编辑了参数需要重生新的加工操作
	将选中的操作重生成刀具路径
	重生所有编辑参数的加工操作
	执行刀具路径快速模拟
	执行实体加工模拟
G1	POST 后处理产生 NC 程序
	优化加工操作
	删除所有的加工操作

续表

按钮	说　明
	帮助
	锁定选定的加工操作，此时该加工操作编辑后的参数无法重生
	关闭选择的加工操作的刀具路径显示
	锁定选定的加工操作的 NC 程序输出，此时该加工操作无法利用 POST 功能产生 NC 程序
	把即将生成的刀具路径移动到目前位置下一个操作的后面
	把即将生成的刀具路径移动到目前位置上一个操作的前面
	插入箭头移动到选择的加工操作后
	当加工操作很多，使插入箭头不在选择范围内时，单击此按钮迅速插入箭头的位置
	单一显示已选择的刀具路径
	单一显示关联图形

（1）刀具路径模拟

要执行刀具路径模拟，单击加工操作管理器中的按钮，系统弹出图 10.21 所示刀具路径模拟设置对话框和如图 10.22 所示刀具路径模拟执行工具条。

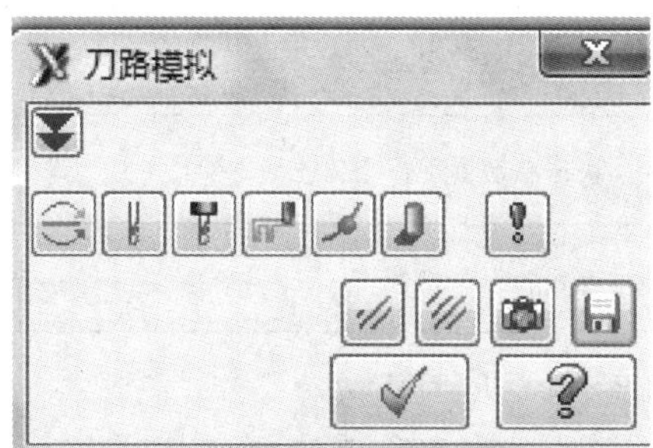

图 10.21　“刀路模拟”对话框

图 10.22　“刀路模拟”执行工具条

图 10.21“刀路模拟”对话框中各按钮的含义见表 10.2。

表 10.2　“刀路模拟”各按钮含义

按钮	说　明
	彩色显示刀具路径
	刀路模拟过程中显示刀具
	刀路模拟过程中显示刀具夹头
	显示快速回刀路径
	显示几何图形端点刀具路径位置
	对刀具路径着色显示快速检验
	配置刀具路径模拟参数
	直接选择刀具路径上的某段，系统将显示或取消该段的刀具路径
	对刀路进行快照处理，生成几何图素
	保存刀具路径为几何图形

图 10.22“刀路模拟”执行工具条各按钮的含义见表 10.3。

表 10.3　“刀路模拟”执行工具条按钮含义

按钮	说　明
	执行。暂停
	返回前一个停止状态。向后一步
	向前一步。快速移动到下一个停止状态
	执行时显示全部的刀具路径
	执行时只显示段的刀具路径
	执行速度调整游标
	模拟过程状态
	设置暂停状态，单击此按钮将弹出“暂停设置”对话框

（2）实体加工模拟

实体加工模拟是用实体切削的方式模拟刀具路径。单击加工操作管理器中的按钮，系统弹出图 10.23 所示“实体验证”加工模拟对话框。

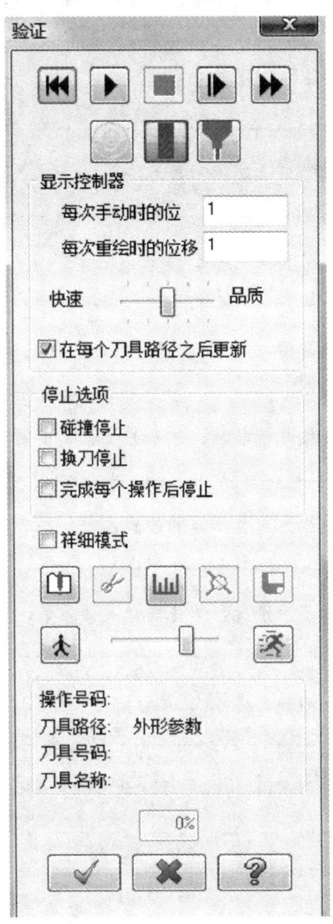

图 10.23　“实体验证”对话框

图 10.23“实体验证”加工模拟对话框各按钮含义见表 10.4。

表 10.4　“实体验证”对话框按钮含义

按钮	说　明
	重新开始仿真加工
	开始执行连续的加工仿真
	暂停仿真加工
	步进方式进行实体加工模拟，步进数可在“Moves/step”栏文本框内设置

续表

按钮	说　明
	快速实体加工模拟，只显示加工结果，不显示加工过程
	实体加工模拟时无刀具和夹头显示
	实体加工模拟时带刀具显示不显示夹头
	实体模拟时带刀具和夹头显示
快速　品质	速度和质量调整游标
	配置实体加工模拟其他参数。单击此按钮弹出图 10.24 所示的仿真参数设置对话框
	测量加工结果数据，比如两点间的距离等
	模拟结束后显示截面情况，首先选择截面位置，再选择保留侧
	刷新放大或缩小的加上区域
	将模拟结果保存为 STL 格式文件。此文件可作为下次加工的毛坯
	模拟速度调整游标

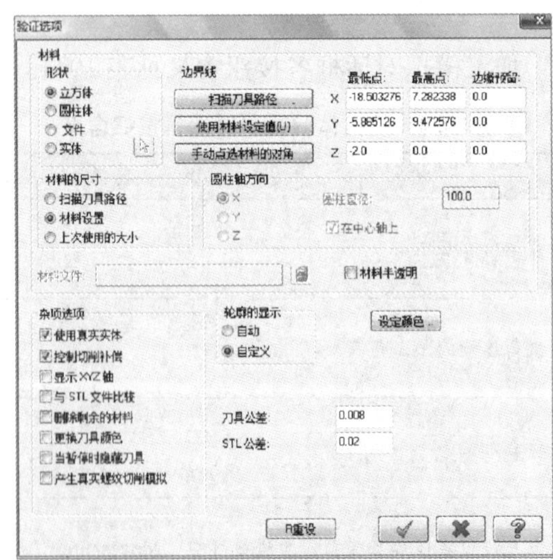

图 10.24　验证“选项”对话框

(3) POST 后处理产生 NC 程序

实体加工模拟完毕后，若未发现任何问题，用户便可以执行 POST 后处理产生 NC 程序了。执行后处理功能是指将编制的刀具路径转换成加工程序的过程。

单击加工操作管理器中的 G1 按钮，系统弹出图 10.25所示的“后处理程式”设置对话框。文件的注解描述也将在 NC 程序中得到反映，而单击“摘要的内容”按钮，还可以对注解描述进行编辑。

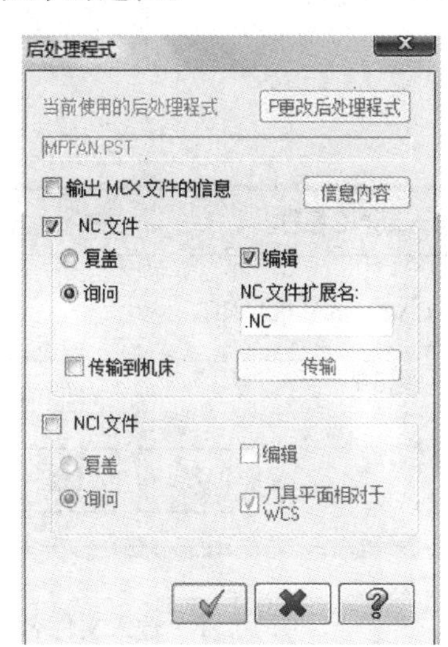

图 10.25 “后处理程式”设置对话框

“NC 文件”栏：包括以下 6 项设置：

· “覆盖”：选择此复选框，在生成 NC 文件时，若存在相同名称的 NC 文件，系统直接覆盖以前的 NC 文件。

· “覆盖前询问”：勾选此复选框，在生成 NC 文件时，若存在相同名称的 NC 文件，系统在覆盖以前的 NC 文件时提示是否覆盖。

· “编辑”：勾选此复选框，系统在保存 NC 文件后还将弹出 NC 文件编辑器供用户检查和编辑 NC 程序。

· “NC 文件的扩展名”：用户可以在此栏输入 NC 文件的扩展名。

· “将 NC 程式传输至”：勾选此复选框，系统将生成的 NC 程序通过连接电缆发送至加工机床。

· 传输：单击此按钮，系统将弹出“传输参数”设置对话框，用户可以进一步设置传输的相关参数。

项目实施：铣床加工

在 MasterCAM X4 中，加工如图 10.1 所示的工件。

① 选择图 10.26 所示菜单中的“机床类型”→“铣床”→“默认”命令。

② 选择图 10.27 所示菜单中的“刀具路径”→“外形铣削”命令。

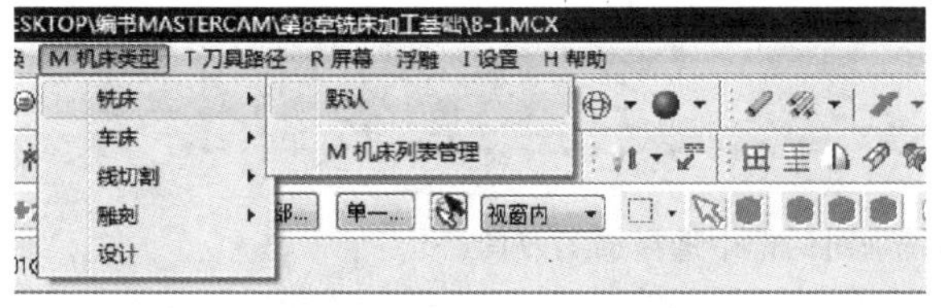

图 10.26 选择铣床类型

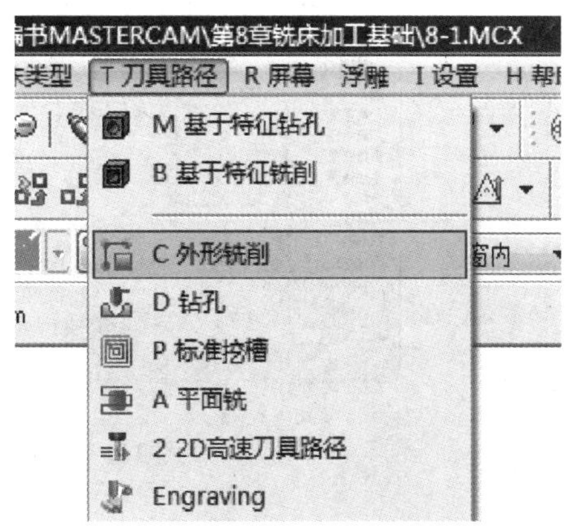

图 10.27 选择外形铣削

③ 在弹出图 10.28 所示新 NC 名称对话框中输入工件名称，单击“确定”按钮。

④ 系统提示选择串连外形，选择图 10.29 所示串连外形，单击“确定”，结束串连外形选择。

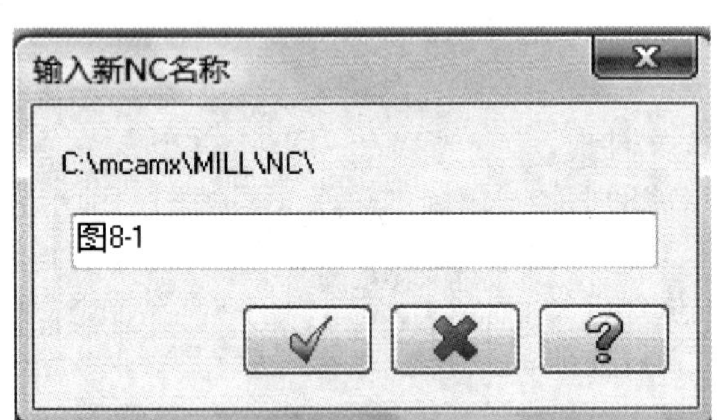

图 10.28　输入文件名称

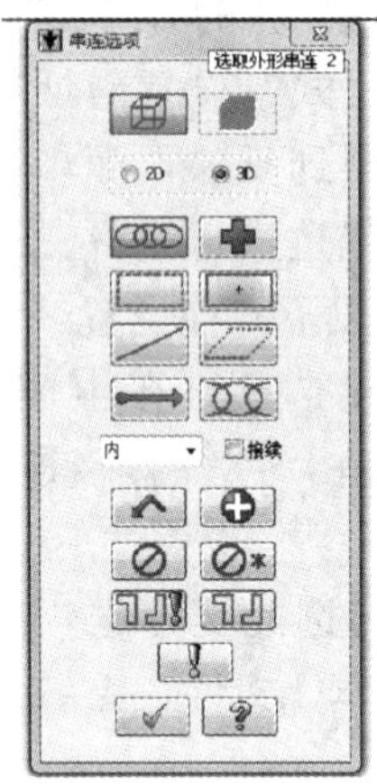

图 10.29　选择串连外形

⑤ 系统弹出图 10.30 所示外形铣削对话框，在刀具栏空白区右击，在弹出的菜单中选择“从刀具库中选择”刀具命令，系统弹出图 10.31 所示的刀具库对话框，选择 Φ10 平铣刀，单击加入按钮，或直接把其拖动到刀具空白区，单击“确定”，结束添加刀具命令。

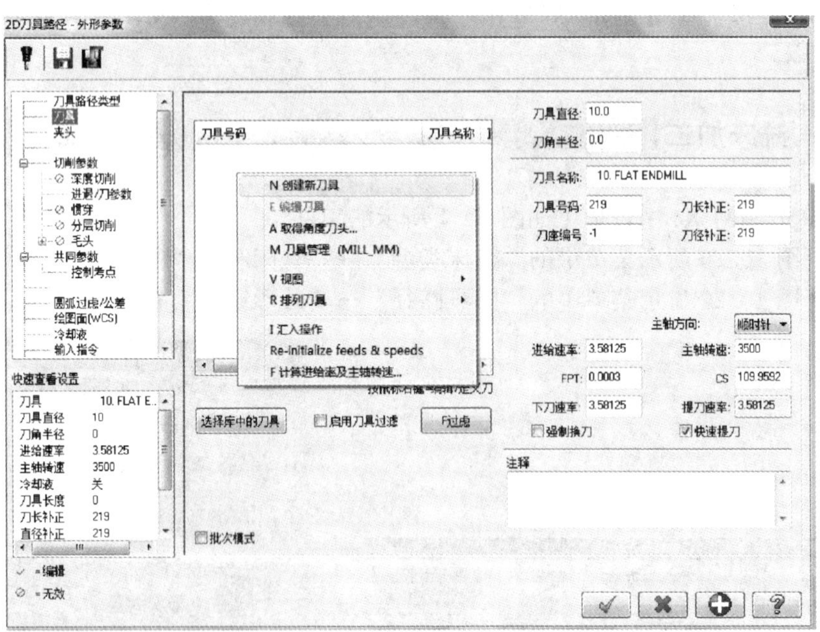

图 10.30　在外形铣削对话框中选择加工刀具

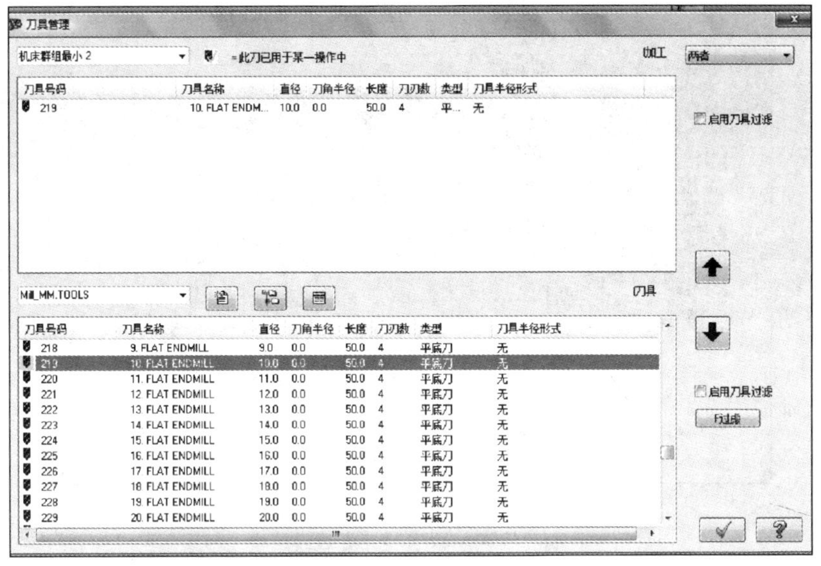

图 10.31 添加加工刀具

⑥ 设置图 10.32 所示“定义刀具”对话框中的刀具参数，或在“2D 刀具路径—外形参数”对话框，单击“刀具”命令，在图 10.33 所示中设置刀具参数，单击“确定”☑，结束设置刀具参数命令。

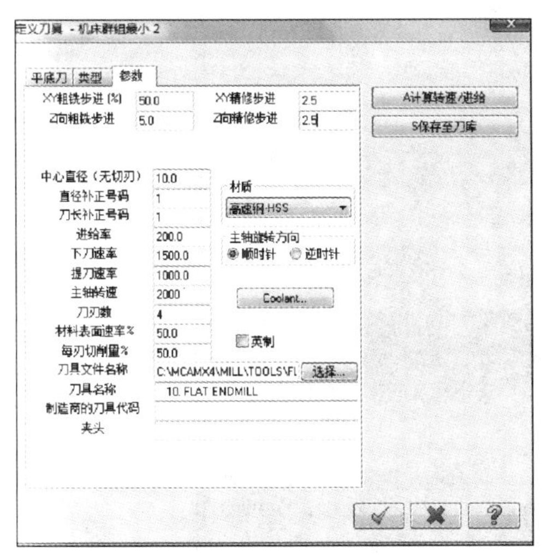

图 10.32 设置刀具参数

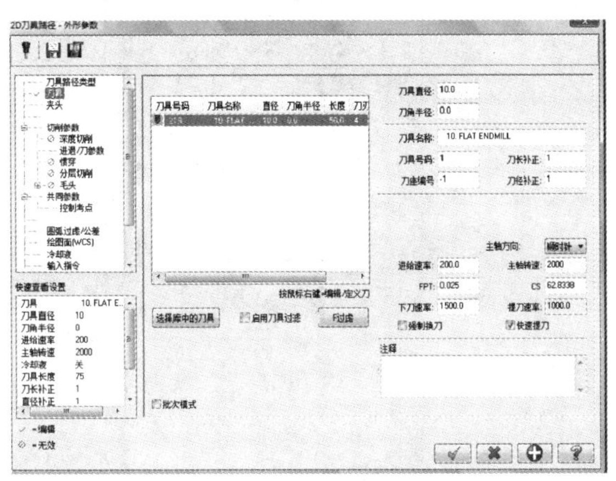

图 10.33 设置刀具参数

⑦ 单击加工操作管理器中“外形参数”命令，弹出“2D 刀具路径—外形参数”对话框，单击“共同参数”命令，设置图 10.34 加工参数，单击“确定”按钮☑，结束外形铣削加工参数设置。

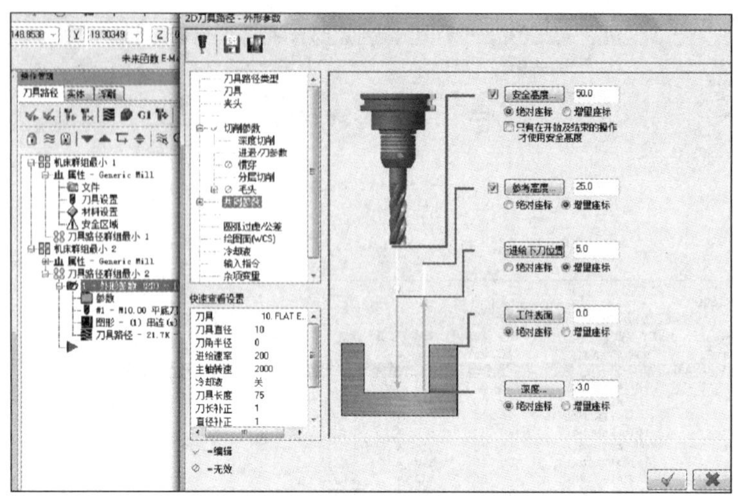

图 10.34　设置外形加工参数

⑧ 打开加工操作管理器中“属性”命令下的“材料设置”命令，弹出“机器群组属性”对话框，选择“材料设置”选项卡，设置图 10.35 所示毛坯材料参数（工件单边加工量为 3），单击“确定”按钮☑，结束毛坯材料参数设置。

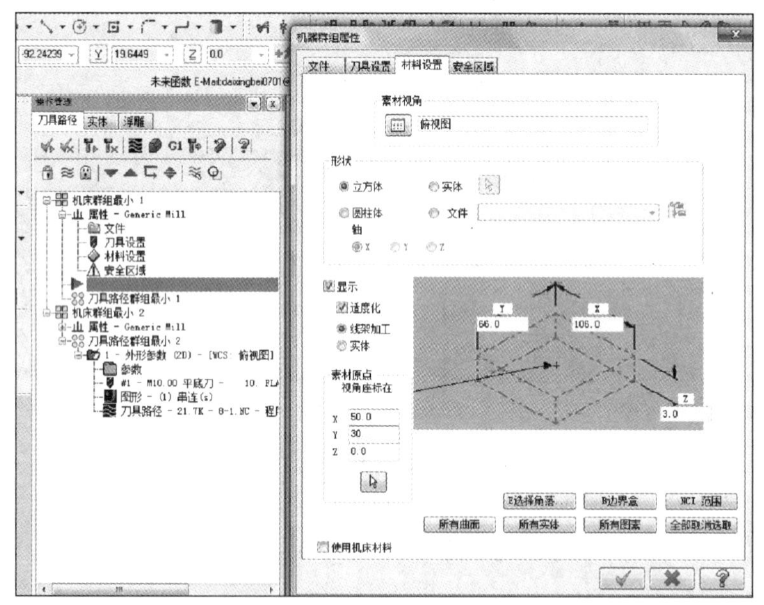

图 10.35　设置毛坯材料参数

⑨ 单击顶部工具栏中等角视图按钮，单击加工操作管理器中的“实体加工模拟”按钮，在弹出图 10.36 所示“验证实体”加工模拟对话框中单击“连续执行”按钮▶，模拟加工结果如图 10.37 所示，单击对话框中的“执行”按钮☑，结束模拟操作。

⑩ 单击加工操作管理器中的“POST 后处理”按钮G1，系统弹出图 10.38 所示后处理参数设置对话框，单击“执行”按钮☑，系统弹出“NC 文件”管理器，输入文件名，设置保存路径，单击保存命令，系统弹出图 10.39 所示的 NC 程序编辑器，显示产生的 NC 程序。

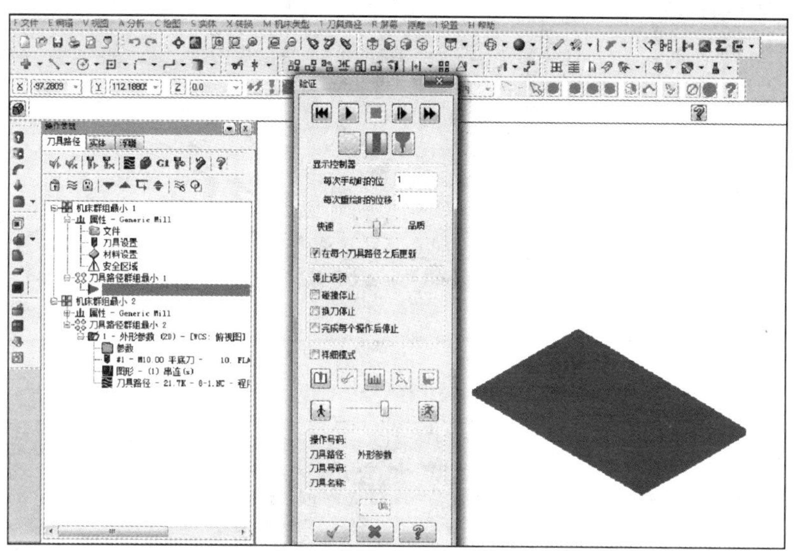

图 10.36 验证实体模拟加工

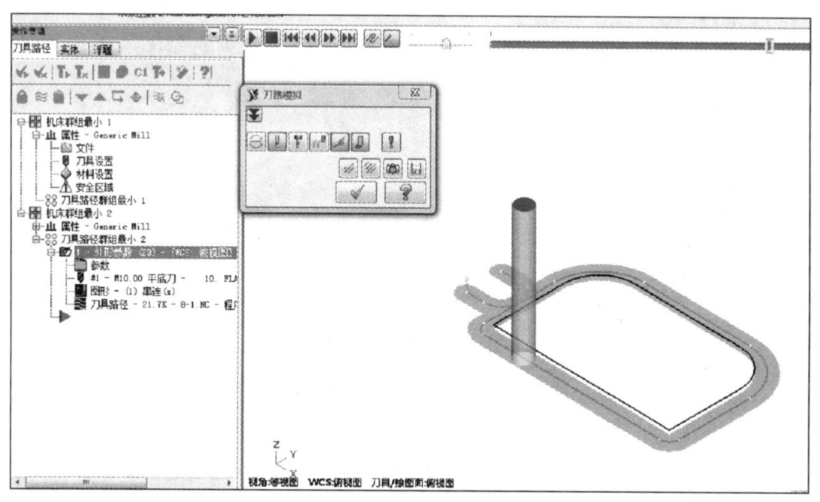

图 10.37 模拟加工的结果

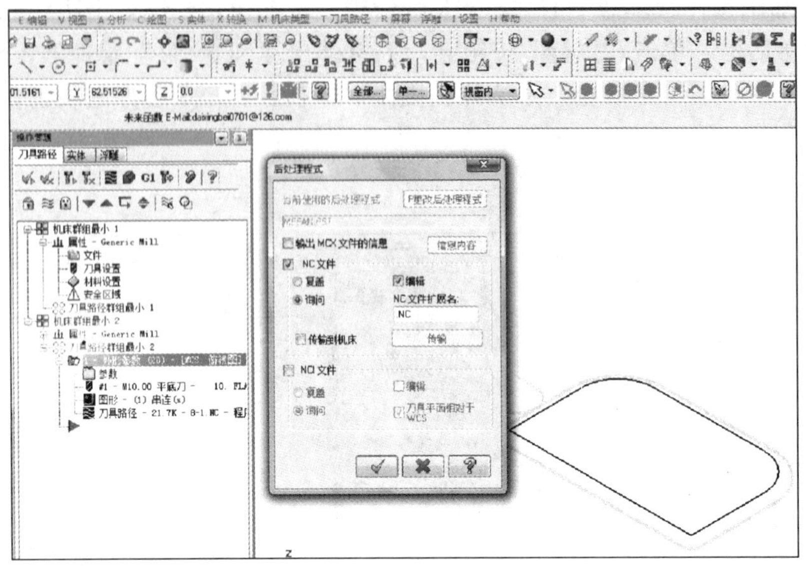

图 10.38 后处理设置对话框

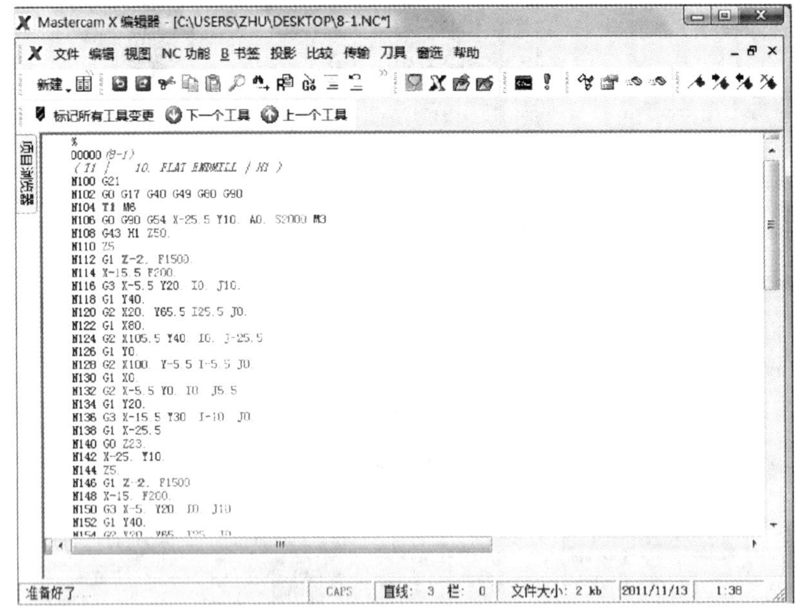

图 10.39 程序编辑器及 NC 程序

上机练习

10.1 绘制一个圆心在原点，直径为 60 的圆，设置毛坯尺寸为直径 80、高 100 的圆柱体，Z0 为圆柱顶面，工件原点在圆柱体顶面圆心。

10.2 打开“定义刀具”对话框，设置添加直径为 22 的球铣刀。

10.3 在 MasterCAM X4 中选择一个已有的示例文件，进行串连管理、刀具路径模拟、仿真加工和后处理等练习。

项目 11　二维加工方法（1）：面铣削加工

项目任务

任务内容

完成图 11.1（a）所示零件的表面铣削加工，结果如图 11.1（b）所示。

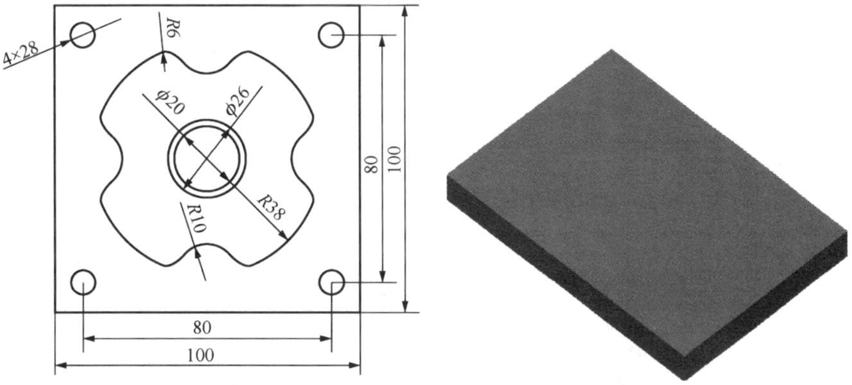

(a) 零件轮廓　　(b) 面铣削结果

图 11.1　面铣削练习

任务目的

1. 掌握面铣削深度设置方法。
2. 学会设置面铣削方式、刀具超出量等功能。
3. 掌握面铣削刀具路径设置的方法。

相关理论知识：面铣削加工的基本概念

1　面铣削加工

面铣削主要对工件的坯料进行表面加工，以便后续的外形铣削加工、挖槽加工、钻孔加工等加工操作，特别对较大的工件表面加工效率更高。常用面铣削刀具为面铣刀和圆鼻刀等。

2　面铣削参数的设置

（1）共同参数

铣床加工各种刀具路径参数中均包含高度共同参数设置，主要包括安全高度、参考高度、进给下刀位置、工件表面和最后切削深度五个高度参数：

• 安全高度：选择此复选框，可在此输入栏内输入一高度值。安全高度是刀具开始加工和加工结束后返回机械原点前所停留的高度，此高度刀具不会与工件或夹具发生碰撞。

• 参考高度：选择此复选框，可在此输入栏内输入一参考高度值。参考高度是刀具结束某一路径的加工，进行下一个路径加工前在 Z 方向的退刀高度，一般退刀参考高度的设置应高于进给下刀位置。

• 进给下刀位置：在此输入栏内输入下刀的高度位置，在实际切削时刀具首先从安全高度快速移动到下刀位置，然后再以设置的工件进给速度逼近工件。

• 工件表面：指工件毛坯上平面的高度值。

• 最后切削深度：在此输入栏内输入工件的最后的实际切削深度。

(2) 切削方式

在“切削类型”下拉列表框中，包含 4 个选项，如图 11.2 所示，各选项的含义分别如下：

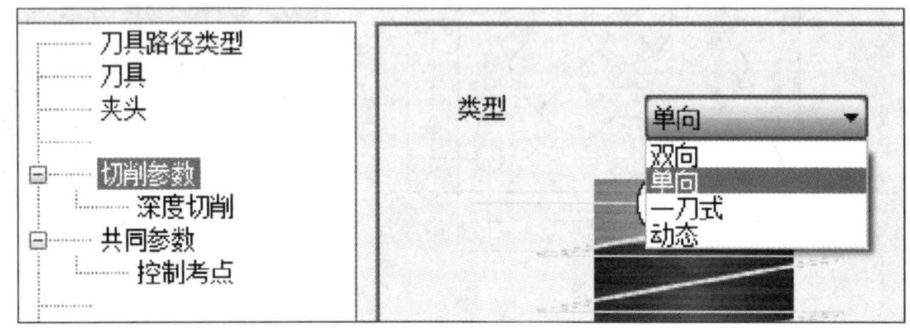

图 11.2 “切削类型”下拉列表框

• 双向：双向铣削方式。

横向超出量	10.0	%	5.0
纵向超出量	20.0	%	10.0
进刀延伸长度	50.0	%	25.0
退刀延伸长度	50.0	%	25.0

图 11.3 设置刀具超出量

• 单向：单向切削（返回时不加工）。

• 一刀式：一次性切削方式，仅铣削一次。

• 动态：动态铣削方式。

(3) 刀具超出量

面铣削开始和结束间隙设置即是面铣削刀具超出量设置，如图 11.3 所示中的 4 个方面。

(4) 选择“切削类型”中的双向

点选“切削间的位移方式”右侧下拉列表框，如图 11.4 所示，此下拉列表框中的 3 个选项含义如下：

• 高速回圈：刀具加工完一行会快速移动到另一行。

• 线性进给：加工完一行后，刀具走直线移动到下一行进行加工。

• 快速位移：加工完一行后，刀具走直线快速移动到下一行进行加工。

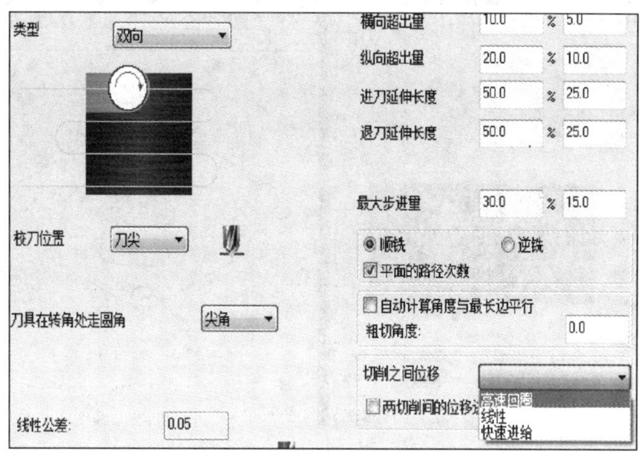

图 11.4　两切削间的位移方式

项目实施：面铣削加工

1　平面铣削加工分析

本项目图形的加工模拟要设置好铣削加工高度共同参数，学会正确选择平面铣削刀具及刀具参数的设置功能，掌握设置平面铣削刀具路径深度的方法。

2　MasterCAM X4 平面铣削操作步骤

① 单击菜单栏“文件”→“打开文件”命令，打开一幅二维图形，如图 11.1（a）所示。

② 单击菜单栏“机床类型”→“铣削”命令，此例中使用“默认”，用户可根据工厂实际需要选择加工设备。

③ 在刀具管理器内的“属性”（山）子菜单中，单击“材料设置”命令，弹出“机器群组属性”对话框，并默认显示“材料设置”选项卡。

④ 单击“边界盒”按钮，弹出“边界盒选项”对话框，保持默认设置，单击“确定”按钮☑，返回“材料设置”选项卡，设置 Z 值为 20，选择“显示方式”复选框，并设置“工件的原点”均为 0，如图 11.5 所示，单击“确定”按钮☑，完成材料的设置。

⑤ 单击菜单栏“刀具路径”→“平面铣削”命令，弹出“串连选项”对话框，根据信息提示，在绘图区中“串连对象”选择图 11.6 所示的几何图形，完成图素选择后，单击“确定”按钮☑，弹出“平面铣削”对话框，如图 11.7 所示。

⑥ 选择“刀具”选项，在刀具栏空白区内右击，在弹出的菜单中选择从刀具库中选择刀具命令，如图 11.8 所示。系统弹出刀具库对话框，在刀具库列表中选择直径为 50 的面铣刀，如图 11.9 所示，单击“加入”按钮，单击“确定”按钮☑，结束刀具选择。

⑦ 双击刀具栏中的面铣刀，弹出“定义刀具”对话框，选择“参数”选项卡，设置如

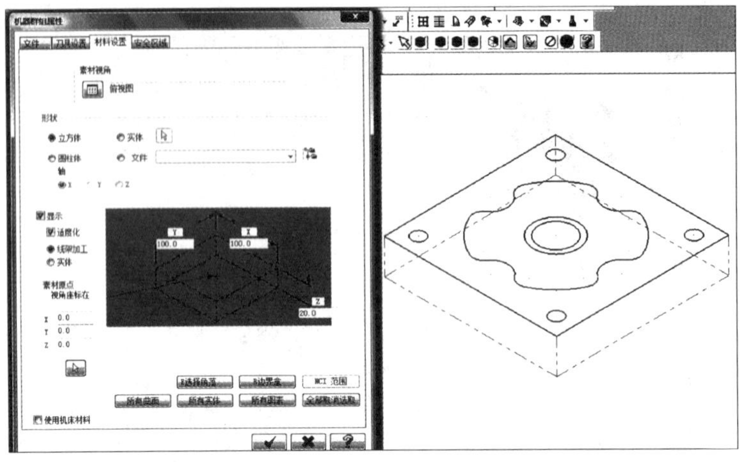

图 11.5 设置材料参数

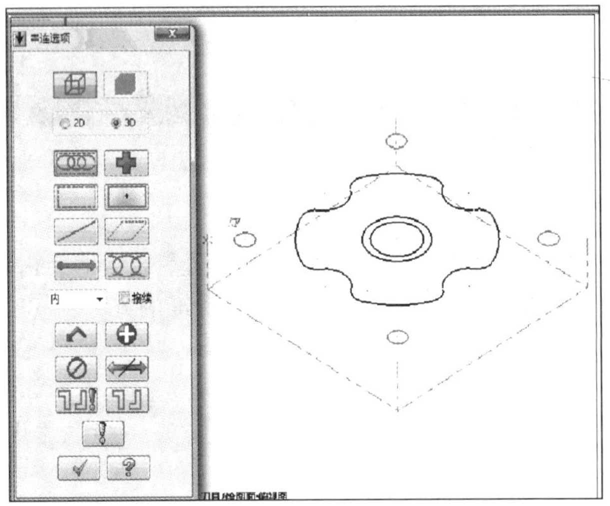

图 11.6 串连图素

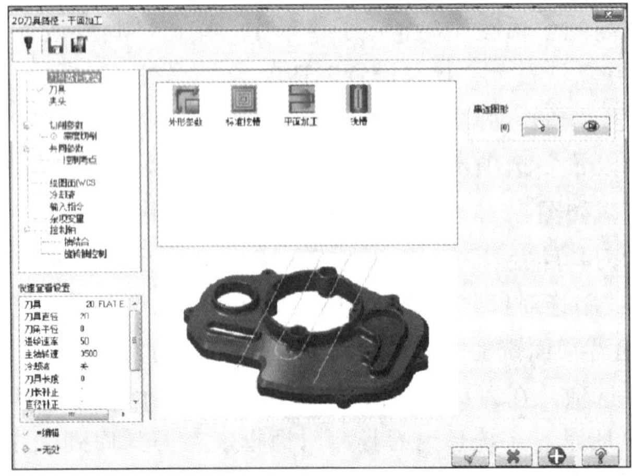

图 11.7 “平面铣削”对话框

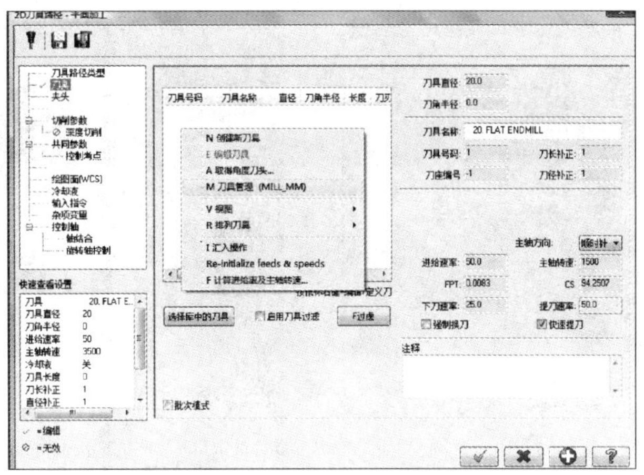

图 11.8　从刀具库中选择刀具

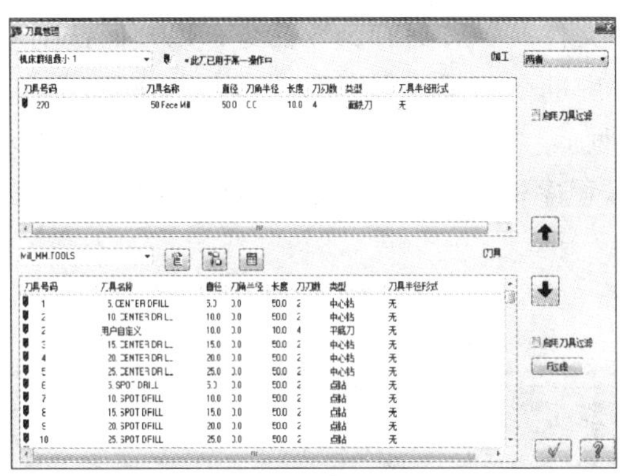

图 11.9　选择面铣刀

图 11.10所示的刀具参数，单击“确定”按钮，结束刀具参数的设置，系统将返回“平面铣削”对话框。

⑧ 设置面铣削刀具路径参数。在“平面铣削”对话框中，单击“共同参数”命令，弹出面铣削参数对话框，设置相关参数，下刀深度设置为−0.5，如图 11.11 所示，单击“确定”按钮生成刀具路径。

⑨ 单击加工操作管理器中的“选择所有加工”操作按钮，单击“验证已选择”按钮，弹出验证实体加工模拟对话框，单击“执行”按钮，模拟加工结果如图 11.12 所示，单击“确定”按钮，结束模拟验证操作。

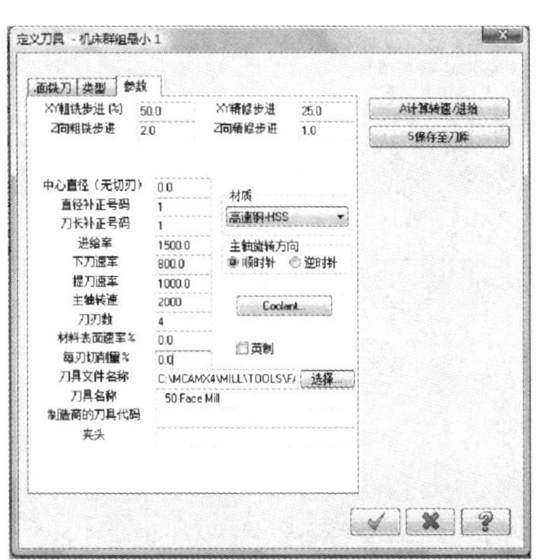

图 11.10　设置刀具参数

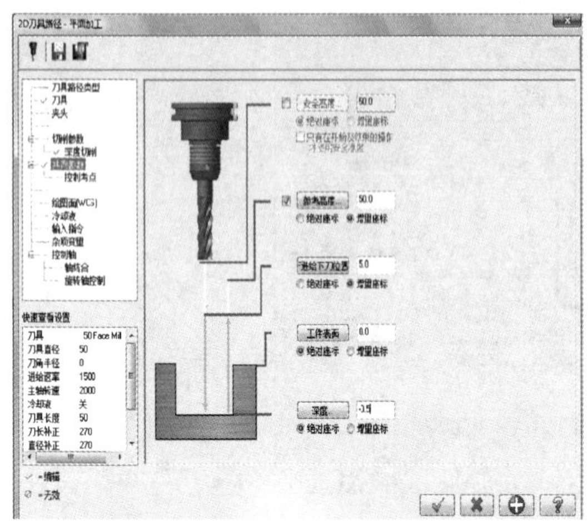

图 11.11 设置面铣削参数

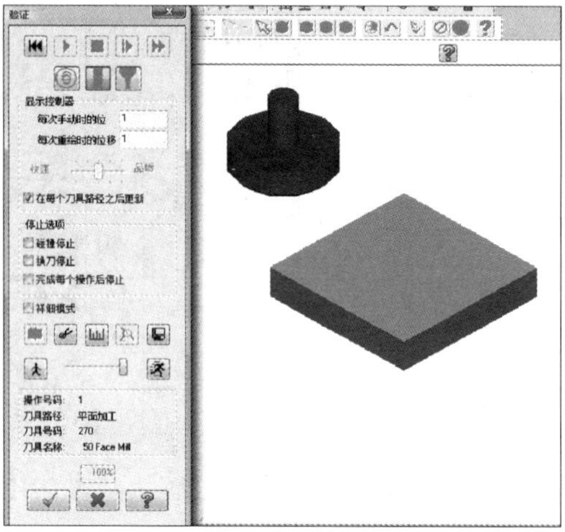

图 11.12 实体加工模拟结果

⑩ 选择菜单栏中的“文件”→“另存为”命令，以“面铣削 11-1”保存文件。

⑪ 选择“操作管理”中的“刀具路径”选项卡，单击选项中“后处理”按钮G1，弹出图 11.13 所示的“后处理程式”对话框，勾选“NC 文件”和“NCI 文件”复选框，单击“确定”按钮☑，设置 NC 程序保存路径，生成程序代码，如图 11.14 所示，用户可以在此基础上进行优化程序。

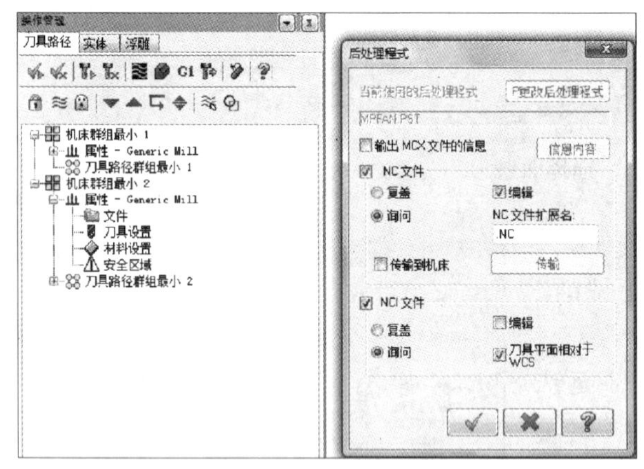

图 11.13 “后处理程式”对话框

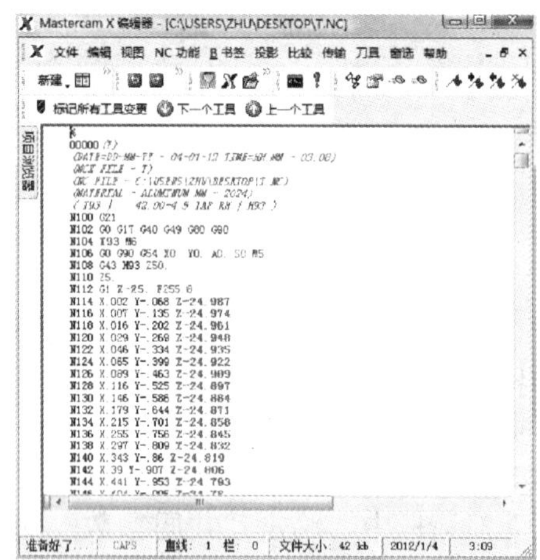

图 11.14 程序编辑器

项目 12　二维加工方法（2）：外形铣削加工

项目任务：外形铣削加工

任务内容

对图 12.1（a）所示的零件轮廓进行外形铣削加工，结果如图 12.1（b）所示。

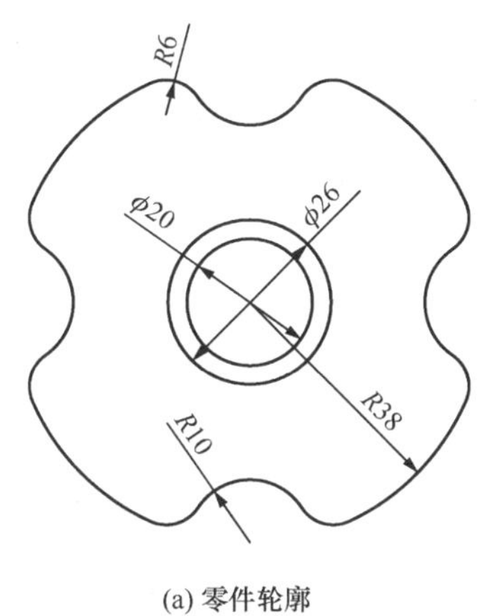

(a) 零件轮廓

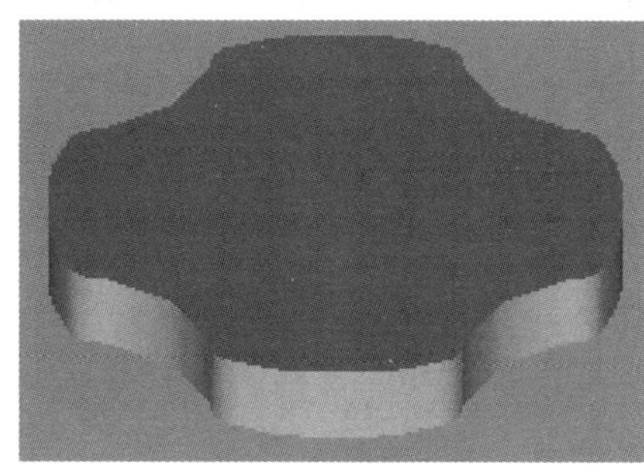

(b) 外形铣削加工结果

图 12.1　外形铣削练习

任务目的

1. 掌握外形铣削中的补偿设置、转角设置、寻找相关性及误差设置、预留量设置。

2. 学会外形铣削中的外形分层和深度分层铣削、深度贯入量等设置方法。

3. 熟练掌握外形铣削加工的步骤。

相关理论知识：外铣削加工的基本概念

1　外形铣削加工

外形铣削加工是沿选择的边界轮廓生成刀具路径，用于外形粗加工或精加工，主要用来铣削轮廓外边界、倒直角、清除边界残料等。操作起来简单实用，在数控铣削加工中应用非常广泛，所用刀具通常有平刀、圆角刀、斜度刀等。

外形铣削加工在工件外进刀，下刀时应避开曲线拐角处。如果选择的曲线是三维空间曲线，则自动转为三维曲线外形铣削。二维外形铣削刀具路径的切削深度一般是固定不变的。

2 外形铣削参数的设置

（1）补正设置

在实际的外形铣削过程中，刀具中心所走的加工路径并不是工件的外形轮廓，还包括一个补正量，补正量包含以下几方面设置：

- 实际使用刀具的半径。
- 程序中指定的刀具半径与实际的刀具半径之间的差值。
- 刀具的磨损量。
- 工件间的配合间隙。

在进行刀具补正时，MasterCAM X4 提供了“补正类型”、“补正方向”、“校刀位置”、“刀具在转角处走圆弧”、“外形铣类型”等选项，如图 12.2 所示。各选项的含义如下：

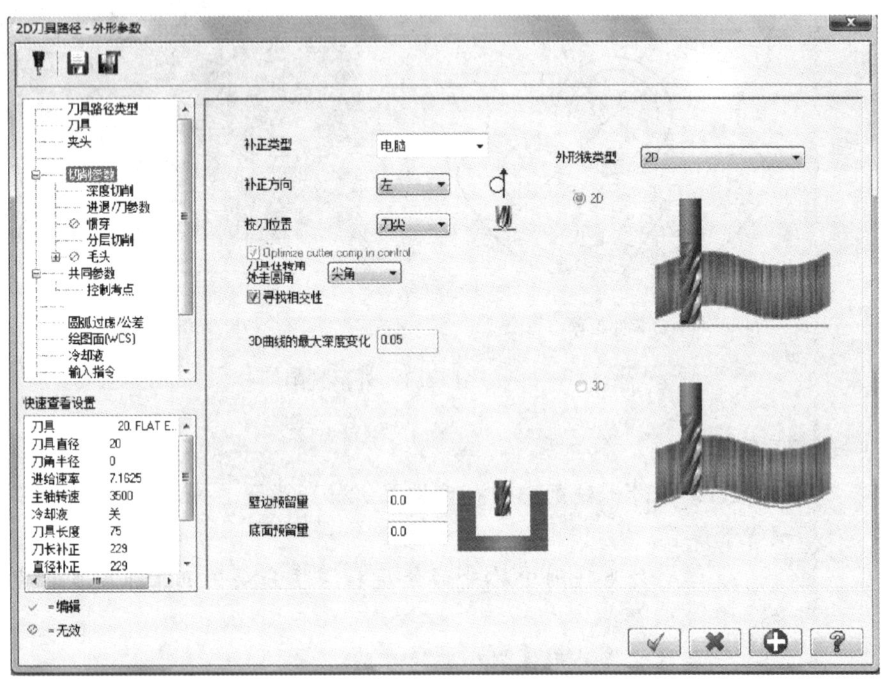

图 12.2 外形铣削对话框切削参数选项

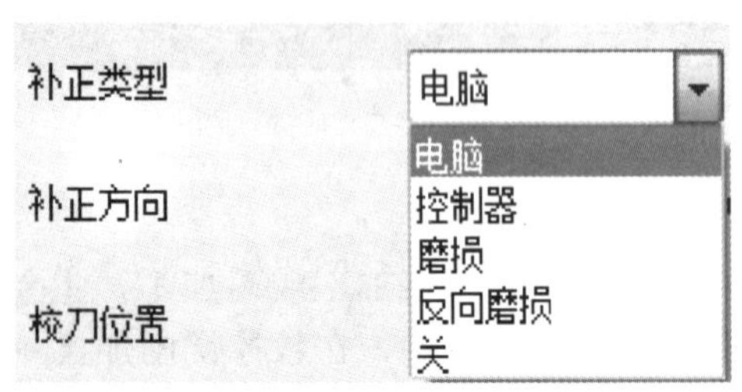

图 12.3 “补正类型”下拉列表框

1）补正类型。

MasterCAM X4 提供了 5 种补正类型供用户选择，如图 12.3 所示。

① 计算机：系统采用计算机补正方式，刀具中心往指定方向“左”或“右”移动一个补正量（一般为刀具的半径），NC 程序中的刀具移动轨迹坐标是加入了补正量的坐标值。

② 控制器：由控制器将刀具中心往指定方

向“左”或“右”移动一个存储器里的补正量（一般为刀具半径），系统将在 NC 程序中给出补正控制代码，NC 程序中的坐标值是外形轮廓的坐标值。

③ 磨损（两者）：系统同时采用计算机和控制器两者补正方式，且补正方向相同，并在 NC 程序中给出加入了补正量的轨迹坐标值，同时又输出控制代码 G41 或 G42。

④ 反向磨损（两者反向）：系统采用计算机和控制器反向补正方式，即当采用计算机左补正时，系统在 NC 程序中输出反向控制代码 G42（右补正）；当计算机采用右补正时，系统在 NC 程序中输出反向控制代码 G41（左补正）。

⑤ 关：系统关闭补正方式，在 NC 程序中给出外形轮廓的坐标值，且 NC 程序中无控制补正代码 G41 或 G42。

2）补正方向。

MasterCAM X4 提供了两种补正方向，如图 12.4 所示。

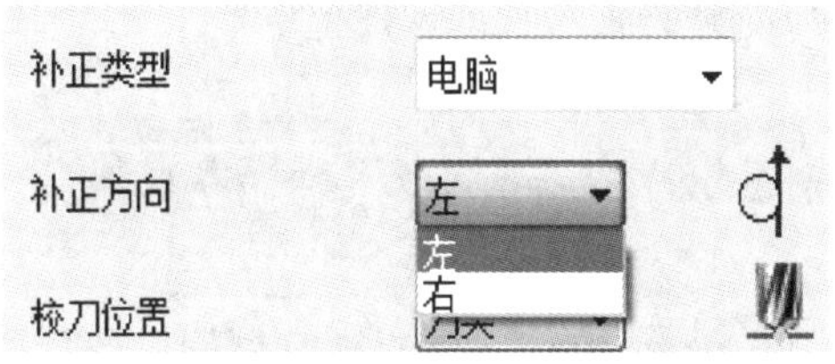

图 12.4　“补正方向”下拉列表框

① 左：系统采用左补正，若选择的补正类型为“计算机”，则朝选择的串连方向看去，刀具中心往外形轮廓左侧方向移动一个补正量；若选择的补正方式为“控制器”，则将在 NC 程序中输出左补正代码 G41。

② 右：系统采用右补正，若选择的补正方式为“计算机”，则朝选择的串连方看去，刀具中心往外形轮廓右侧方向移动一个补正量；若选择的补正方式为“控制器”，将在 NC 程序中输出右补正代码 G42。

3）校刀位置。

“校刀位置”实际上就是设置刀具在 Z 轴方向的补正位置，有“中心”和“刀尖”两种选项，如图 12.5 所示。

4）刀具在转角处走圆角（圆弧）。

“刀具在转角处走圆弧”：该下拉列表框用于选择在转角处刀具路径的方式，如图 12.6 所示，有 3 种形式可以选择。

图 12.5　“校刀位置”下拉列表框

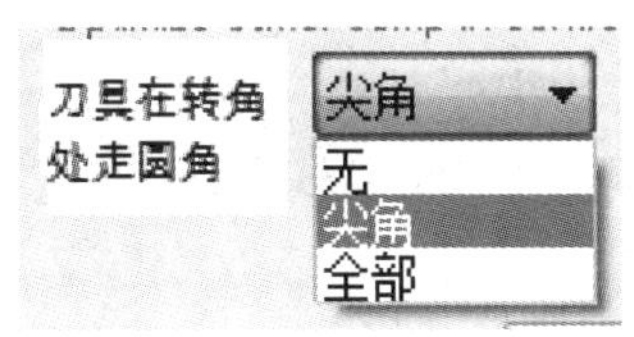

图 12.6　“刀具在转角处走圆角”下拉列表框

① 无：不走圆角。系统在几何图形转角处不插入圆弧切削轨迹，所有转角均为锐角切削轨迹。

② 尖角：系统在小于 135°（工件材料一侧的角度）走的几何图形转角处插入圆弧切削轨迹，大于 135°的转角不插入圆弧切削轨迹。

③ 全部：全走圆角。系统在几何图形的所有转角处均插入圆弧切削轨迹。

5）刀具“路径最佳化”和“寻找相交性”。

采用“控制器”补正形式时，可以勾选“路径最佳化”（optimize cutter）复选项，如图 12.7所示，该选项可消除刀具路径中小于或等于刀具半径的圆弧，避免轮廓边界过切。

当补正类型为“两者”或“两者反向”时，勾选“寻找相交性”复选项，如图 12.8 所示，软件会自动沿刀具路径去寻找是否有相交现象。若存在问题，系统会自动调整刀具路径，防止刀具误切而破坏轮廓表面。

（2）外形铣削类型

外形铣削类型包括 2D 外形铣削、2D 倒角加工、斜线下刀加工、残料加工和轨迹线加工 5 种方式，如图 12.9 所示。

① 2D 外形铣削：当进行该选项加工时，整个刀具路径的铣削深度是相同的，其 Z 坐标值为设置的相对铣削深度值。

图 12.7　刀具“路径最佳化”设置栏

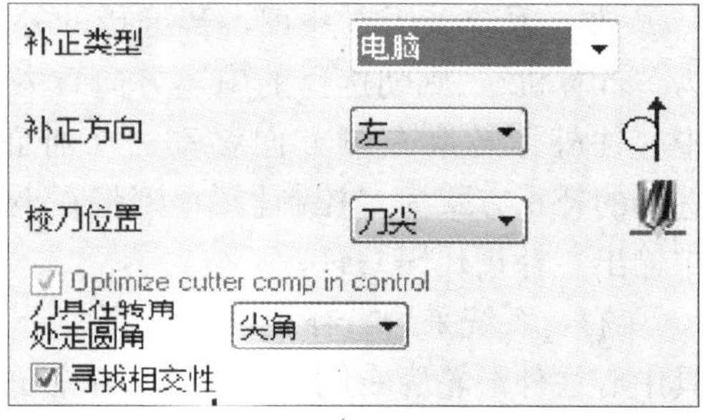

图 12.8　刀具“寻找相交性”设置栏

② 2D 倒角加工：倒角加工必须使用倒角刀，倒角的角度由倒角刀的角度决定，倒角的宽度可以通过倒角对话框来设置。参照图 12.9 选择加工方式为“2D 倒角”，弹出倒角设置对话框，如图 12.10 所示。根据加工倒角要求，设置倒角宽度和刀尖伸出长度。

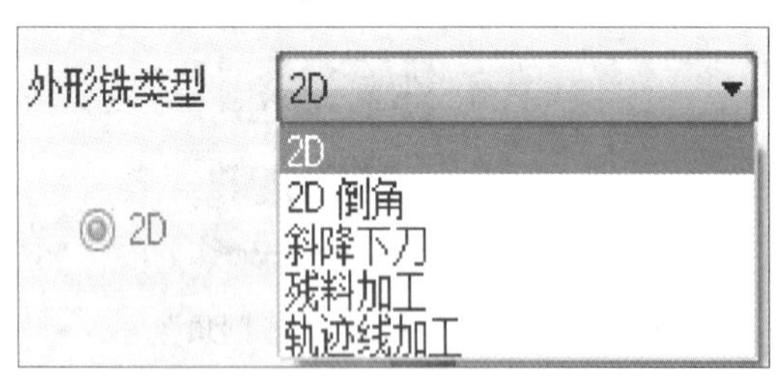

图 12.9　“外形铣类型”下拉列表框

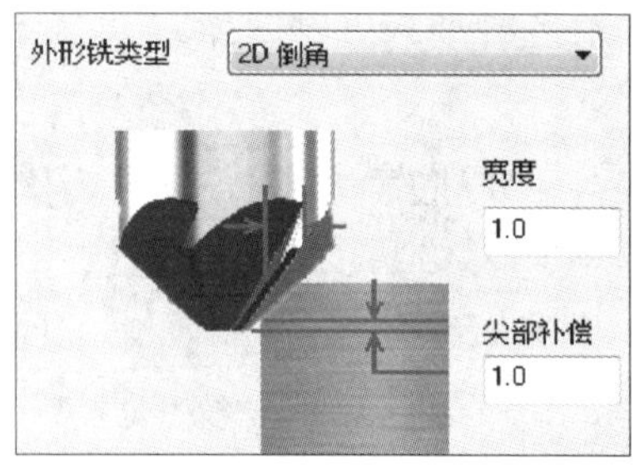

图 12.10　2D 倒角加工对话框

③ 斜降下刀加工：一般用来加工铣削深度较大的外形，参照图 12.9 选择加工方式为“斜降下刀”加工方式，弹出斜降下刀加工设置对话框，如图 12.11 所示。

斜降加工斜插的位移方式有 3 种：角度方式、深度方式和垂直下刀方式。

• 角度方式：刀具沿设定的倾斜角度，加工到最终深度。

• 深度方式：刀具在 XY 平面移动的同时进刀深度逐渐增加，但刀具铣削深度始终

保持我们设定的深度值，达到最终深度后刀具不再下刀，沿轮廓铣削一周加工出轮廓外形。

• 垂直下刀方式：刀具先下到设定的铣削深度再在 XY 平面内移动进行铣削。

④ 残料加工：残料加工主要针对上次没有加工到的部位清理。参照图 12.9 选择加工方式为“残料加工”方式，弹出残料加工设置对话框，如图 12.12 所示，设置残料来源及其他相关参数。

（3）外形铣削中的各个选项

外形铣削中的各个选项在“切削参数”中设置，如图 12.13 所示。

① 平面多次分层铣削：选择“分层铣削”选项，弹出 XY 平面多次“分层铣削”设置对话框，如图 12.14 所示。

图 12.11　斜降下刀加工对话框

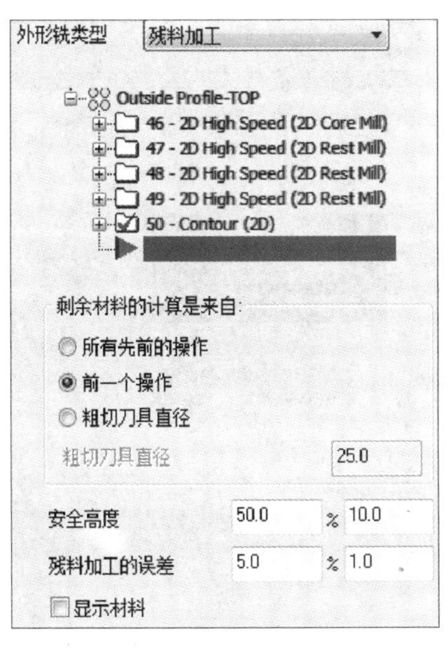

图 12.12　残料加工对话框

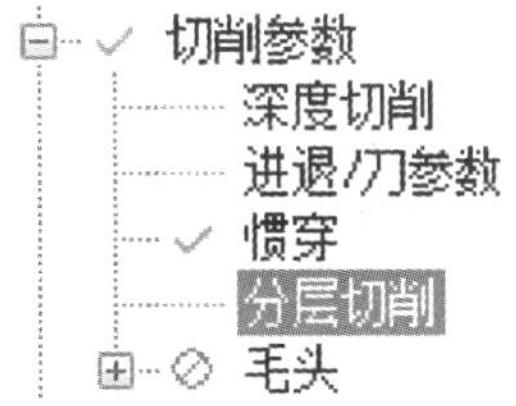

图 12.13　切削参数选项

② 深度分层切削设置：选择“深度切削”选项，弹出“深度分层切削”设置对话框，如图 12.15 所示。

③ 进/退刀向量设置。单击“进/退刀参数”选项，弹出“进/退刀参数”设置对话框，进刀圆弧和退刀圆弧的圆心角即为设置的扫描角度，如图 12.16 所示。默认的“重叠量”为 0，如果不进行设置，进/退刀将从同一点进退刀，由于机床运动误差会在进刀退刀点留下加工缺陷。“重叠量”的设置可以改变刀具从同一点进/退刀，从而可以减轻或避免进/退刀在同一点造成的加工缺陷。

④ 贯穿设置：选择“贯穿”选项，弹出“贯穿参数”对话框，如图 12.17 所示。

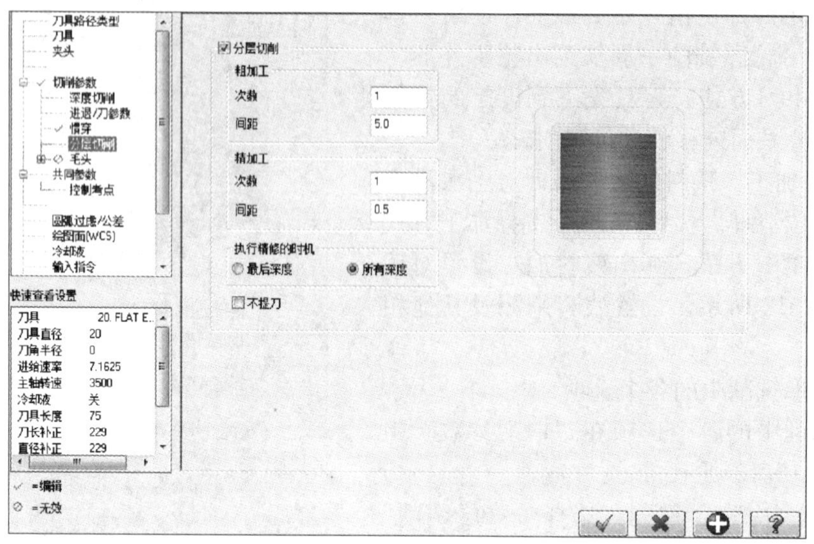

图 12.14　分层铣削对话框

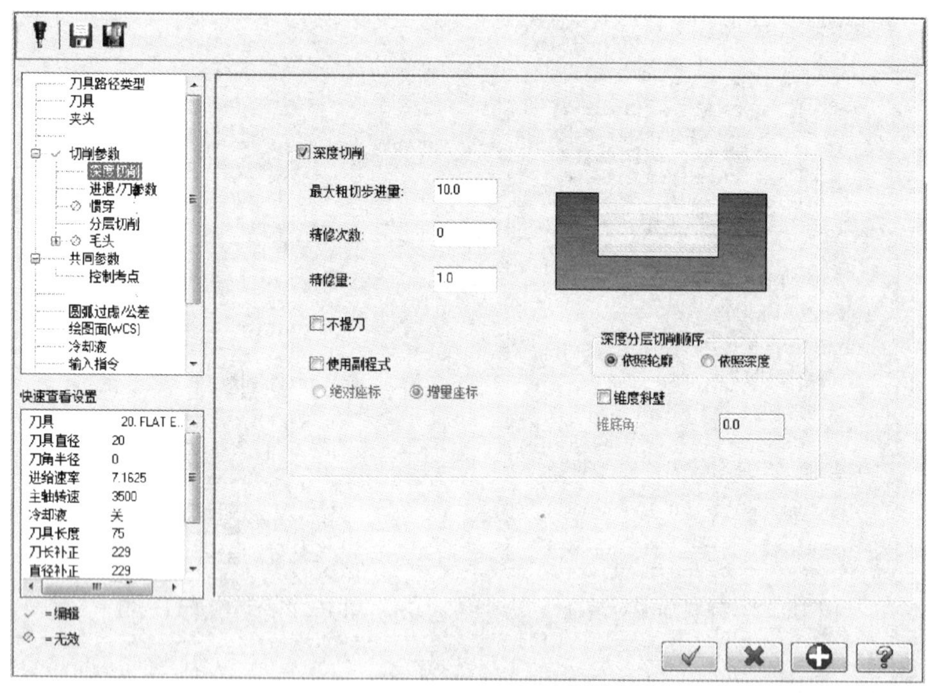

图 12.15　深度设置对话框

⑤ 毛头（跳刀）设置：毛头设置也称跳刀设置，在外形铣削时，使用跳刀设置可以在设定的跳刀位置，对整个加工深度不加工，或者留出设定的跳刀厚度不加工。

选择“毛头”选项，弹出“毛头设置”切削参数对话框，如图 12.18 所示。

选择“毛头切削”选项，弹出“避开处的精加工选项”对话框，如图 12.19 所示。

“避开处的精加工选项”各项含义如下：

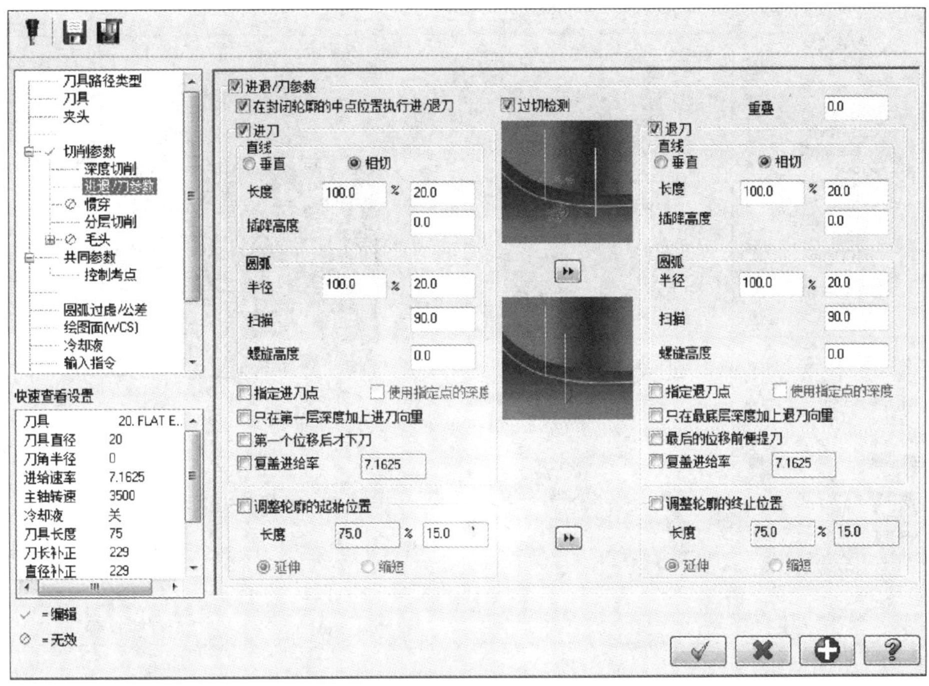

图 12.16　“进退刀参数”对话框

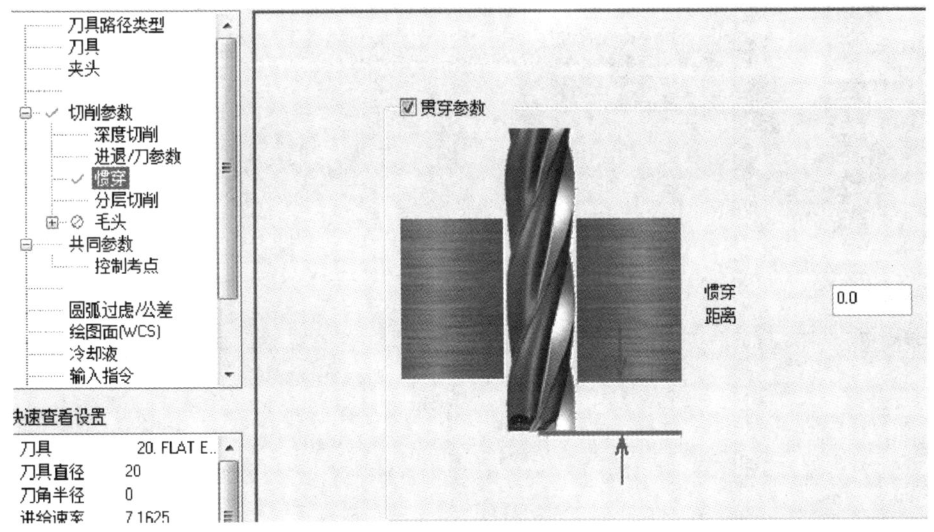

图 12.17　贯穿参数设置对话框

- 不一起加工：即跳刀位置不进行加工，留待手工清除。
- 加工完所有的轮廓后：即所有串连外形加工完成后，然后加工跳刀。
- 加工完每个的轮廓后：即每个串连外形加工完成后，再加工相应的跳刀位置。
- 单独的操作：跳刀位置单独处理，可以为跳刀设置单独的进给速度和主轴转速等。

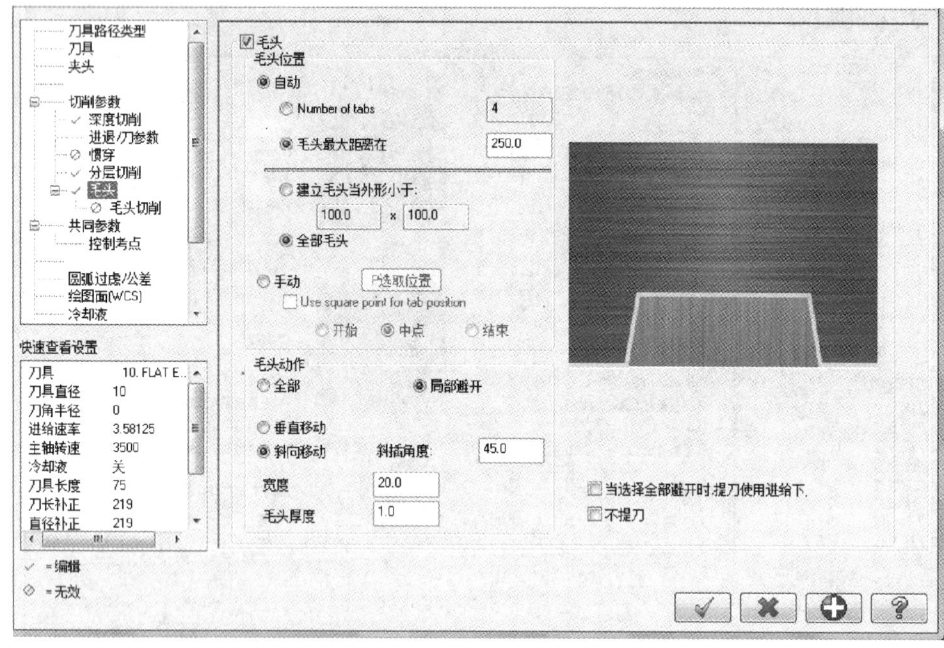

图 12.18　毛头（跳刀）设置对话框

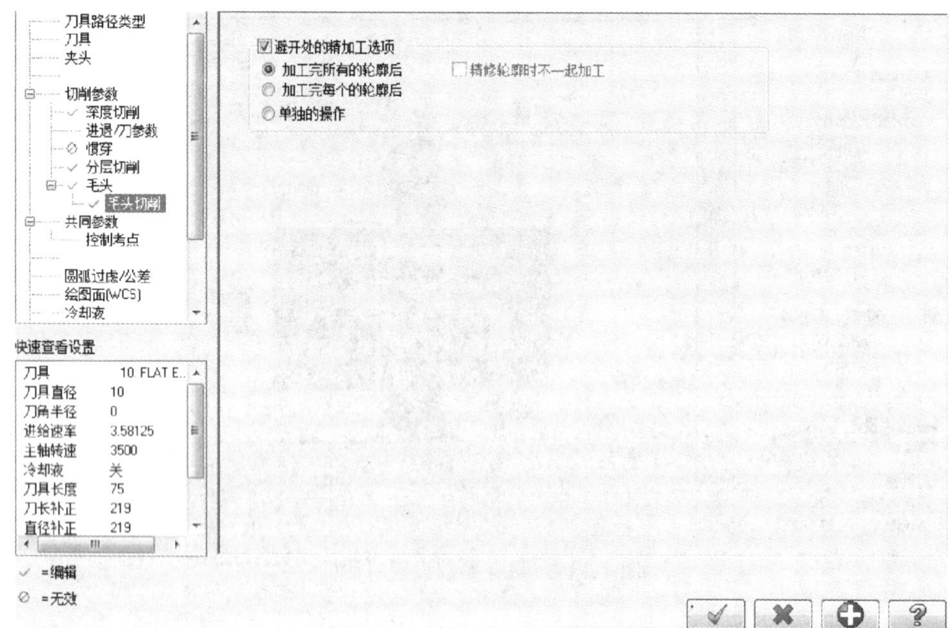

图 12.19　毛头（跳刀）切削对话框

项目实施：外铣削加工

1　外铣削加工分析

本项目图形的加工要正确设置零件毛坯的尺寸，加工对象串连的选择，正确选择刀具及设置刀具路径参数，掌握外形铣削加工参数（如外形分层、深度分层、预留量等）的设置功能。

2　MasterCAM X4 外形铣削操作步骤

① 单击“文件”→“打开文件”命令，打开一幅二维图形，如图 12.1（a）所示。

② 单击“机床类型”→“铣削”子菜单中的命令，此例中使用“默认”，用户可根据工厂实际需要选择加工设备。

③ 在刀具管理器内的“属性”（山）子菜单中，单击“材料设置”命令，弹出“机器群组属性”对话框，并默认显示“材料设置”选项卡，设置 X80，Y80，Z 20，勾选“显示方式”复选框，并设置“工件的原点”均为 0，如图 12.20 所示，单击“确定”按钮，完成工件材料的设置。

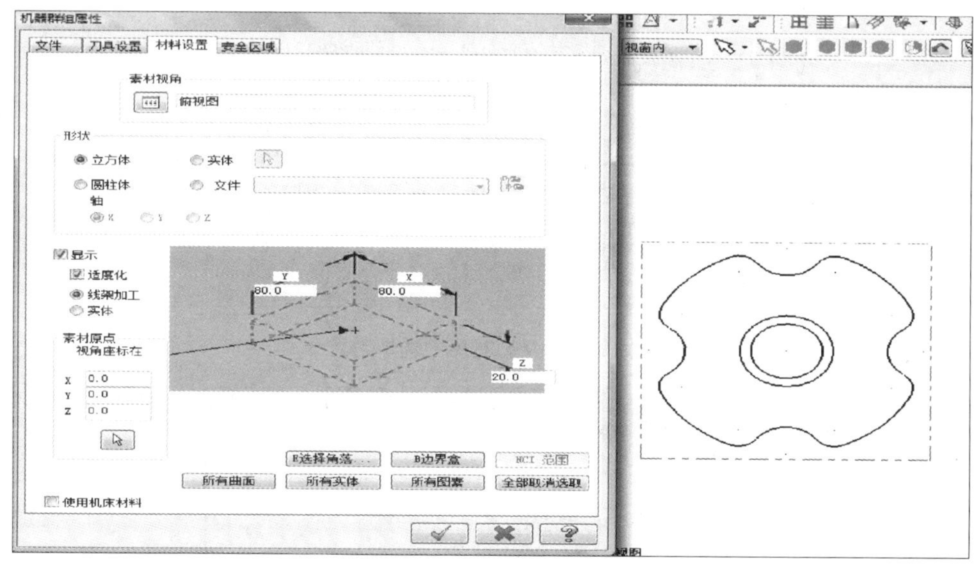

图 12.20　设置材料参数

④ 单击“刀具路径”→“外形铣削”命令，弹出“串连选项”对话框，根据信息提示，在绘图区中选择图 12.21 所示的圆角矩形框作为串连对象，完成图素选择后，单击“确定”按钮，弹出“外形铣削”对话框，如图 12.22 所示。

⑤ 单击“刀具”选项，在刀具栏空白区内右击，在弹出的菜单中选择从刀具库中选择刀具命令，如图 12.23 所示。系统弹出刀具库对话框，启用刀具过滤，在刀具库列表中选择直径为 20 的平铣刀，如图 12.24 所示，单击加入按钮，单击“确定”按钮，结束刀具选择。

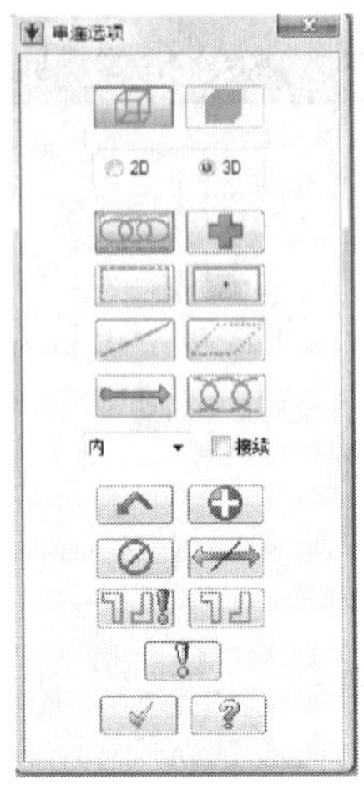

图 12.21 串连图素

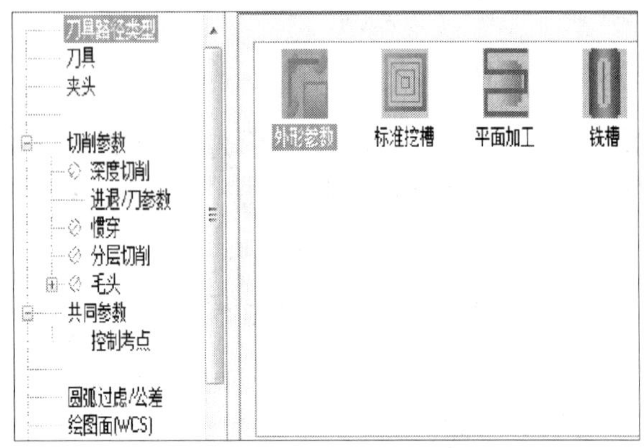

图 12.22 “外形铣削”对话框

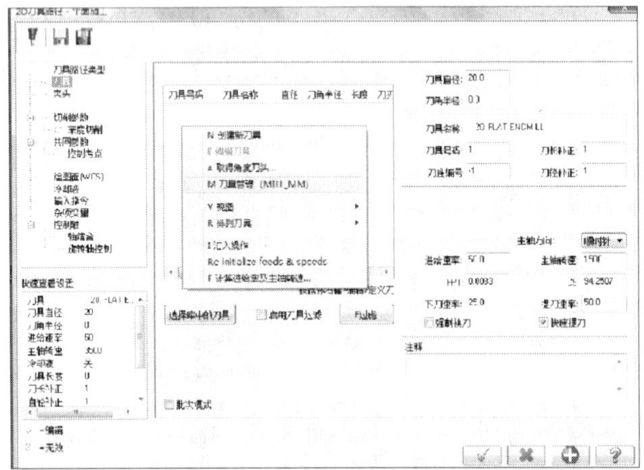

图 12.23 从刀具库中选择刀具

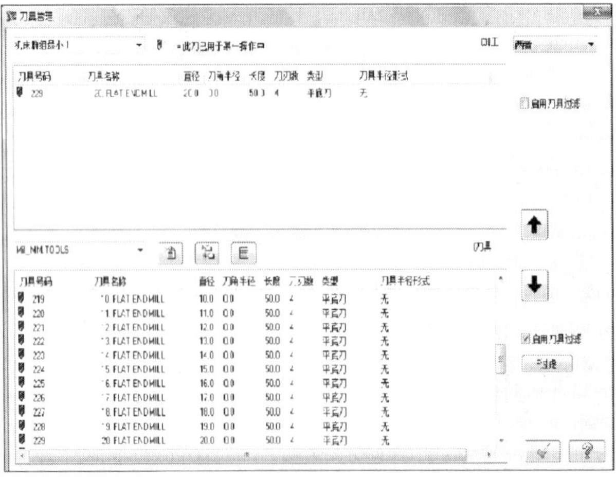

图 12.24 选择 $\Phi20$ 平铣刀

⑥ 双击刀具栏中的平铣刀，弹出“定义刀具”对话框，选择“参数”选项卡，设置图 12.25所示的刀具参数，单击“确定”按钮☑，结束刀具参数的设置，系统将返回“外形铣削”对话框。

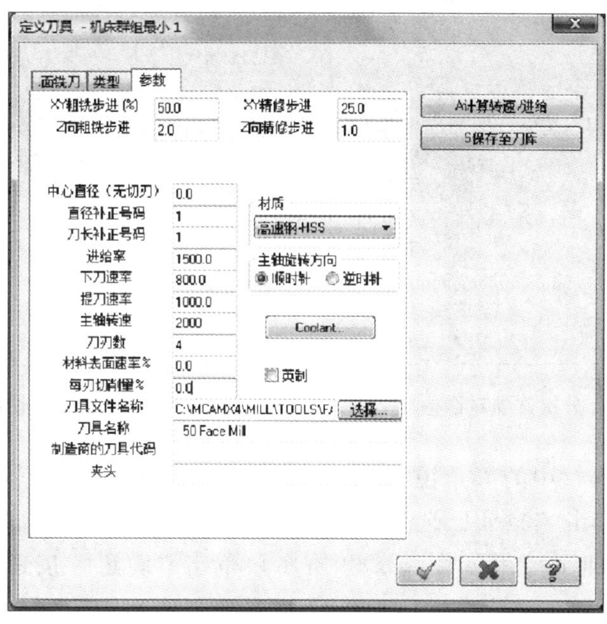

图 12.25　设置刀具参数

⑦ 设置外形铣削刀具路径参数。在“外形铣削”对话框中，单击“共同参数”命令，弹出“外形铣削参数”对话框，设置相关参数，下刀深度设置为－10，如图 12.26 所示。

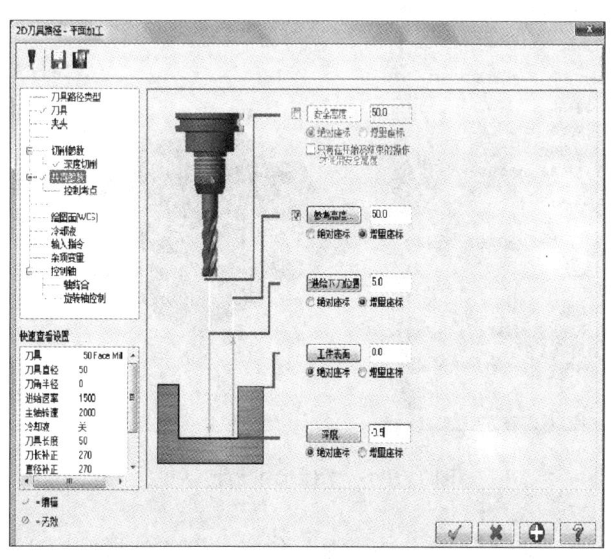

图 12.26　设置面铣削参数

⑧ 在“外形铣削”对话框中，单击“切削参数”选项卡中的“分层切削”命令，弹出

“分层铣削参数”对话框，设置图 12.27 所示的分层铣削参数。

⑨ 在“外形铣削”对话框中，单击“切削参数”选项卡中的“深度切削”命令，弹出“深度铣削参数”对话框，设置图 12.28 所示的深度铣削参数。单击“确定”按钮☑生成刀具路径。

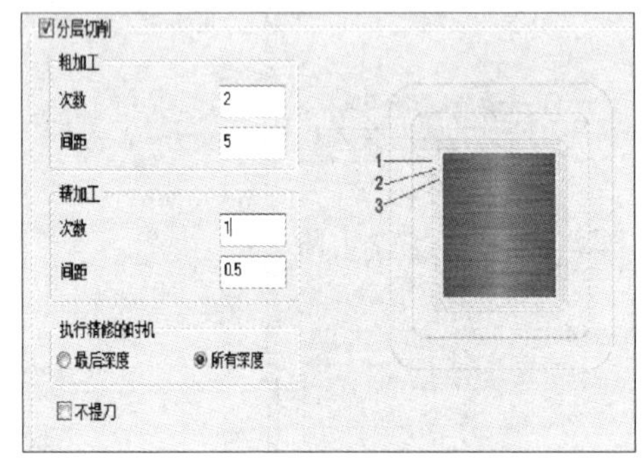

图 12.27 分层铣削对话框

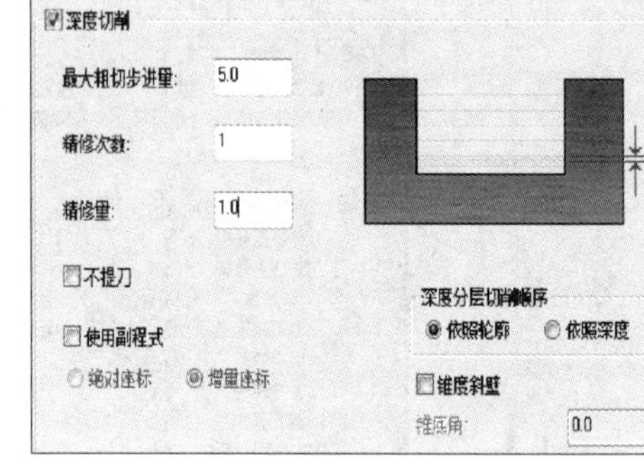

图 12.28 “深度切削”对话框

⑩ 单击顶部工具栏中的等角视图按钮，单击加工操作管理器中的“选择所有加工”操作按钮，单击“验证已选择”按钮，弹出验证实体加工模拟对话框，单击执行按钮▶，模拟加工结果如图 12.29 所示，单击“确定”按钮☑，结束模拟验证操作。

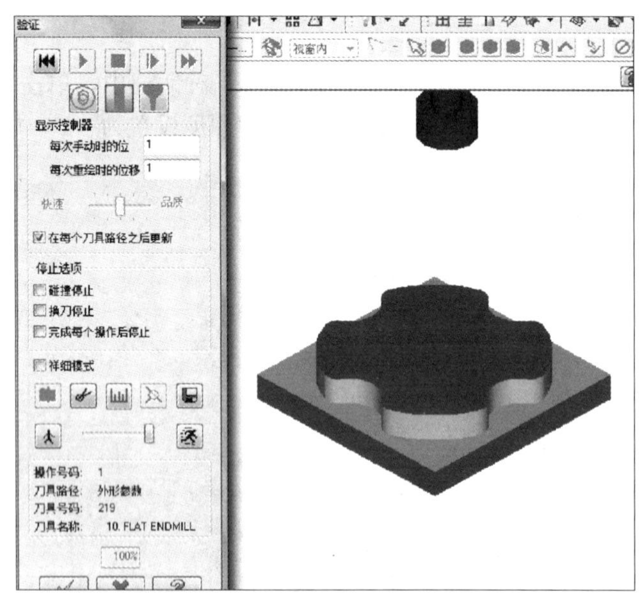

图 12.29 实体加工模拟结果

⑪ 选择菜单栏中的“文件”→“另存为”命令，以“外形铣削 12-2”保存文件。

上机练习

利用外形铣削模组加工图 12.30 所示工件。

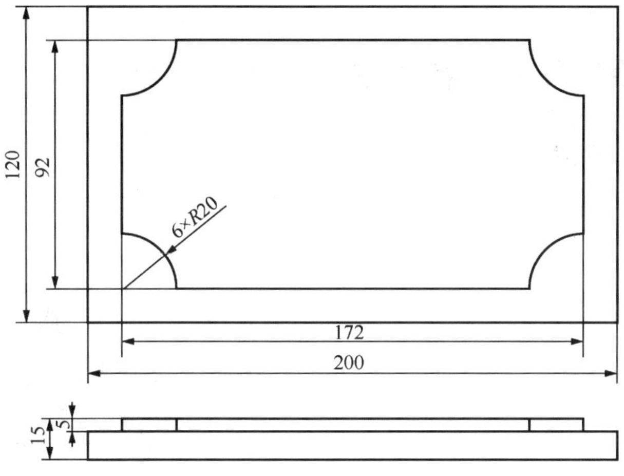

图 12.30　习题图

项目 13　二维加工方法（3）：挖槽加工

项目任务：挖槽加工

任务内容

对图 13.1（a）所示的轮廓进行挖槽加工，结果如图 13.1（b）所示。

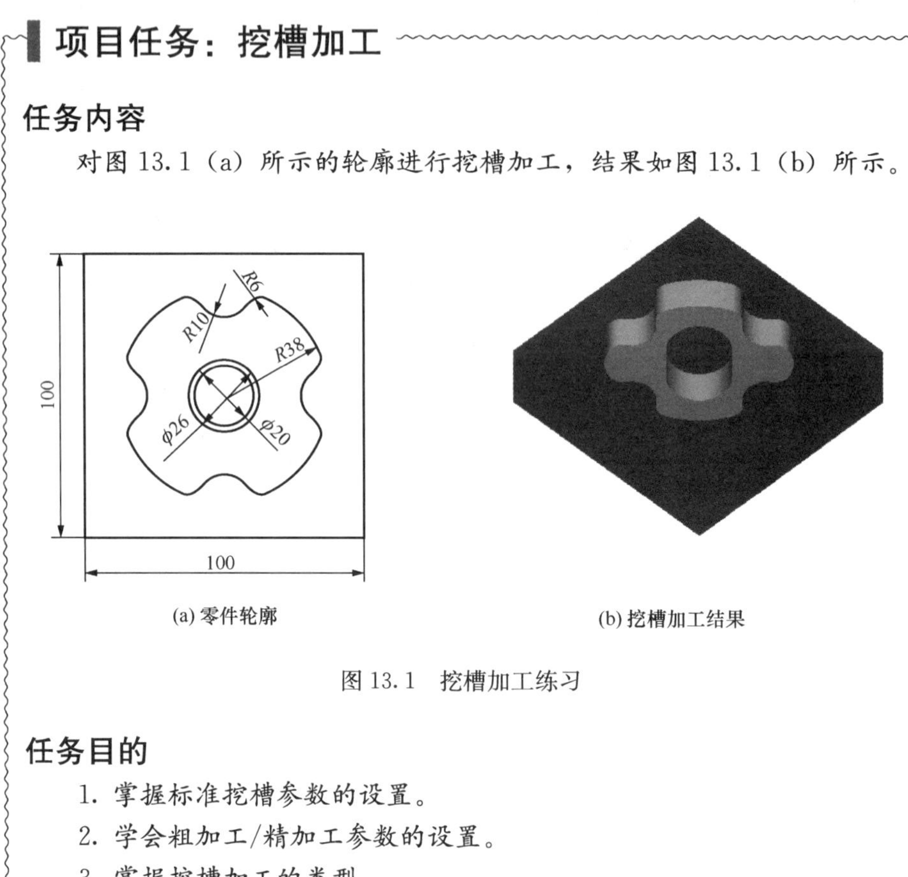

(a) 零件轮廓　　(b) 挖槽加工结果

图 13.1　挖槽加工练习

任务目的

1. 掌握标准挖槽参数的设置。
2. 学会粗加工/精加工参数的设置。
3. 掌握挖槽加工的类型。

相关理论知识：挖槽加工的基本知识

1　挖槽加工

挖槽加工主要用于封闭区域内凹槽特征的加工，能将区域内的材料铣削掉。用于挖槽外形及岛屿的图素必须在同一构图面上，不可以选择三维串连外形作为挖槽的外形边界。挖槽加工在坯料上进刀，下刀时常选用螺旋或斜向下刀，其走刀方式一般使用双向走刀。

2　挖槽加工参数的设置

选择主菜单“刀具路径”→“标准挖槽”命令，在绘图区选择串连图形后，单击☑按钮。打开“2D 刀具路径—标准挖槽”对话框，选择“切削参数”选项卡。挖槽参数的设置

与平面铣削参数有很多相同的参数设置方法，读者可参照平面铣削参数进行理解，下面将介绍一些不同的参数。

（1）为精加工创建单独的操作

在“2D 刀具路径—标准挖槽”对话框的“切削参数”选项中，勾选“产生附加精修操作（可换刀）”复选框，如图 13.2 所示，这样在生成刀具路径的同时，为精加工生成一个独立的操作，精加工操作边界为粗加工时选择的挖槽边界。为了提高加工精度，用户可以为精加工操作单独设置刀具、进给速度、主轴转速等相关参数。

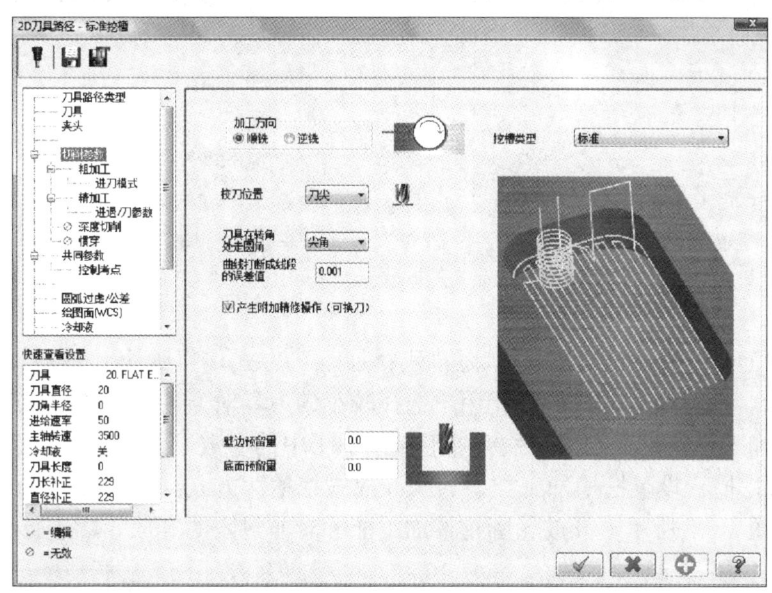

图 13.2　“标准挖槽”对话框中的“切削参数”选项卡

（2）挖槽加工的类型

选择“2D 刀具路径—标准挖槽”对话框中的“切削参数”选项，“挖槽类型”下拉列表框中包括了“标准挖槽”、“平面加工”、“使用岛屿深度”、“残料加工”、“开放式挖槽”5 种类型，如图 13.3 所示。

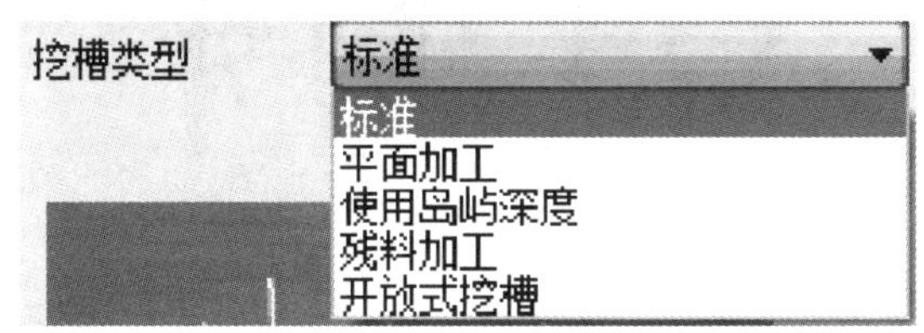

图 13.3　5 种挖槽加工形式

下面将介绍这 5 种挖槽类型的含义：

① 标准挖槽：标准挖槽仅对铣削定义的凹槽的材料，而不会对边界或岛屿进行铣削加工。

② 平面加工：设置挖槽加工类型为“平面加工”方式，将弹出“平面加工”对话框，如图 13.4 所示。在该对话框中，用户可设置铣削平面加工的相应参数，平面加工挖槽在加工过程中只保证加工出选择的表面，而不考虑是否会对边界或岛屿的材料进行铣削。

③ 使用岛屿深度：设置挖槽加工类型为“使用岛屿深度”方式，将弹出“使用岛屿深度”对话框，如图 13.5 所示。当岛屿深度与边界不同时，可使用该选项。“岛屿上方的预留量”该文本框用于输入岛屿的最终深度，此值一般要高于凹槽的铣削深度。

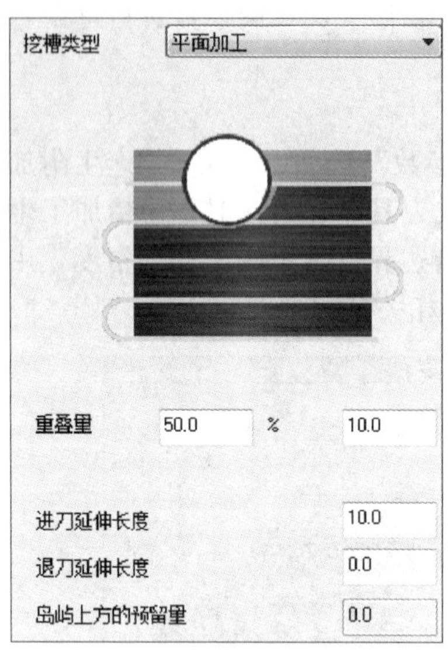

图 13.4 “平面加工”对话框

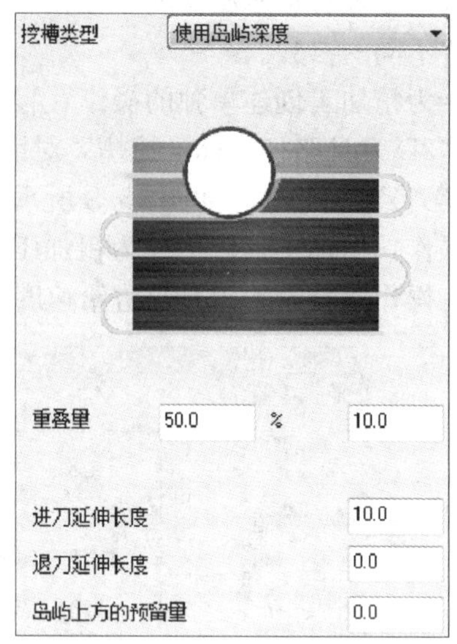

图 13.5 “使用岛屿深度”对话框

④ 残料加工：设置挖槽加工类型为“残料加工”方式，将弹出“残料加工”对话框，如图 13.6 所示。残料加工方式能够让用户选择较小的刀具对上一个挖槽粗加工操作未加工到的区域进行加工，其设置方法与残料外形铣削加工中的参数设置相同。

⑤ 开放式挖槽：设置挖槽加工类型为“开放式挖槽”方式，将弹出“开放式挖槽”加工对话框，如图 13.7 所示。开放轮廓挖槽加工能够对非封闭的开放轮廓进行挖槽加工。

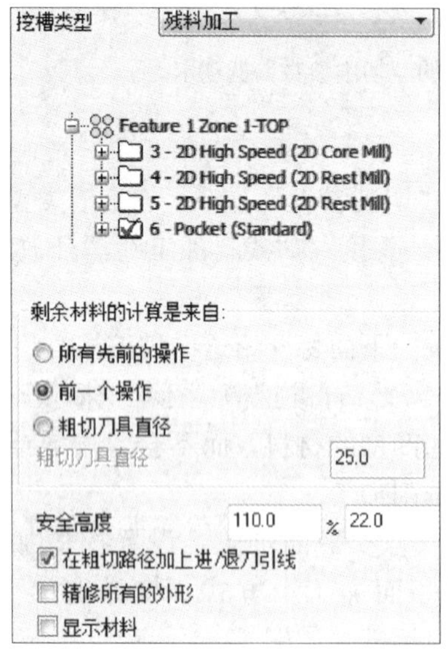

图 13.6 “残料加工”对话框

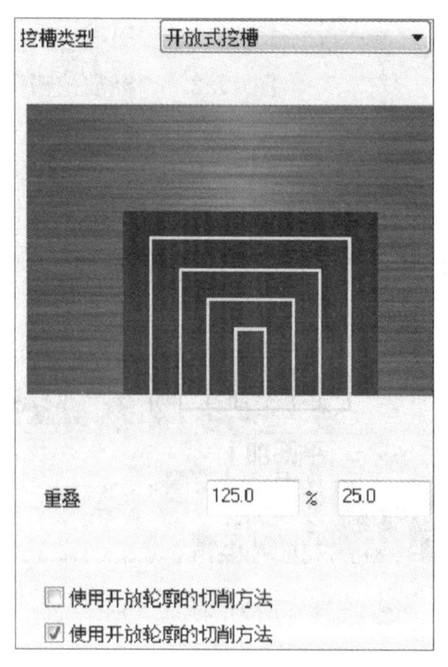

图 13.7 “开放式挖槽”对话框

（3）粗加工方式

单击“2D 刀具路径—标准挖槽”对话框中的“粗加工”选项卡，勾选“粗加工”复选框，粗加工方式有“双向铣削”、“等距环切”、“平行环切”、“平行环切清角”、“依外形环

切”、“高速切削”、“单向切削”、“螺旋切削”这 8 种，如图 13.8 所示。

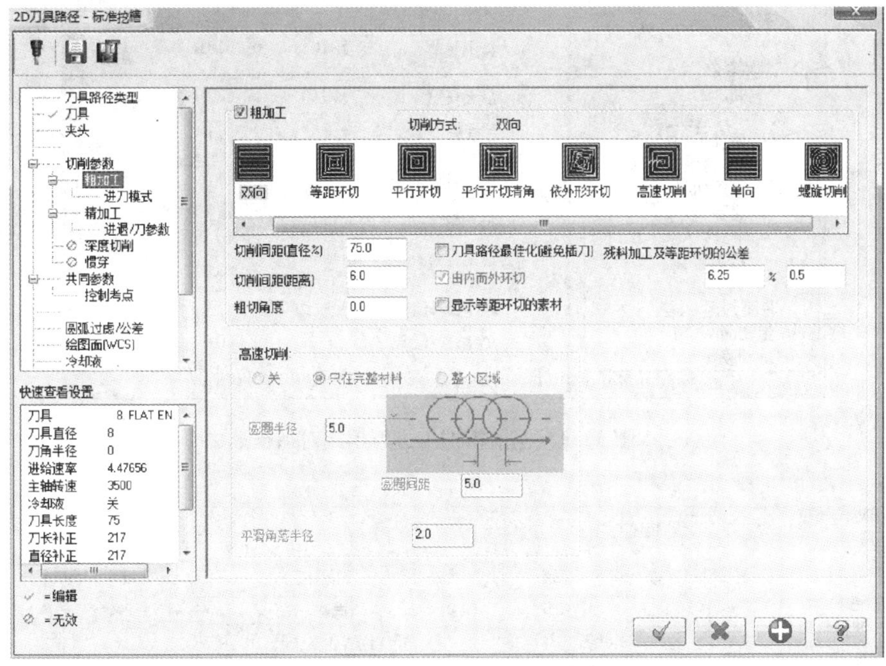

图 13.8　粗加工切削方式

① 切削间距：切削间距设置有两种方式：一是“切削间距（直径%）”，该文本框用于设置刀具路径的 XY 方向间距，以刀具直径的百分比表示，默认值为 75%。二是“切削间距（距离）”，即实际的距离。

② 刀具路径最优化：勾选刀具路径最优化选项，当清除岛屿周围的材料时可以避免刀具埋入材料太多而撞刀，在切削方式为双向铣削、等距环切、平行环切、平行环切清角时该选项处于激活状态。

③ 由内到外环切：用来设置螺旋进刀方式时的挖槽起点。当选中该复选框时，切削方式是从凹槽中心或指定挖槽起点开始，螺旋切削至凹槽边界；当未选中该复选框时，是从挖槽边界外围开始螺旋切削至凹槽中心。

④ 粗切角度：设置双向和单向粗加工刀具路径的加工角度。

在挖槽粗铣加工路径中，粗加工进刀模式可以采用关、斜降下刀和螺旋下刀三种下刀方式。如图 13.9 所示。

- 关：该选项为默认的下刀方式，此时刀具从零件上方垂直下刀，需要选用键槽刀，下刀时要慢些。
- 斜降下刀/螺旋式下刀：一般使用斜降下刀或螺旋下刀方式可以避免刀具俯冲扎到工件上表面，使刀具破损并对机床造成巨大伤害。推荐使用螺旋下刀方式。

（4）精加工参数

选择“2D 刀具路径—标准挖槽”对话框中的“精加工”选项，如图 13.10 所示。挖槽精加工主要有以下参数需要设置，各参数的含义如下：

① 精修外边界：选中该复选框，则对外边界进行精铣削，否则仅对岛屿边界进行精

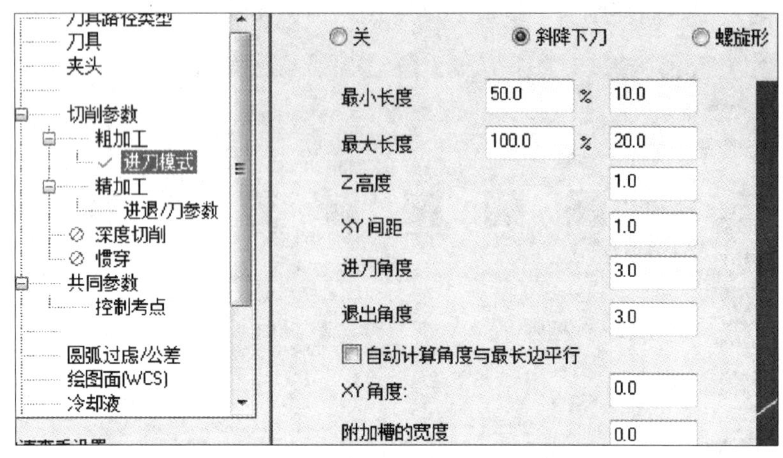

图 13.9　挖槽粗加工进刀模式对话框

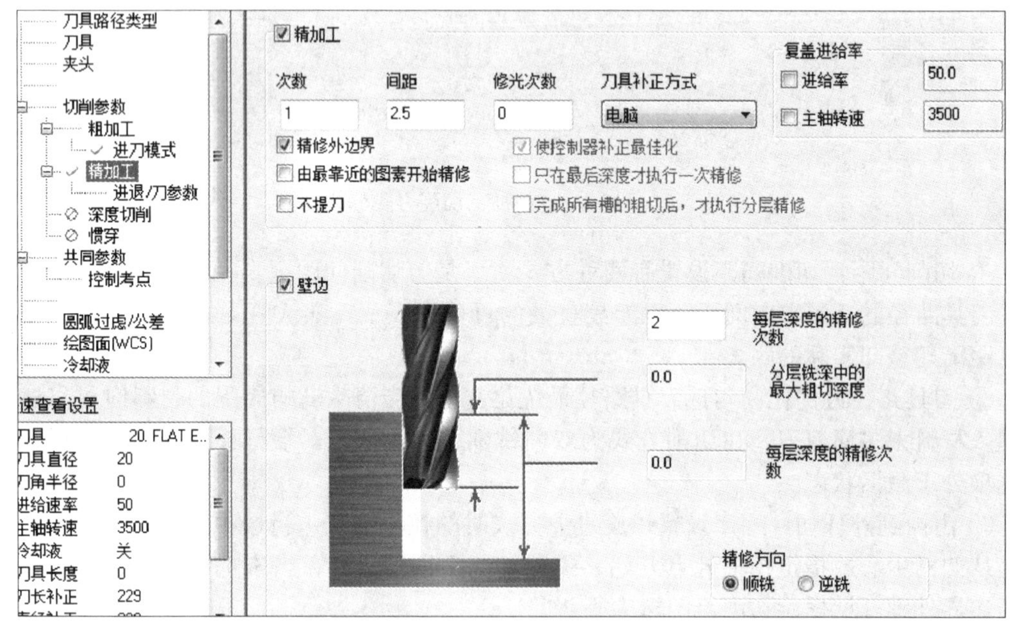

图 13.10　挖槽精加工对话框

铣削。

② 由最靠近的图素开始精修：勾选该复选框，则在靠近粗铣削结束点位置，开始精铣削，否则按选取边界的顺序进行精铣削。

③ 只在最后深度才执行一次精修：勾选该复选框，在最后的铣削深度进行精铣削，否则在所有深度进行精铣削。

④ 使控制器补正最佳化：勾选该复选框，如果精加工选择为机床控制器刀具补正，则在刀具路径上消除小于或等于刀具半径的圆弧，并帮助防止划伤表面；如果不选择在控制器刀具补正，则该复选框防止精加工刀具不能进入粗加工所用的刀具加工区。

⑤ 薄壁精修：勾选“壁边”复选框，将弹出设置“壁边”参数对话框，在该对话框

中，用户可设置 Z 向切削层厚度，以避免薄壁加工变形。

项目实施：挖槽加工

1　挖槽加工分析

本项目图形的加工要正确设置标准挖槽加工粗加工/精加工参数、深度分层参数，选择好挖槽加工的类型和下刀模式。

2　MasterCAM X4 标准挖槽操作步骤

① 单击菜单栏“文件”→“打开文件”命令，打开一幅二维图形，如图 13.1（a）所示。

② 单击菜单栏“机床类型”→“铣削”子菜单中的命令，此例中使用“默认”，用户可根据工厂实际需要选择加工设备。

③ 在刀具管理器内的“属性”（山）子菜单中，单击“材料设置”命令，弹出“机器群组属性”对话框，并默认显示“材料设置”选项，设置 X100，Y100，Z20，勾选“显示方式”复选框，并设置“工件的原点”均为 0，单击“确定”按钮☑，完成材料的设置。

④ 单击主菜单栏“刀具路径”→“标准挖槽”命令，弹出“串连选项”对话框，根据信息提示，单击“图素串连对象”按钮，在绘图区中选择图 13.11 所示图形，完成图素选择后，单击“确定”按钮☑，弹出“2D 刀具路径—标准挖槽”对话框，如图 13.12 所示。

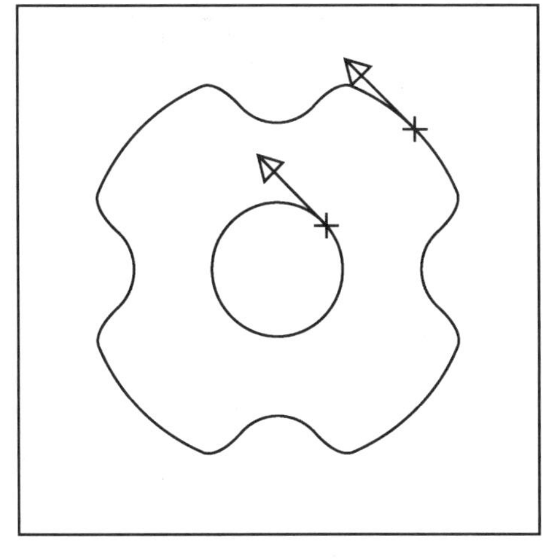

图 13.11　选择串连图形

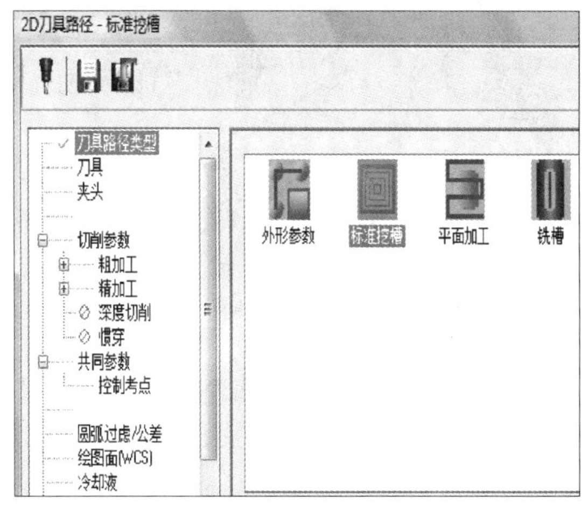

图 13.12　标准挖槽对话框

⑤ 选择“刀具”选项，在刀具栏空白区内右击，在弹出的菜单中选择从刀具库中选择刀具命令，系统弹出刀具库对话框，启用刀具过滤，在刀具库列表中选择直径为 10 的平铣刀，如图 13.13 所示，单击加入按钮，单击“确定”按钮☑，结束刀具选择命令，如图 13.14所示的设置刀具参数。

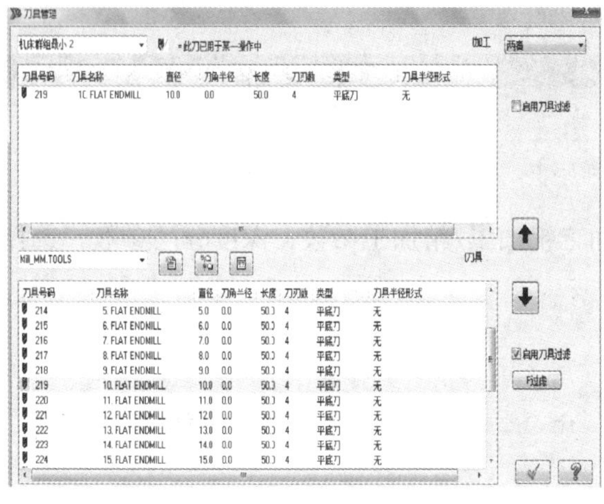

图 13.13　选择直径为 10 加工刀具

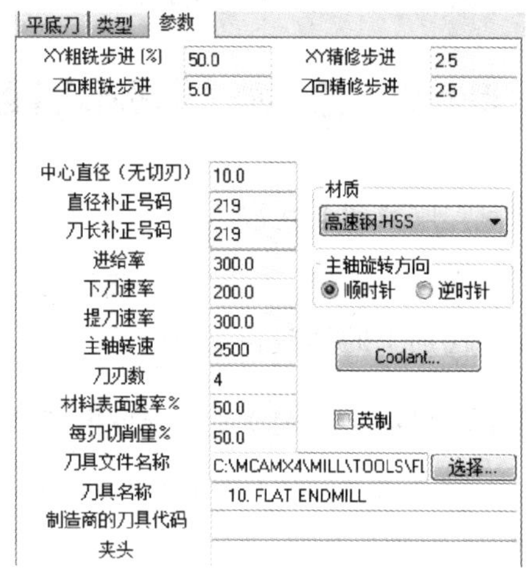

图 13.14　设置刀具参数

⑥ 设置挖槽铣削刀具路径参数。在“标准挖槽”对话框中，选择“共同参数”选项，弹出挖槽铣削参数对话框，设置相关参数，下刀深度设置为－10，如图 13.15 所示。单击“切削深度”选项命令，设置深度分层参数，不提刀，如图 13.16 所示。

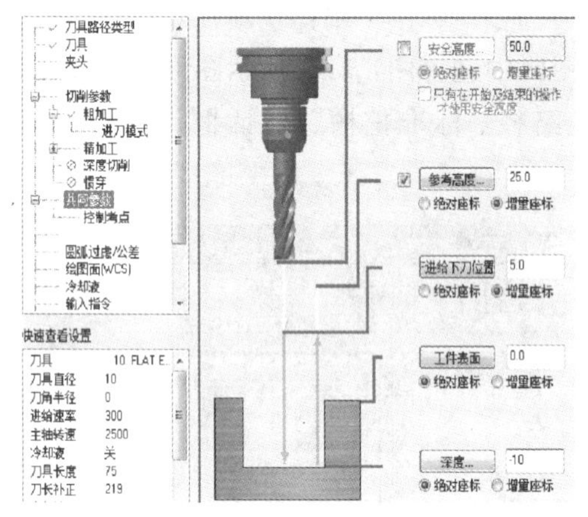

图 13.15　设置挖槽加工参数

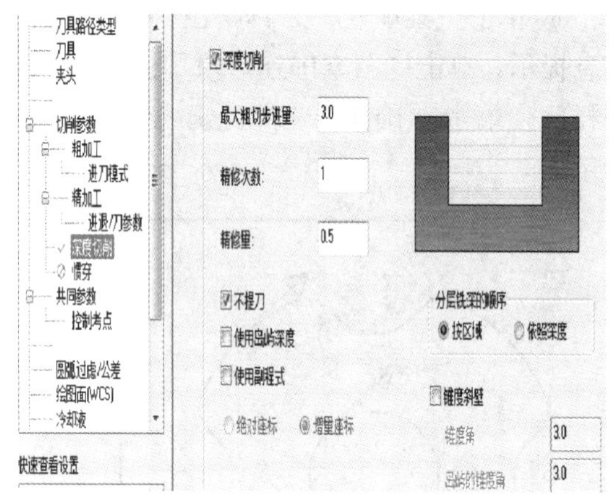

图 13.16　设置深度分层参数

⑦ 选择“粗加工/精加工参数”选项，设置粗加工切削方式为“平行环切”，勾选“刀具路径最佳化”和“由内而外环切”复选框，进刀模式为“螺旋式下刀”，如图 13.17 所示。

设置图 13.18 所示的精加工参数，单击挖槽参数设置对话框中的“确定”按钮☑，结束挖槽参数设置，生成刀具路径如图 13.19 所示。

⑧ 单击顶部工具栏中的等角视图按钮，单击加工操作管理器中的“选择所有加工”操作按钮，单击“验证已选择”按钮，弹出验证实体加工模拟对话框，单击执行按钮▶，模拟加工结果如图 13.20 所示，单击“确定”按钮☑，结束模拟验证操作。

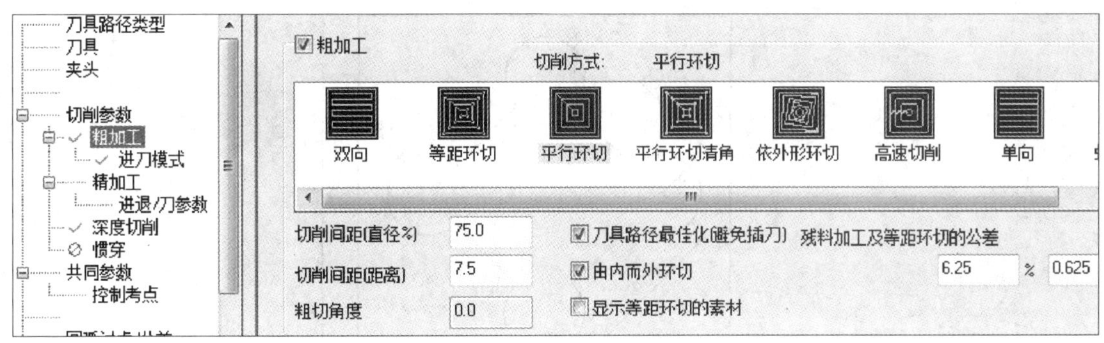

图 13.17　设置粗加工参数

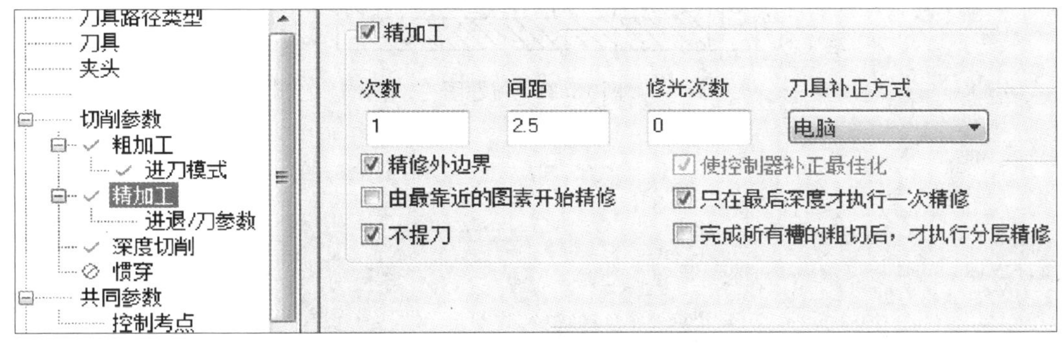

图 13.18　设置精加工参数

图 13.19　生成的挖槽刀具路径

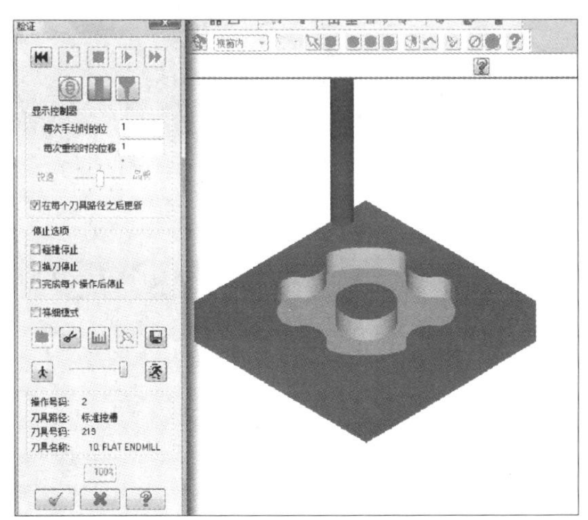

图 13.20　验证实体模拟结果

⑨ 选择菜单栏中的“文件”→“另存为”命令，以“标准挖槽 9-3”保存文件。

上机练习

利用挖槽加工模组加工图 13.21 所示工件。

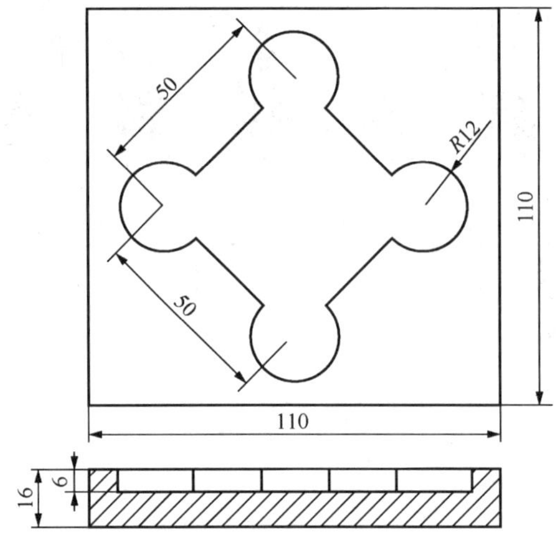

图 13.21　习题图

项目 14　二维加工方法（4）：钻孔加工

项目任务：钻孔加工

任务内容

对图 14.1（a）所示的零件轮廓 Φ20 和 4×Φ8 的孔进行钻孔加工，结果如图 14.1（b）所示。

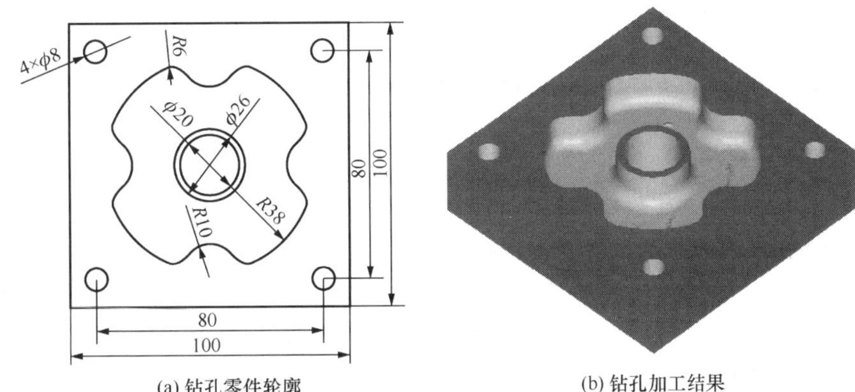

(a) 钻孔零件轮廓　　(b) 钻孔加工结果

图 14.1　钻孔加工练习

任务目的

1. 熟悉钻孔循环方式及应用场合。
2. 学会选择钻孔加工点的设置。
3. 掌握刀具补正方式。

相关理论知识：钻孔加工的基本概念

1　钻孔加工

钻孔加工分为钻孔、攻螺纹、镗孔等多种加工方式，以点或圆弧中心确定加工位置。常用孔加工刀具为钻头和攻螺纹刀具。

2　钻孔加工主要参数的设置

（1）钻孔点的选择方式

单击“刀具路径”→“钻孔”命令，弹出“选择钻孔加工点”对话框，选取钻孔点有 8 种方式，如图 14.2 所示。

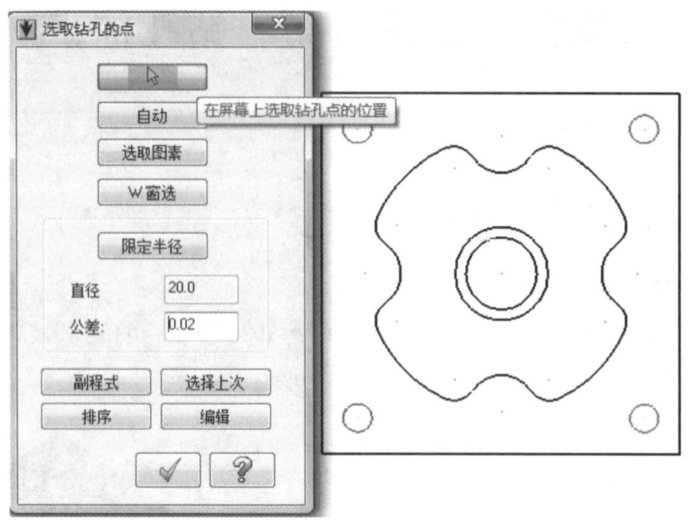

图 14.2 钻孔点选择对话框

① 手动选点：系统首先默认的选择方式是手动选点。用户可以选择图形中存在的点，如圆或圆弧的圆心，或捕捉几何图形的端点、中点、交点、中心点等来产生钻孔点。

② 自动选点：系统自动选择一系列已经存在的点作为钻孔中心点。用鼠标选择第一、第二、最后一点，其余的点系统按顺序自动选择一系列相关点，但有时可能出现遗漏而不能选择所有的点。

③ 选取图素点：系统自动选择几何图形的端点作为钻孔点。如选择直线或圆弧，则直线端点或圆弧圆心会成为钻孔点。

④ 窗选：单击“窗选”按钮，拾取窗口的对角点，则窗口内的点全部选中成为钻孔点。

⑤ 限定半径：单击“限定半径”按钮，选取圆或圆弧，则小于或等于输入圆半径的圆或圆弧的圆心成为钻孔点。

⑥ 副程式：单击“副程式”按钮，弹出子程序调用对话框，则调用程序中的钻孔点、扩孔点、铰孔点将成为本次加工的钻孔点，副程式选项只使用于以前有钻孔、扩孔、铰孔操作的加工。

⑦ 选择上次：将上次选择的点及排序方法作为本次钻孔点和排序方法。

⑧ 排序：单击“排序”按钮，弹出排序对话框。有 2D 排序、旋转排序和交叉断面排序三个选项卡。

(2) 钻孔加工循环方式

在“2D 刀具路径—钻孔/全圆铣削”对话框，选择“切削参数”选项，弹出“循环”方式选项卡。系统设置钻孔加工循环方式有 8 种标准循环方式，用户还可以自定义 12 种钻孔循环，如图 14.3 所示。

① Drill/Counter bore（钻通孔或镗孔循环）：常用于孔深度小于 3 倍的刀具路径的钻孔循环（G81/ G82）。

② 深孔啄钻（G83）：啄式钻孔常用于孔深大于 3 倍刀具直径的深孔，特别是不易断屑

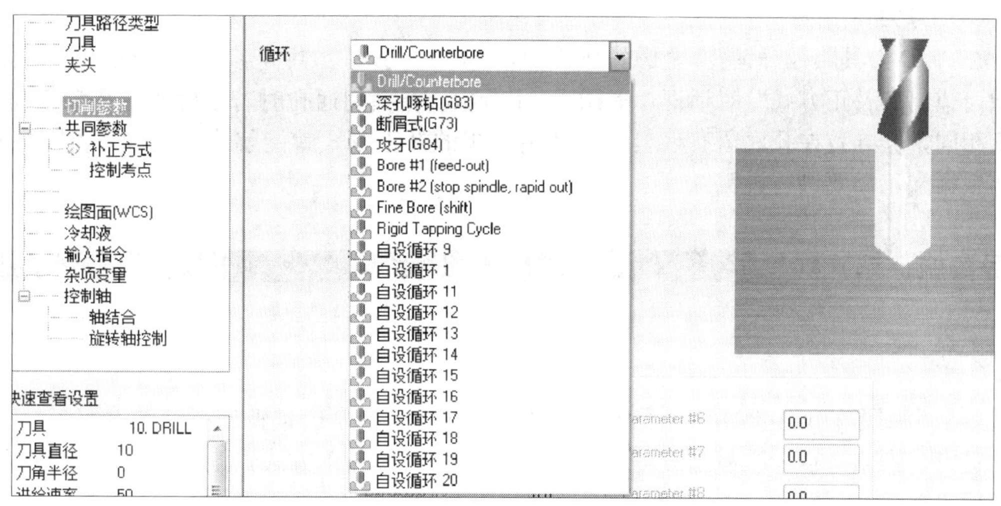

图 14.3　钻孔循环方式选择列表

的钻孔，钻孔的动作一次比一次钻的深。

③ 断屑式（G73）：常用于孔深小于 3 倍刀具直径的钻孔，钻孔动作会多次向上回缩，但只回退一个设定的距离。

④ 攻牙（G84）：攻左旋或右旋螺纹。左旋或右旋螺纹主要取决选择的刀具和主轴旋向。

⑤ Bore＃1（镗孔方式 1）：用进给速率进行镗孔和退刀，孔的表面较为光滑，常用于镗盲孔（G85/89）。

⑥ Bore＃2（镗孔方式 2）：用进给速率进行镗孔和退刀，主轴停止后，在快速回退（G86）。

⑦ Fine Bore（精镗孔）：镗至孔底部时，让刀（让刀指旋转一个角度，使刀尖不再与孔壁接触）后再回退。

⑧ Rigid Tapping Cycle（快速攻丝循环）：快速攻左旋或右旋内螺纹，提高实效。

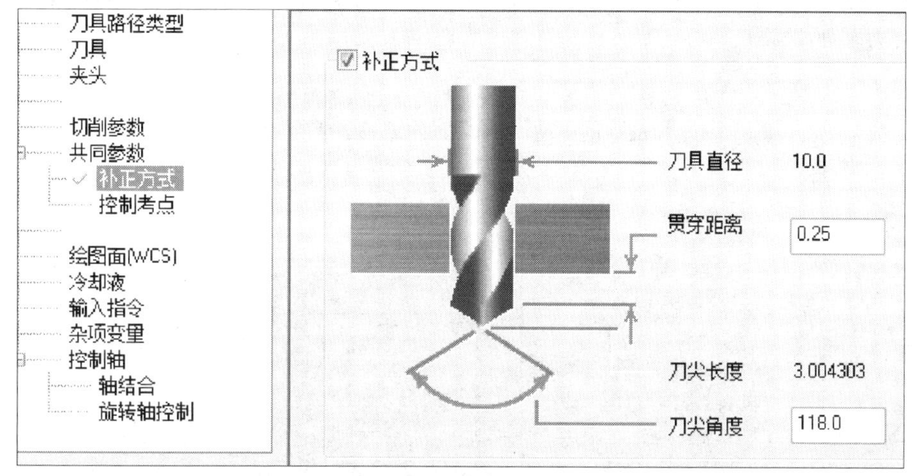

图 14.4　钻头补正方式对话框

（3）刀尖补偿

在“2D 刀具路径—钻孔/全圆铣削”选项卡中，选择“共同参数下”的“补正方式”选项，弹出“补正方式”对话框，如图 14.4 所示。在钻削通孔时若设置的钻孔深度与材料厚度相同，会导致在孔底留有残料，而利用钻头的补正方式就能解决此问题，补正量的具体值根据加工需要进行设置。

项目实施：钻孔加工

1 钻孔加工分析

本项目图形的加工要熟悉钻孔循环方式及应用场合，学会选择钻孔加工点（手动选点、自动选点、图素选点、视窗选点等）的设置，注意刀具补正方式，正确输入贯入距离、刀尖角度等参数。

2 MasterCAM X4 钻孔加工操作步骤

① 单击菜单栏“文件”→“打开文件”命令，打开一幅二维图形，如图 14.1（a）所示。

② 单击菜单栏“机床类型”→“铣削”子菜单中的命令，此例中使用“默认”，用户可根据工厂实际需要选择加工设备。

③ 在刀具管理器内的“属性”（·山）子菜单中，单击“材料设置”命令，弹出“机器群组属性”对话框，并默认显示“材料设置”选项卡，设置 X100，Y100，Z 20，勾选“显示方式”复选框，并设置“工件的原点”均为 0，单击“确定”按钮☑，完成材料的设置。

④ 单击菜单栏“刀具路径”→“钻孔”加工命令，弹出“选择钻孔加工的点”对话框，手动选择 Φ20 的圆心，单击“确定”按钮☑，结束钻孔点的选择。

⑤ 系统弹出“2D 刀具路径—钻孔/全圆铣削”对话框，选择“刀具”选项，在刀具栏空白区内单击鼠标右键，在弹出的菜单中选择从刀具库选择刀具命令，系统弹出图 14.5 所示刀具库对话框，选择 Φ20 钻头，单击加入⬆按钮，单击“确定”按钮☑，如图 14.6 所示，结束刀具的选择。

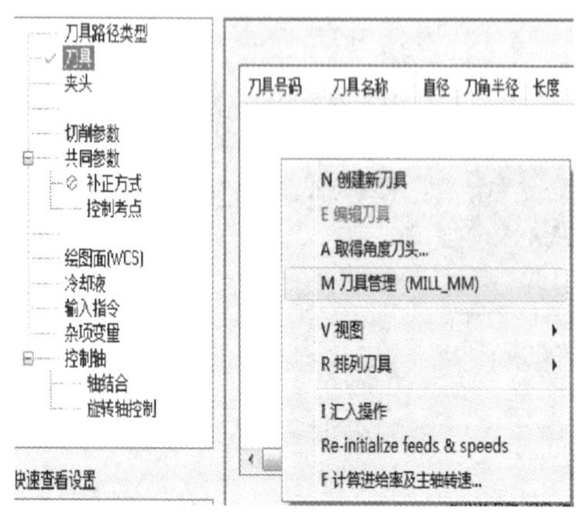

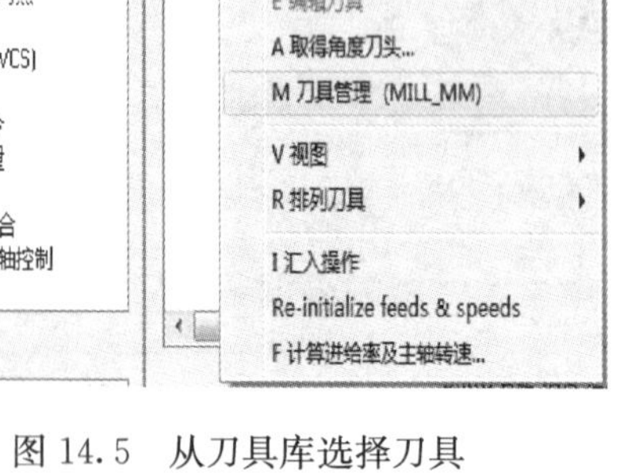

图 14.5　从刀具库选择刀具

图 14.6　选择 Φ20 点钻

⑥ 选择 Φ20 点钻设置刀具参数，如图 14.7 所示。选择“切削参数”选项，选择钻孔循环方式为“Drill/Counter bore（钻通孔或镗孔循环）”，如图 14.8 所示。

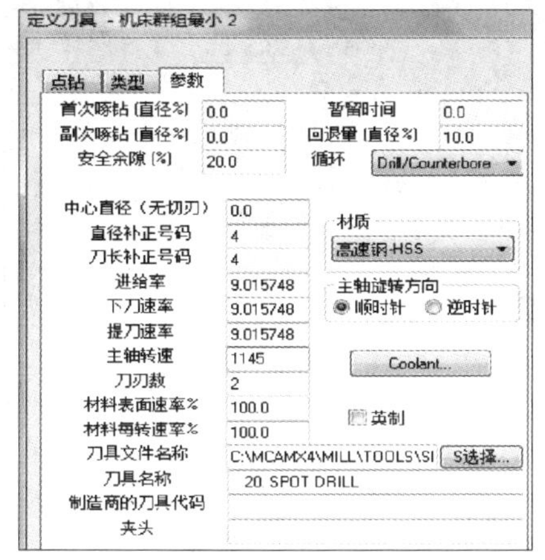

图 14.7　设置刀具参数

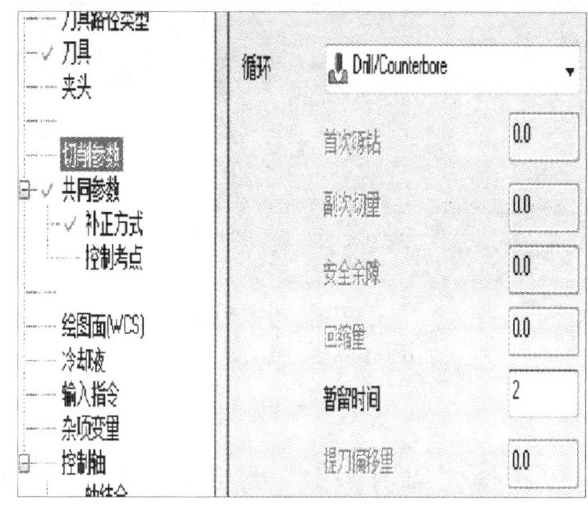

图 14.8　设置钻孔循环方式

⑦ 选择“共同参数”选项，如图 14.9 所示，设置钻孔深度为－20。单击“补正方式”选项卡，设置贯穿距离为 3，刀尖角度为 118，如图 14.10 所示，单击“确定”按钮☑，完成刀具路径的设置。

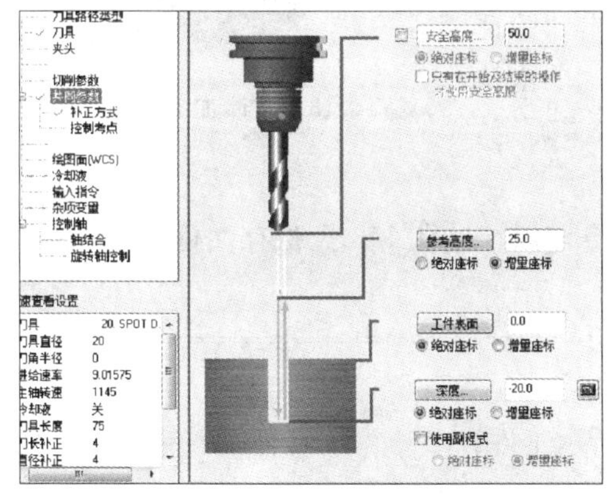

图 14.9　设置钻孔深度

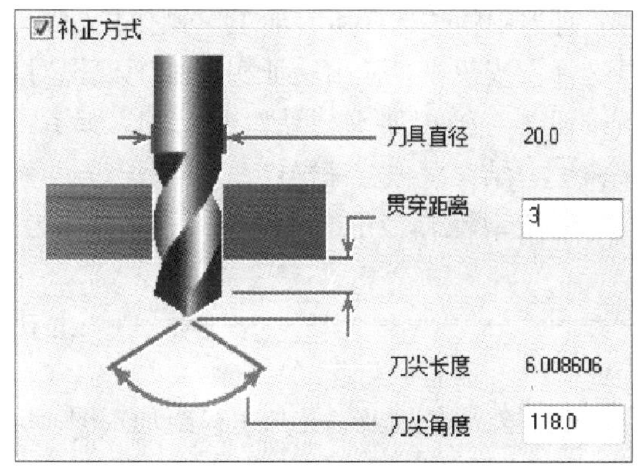

图 14.10　设置补正方式

⑧ 再单击“刀具路径”→“钻孔”加工命令，弹出“选择钻孔加工的点”对话框，手动选择 4×Φ8 的圆心点，单击“确定”按钮☑，结束钻孔点的选择。（提示：选择时只设置捕捉圆心选项，可以快速正确地选择多个圆的圆心点。）

⑨ 单击菜单栏“刀具路径”→“钻孔”加工命令，弹出“选择钻孔加工的点”对话框，手动选择几何图形 4×Φ8 的圆心，单击“确定”按钮☑，结束钻孔点的选择。

⑩ 系统弹出“2D 刀具路径－钻孔/全圆铣削”对话框，选择“刀具”选项，在刀具栏空白区内右击，在弹出的菜单中选择从刀具库选择刀具命令，选择 Φ8 钻头，单击加入按钮。把鼠标指针放在刚选择的 Φ8 钻头刀具上，如图 14.11 所示，右击，选择“编辑刀具”，弹出“定义刀具”对话框，并设置图 14.12 所示的参数，单击“确定”按钮☑，结束选择刀具和定义刀具参数的命令。

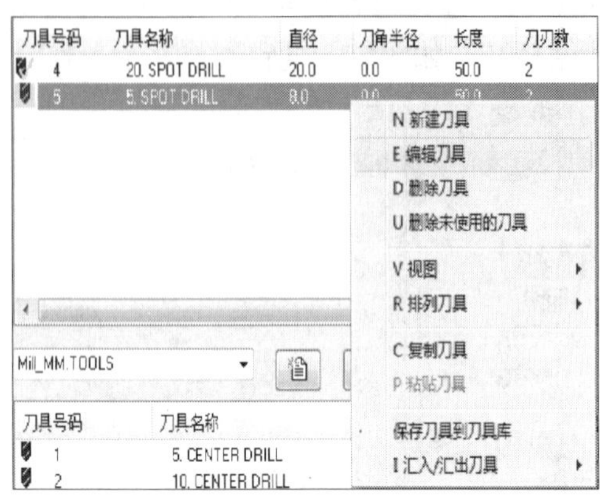

图 14.11　编辑刀具

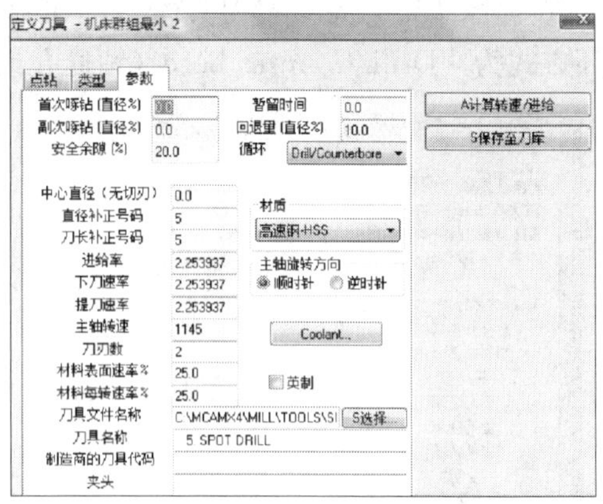

图 14.12　定义刀具参数

⑪ 选择“切削参数”选项，选择钻孔循环方式为“Drill/Counter bore（钻通孔或镗孔循环）”，选择“共同参数”选项，设置钻削深度为−20。选择“补正方式”选项，设置贯穿距离为3，刀尖角度为118，单击“确定”按钮☑，完成刀具路径的设置。

⑫ 单击顶部工具栏中的等角视图按钮，单击加工操作管理器中的“选择所有加工”操作按钮，单击“验证已选择”按钮，弹出验证实体加工模拟对话框，单击执行按钮▶，模拟加工结果如图 14.13 所示，单击“确定”按钮☑，结束模拟验证操作。

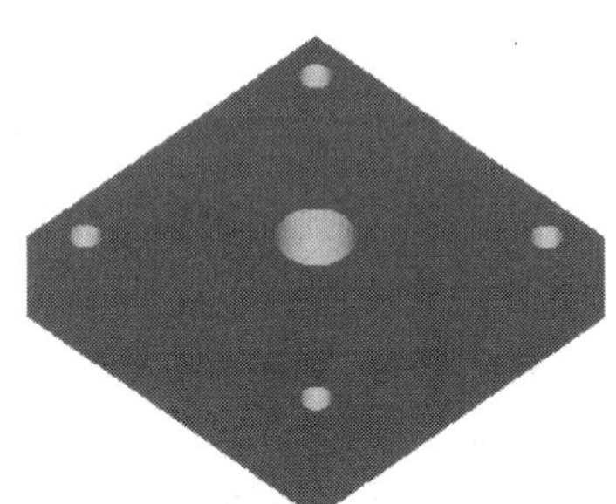

图 14.13　实体加工模拟结果

⑬ 选择菜单栏中的“文件”→“另存为”命令，以“钻孔 14-4”保存文件。

上机练习

利用外形铣削及钻孔加工模组加工图 14.14 所示工件。

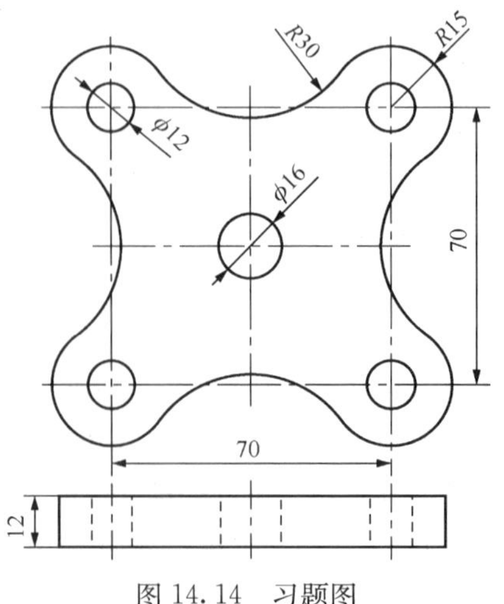

图 14.14　习题图

项目 15　二维加工方法（5）：雕刻加工

项目任务：雕刻加工

任务内容

对图 15.1（a）所示的图形轮廓进行雕刻加工，结果如图 15.1（b）所示。

(a) 零件轮廓

(b) 雕刻加工图

图 15.1　雕刻加工练习

任务目的

1. 掌握正确选择几何图形和选择雕刻刀具。
2. 学会“雕刻加工参数”和“粗切/精修参数”的设置。
3. 学会雕刻加工刀具路径的设置。

相关理论知识：雕刻加工的基本概念

1　雕刻加工

雕刻加工是 MasterCAM X4 系统新增的铣削功能，主要用于对文字及产品装饰图案进行雕刻加工。雕刻加工主要使用挖槽雕刻功能。挖槽雕刻指的是用一把直径较小的铣刀将一闭合图形的内部或外部挖空，形成凹凸的现状，常用来雕刻凹凸的文字。常用雕刻刀具为平铣刀、中心钻、倒角刀或锥度刀。

2　雕刻加工参数的设置

雕刻加工除了要设置和外形铣削所介绍的共同刀具参数外，还要设置其专用的两组铣削参数“雕刻加工参数”和“粗切/精修参数”，如图 15.2 和图 15.3 所示。

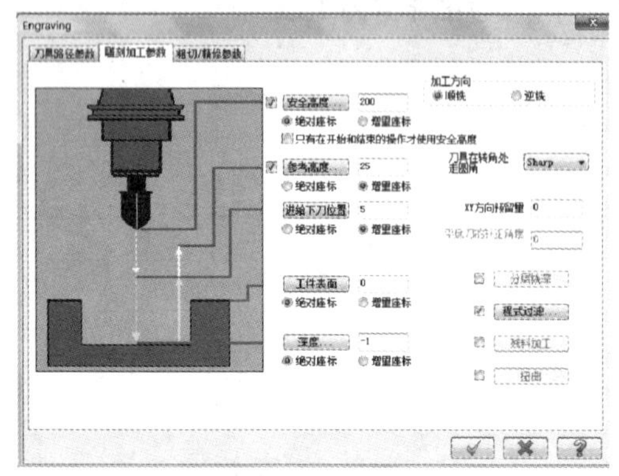

图 15.2 “雕刻加工参数”对话框

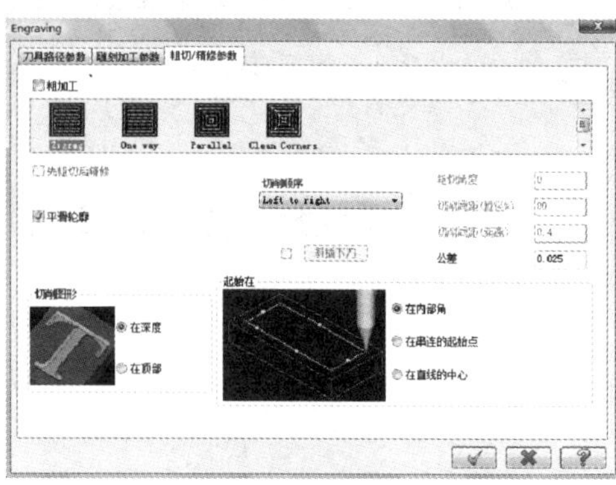

图 15.3 “粗切/精修参数”对话框

以上两组参数的设置与标准挖槽加工参数非常相似，在此不再详述。

项目实施：雕刻加工

1 雕刻加工分析

本项目在图形的绘制时掌握文字的设置方法和放置位置，模拟加工时正确选择几何图形和雕刻刀具，熟练掌握雕刻加工参数和粗切/精修参数的设置。

2 绘制几何图形及 MasterCAM X4 雕刻加工操作步骤

① 选择主菜单“文件”→“新建”子菜单，建立新的文件，再选择菜单栏中的“绘图”→“圆弧”→“圆心+点”命令。

② 系统提示选择圆心位置，在图 15.4 所示输入栏输入圆心 x 坐标为“0”，按 Enter 键确认；输入 y 坐标为“0”，按 Enter 键确认；输入 z 坐标为“0”，按 Enter 键确认；在操作栏输入圆直径“180”，按 Enter 键确认，单击应用按钮结束产生的圆。

图 15.4 产生 $\Phi180$ 的圆

③ 系统提示选择圆心位置，在如图 15.5 所示输入栏输入圆心 x 坐标为“0”，按 Enter 键确认；输入 y 坐标为“0”，按 Enter 键确认；输入 z 坐标为“0”，按 Enter 键确认；在操作栏输入圆直径“260”，按 Enter 键确认，单击确定按钮接受产生的圆，并退出绘制圆命令。

④ 选择菜单栏中的“绘制”→“绘制文字”命令，系统弹出“绘制文字”对话框，单击真实字型按钮，设置图 15.6 所示的字体，单击“确定”按钮。在绘制字体对话框中输入文字内容及设置相应参数，如图 15.7 所示。

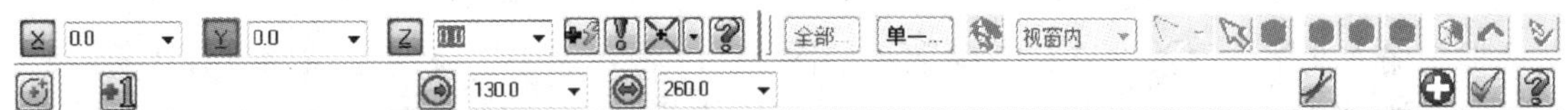

图 15.5　产生 $\Phi 260$ 的圆

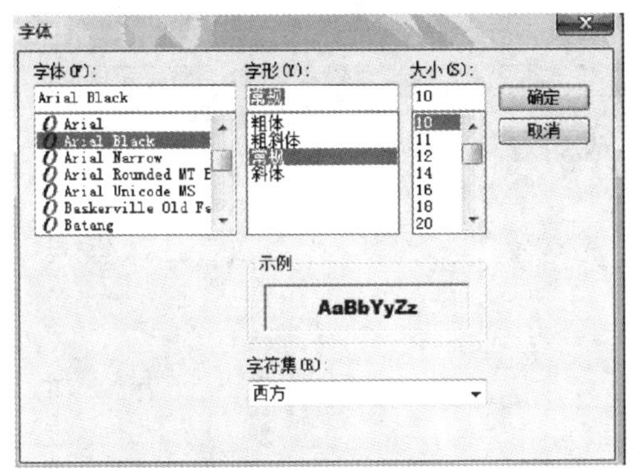

图 15.6　设置字体

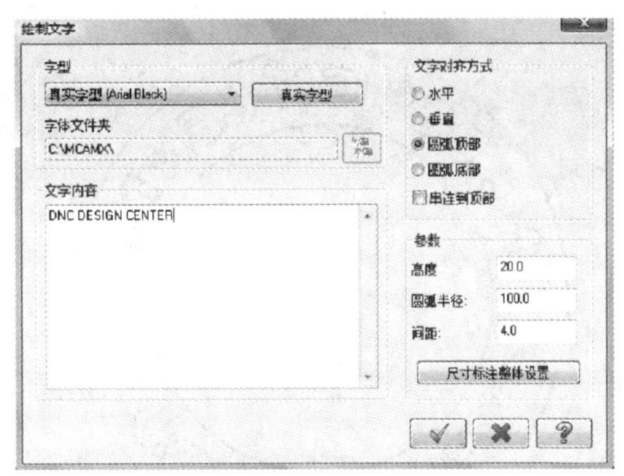

图 15.7　文字参数的设置

⑤ 单击确定☑按钮，在坐标栏中输入弧顶放置文字的圆心位置 x 坐标为“0”，按 Enter 键确认；输入 y 坐标为“0”，按 Enter 键确认；输入 z 坐标为“0”，按 Enter 键确认，放置弧顶放置文字结果如图 15.8 所示，按 ESC 键结束文字命令。

⑥ 继续选择菜单栏中的“绘制”→“绘制文字”命令，在“绘制字体”对话框中输入文字内容及设置相应参数，如图 15.9 所示。单击确定☑按钮，在坐标栏中输入弧底放置文字的圆心位置 x 坐标为“0”，按 Enter 键确认；输入 y 坐标为“0”，按 Enter 键确认；输入 z 坐标为“0”，按 Enter 键确认，放置弧底放置文字结果如图 15.10 所示，按 ESC 键结束文字命令。

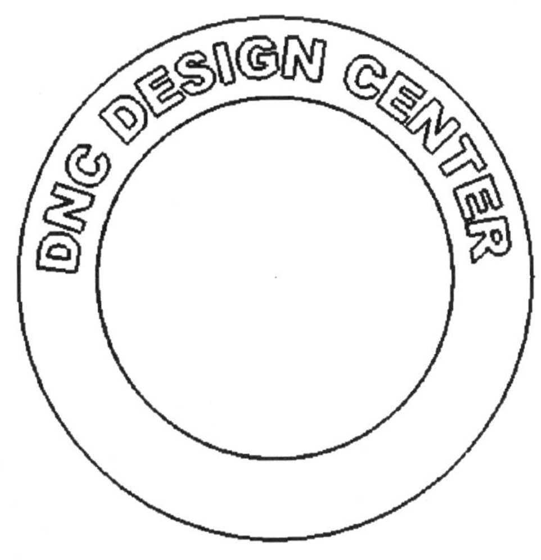

图 15.8　产生弧顶放置文字

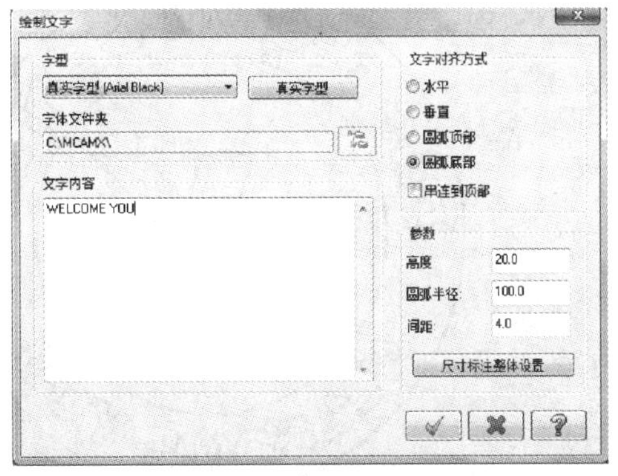

图 15.9　文字参数的设置

⑦ 继续选择菜单栏中的“绘制”→“绘制文字”命令，单击真实字型按钮，在“字体”对

话框中设置字体为“Arial Black”、字形为“斜体”，单击“确定”按钮。在“绘制字体”对话框中输入文字内容及设置相应参数，如图 15.11 所示。单击确定☑按钮，在坐标栏中输入水平放置文字的圆心位置 x 坐标为“－50”，按 Enter 键确认；输入 y 坐标为“－40”，按 Enter 键确认；输入 z 坐标为“0”，按 Enter 键确认，放置水平放置文字结果如图 15.12 所示，按 ESC 键结束文字命令。

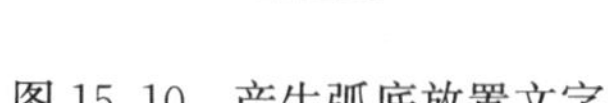
图 15.10　产生弧底放置文字

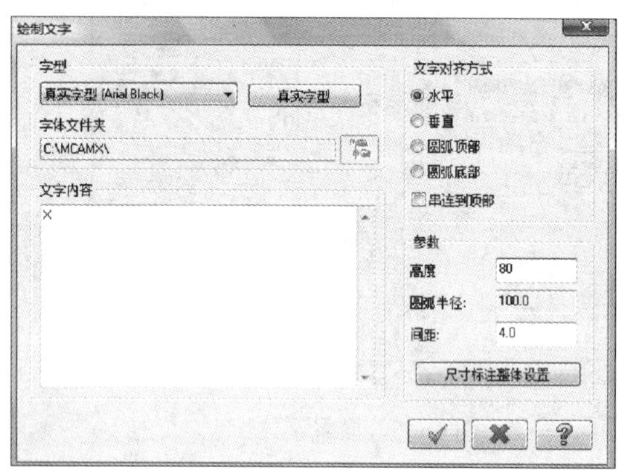

图 15.11　文字参数的设置

⑧ 选择菜单栏中“刀具路径”→“Engraving”雕刻加工命令。系统弹出图 15.13 所示“串连选项”对话框，单击“视窗选择”按钮▭，框选整个几何图形，单击串连选项对话框中的“确定”按钮☑，结束雕刻加工轮廓选择。

⑨ 系统弹出“Engraving”雕刻加工对话框，选择“刀具路径参数”选项，在刀具栏空白区内右击，在弹出的菜单中选择从刀具库选择刀具命令，选择 Φ10 倒角刀，单击加入⬆按钮，单击“确定”按钮☑，结束刀具的选择。如图 15.14 所示，把鼠标指针放在刚选择的刀具上，右击，选择“编辑刀具”。

图 15.12　产生水平放置文字

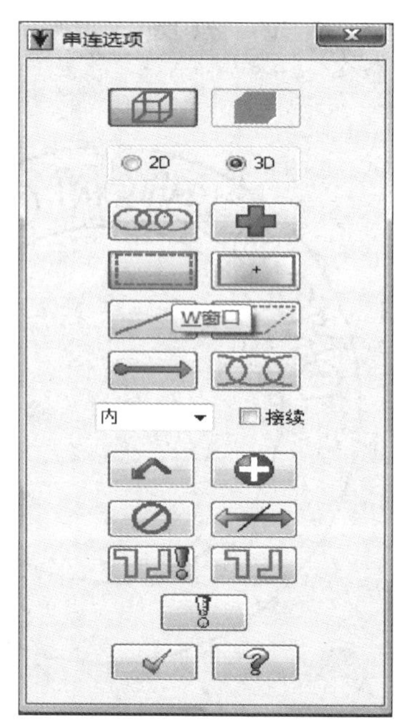

图 15.13　启动“视窗选择”几何图形

⑩ 弹出“定义刀具”对话框，并设置图 15.15 所示的参数，单击“确定”按钮☑，结束选择刀具和定义刀具参数的命令。

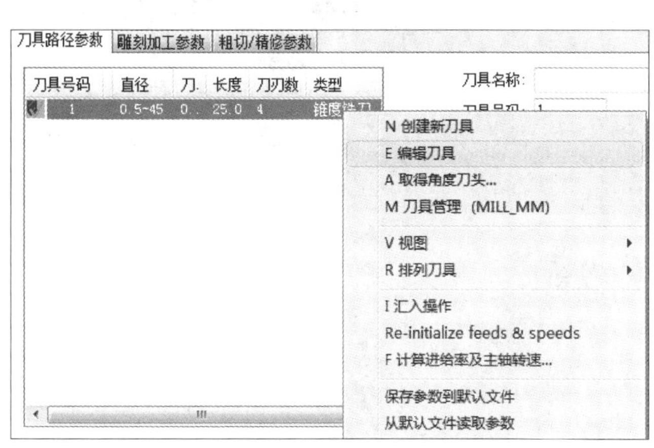

图 15.14　编辑刀具参数

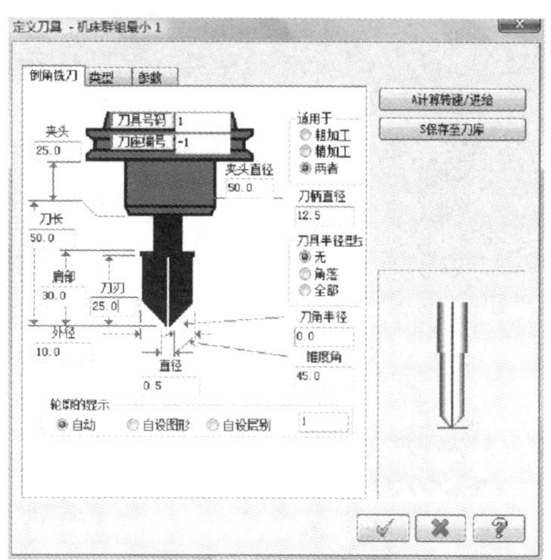

图 15.15　编辑刀具参数

⑪ 先选择图 15.16 所示刀具栏中的倒角刀，再设置刀具参数。

⑫ 选择“雕刻加工参数”选项卡，设置图 15.17 所示的加工参数，单击确定按钮☑。

⑬ 选择“粗切/精修参数”选项卡，设置图 15.18 所示的加工参数，单击“确定”按钮☑，结束雕刻加工路径的设置。

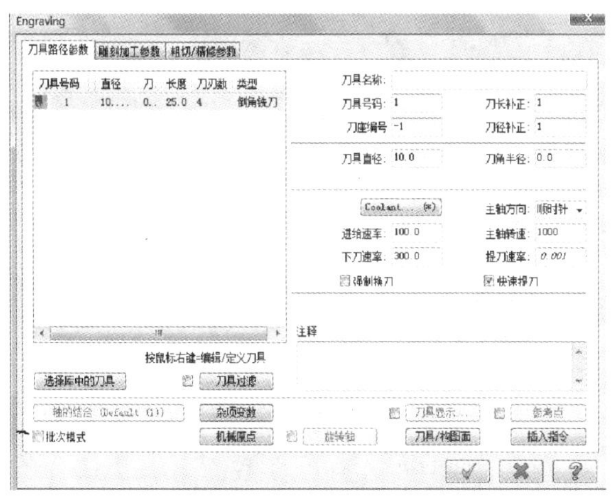

图 15.16　设置刀具参数

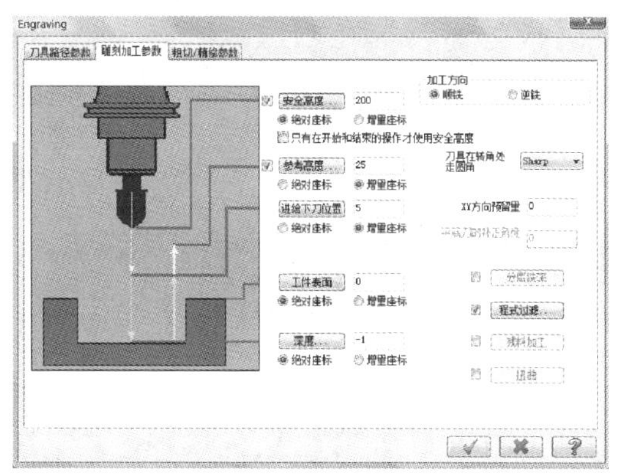

图 15.17　设置“雕刻加工参数”

⑭ 单击顶部工具栏中的等角视图按钮，单击加工操作管理器中的“选择所有加工”操作按钮，单击“验证已选择”按钮，弹出“验证”实体加工模拟对话框，如图 15.19所示，单击配置按钮，设置图 15.20 所示加工工件的毛坯材料和尺寸参数，单击“确定”按钮☑。

⑮ 单击实体加工模拟对话框执行按钮▶，单击“确定”按钮☑，结束模拟验证操作。

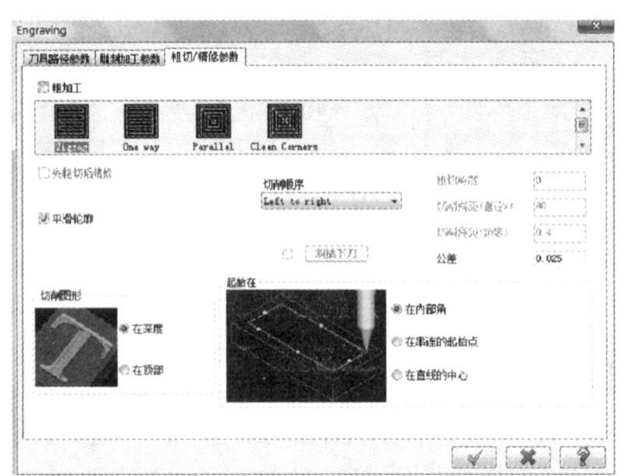

图 15.18　设置“粗切/精修参数”

图 15.19　验证实体

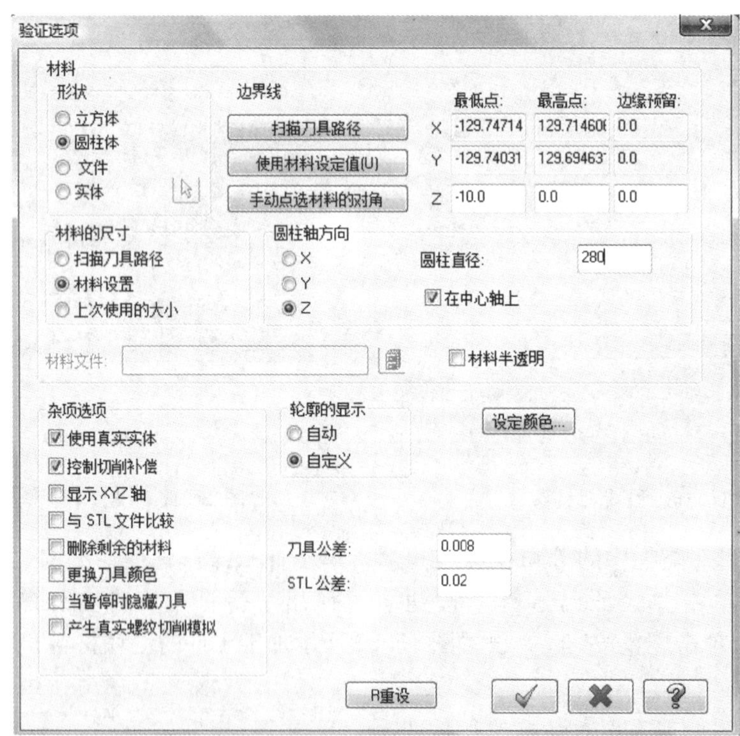

图 15.20　设置工件参数

⑯ 选择菜单栏中的“文件”→“另存为”命令，以“雕刻 15-5”保存文件。

上机练习

利用外形铣削、挖槽加工及钻孔加工模组加工图 15.21 所示工件。

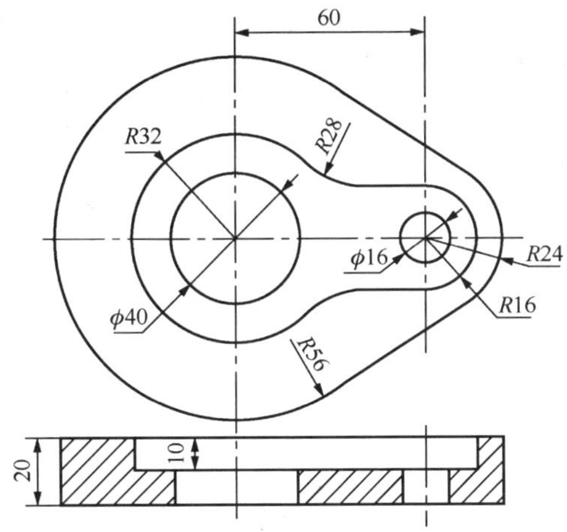

图 15.21　习题图

项目 16　铣床三维加工——平行铣削加工与陡斜面精加工

项目任务

任务内容

根据图 16.1 所示的图形创建加工余量适当的长方体毛坯，采用平行粗加工、陡斜面精加工等方法进行加工，将其保存在“D：\MasterCAM 项目 16”文件夹中，文件名为“16-1. mcx”。

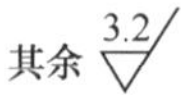

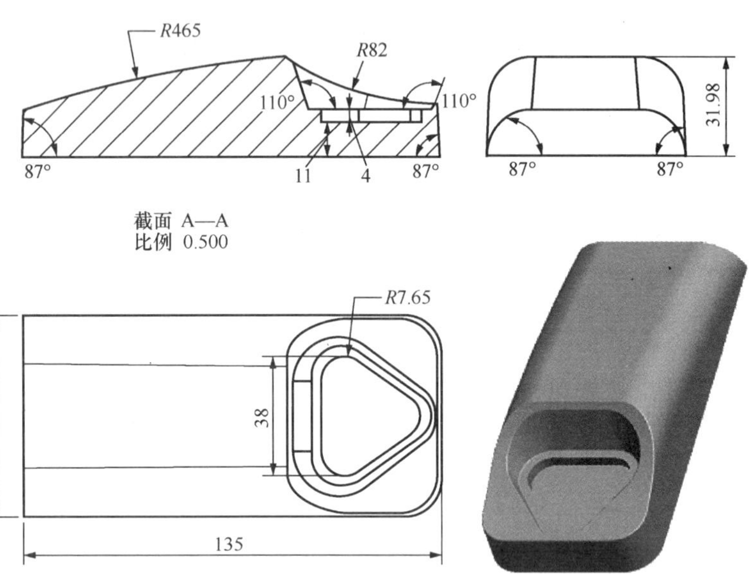

图 16.1　零件图

任务目的

1. 能按要求完成毛坯的创建。
2. 学会加工方法的选择、刀具的选择、加工参数的设定。
3. 学会 MasterCAM X 中平行粗加工方法的创建。
4. 学会 MasterCAM X 中陡斜面精加工方法的创建。

相关理论知识：粗加工的基本知识

1　曲面加工公用参数设置

曲面加工参数可分为公用参数和专有参数两类。公用参数包括刀具参数、曲面参数。刀具参数同二维加工，曲面参数包括曲面加工参数、进退刀参数、螺旋下刀、高级设置参数、切削深度（限定深度）参数、间隙设定参数等参数。

（1）曲面加工参数

曲面加工参数如图 16.2 所示。

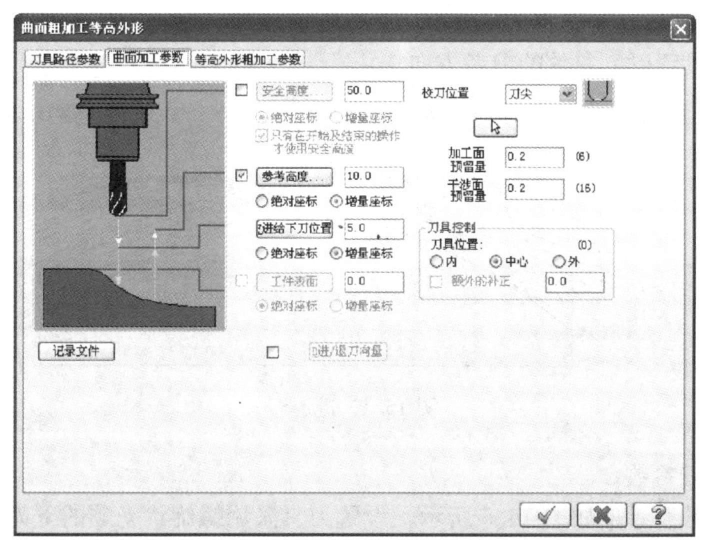

图 16.2　曲面加工参数

高度设置参数含义同二维加工：安全高度为刀具可以自由移动而不发生撞刀的水平高度；参考高度为准备开始下一刀路的退刀位置；进给下刀位置为刀具快速进给转换成工作进给的位置，低于参考高度；工件表面为毛坯上表面水平位置，挖槽、钻削加工时有效。

记录文件：生成刀路时，可以生成一个记录文件，用来加快刀具路径修改的刷新，“记录文件”按钮用来设置记录文件的保存位置。

进退刀：设置曲面切削进退刀向量。

（2）进退刀参数

进退刀设置对话框如图 16.3 所示，示例如图 16.4 所示。

- 向量按钮：可以通过 x、y、z 值确定方向，如 0，0，1 代表 Z 方向，1，1，1 代表与三个轴夹角为 45°方向。
- 参考线：通过选择绘制的线作为进退刀方向。
- 进退刀角度：进退刀与 XY 平面夹角。
- XY 角度（垂直角度不为 0）：水平面内，进退刀方向投影与 X 轴夹角。
- 引线长度：沿进退刀角度移动距离。

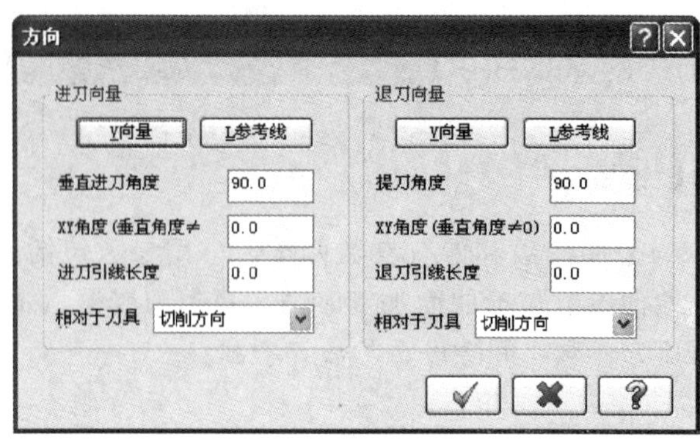

图 16.3　进退刀参数

• 相对于：设置以上参数的参考方向。

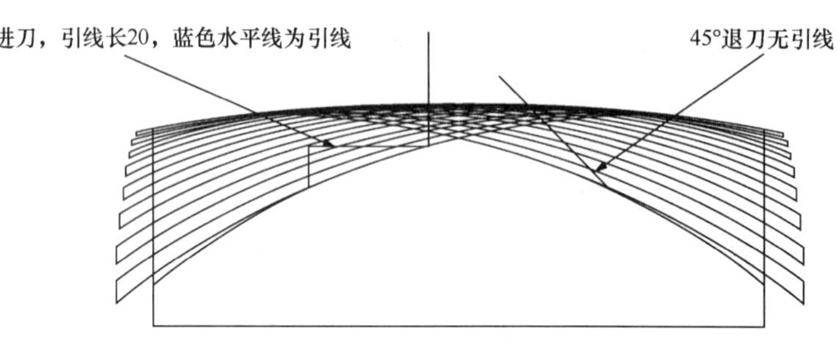

图 16.4　进退刀

（3）螺旋下刀参数

螺旋下刀参数及示例如图 16.5 所示，设置刀具采用螺旋状光顺的下刀运动。

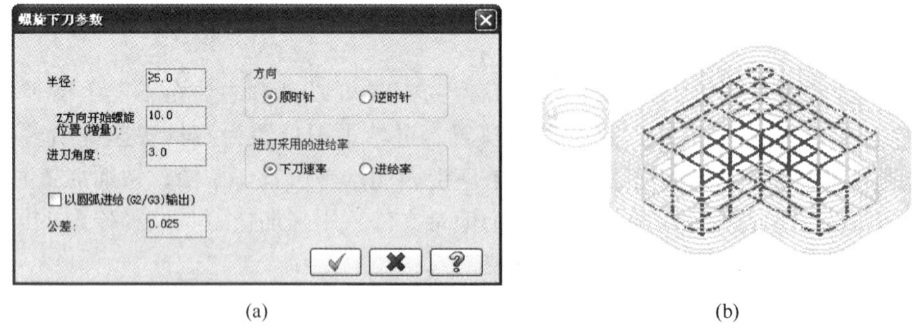

图 16.5　螺旋下刀

（4）高级设置参数

高级设置决定了刀具在曲面或实体面边界的运动和刀具在加工锐边的精度。也可以通过此设置检查不可见实体面和曲面中的内部锐边。图 16.6 所示为参数设置对话框，图 16.7 为示例。

• 自动：MasterCAM X4 根据刀具边界自动设置，有时根据图形设置。当定义刀具边界时，刀具会在边界内所有边处进行圆弧走刀加工，否则只在曲面或实体面相交的边处进

行圆弧走刀加工。

• 只在两曲面（实体面）之间：在曲面或实体面相交处进行圆弧走刀加工，在模型末端边上不进行走圆角加工，如图 16.7（a）所示。

• 在所有的边缘：在所有曲面或实体面边界处进行圆弧走刀加工，如图 16.7（b）所示。

（5）切削深度（限定深度）参数

切削深度主要用来指定所有粗加工 Z 方向范围，图 16.8为切削深度对话框，图 16.9 为切削深度示例。

• 绝对的深度：通过绝对坐标设置刀具加工最大和最小深度，所有的加工刀路均匀分布在最高和最低深度中间，如图 16.9（a）所示，最大深度 0，最小深度 －10。

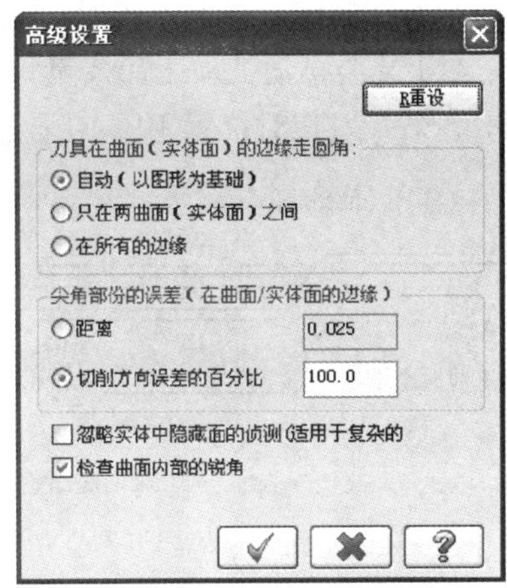

图 16.6　高级设置对话框

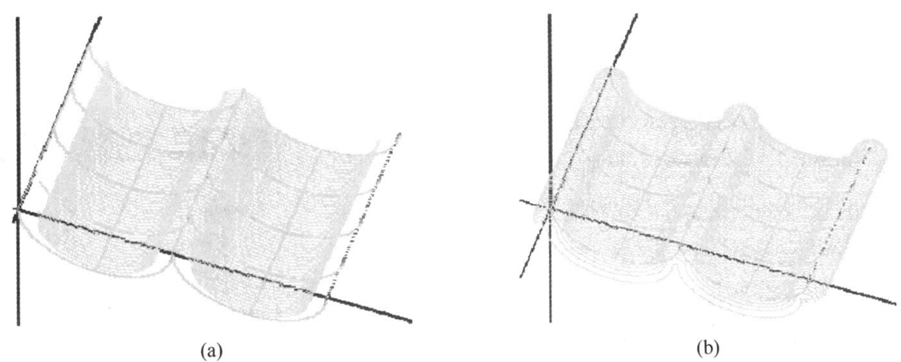

图 16.7　高级设置对话框

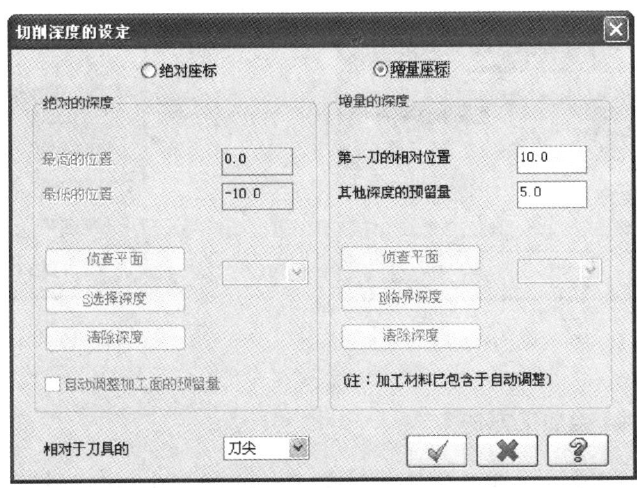

图 16.8　深度设置对话框

• 增量的深度：通过相对于曲面顶部、底部的距离设定加工的最大、最小深度，MasterCAM X 会自动把加工面余量计算到加工深度，然后均匀分布刀具路径，如图 16.9（b）所示，第一刀相对位置 10，向下为正，其他深度预留量 5，向上为正，加工余量 2。

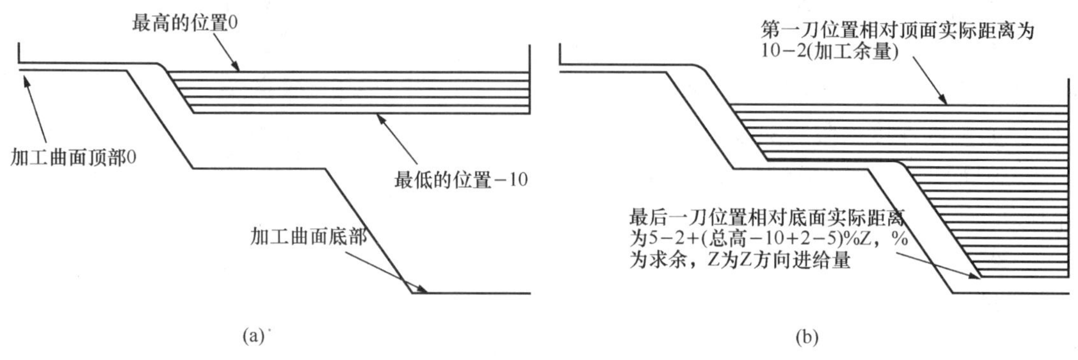

图 16.9　深度设置示例

限定深度决定精加工中所有曲面的 Z 方向加工范围，等高外形加工没有该参数，图 16.8为限定深度对话框，图 16.10 为限定深度示例。

• 相对于刀具的：测量深度的参照。

• 最高的位置：设定加工材料的最高点。

• 最低的位置：设定加工材料的最低点。

（6）间隙设定参数

间隙设定参数控制曲面加工中，刀具运动断开位置的刀具运动方式：退刀或者保持连续加工。断开位置可能出现在两次切削、加工面与干涉面、或者加工面与加工面之间。图 16.11 为间隙设定对话框，图 16.12 为间隙设定示例。

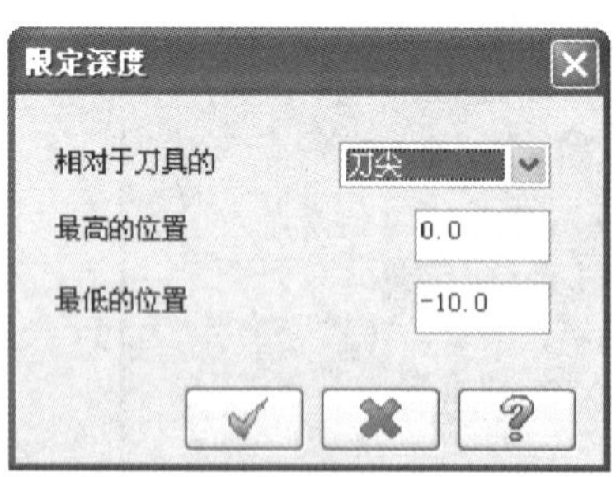

图 16.10　限定深度对话框

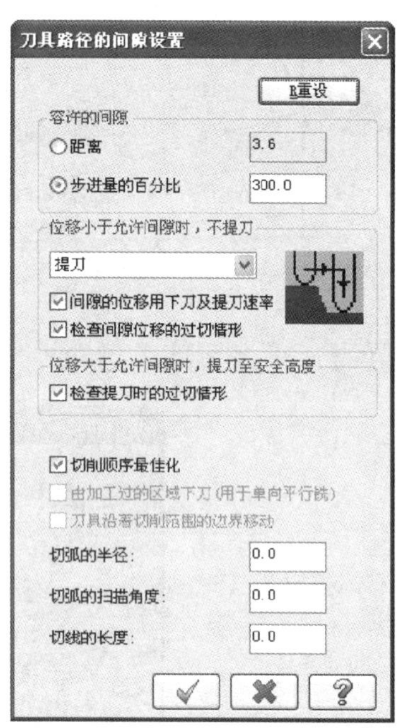

图 16.11　间隙设定对话框

2　MasterCAM X4 粗加工方法

粗加工的目的是高效地、最大限度地切除工件上的多余材料。提高生产率是粗加工首先要考虑的问题。粗加工一般采用平底铣刀或圆鼻刀。

MasterCAM X 提供了多种粗加工方法：平行、放射、投影、曲面流线、等高外形、残料、曲面挖槽和钻削式加工方法。

(1) 平行粗加工

平行粗加工方法是一个简单、有效和常用的加工方法，加工刀具路径平行于某一给定方向，Z 方向分层加工曲面，如图 16.13 所示，用于工件形状中凸出物与沟槽较少和曲面过渡比较平缓的情况。

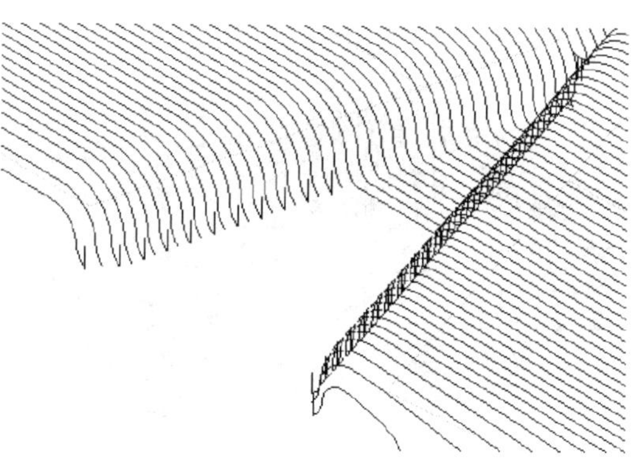

图 16.12　间隙设定示例

(2) 放射状粗加工

放射状粗加工方法，加工刀路以一点为中心，呈轮辐状，Z 方向分层加工曲面，如图 16.14所示，适用于具有回转特征的零件的加工，刀具可以由内向外或由外向内切削。

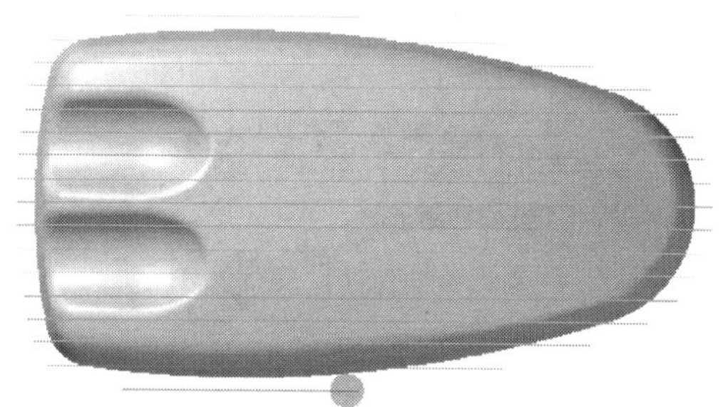

图 16.13　平行粗加工

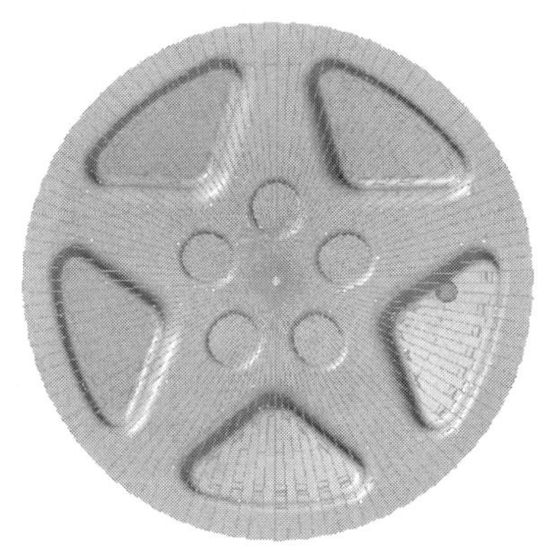

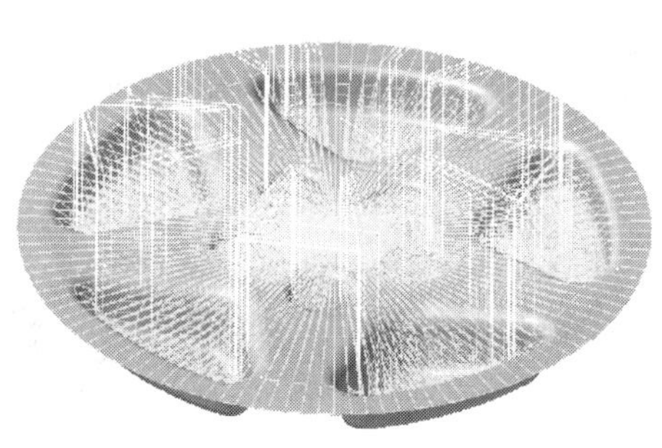

图 16.14　放射状精加工

(3) 投影粗加工

投影粗加工方法是将曲线或刀路投影到曲面上，Z 方向分层加工曲面的方法，图 16.15 为一个圆投影到图 16.14 中的曲面上得到的加工路径。

(4) 曲面流线粗加工

曲面流线粗加工是沿着曲面的形状方向上创建光滑的流线型刀具运动轨迹，如图 16.16 所示，适用于具有较强方向性的面。

(5) 等高外形粗加工

等高外形粗加工方法是沿着曲面外形，在 Z 方向分别产生逐层切削刀具路径。Z 向切

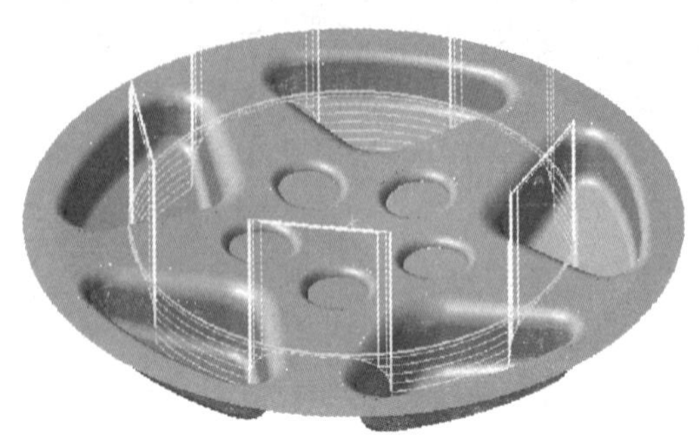
图 16.15　投影粗加工

削进给量是固定的，如图 16.17 所示（Z 方向向上），加工精度不受刀具路径之间间距的影响，受 Z 方向进给的影响。主要用于锻造、铸造毛坯，加工余量较小、均匀，且为大部分直壁或者斜度不大的侧壁的加工，不适用于平坦曲面的加工。

（6）残料粗加工

残料粗加工是采用较小直径的刀具，快速去除前面刀路中，由于刀具直径较大导致部分区域无法加工所剩余的余料。

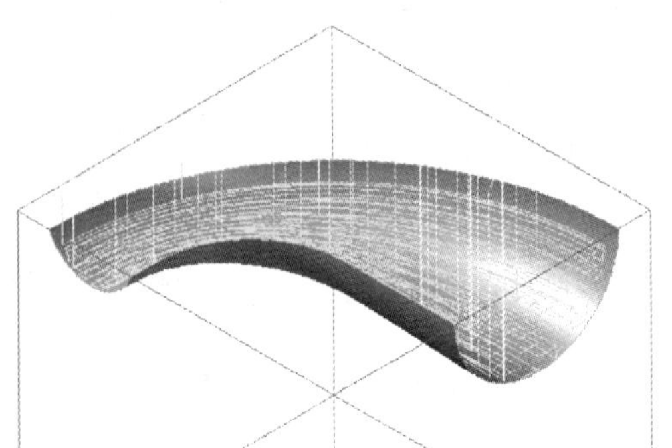
图 16.16　曲面流线加工

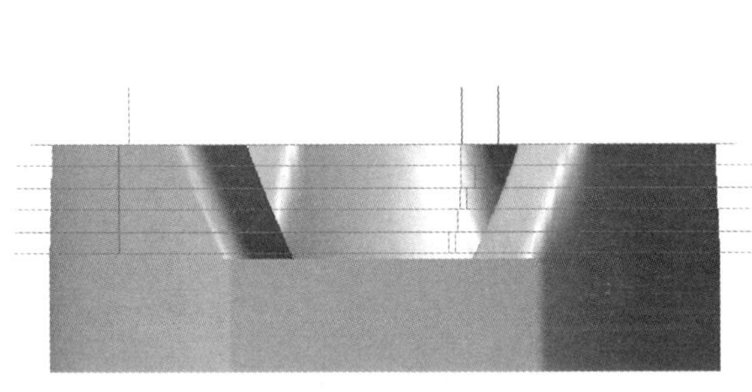
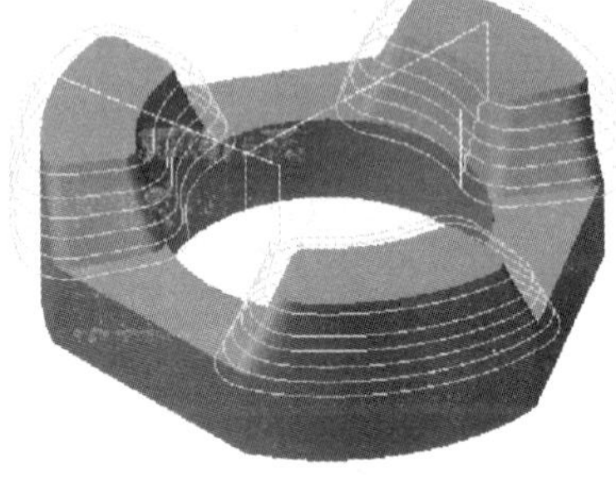
图 16.17　等高外形精加工

（7）曲面挖槽粗加工

曲面挖槽粗加工通过创建一组 Z 方向等距的水平面切削，快速去除大量材料，是多数粗加工中的首选加工方法，其加工刀路如图 16.18 所示。

（8）钻削式粗加工

钻削式粗加工通过类似于钻削加工的方式快速粗加工曲面，通常采用特制刀具。刀具路径如图 16.19 所示，适用于具有陡峭壁的凹曲面型腔和凸曲面零件的加工。

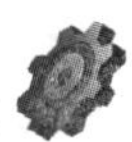

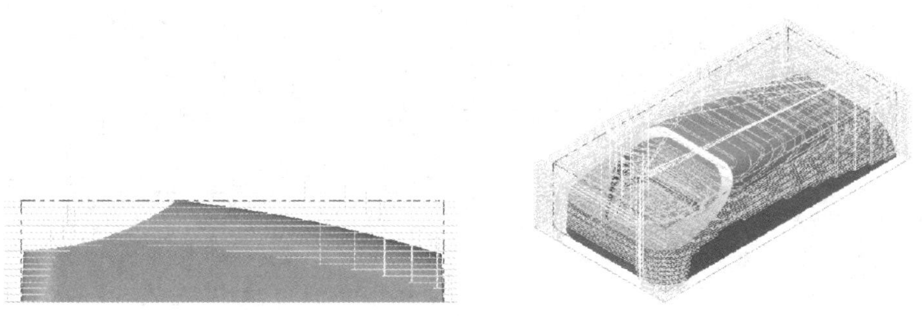

图 16.18　曲面挖槽加工

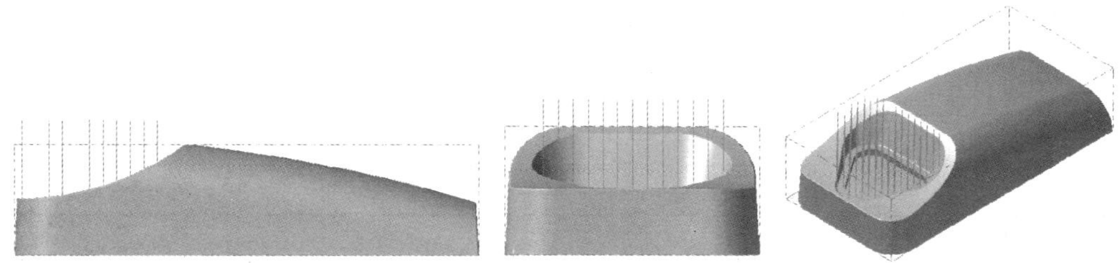

图 16.19　钻削式加工

项目实施：创建加工长方体毛坯

1　项目分析

根据以上加工方法分析，确定本项目工艺过程见表 16.1。

表 16.1　项目实施工艺过程

<table>
<tr><td colspan="6" rowspan="2">数控加工工序卡</td><td colspan="2">零件代号</td><td colspan="2">零件名称</td></tr>
<tr><td colspan="2"></td><td colspan="2">零件</td></tr>
<tr><td>材料名称</td><td colspan="2">ALUMINUM mm-2024</td><td>材料状态</td><td>调质</td><td>毛坯尺寸</td><td colspan="2"></td><td>坯料可制件数</td><td>1</td></tr>
<tr><td>设备名称</td><td colspan="2">数控铣床</td><td>设备型号</td><td colspan="2"></td><td>备注</td><td colspan="3"></td></tr>
<tr><td colspan="10"></td></tr>
<tr><td>工序号</td><td>工序名称</td><td colspan="4">工序内容</td><td colspan="2">刀具</td><td colspan="2">NC 程序文件名</td></tr>
<tr><td>1</td><td>平行粗加工</td><td colspan="4">粗加工上曲面</td><td colspan="2">ϕ16 圆鼻刀</td><td colspan="2"></td></tr>
<tr><td>2</td><td>平行精加工</td><td colspan="4">精加工上曲面</td><td colspan="2">ϕ16 圆鼻刀</td><td colspan="2"></td></tr>
<tr><td>3</td><td>陡斜面精加工</td><td colspan="4">精加工左右陡斜面</td><td colspan="2">ϕ16 圆鼻刀</td><td colspan="2"></td></tr>
</table>

续表

工序号	工序名称	工序内容	刀具	NC 程序文件名
4	陡斜面精加工	精加工前后陡斜面	ϕ16 圆鼻刀	
5	标准挖槽	粗精加工内凹锥度曲面	ϕ8 圆鼻刀	
6	标准挖槽	粗精加工底部槽	ϕ6 平底刀	

数控加工刀具表

刀具序号	工序序号	刀具					加工余量	理论加工时间	备注
		类型	刀具材料	直径	刀尖半径	装刀长度			
1	1	圆鼻刀		16	3		0.2		
1	2	圆鼻刀		16	3		0.2		
1	3	圆鼻刀		16	3		0		
1	4	圆鼻刀		16	3		0		
2	5	圆鼻刀		8	2		0		
3	6	平底刀		8			0		

2 创建毛坯

读入文件 16-1. MCX，结果如图 16.20 所示。

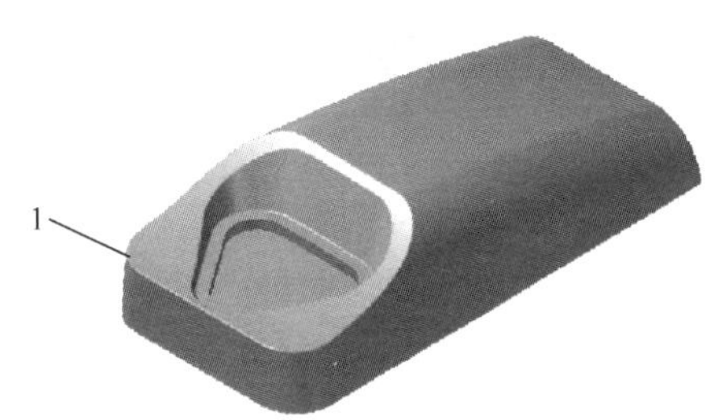

图 16.20 零件实体模型

绘图→曲面→填补内孔→选择图 16.20 中曲面 1→双击绘图区空白区域完成选择→单击☑完成，得到图 16.21 所示曲面。

绘图→曲面曲线→所有边界→选择上一步创建的内孔曲面→单击☑完成。

选择俯视图为构图平面→转换→投影→选择上一步创建的边界→投影到构图平面→深度为 0→单击☑完成，得到图 16.22 所示结果。

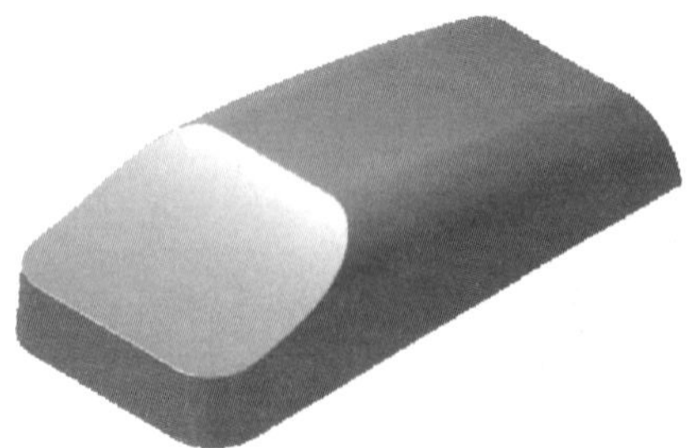

图 16.21 填补内孔结果

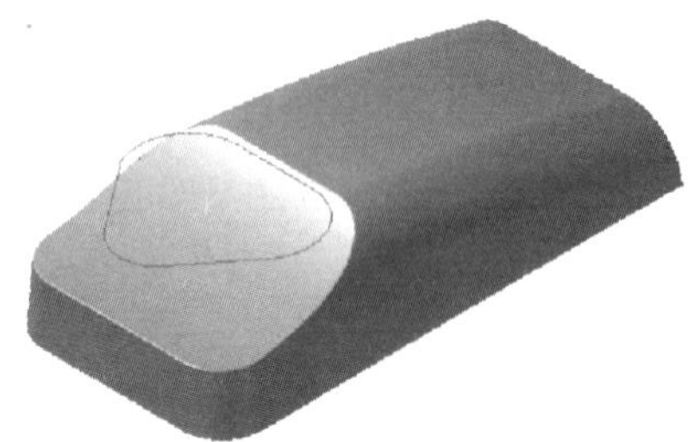

图 16.22 内孔边界投影结果

选择“材料设置”选项卡，如图 16.23 所示。设置形状为长方体，XYZ 设置如图所示，单击☑完成毛坯创建，如图 16.24 所示。

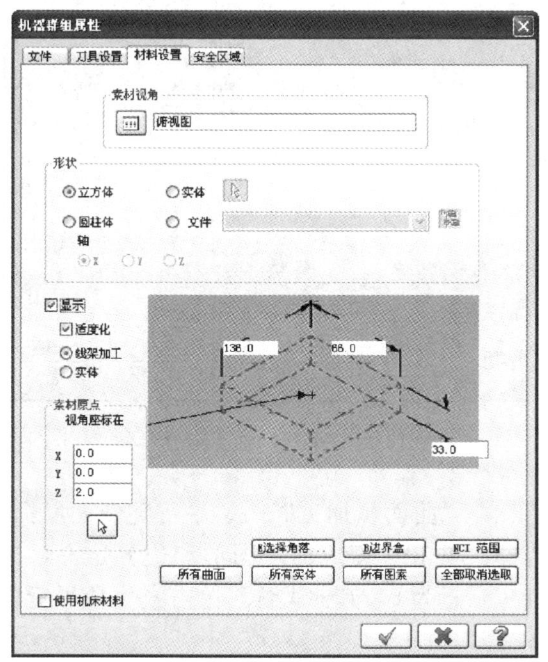

图 16.23　材料设置对话框

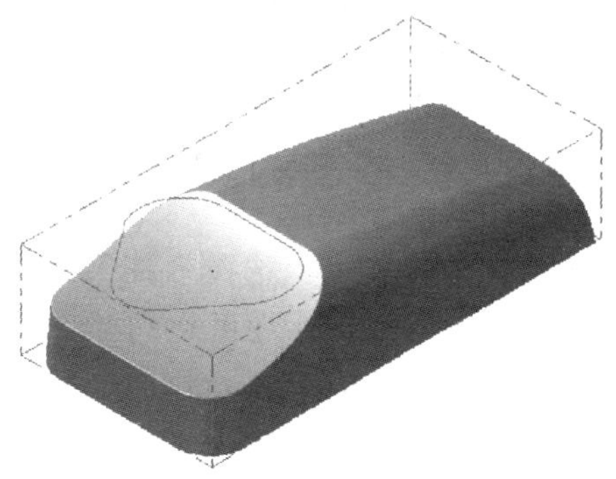

图 16.24　材料设置结果

3　创建加工

右击操作管理区，选择“铣床刀具路径”→“曲面粗加工”→“平行铣削”命令，输入 NC 名称 16-1，选择图 16.25 所示“曲面”→双击绘图区空白区域完成选择，单击☑完成加工图形和边界定义，刀库中选择 160 号刀，设置刀具参数如图 16.26 所示，加工余量为 0.2，其他默认，单击☑完成平行加工创建，加工模拟结果如图 16.27 所示。同样的方法创建平行精加工，加工参数如图 16.28 所示，加工余量为 0，最大间距为 2，加工模拟结果如图 16.29所示。

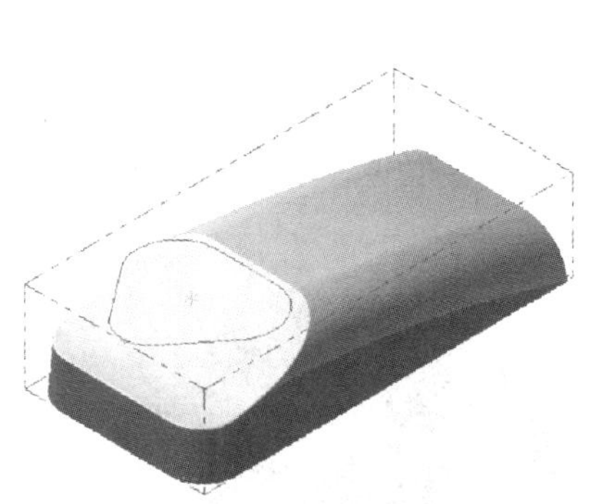

图 16.25　选取平行加工曲面

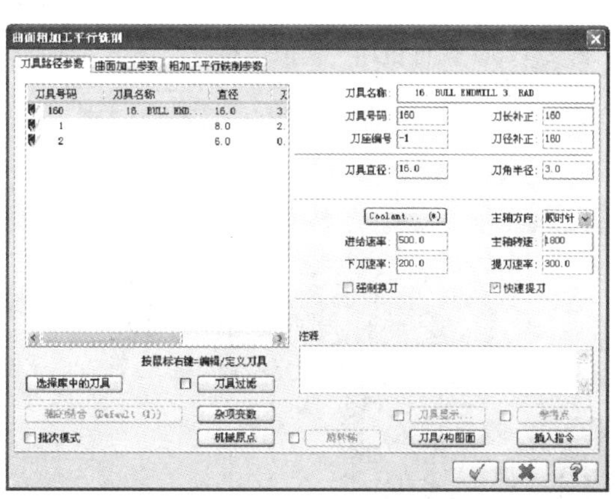

图 16.26　平行粗加工刀具参数

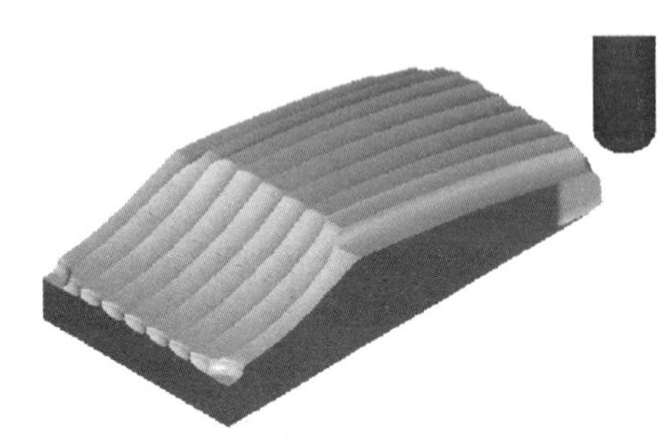

图 16.27　平行粗加工模拟结果

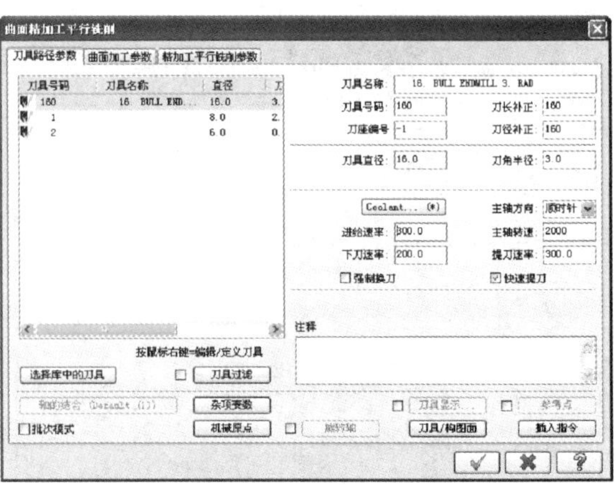

图 16.28　平行精加工刀具参数

右击操作管理区，选择“铣床刀具路径”→“曲面精加工”→“平行陡斜面”命令，选择所有曲面，双击绘图区空白区域完成选择，单击☑完成加工图形和边界定义，选择160号刀，设置刀具参数如图16.30所示，加工余量为0，其他默认，单击☑完成平行陡斜面加工创建，加工模拟结果如图16.31所示。

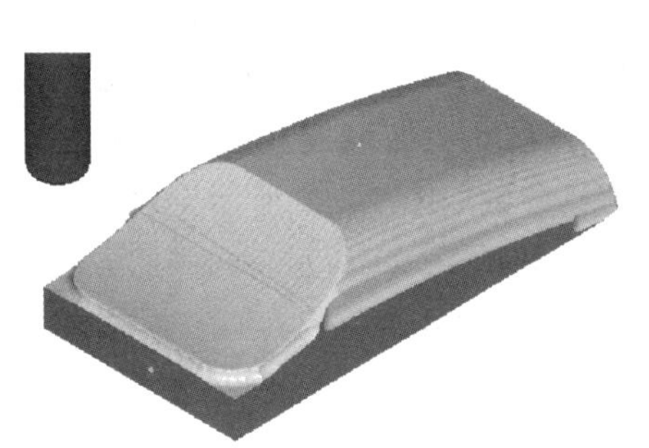

图 16.29　平行粗加工模拟结果

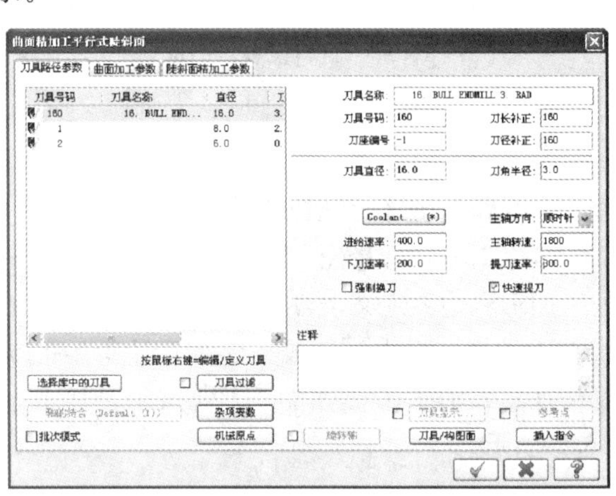

图 16.30　平行陡斜面加工刀具参数

右键选择上一步创建的“陡斜面加工”→“复制”命令右击操作管理区，选择“粘贴”，→“参数”命令，选择“陡斜面加工参数”选项卡，修改加工角度为90，单击☑完成平行陡斜面加工创建，单击重建加工刀路，加工模拟结果如图16.32所示。

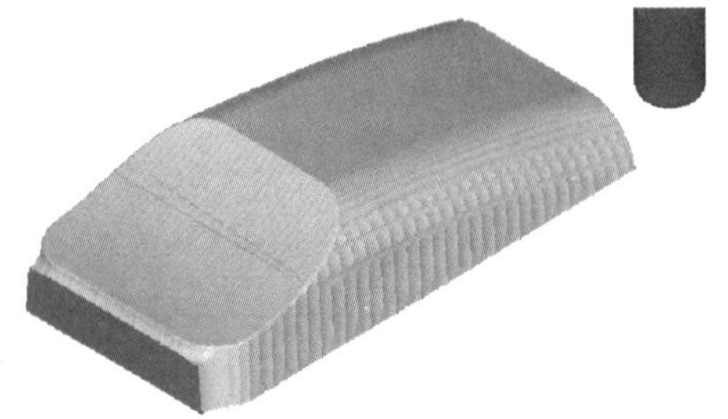

图 16.31　平行陡斜面加工 0°方向模拟结果

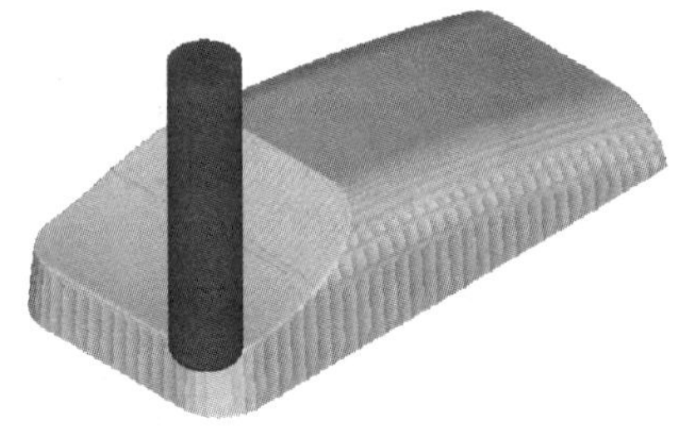

图 16.32　平行陡斜面加工 90°方向模拟结果

右击操作管理区，选择“铣床刀具路径”→“标准挖槽”命令，选择图 16.22 中的投影线，单击☑完成边界选择，选择“∅8R2 圆鼻刀”→“刀具参数”命令如图 16.33 所示，单击参数对话框中的“加工参数”→“粗加工”命令，设置切削间距为刀具直径的 50% 切削间距(直径%) 50.0 深度切削参数设置如图 16.34 所示，共同参数中工件表面设置为 0，深度设置为−17，单击☑完成挖槽加工创建，加工模拟结果如图 16.35 所示。

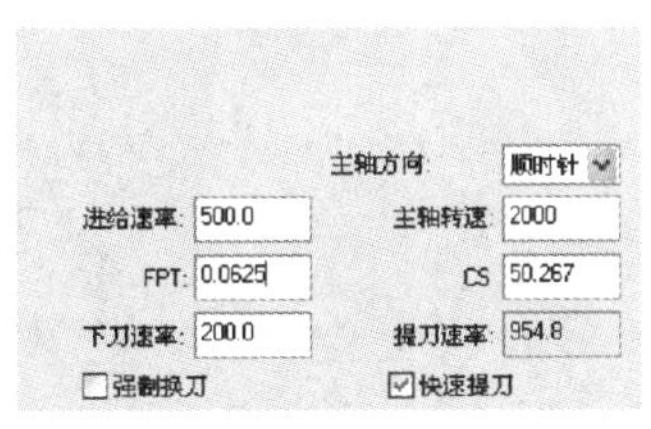

图 16.33　挖槽加工刀具参数

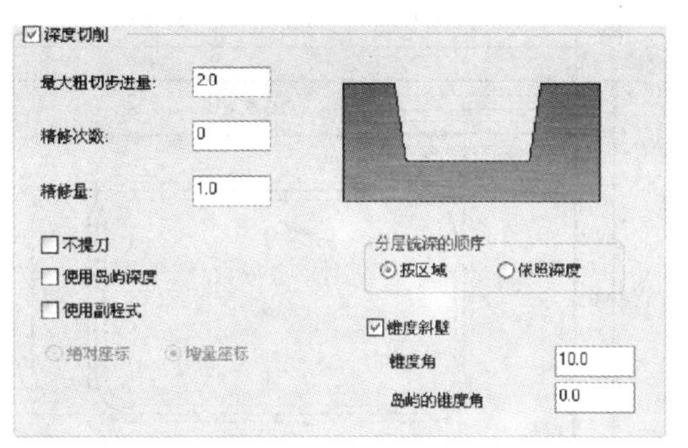

图 16.34　挖槽加工深度参数

同样方法创建底部槽的加工，过程略，加工模拟结果如图 16.36 所示。

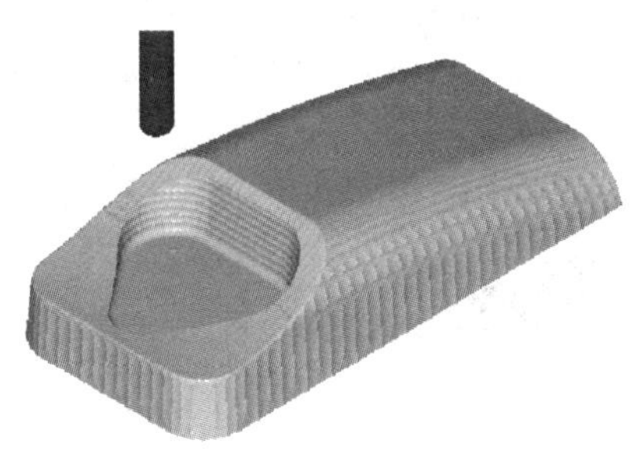

图 16.35　挖槽加工模拟结果

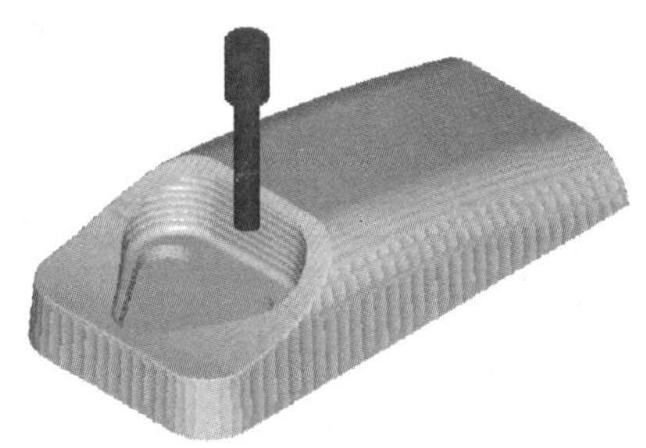

图 16.36　底部槽

上机练习

创建图 16.37 各图所示模型（实体或曲面），并完成材料设置及加工模拟。

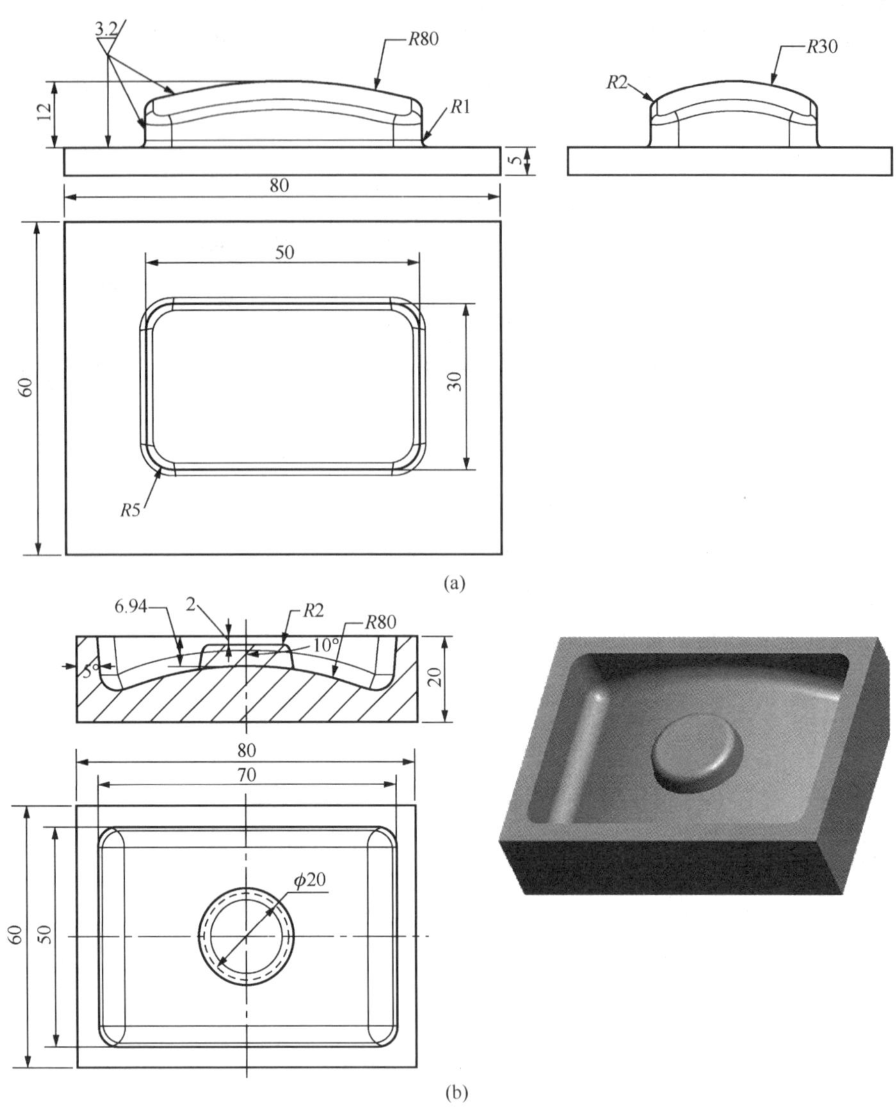

3.2
R80
R30
R2
R1
12
5
80
50
30
60
R5
(a)
6.94
2
R2
R80
10°
5°
20
80
70
φ20
60
50
(b)

图 16.37　习题图

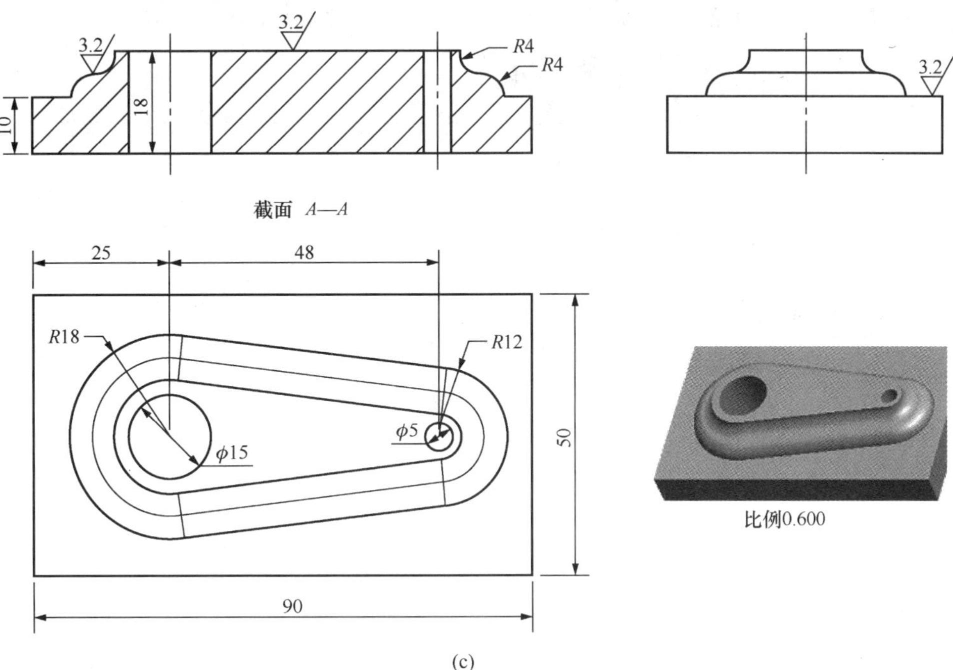

(c)

图 16.37　习题图（续）

项目 17　铣床三维加工——等高外形粗加工与浅平面精加工

项目任务

任务内容

根据图 17.1 所示的图形，创建凸台加工余量为 2mm 的锻造毛坯，采用等高外形、浅平面等加工等方法进行加工，将其保存在“D：\ MasterCAM 项目 17”文件夹中，文件名为“17-1. mcx”。

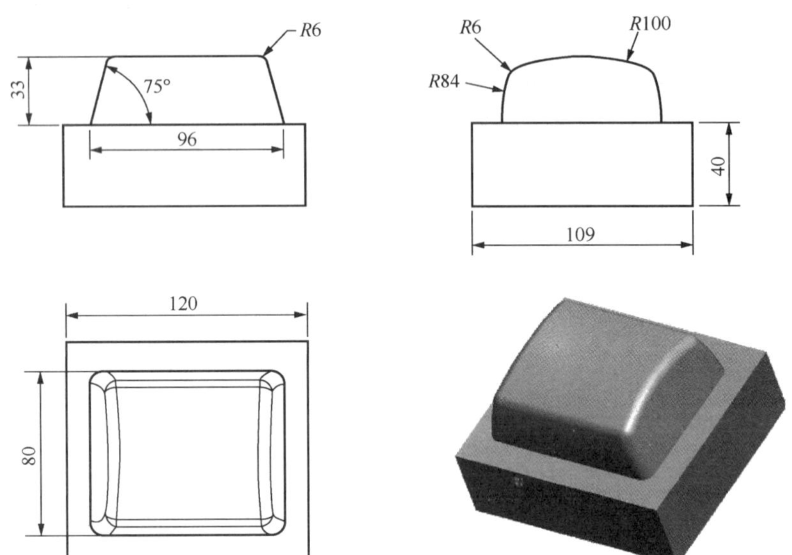

图 17.1　零件图

任务目的

1. 熟悉 MasterCAM X4 的三维加工基本流程。
2. 掌握 MasterCAM X4 中使用实体创建工件材料的方法。
3. 掌握等高外形加工和浅平面加工刀路的创建。

相关理论知识：MasterCAM X4 精加工方法

精加工的目的是切除粗加工剩余的材料，并满足零件的形状和尺寸精度的要求，精加工中一般采用球铣刀。

MasterCAM X4 提供了多种精加工方法，如平行、放射、陡斜面、投影、流线、等高

外形、浅平面和环绕等距加工方法，其中平行、流线、投影、轮廓和放射精加工方法与对应的粗加工方法类似，唯一的区别是粗加工中有 Z 向切削深度改变的功能。

（1）平行精加工

平行精加工方法是一个简单、有效和常用的精加工方法，加工刀具路径平行于某一给定方向，如图 17.2 所示，用于工件形状中凸出物与沟槽较少和曲面过渡比较平缓的情况。

（2）放射状精加工

放射状精加工方法，加工刀路以一点为中心，呈轮辐状，如图 17.3 所示，适用于具有回转特征的零件的加工，刀具可以由内向外或由外向内切削。

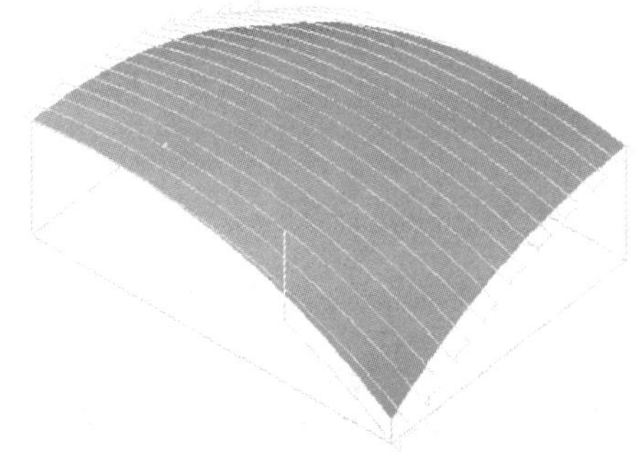

图 17.2　平行精加工

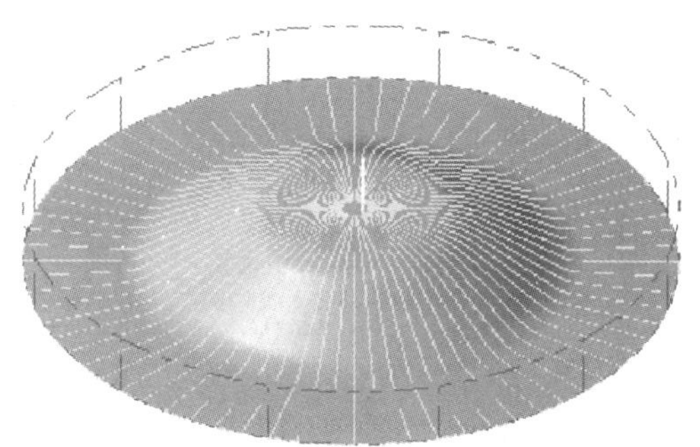

图 17.3　放射状精加工

（3）平行陡斜面精加工

陡斜面精加工方法产生的刀具路径是在被选择曲面的陡斜面上，其范围由参数设定，陡斜面加工刀具路径也是平行于给定方向，在其他方向上不产生刀具路径，如图 17.4 所示，因此，此方法只适用于零件被加工曲面基本平行于给定方向的特殊场合。

（4）浅平面精加工

浅平面精加工方法产生的刀具路径是在被选择曲面的近平面区域，其范围是由参数设定，浅平面精加工刀具路径也是平行于给定方向，如图 17.5 所示，此方法适用于具有接近平面特征的区域最终精加工。

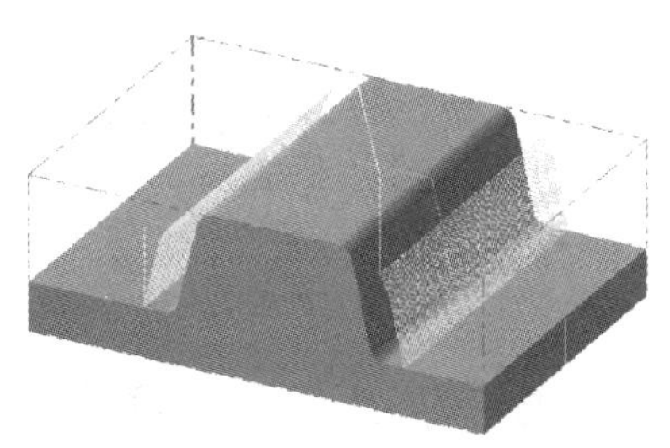

图 17.4　平行陡斜面加工

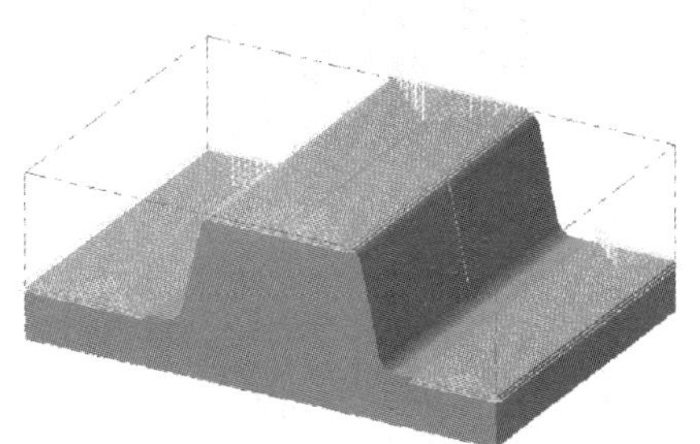

图 17.5　浅平面加工

(5) 投影精加工

投影精加工方法是将曲线或刀路投影到曲面上进行加工的方法，与投影粗加工基本相似，区别为 Z 方向只有一层刀路，而不分层加工。

(6) 曲面流线精加工

曲面流线精加工是沿着曲面的形状方向上创建光滑的流线型刀具运动轨迹，如图 17.6 所示，适用于具有较强方向性的面。

(7) 环绕等距精加工

环绕等距精加工方法是把被选择的所有曲面划分成连续等间距的扇形，从而产生的刀具路径，如图 17.7 所示，该加工方法不受零件形状的影响，可以适用于各种零件形状。环绕等距精加工方法在 Z 方向切削进给量不是固定的，使用此方法时，对于陡斜的面要注意曲面加工精度是否满足要求。

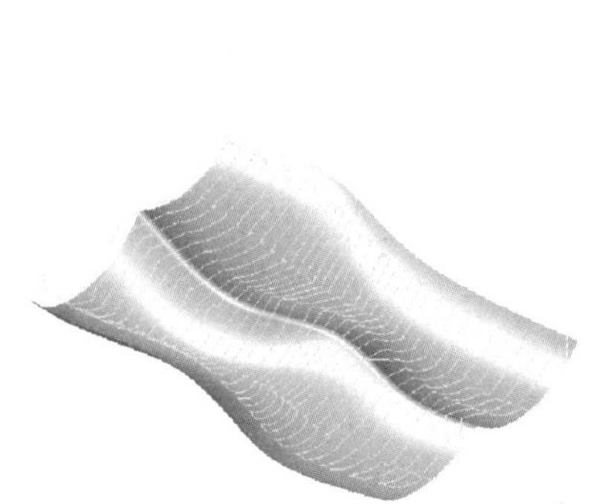

图 17.6　曲面流线加工

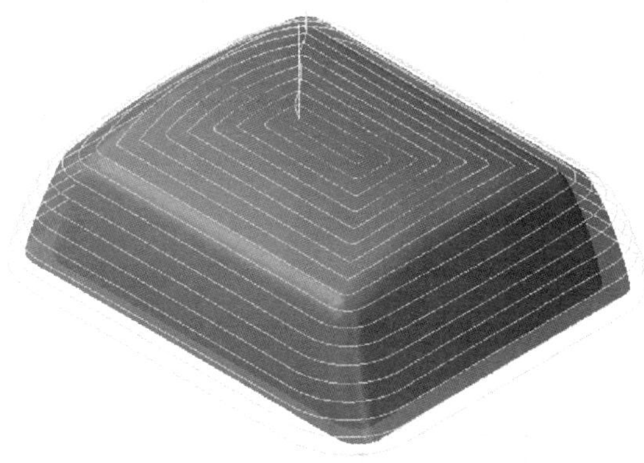

图 17.7　环绕等距精加工

图 17.8　等高外形精加工

(8) 等高外形精加工

等高外形精加工方法是沿着曲面外形，在 Z 方向上产生逐层精切削刀具路径。刀具的轨迹沿 Z 轴方向分布，Z 方向切削进给量是固定的，如图 17.8 所示，加工精度不受刀具路径之间间距的影响，主要用于大部分直壁或者斜度不大的侧壁的精加工，不适用于曲面表面平坦的情况。

(9) 残料清角精加工

残料清角精加工的目的是用小直径刀具切除精加工后，内凹未加工到区域剩余的材料，主要是为了保证加工效率。清角加工刀具路径只产生在相交曲面之间，因此，加工的范围很小，如图 17.9 所示。

(10) 交线精加工

交线精加工方法是清除曲面相交位置的多余材料，刀具路径相切于相交的两个曲面，如图 17.10 所示。

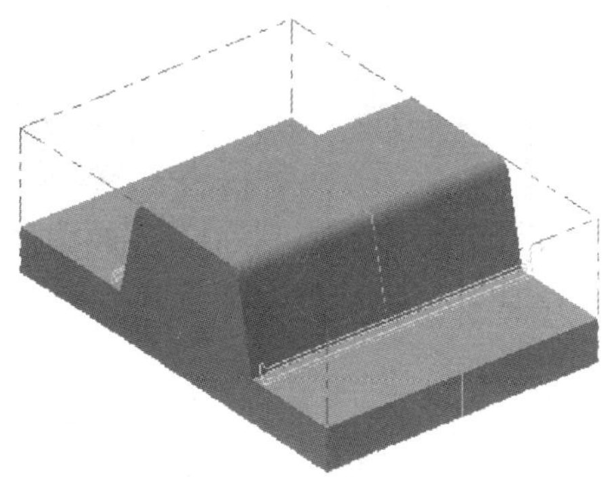

图 17.9　残料清角加工

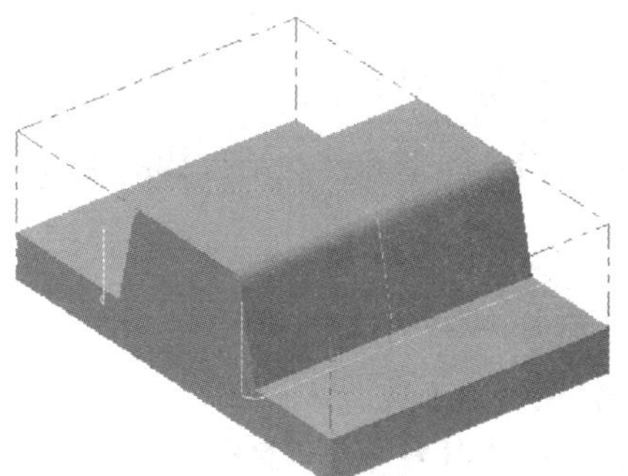

图 17.10　交线精加工

项目实施：创造加工锻造毛坯

1　项目分析

根据以上加工方法分析，确定本项目工艺过程见表 17.1。

表 17.1　项目实施工艺过程

<table>
<tr><td colspan="5" rowspan="2">数控加工工序卡</td><td colspan="2">零件代号</td><td colspan="2">零件名称</td></tr>
<tr><td colspan="2"></td><td colspan="2">凸模</td></tr>
<tr><td>材料名称</td><td>ALUMINUM mm-2024</td><td>材料状态</td><td>调质</td><td>毛坯尺寸</td><td colspan="2"></td><td>坯料可制件数</td><td>1</td></tr>
<tr><td>设备名称</td><td>数控铣床</td><td>设备型号</td><td colspan="2"></td><td>备注</td><td colspan="3"></td></tr>
<tr><td colspan="9"></td></tr>
<tr><td>工序号</td><td>工序名称</td><td colspan="3">工序内容</td><td colspan="2">刀具</td><td colspan="2">NC 程序文件名</td></tr>
<tr><td>1</td><td>等高外形粗加工</td><td colspan="3">粗加工凸台</td><td colspan="2">ϕ25 圆鼻刀</td><td colspan="2"></td></tr>
<tr><td>2</td><td>等高外形精加工</td><td colspan="3">精加工凸台</td><td colspan="2">ϕ16 球刀</td><td colspan="2"></td></tr>
<tr><td>3</td><td>浅平面精加工</td><td colspan="3">精加工凸台顶部浅平面</td><td colspan="2">ϕ16 球刀</td><td colspan="2"></td></tr>
</table>

<table>
<tr><td colspan="10">数控加工刀具表</td></tr>
<tr><td rowspan="2">刀具序号</td><td rowspan="2">工序序号</td><td colspan="5">刀具</td><td rowspan="2">加工余量</td><td rowspan="2">理论加工时间</td><td rowspan="2">备注</td></tr>
<tr><td>类型</td><td>刀具材料</td><td>直径</td><td>刀尖半径</td><td>装刀长度</td></tr>
<tr><td>1</td><td>1</td><td>圆鼻刀</td><td>合金</td><td>25</td><td>4</td><td></td><td>0.2</td><td></td><td></td></tr>
<tr><td>2</td><td>2</td><td>球刀</td><td>合金</td><td>20</td><td></td><td></td><td>0</td><td></td><td></td></tr>
<tr><td>2</td><td>3</td><td>球刀</td><td>合金</td><td>20</td><td></td><td></td><td>0</td><td></td><td></td></tr>
</table>

2 创建锻造毛坯

读入文件 17-1.mcx，结果如图 17.11 所示。

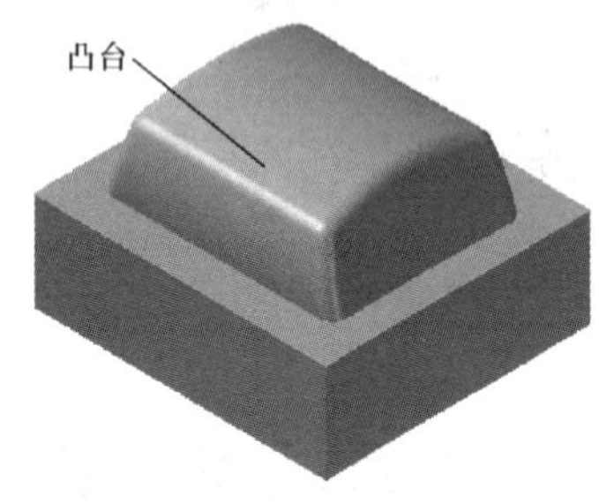

图 17.11 凸模实体模型

绘图→曲面→由实体生成曲面，取消实体面选择，选择实体模型，双击绘图区空白区域完成选择，单击确认选择。

屏幕→隐藏图素，单击全部...按钮，勾选“实体”复选框，单击“确定”按钮双击绘图区空白区域确定隐藏。

绘图→曲面→曲面补正，选择凸台曲面，如图 17.12 所示，双击绘图区空白区域完成选取，输入补正距离为 2，单击确认补正结果，创建凸台与平台之间倒圆角半径为 5（修剪、连接），结果如图 17.13 所示。

实体→曲面生成实体，单击完成实体创建。

单击材料设置，如图 17.14 所示，形状设置为实体，单击按钮，选择上一步创建的实体，单击完成毛坯创建，隐藏实体，恢复隐藏原模型，如图 17.15 所示。

图 17.12 凸台曲面选取结果图

图 17.13 曲面补正结果

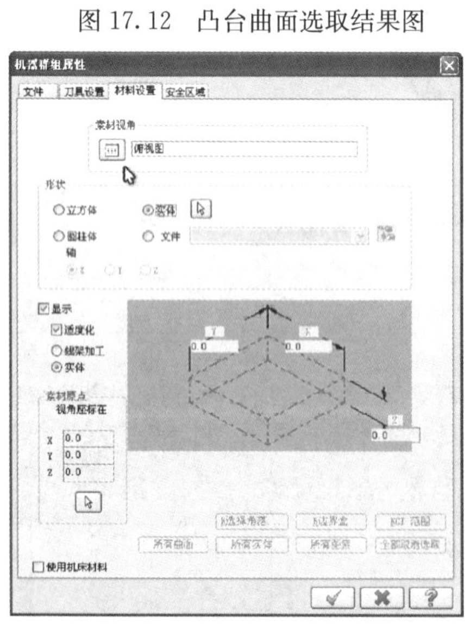

图 17.14 毛坯创建对话框

图 17.15 毛坯创建结果

3　创建粗加工

图 17.16　加工边界

右击操作管理区，选择“铣床刀具路径”→“曲面粗加工”→“等高外形”选项，输入 NC 名称 17-1，窗选实体，双击绘图区空白区域完成选择，选择图 17.16 所示边界为加工边界，单击☑完成加工图形和边界定义。

选择库中的刀具，选择 205 号圆鼻刀，设定参数如图 17.17 所示。

选择曲面加工参数选项卡，设置加工面预留量 0.2mm。

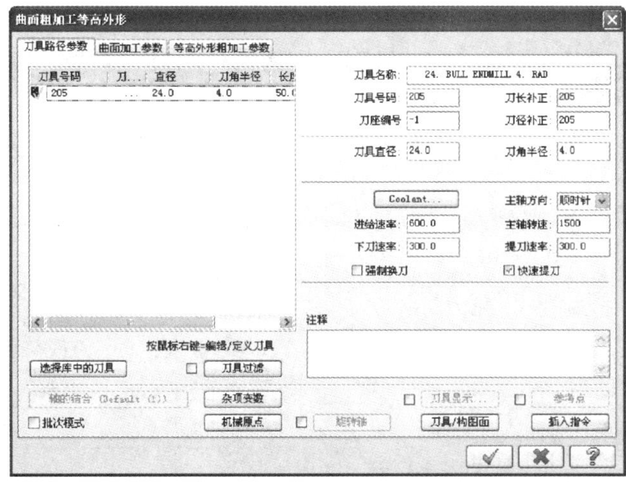

图 17.17　等高外形粗加工切削参数

选择等高外形参数选项卡，设置参数如图 17.18 所示，单击☑完成创建。

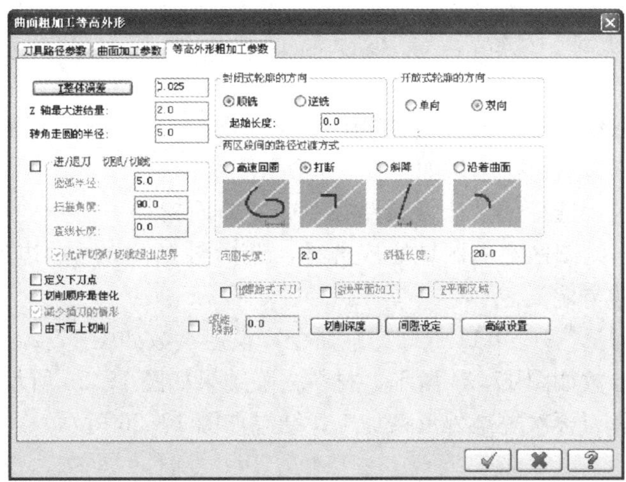

图 17.18　等高外形粗加工参数

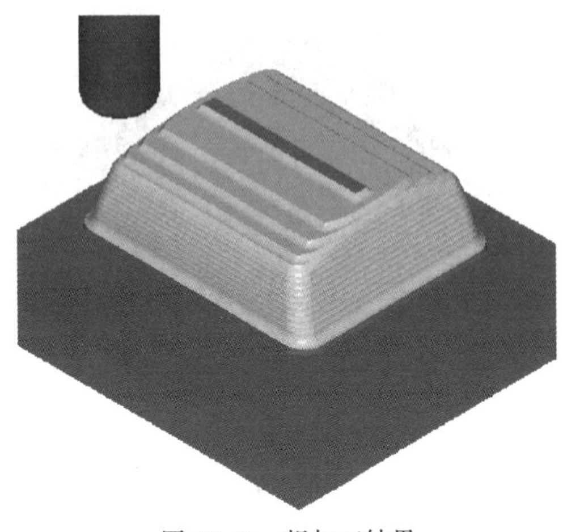

图 17.19　粗加工结果

粗加工材料去除结果如图 17.19 所示。

4 创建精加工

右击操作管理区，选择“铣床刀具路径”→“曲面精加工”→“等高外形”→“窗选实体”命令，双击绘图区空白区域完成选择，选择图 17.16 所示边界为加工边界，单击☑完成加工图形和边界定义。

选择“库中的刀具”→“111 号球刀”命令，设定参数如图 17.20所示。

选择曲面加工参数选项卡设置加工面预留量 0 mm。

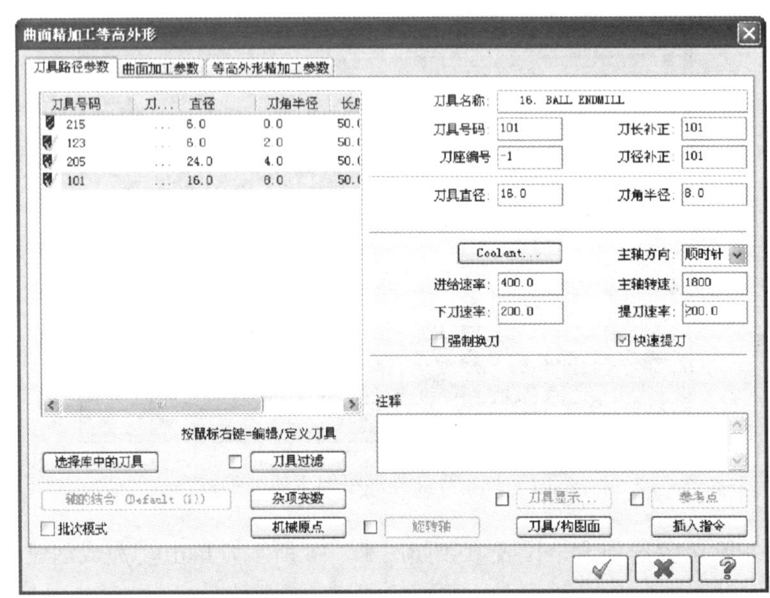

图 17.20　等高外形精加工切削参数

选择等高外形参数选项卡设置参数如图 17.21所示，单击☑完成创建。

等高外形精加工材料去除结果如图 17.22 所示。

右击操作管理区，选择“铣床刀具路径”→“曲面精加工”→“浅平面加工”→“窗选实体”命令，双击绘图区空白区域完成选择，选择图 17.16 所示边界为加工边界，单击☑完成加工图形和边界定义。

选择“库中的刀具”→“111 号球刀”命令，设定参数如图 17.23 所示。

浅平面精加工参数如图 17.24 所示，材料去除结果如图 17.25 所示。

选择 123 号圆鼻刀再次等高外形精加工，结果如图 17.26 所示。

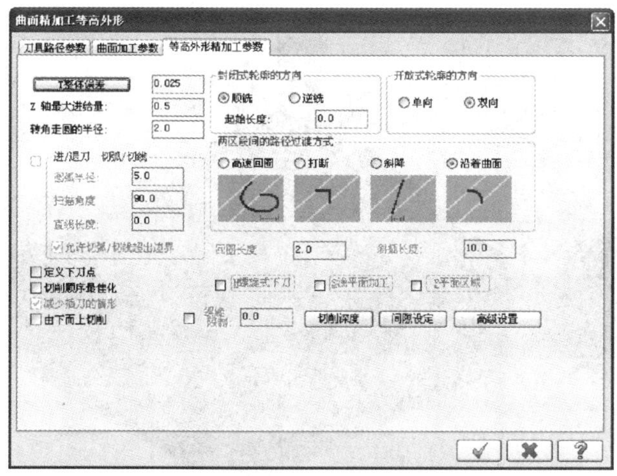

图 17.21　等高外形精加工参数

图 17.22　等高外形精加工结果

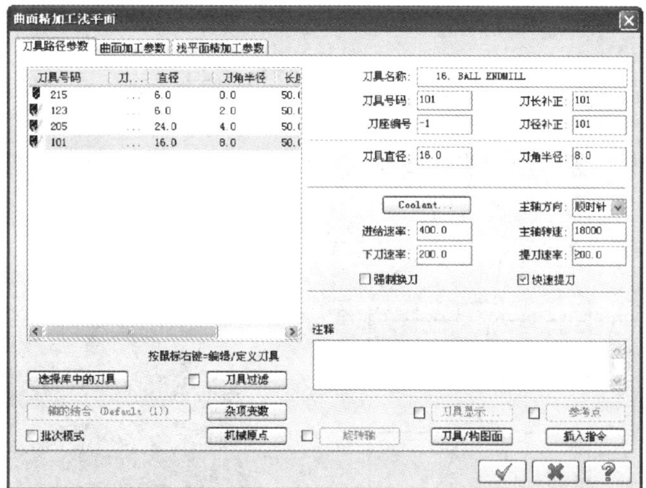

图 17.23　浅平面精加工切削参数

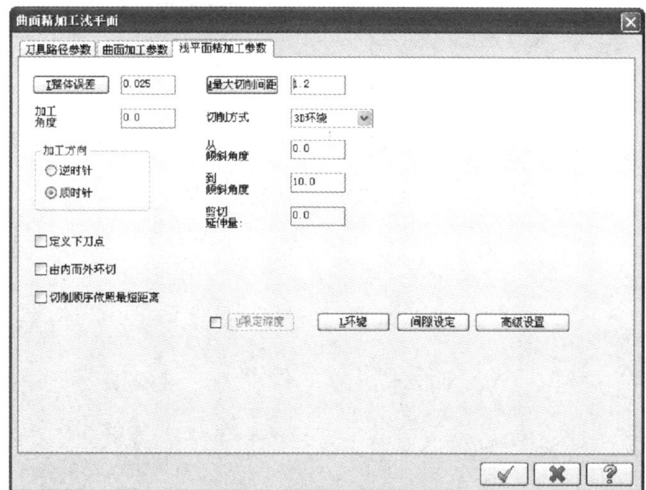

图 17.24　浅平面精加工参数

图 17.25 浅平面精加工结果

图 17.26 二次等高外形精加工结果

上机练习

创建图 17.27 所示各模型（实体或曲面），并完成材料设置及加工模拟。

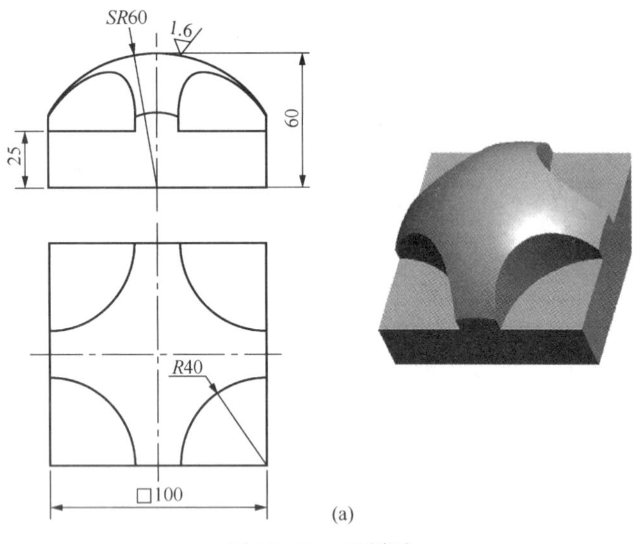

图 17.27 习题图

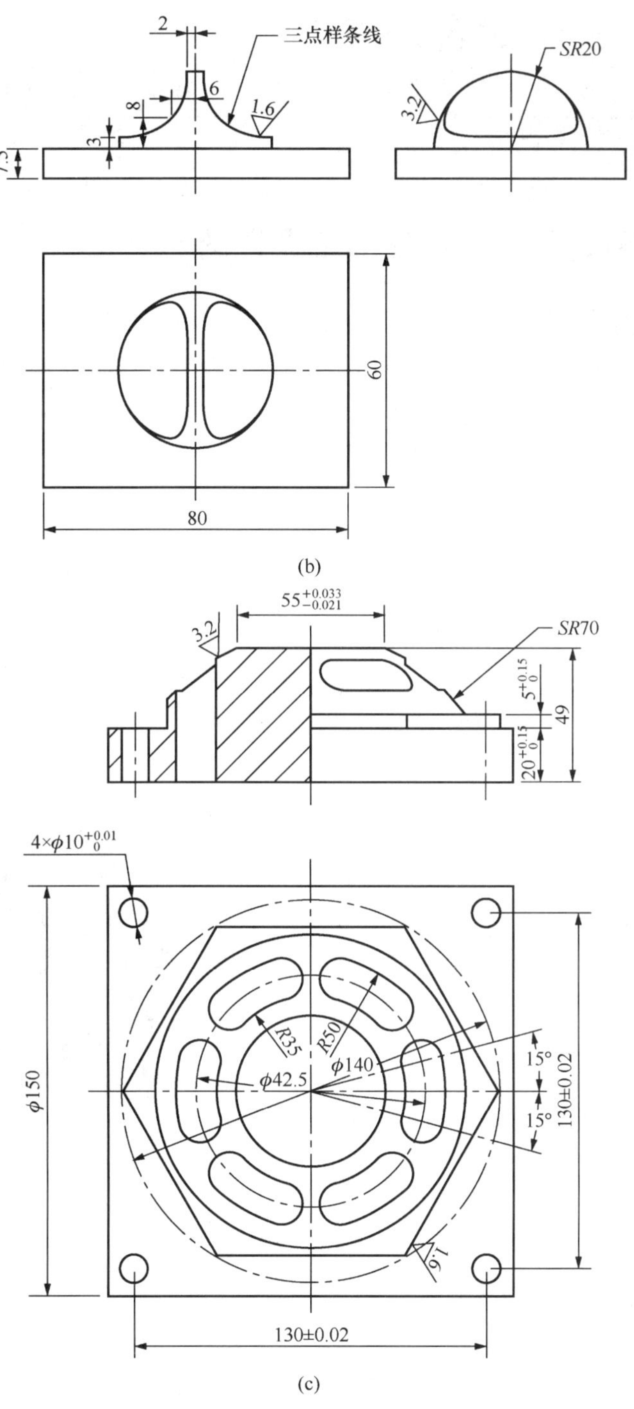
2
三点样条线
6
8
1.6
3
7.5
SR20
3.2
60
80
(b)
$55^{+0.033}_{-0.021}$
3.2
SR70
$5^{+0.15}_{0}$
49
$20^{+0.15}_{0}$
$4\times\phi10^{+0.01}_{0}$
R35
R50
ϕ140
ϕ42.5
15°
15°
130±0.02
ϕ150
1.6
130±0.02
(c)

图 17.27　习题图（续）

项目 18　三维综合加工

项目任务：创建加工零件图

任务内容

根据图 18.1 所示的图形，创建 100mm×80mm×42mm 的长方体毛坯，要求上表面最小加工余量 2mm，并选择合理的加工方法进行加工，将其保存在“D：\ MasterCAM 项目 18”文件夹中，文件名为“18-1.mcx”。

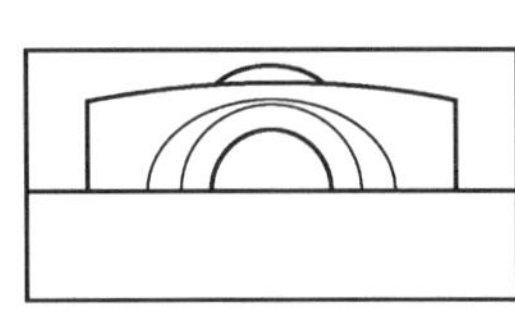

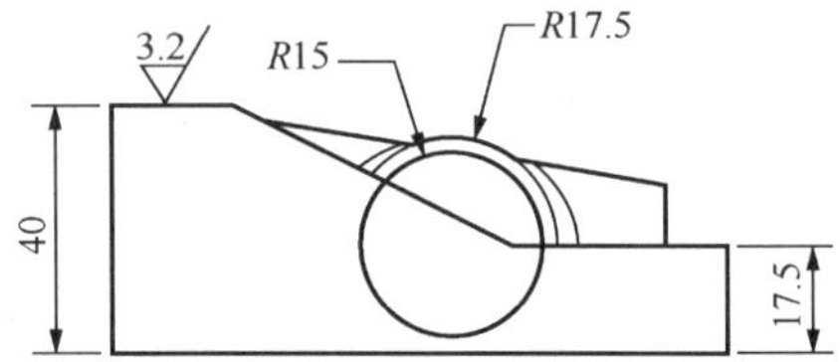

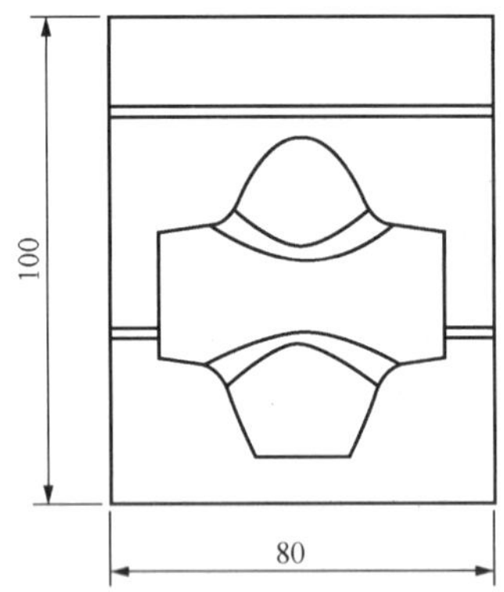

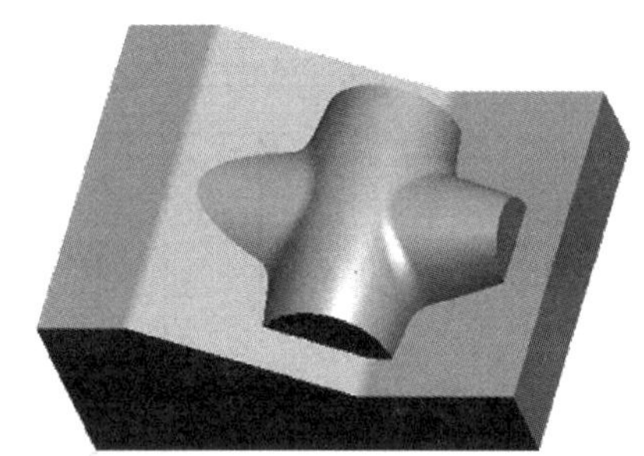

图 18.1　零件图

任务目的

1. 能按要求完成毛坯材料设置。
2. 学会加工方法的选择、刀具的选择、加工参数的设定。
3. 学会 MasterCAM X4 中各种三维加工方法的创建。

项目实施：创建加工零件图

1　项目分析

根据前面加工方法分析，确定本项目工艺过程见表 18.1。

表 18.1　项目实施工艺过程

数控加工工序卡					零件代号	零件名称	
材料名称	ALUMINUM mm-2024	材料状态	调质	毛坯尺寸		坯料可制件数	1
设备名称	数控铣床	设备型号		备注			

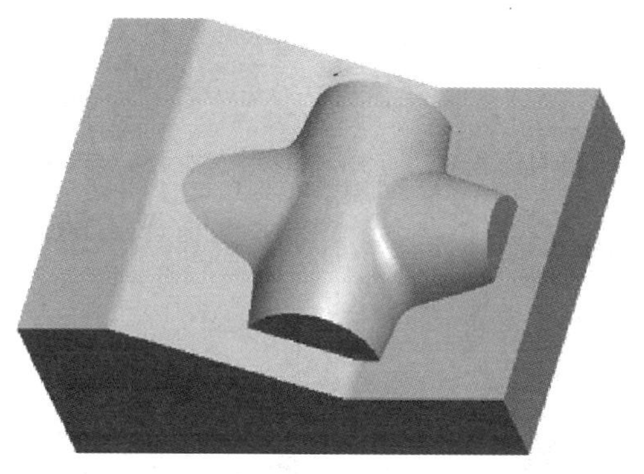

工序号	工序名称	工序内容	刀具	NC 程序文件名
1	平行粗加工	粗加工曲面	ϕ10 平底刀	
2	平行精加工	精加工曲面	ϕ6*R*2 圆鼻刀	
3	曲面流线精加工	精加工举升曲面	ϕ6*R*2 圆鼻刀	
4	曲面流线精加工	精加工举升曲面	ϕ6*R*2 圆鼻刀	
5	曲面流线精加工	精加工倒圆角曲面	ϕ2 球刀	
6	残料清角精加工	精修交线	ϕ2 球刀	

数控加工刀具表

刀具序号	工序序号	刀具					加工余量	理论加工时间	备注
		类型	刀具材料	直径	刀尖半径	装刀长度			
1	1	平底刀		10			0.2		
2	2	圆鼻刀		6	2		0.2		
3	3	圆鼻刀		6	2		0		
2	4	圆鼻刀		6	2		0		
3	5	球刀		2			0		
3	6	球刀		2			0		

2 创建毛坯

读入文件 18-1. mcx，结果如图 18. 2 所示。

选择材料设置选项卡，形状设置为立方体，XYZ 设置如图 18. 3 所示，单击☑完成毛坯创建，如图 18. 4 所示。

3 创建粗加工

右击操作管理区，选择“铣床刀具路径”→“曲面粗加工”→“平行铣削”命令，输入 NC 名称 18-1→凸曲面，选择如图 18. 5 所示曲面，双击绘图区空白区域完成选择，单击☑完成加工图形和边界定义。

右击参数对话框刀具定义区，创建新刀具，类型为“平底刀”，直径为 10mm，设定参数如图 18. 6 所示。

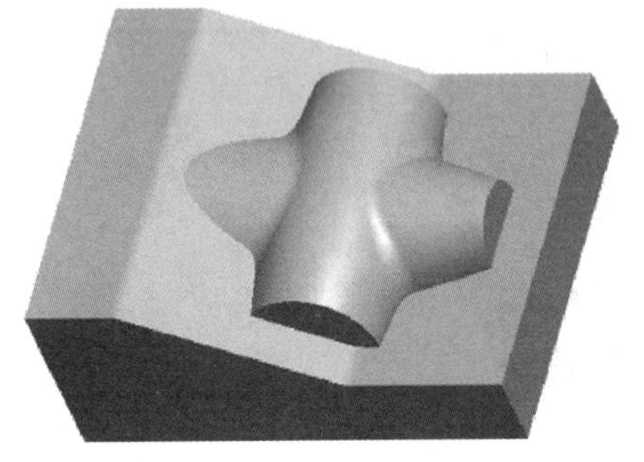

图 18. 2 零件模型

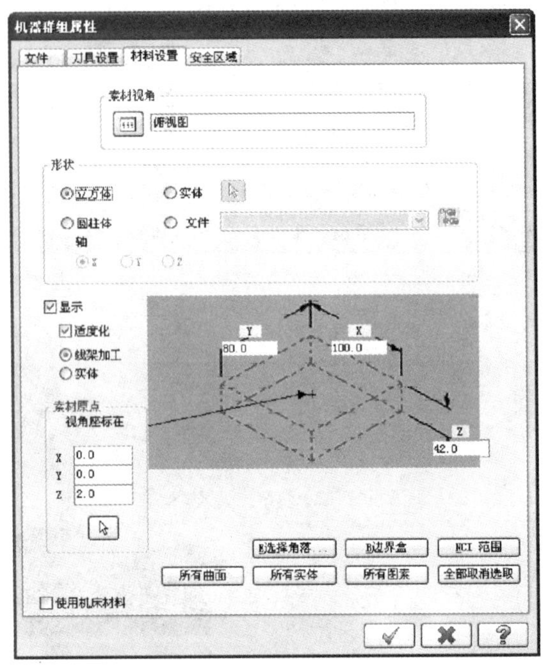

图 18. 3 毛坯创建对话框

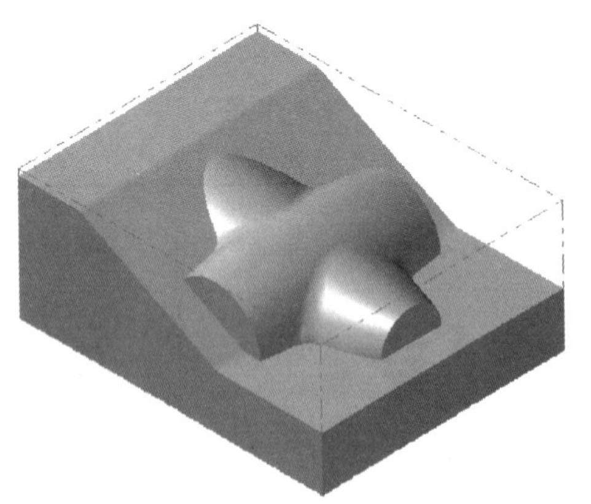

图 18. 4 毛坯创建结果

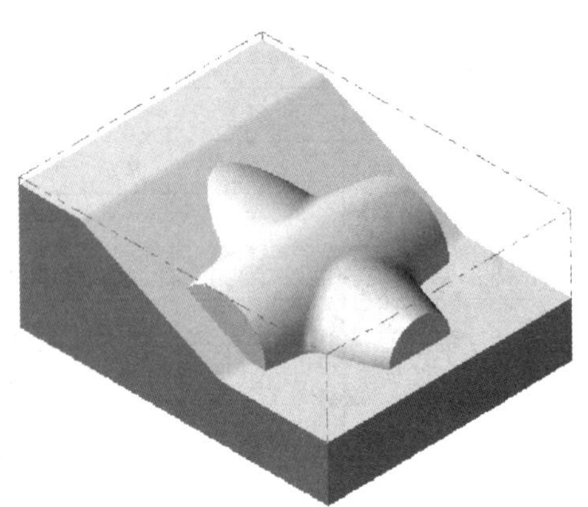

图 18. 5 平行铣削曲面

选择“曲面加工参数”选项卡设置加工面预留量为 0. 2mm。

选择“粗加工平行铣削参数”选项卡设置参数如图 18. 7 所示，单击☑完成创建。

粗加工材料去除结果如图 18. 8 所示。

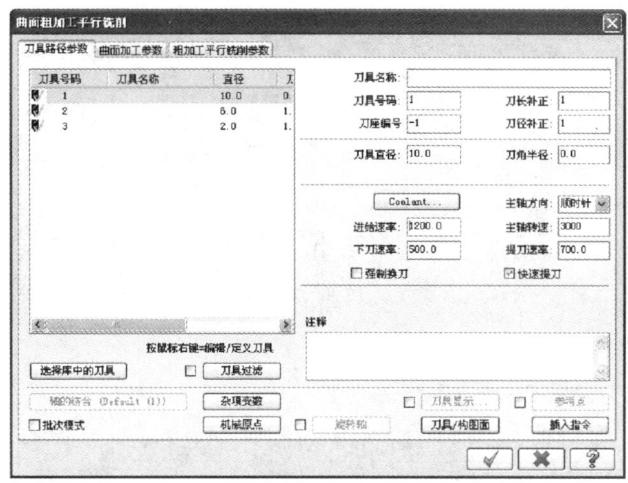

图 18.6　等高外形粗加工切削参数

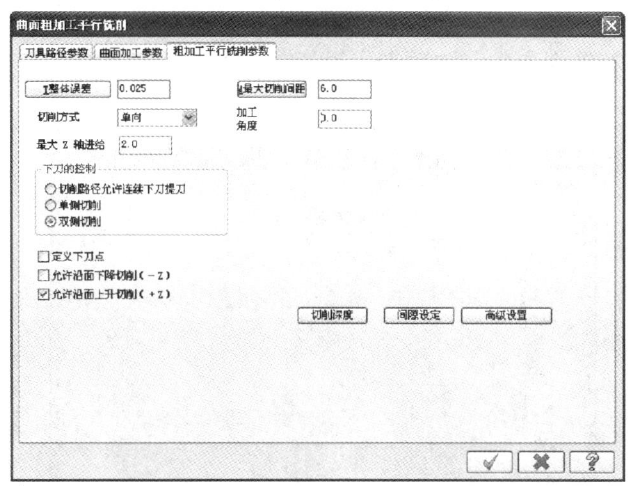

图 18.7　平行铣削粗加工参数

4　创建精加工

右击操作管理区，选择“铣床刀具路径”→“曲面精加工”→“平行铣削”→“凸曲面”命令，单击选择图 18.5 所示曲面，双击绘图区空白区域完成选择，单击完成加工图形和边界定义。

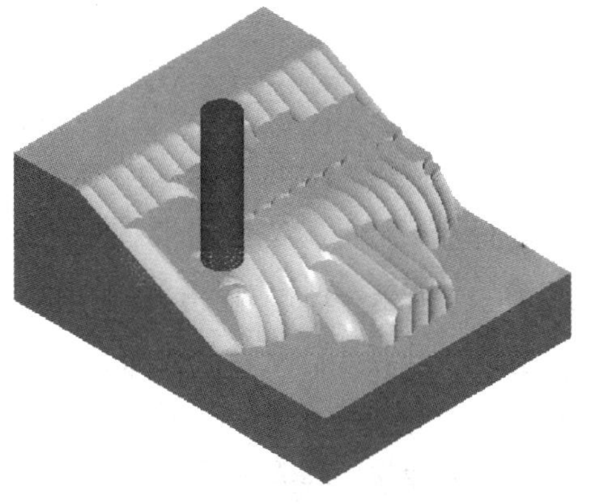

图 18.8　粗加工结果

右击参数对话框刀具定义区，创建新刀具，刀具号码 2，类型“圆鼻刀”，直径 6 mm，刀角半径 2mm，设定参数如图 18.9 所示。

选择“曲面加工参数”选项卡，加工面预留量 0mm。

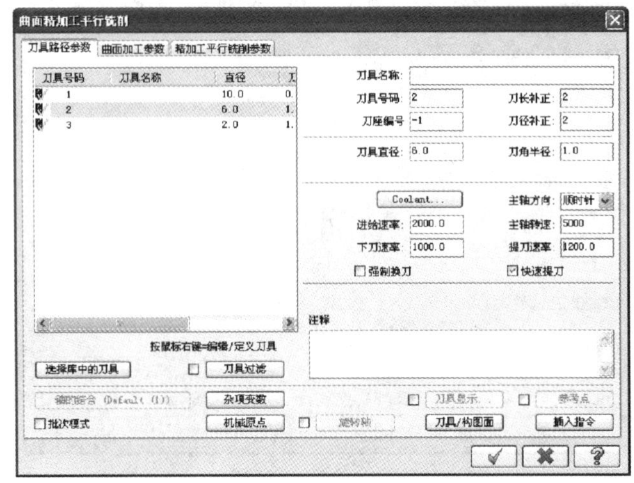

图 18.9　平行铣削精加工切削参数

选择“粗加工平行铣削参数”选项卡，设置参数如图 18.10 所示，单击☑完成创建。平行精加工材料去除结果如图 18.11 所示。

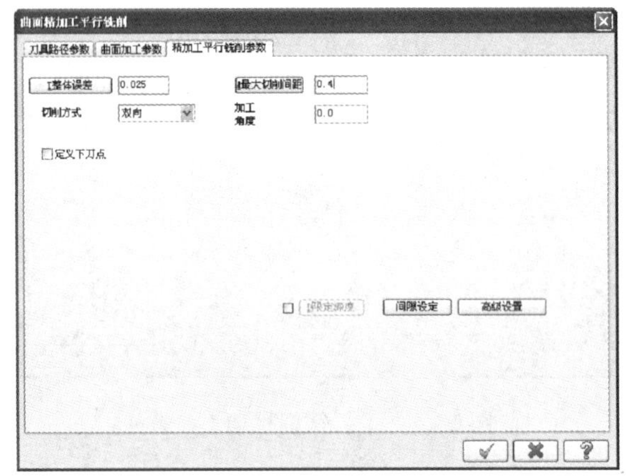

图 18.10　平行铣削精加工参数

右击操作管理区，选择“铣床刀具路径”→“曲面精加工”→“曲面流线加工”命令，选择图 18.12所示曲面，双击绘图区空白区域完成选择，单击干涉栏中的，选择图 18.13 所示曲面为干涉面，双击绘图区空白区域完成选择，单击曲面流线栏中的，设置流线如图 18.14 所示→单击两次☑完成加工图形和边界定义。

选择 2 号刀具，设定参数如图 18.9 所示，加工余量 0，残脊高度 0.02，单击☑完成创建。

右击上一步创建的流线加工，复制，右击操作管理区粘贴，单击粘贴后的流线加工刀路前面的＋号展开刀路，展开图形，单击“图形－1 加工曲面”出现图 18.15 所示对话框单击取消选择的曲面，单击选择如图 18.16 所示曲面，双击绘图区空白区域完成选择，单击☑完成加工曲面修改。

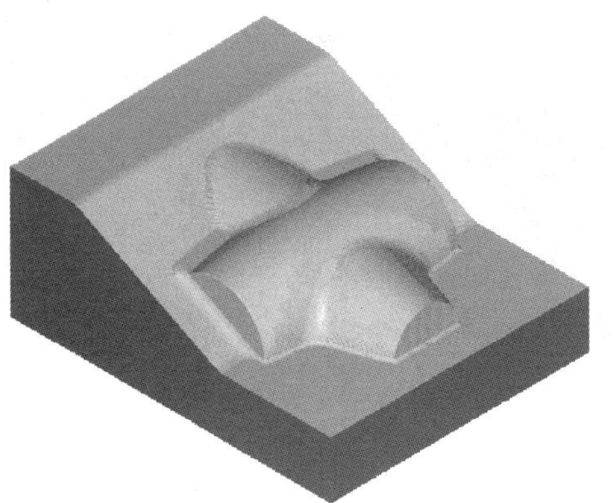

图 18.11　平行精加工模拟结果

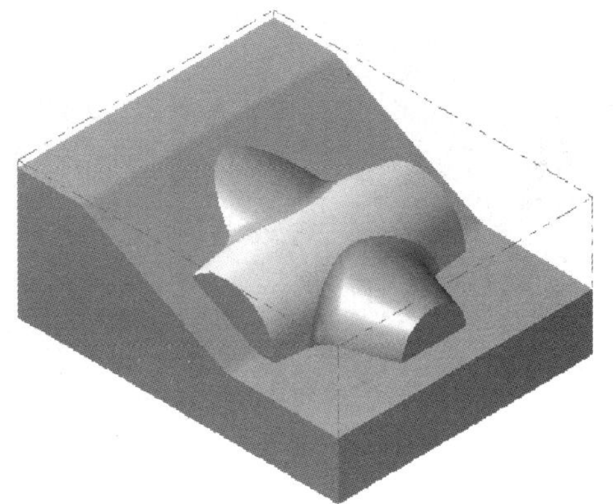

图 18.12　流线加工曲面

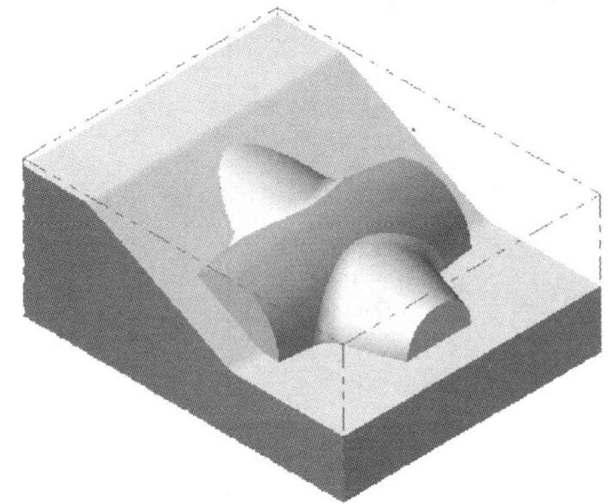

图 18.13　流线加工干涉曲面

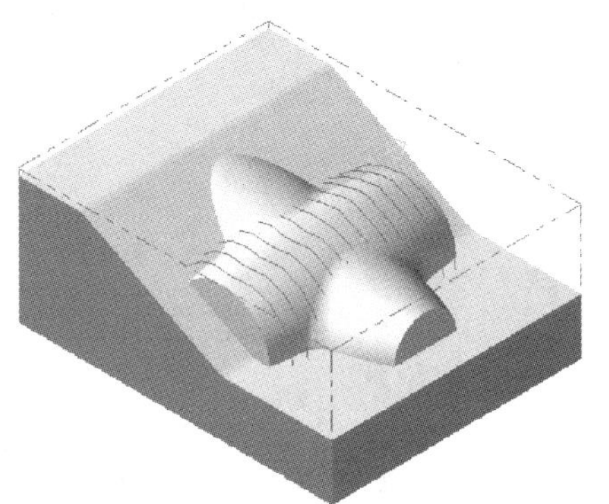

图 18.14　流线设置

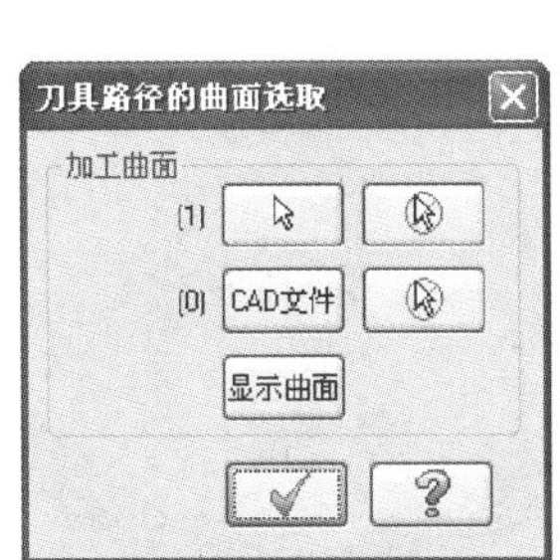

图18.15　曲面选择对话框

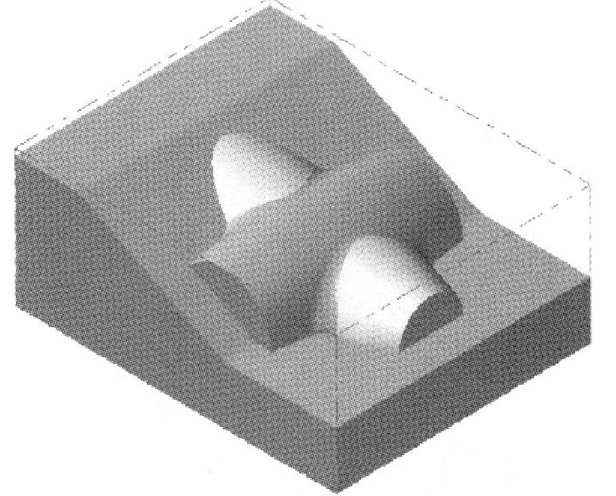

图 18.16　流线加工曲面

同样的方法修改干涉面和流线设置分别如图 18.17 和图 18.18 所示。

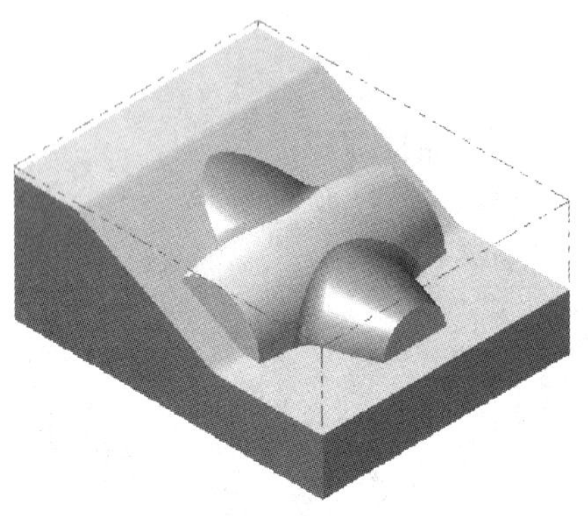

图 18.17　干涉曲面选择结果

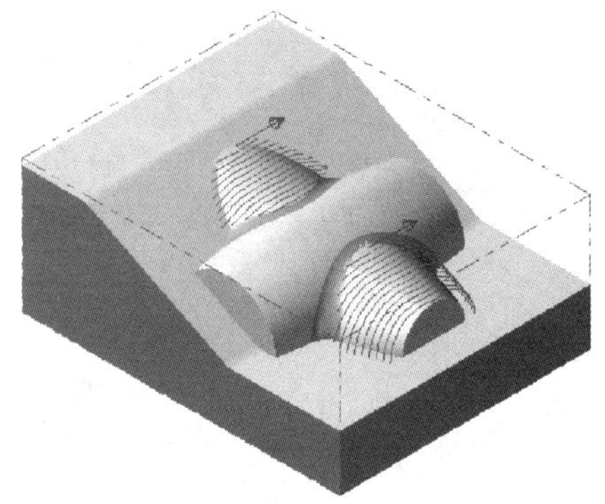

图 18.18　流线设置

创建第三个流线加工，刀具为新建球刀，直径 2，刀具参数、加工曲面、干涉面、流线设置分别如图 18.19～图 18.22 所示。

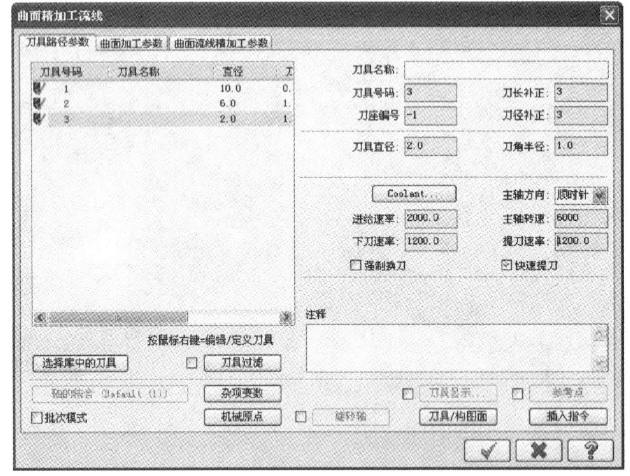

图 18.19　刀具参数

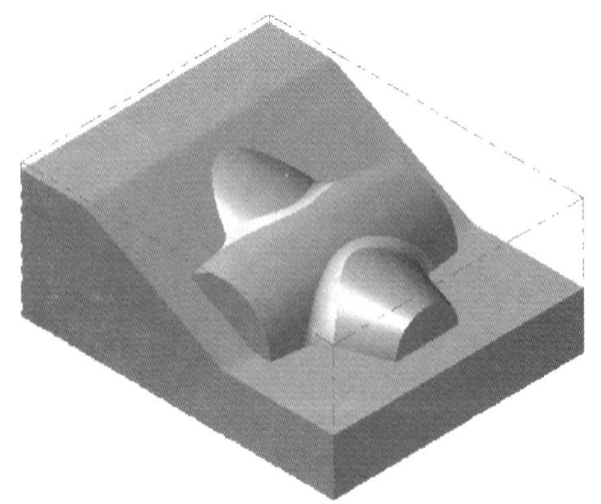

图 18.20　加工曲面

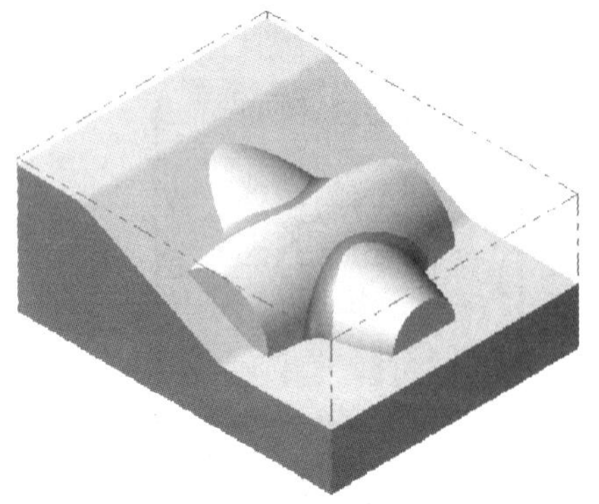

图 18.21　干涉曲面

以上 3 个流线加工模拟结果如图 18.23 所示。

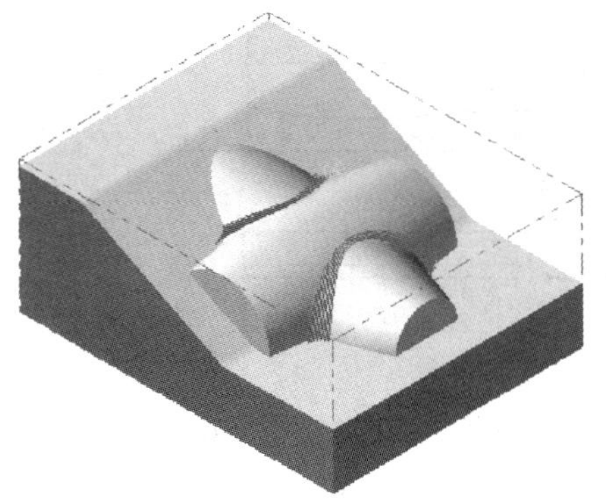
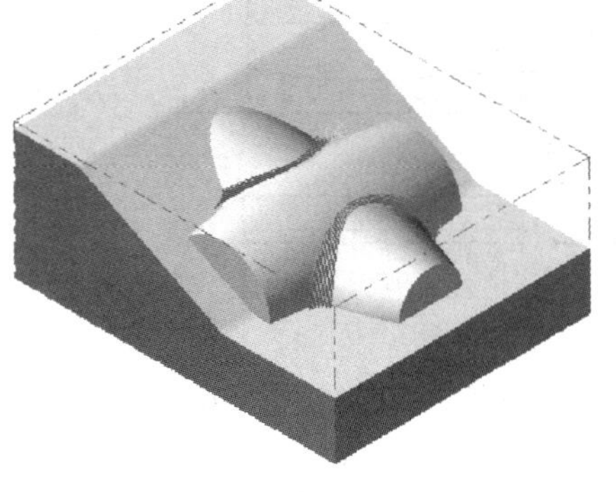

图 18.22　流线设置

图 18.23　曲面流线加工模拟结果

右击操作管理区，选择“铣床刀具路径”→“曲面精加工”→“交线加工”命令，选择图 18.5 所示曲面，双击绘图区空白区域完成选择，单击☑完成加工图形和边界定义。

选择 3 号刀具，设定参数如图 18.19 所示加工余量 0，交线加工参数中平行加工次数设置如图 18.24 所示，单击☑完成创建。

交线加工模拟结果如图 18.25 所示。

平行加工次数

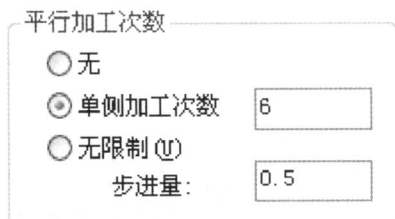

- ○ 无
- ◉ 单侧加工次数　6
- ○ 无限制(U)
- 步进量:　0.5

图 18.24　平行加工次数

图 18.25　交线加工模拟结果

上机练习

创建图 18.26 所示各模型（实体或曲面），并完成材料设置及加工模拟。

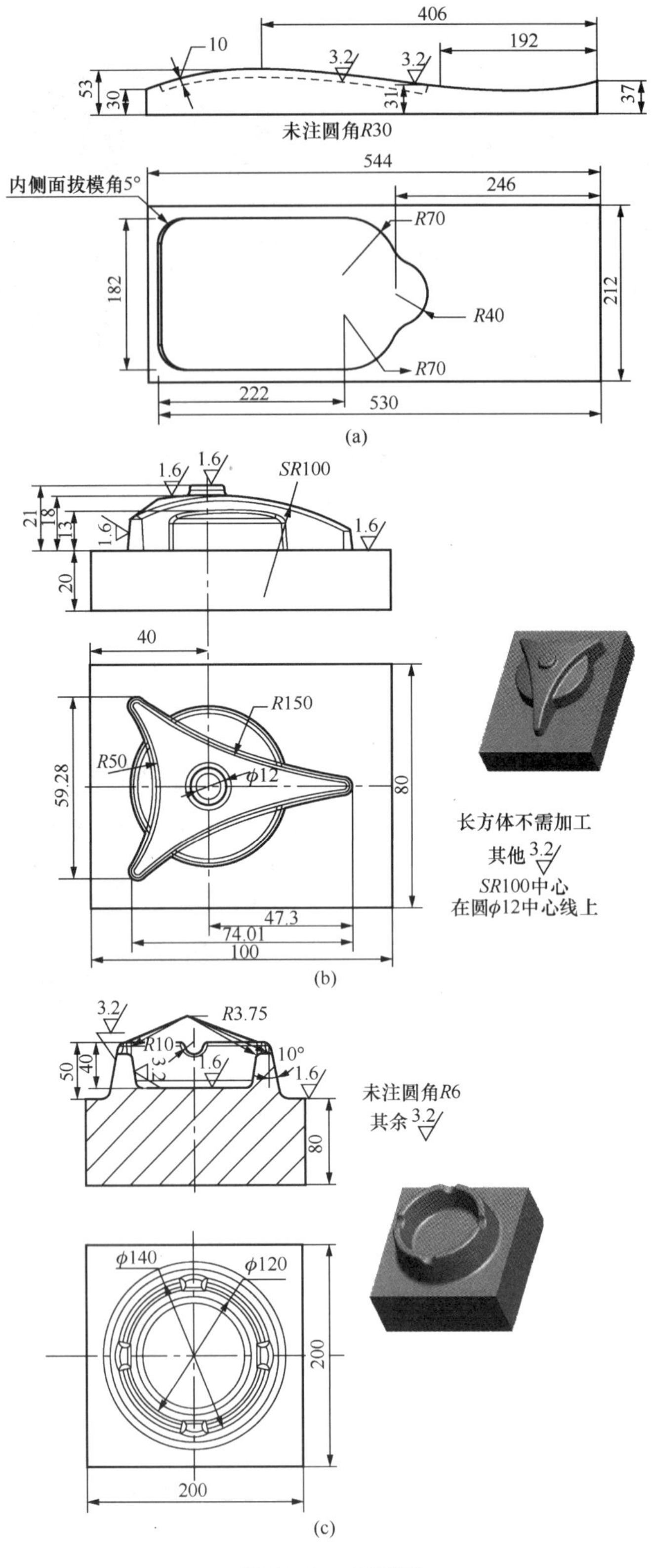
406
192
10
3.2
3.2
53
30
31
37
未注圆角R30
544
246
内侧面拔模角5°
R70
182
R40
212
R70
222
530
(a)
1.6
1.6
SR100
21
18
13
1.6
1.6
20
40
R150
R50
φ12
59.28
80
长方体不需加工
其他 3.2
SR100中心
在圆φ12中心线上
47.3
74.01
100
(b)
3.2
R3.75
R10
10°
1.6
1.6
3.2
50
40
未注圆角R6
其余 3.2
80
φ140
φ120
200
200
(c)

图 18.26　习题图

项目 19　铣床其他加工

项目任务

任务内容

根据图 19.1 所示的图形，创建 ϕ62mm×22mm 的圆柱体毛坯，要求上表面最小加工余量 2 mm，并选择合理的加工方法进行加工，将其保存在“D：\ MasterCAM 项目 19”文件夹中，文件名为“19-1. mcx”。

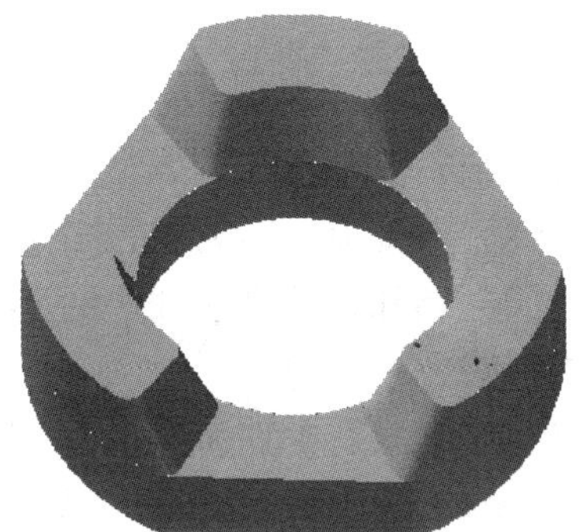

图 19.1　零件模型

任务目的

1. 能按要求完成毛坯材料设置。
2. 学会加工方法的选择、刀具的选择、加工参数的设定。
3. 学会 MasterCAM X4 中全圆路径方法的创建。
4. 学会 MasterCAM X4 中刀具路径的转换与修剪。

相关理论知识：铣床其他加工方法

1　全圆路径

（1）全圆铣削

使用全圆铣削可以根据一个点创建铣圆形槽的刀具路径。可以在屏幕上任选一点，或选择一个绘制的点，或选择圆弧上的点作为圆形槽中心，MasterCAM X4 将根据制定的直径和深度铣出一个圆形槽。

创建方法：右击操作管理区，选择“铣床刀具路径”→“全圆路径”→“全圆铣削”命令，选择点，设定刀具、夹头、切削参数、共同参数，确定完成。

图 19.2 所示为全圆铣削刀具路径，图 19.2（b）为加工结果。

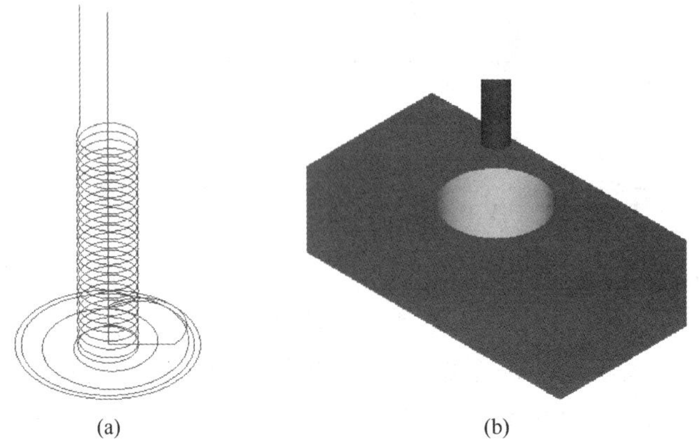

图 19.2　全圆铣削

（2）螺旋铣削（螺纹铣削）

使用螺旋铣削是用螺纹刀或其他合适刀具，通过一组螺旋线形的刀具路径加工出螺纹的方法。内螺纹加工时必须先钻孔，外螺纹加工时必须先加工出圆柱凸台。可以选择点或者圆弧上的点作为加工参考对象。

刀具的齿数、螺纹的顶端、螺纹的深度、螺纹的节距等参数决定了螺纹加工的圈数。如果圈数小于 1，MasterCAM X4 会自动调整螺纹顶部到一圈。

用此方法可以加工带锥度的螺纹。

创建方法：右击操作管理区，选择“铣床刀具路径”→“全圆路径”→“螺旋铣削”命令，选择点，设定刀具、夹头、切削参数、共同参数，确定完成。

图 19.3 为铣槽刀在阀顶部加工出来的螺纹。

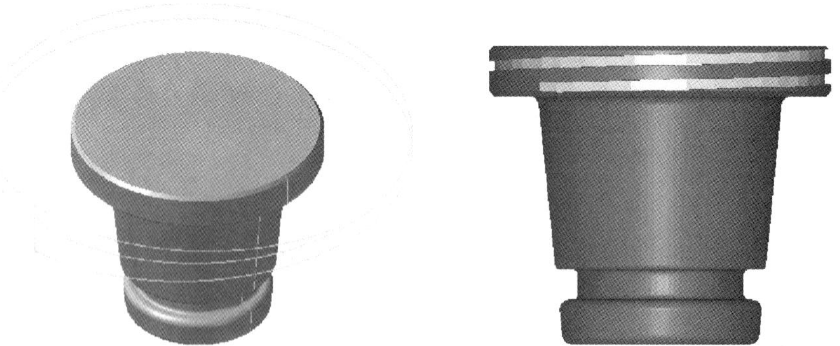

图 19.3　螺旋铣削

（3）键槽铣削

键槽铣削加工路径可以高效地加工半圆形键槽。

创建方法：右击操作管理区，选择“铣床刀具路径”→“全圆路径”→“键槽铣削”→“键槽形矩形”命令，设定刀具、夹头、切削参数、共同参数，确定完成。

图 19.4 为平底刀在阶梯轴上加工键槽。

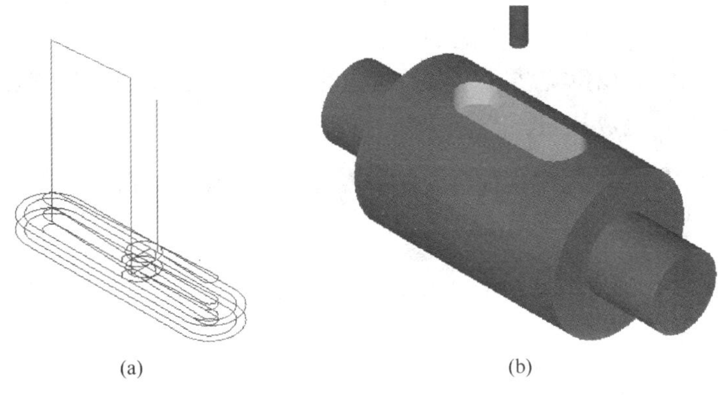

(a)　　(b)

图 19.4　键槽铣削

（4）螺旋式钻孔

螺旋式钻孔刀具路径专为 Dapra 公司的非轴对称式刀具 Felix 设计。这种刀具向下螺旋运动作粗加工，在地段切换成精加工，通过向上的螺旋运动完成精加工。类似于全圆铣削，需要选择一个点创建刀具路径，外径由刀具路径参数决定。

创建方法：右击操作管理区，选择“铣床刀具路径”→“全圆路径”→“螺旋式钻孔”，选择点，设定刀具、夹头、切削参数、共同参数，确定完成。

注：MasterCAM X4 中没有定义 Felix 刀具类型，当创建该刀具路径时，请选择平底刀。

2　刀具路径转换

当被加工曲面中有较多相同结构的时候，如图 19.5 所示，在创建刀具路径时，为了减少计算时间，可以通过刀具路径转换的平移、旋转、镜像功能从相同结构部分复制出新的刀具路径。

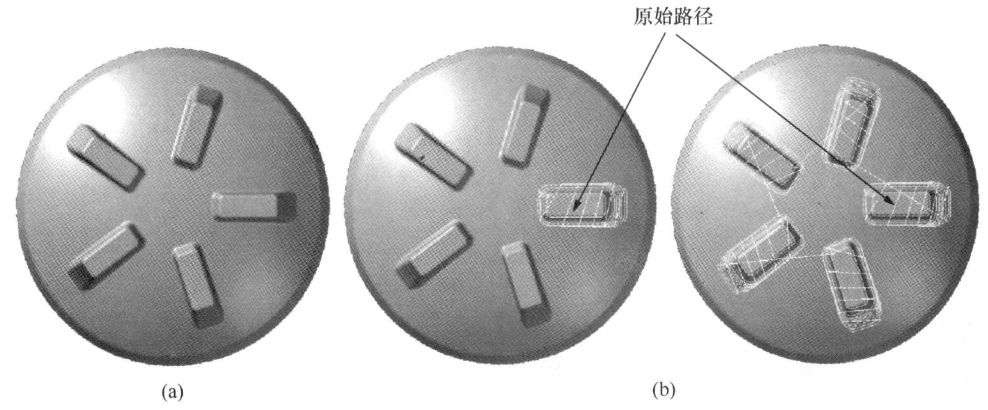

(a)　　(b)

图 19.5　具有相同结构的模型

创建方法：右击操作管理区，选择“铣床刀具路径”→“路径转换”命令，出现图 19.6 对话框，选择类型为“旋转”，方式为“坐标”→选择“旋转”选项卡，如图 19.7 所示，旋转的基准点为原点，切削次数 5（包括被复制的刀具路径），起始角度 0°（转换后原始路径所在的角度，如设为 90°，则图 19.5 中的原始路径在正上方），旋转角度 72°（两个路径间的夹角），选中对视角旋转（以当前视图的 Z 轴为旋转中心，如旋转轴为刀具轴，则可不选该项），单击☑完成按钮。

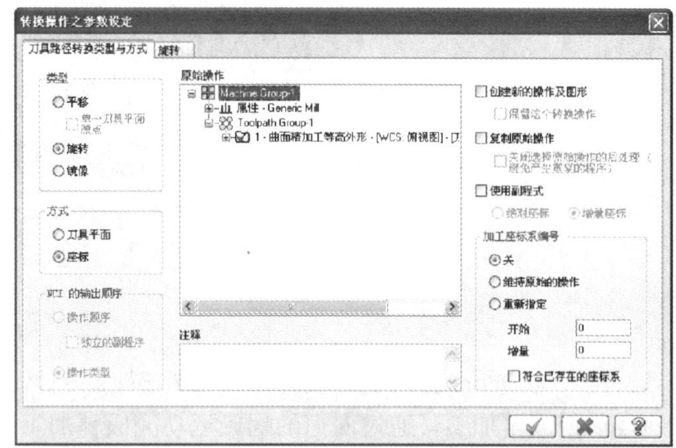

图 19.6　“刀具路径转换类型与方式”选项卡

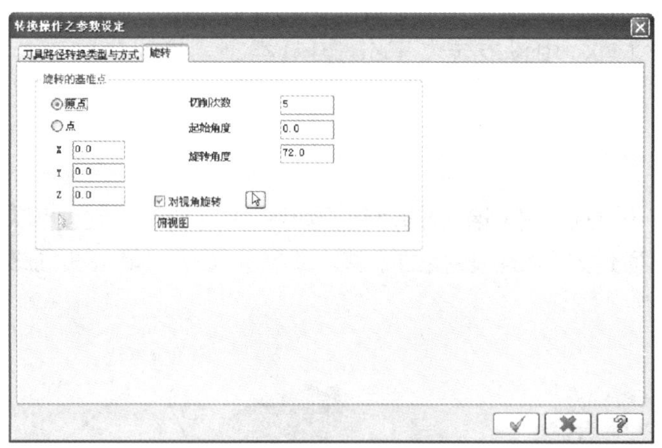

图 19.7　刀具路径转换参数选项卡

3　刀具路径修剪

当创建的刀具路径超过了需要加工的边界，或者部分刀具路径想要删除，如图 19.5 所示，从第三个图得到第二个图所要的路径，则采用刀具路径修剪的方法。

创建方法：绘制多边形如图 19.8 所示，右击操作管理区，选择“铣床刀具路径”→“路径修剪”→“串联选择该多边形”命令，单击☑完成选择，选择多边形外部任一点为保留区域，出现图 19.9 所示修剪刀具路径对话框，选择需修剪的刀具路径，单击☑完成修剪。

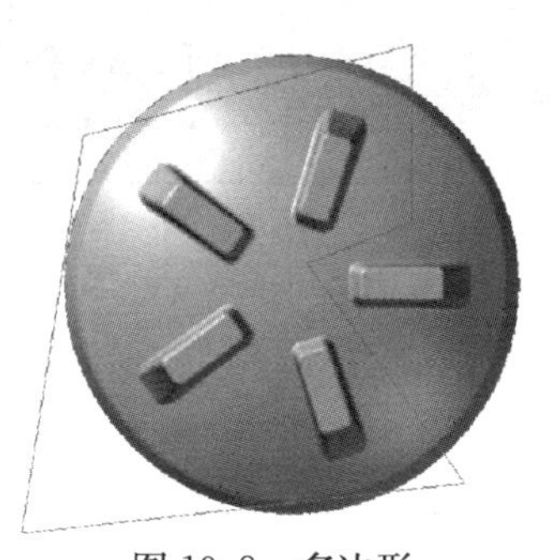

图 19.8　多边形

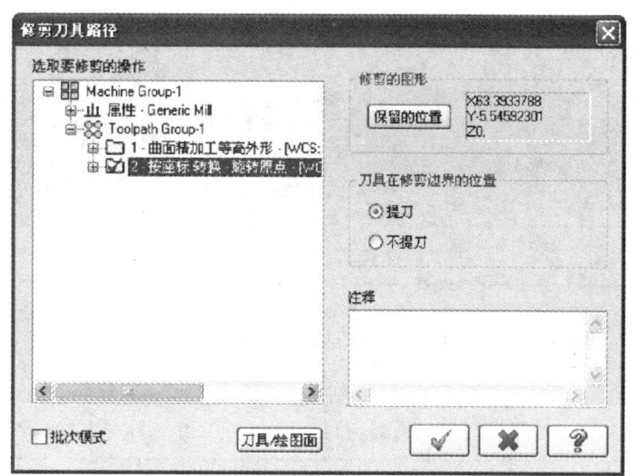

图 19.9　路径修剪对话框

项目实施：创建加工零件模型

1　项目分析

根据前面章节加工方法分析和本章全圆路径、路径转换与修剪的介绍，确定本项目工艺过程见表 19.1。

表 19.1　项目工艺过程表

数控加工工序卡					零件代号	零件名称	
						零件	
材料名称	ALUMINUM mm-2024	材料状态	调质	毛坯尺寸		坯料可制件数	1
设备名称	数控铣床	设备型号			备注		

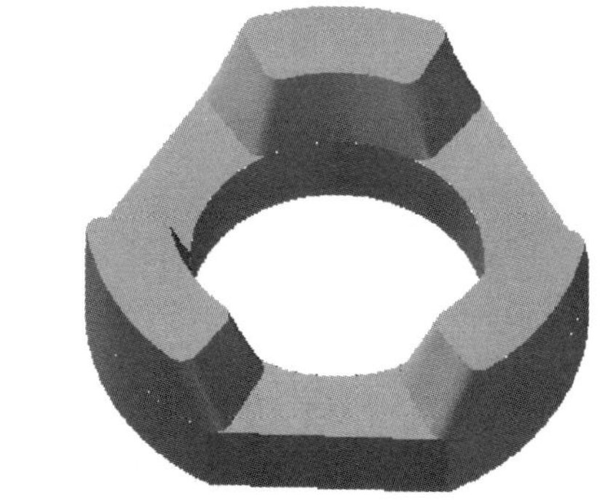

工序号	工序名称	工序内容	刀具	NC 程序文件名
1	平面铣削	加工上表面	ϕ37.5 端面铣刀	
2	全圆铣削	加工中间圆形区域	ϕ16 圆鼻刀	
3	放射状粗加工	加工凹平面	ϕ16 圆鼻刀	
4	等高外形粗加工	加工凸台	ϕ16 圆鼻刀	
	精加工略			

续表

数控加工刀具表									
刀具序号	工序序号	刀具					加工余量	理论加工时间	备注
		类型	刀具材料	直径	刀尖半径	装刀长度			
1	1	端面铣刀		37.5			0		
2	2	圆鼻刀		16	2		0		
2	3	圆鼻刀		16	2		0.2		
2	4	圆鼻刀		16	2		0.2		

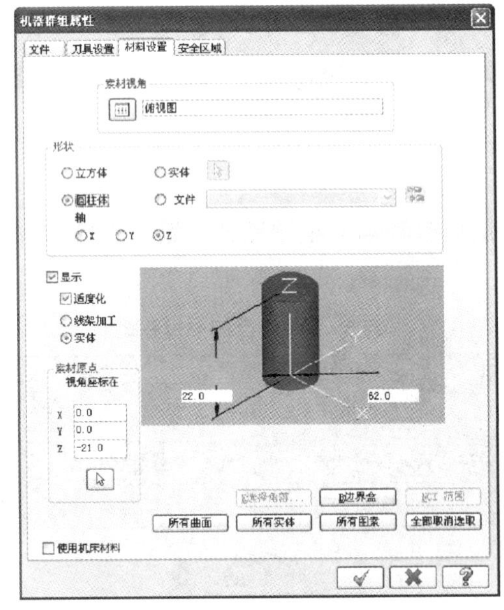

图 19.10　毛坯创建对话框

2　创建毛坯

读入文件 19-1.mcx，结果如图 19.10 所示。

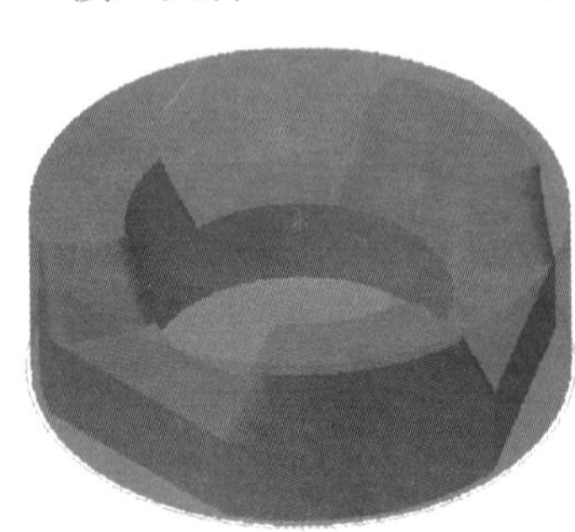

图 19.11　毛坯创建结果

选择“材料设置”选项卡，如图 19.14 所示，形状设为实体，单击☐按钮，选择上一步创建的实体，单击☑完成毛坯创建，隐藏实体，恢复隐藏原模型，如图 19.11 所示。

3　创建粗加工

俯视图绘制一个圆形，大小和毛坯直径相等，右击操作管理区，选择“铣床刀具路径”→“面铣”命令，输入 NC 名称 19-1，选择该圆，单击☑完成选择，平面加工对

话框中选择刀具，右击刀具创建区，新建刀具，刀号 1，类型“面铣刀”，直径 37.5，设置刀具参数如图 19.12 所示，单击切削参数，设置如图 19.13 所示参数，单击共同参数，设置工件表面为 2，深度为 0→单击☑完成设置。

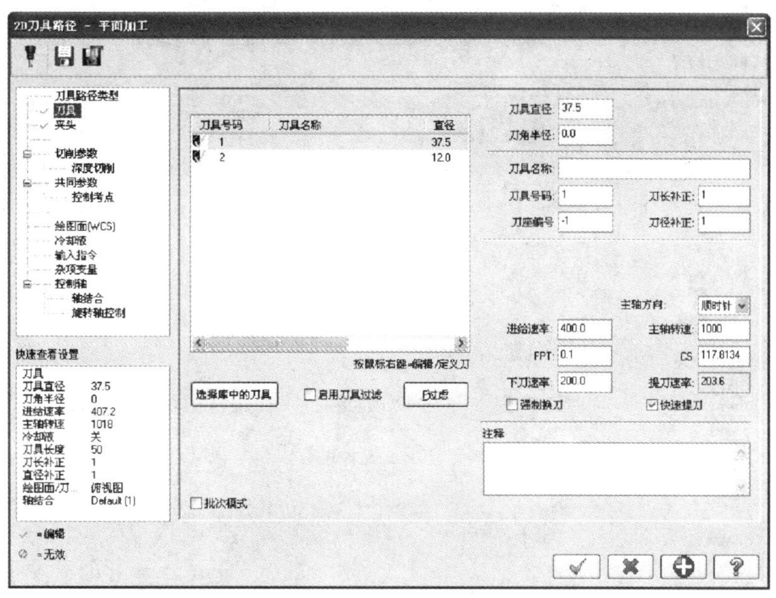

图 19.12　端面铣削刀具参数

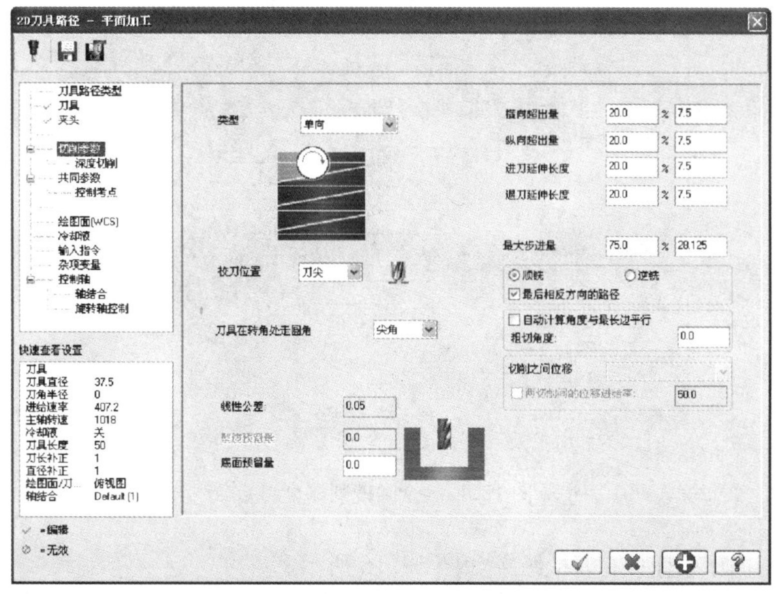

图 19.13　面铣切削参数

右击操作管理区，选择“铣床刀具路径”→“全圆路径”→“全圆铣削”→选择原点，单击☑完成选择，全圆铣削对话框中选择刀具，右击刀具创建区，选择“新建刀具，刀号 2，类型“圆鼻刀”，直径 12，刀尖半径 2，设置刀具参数如图 19.14 所示，单击切削参数，设置圆柱直径为 35，单击深度切削，设置如图 19.15 所示参数，单击贯穿→勾选贯穿参数，设置距离为 2，单击共同参数，设置工件表面为 0，深度为－20，单击☑完成设置。

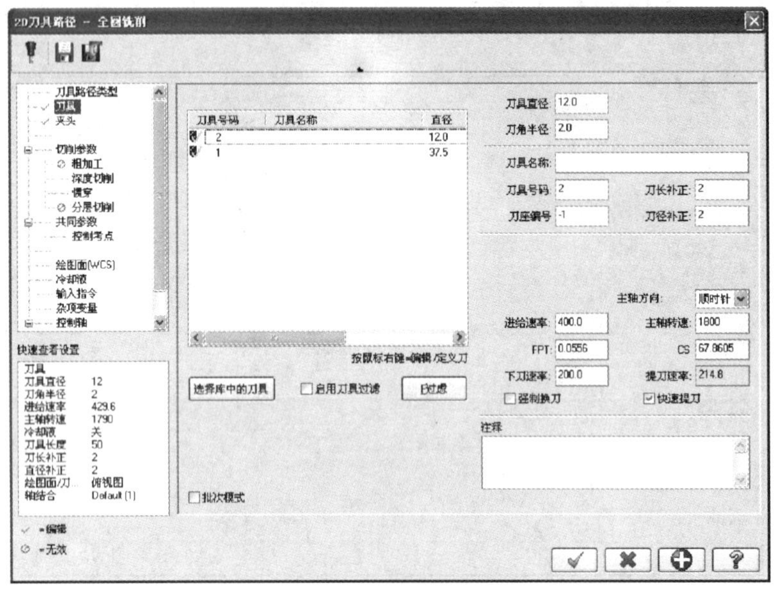

图 19.14　全圆铣削刀具参数

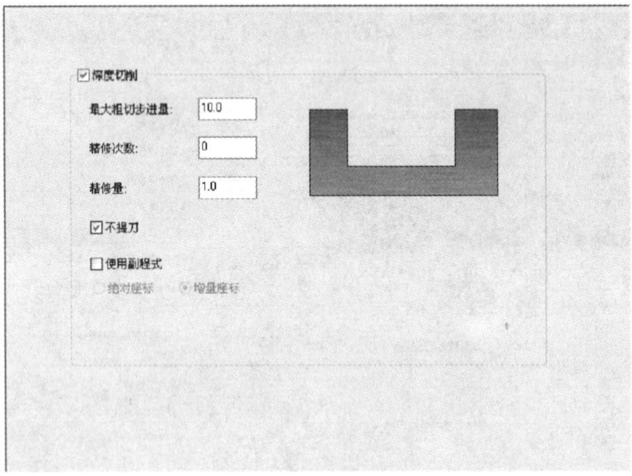

图 19.15　全圆铣削深度参数

面铣削和全圆铣削加工模拟结果如图 19.16 所示。

右击操作管理区，选择“铣床刀具路径”→“曲面粗加工”→“放射状”→“未定义”命令，单击☑，选择如图 19.17 所示曲面，选择其他面为干涉面，选择原点为放射中心，单击☑完成加工曲面设置，选择 2 号刀具，曲面加工参数中余量设置为 0.1，放射状加工参数中最大增量角度设置为 3°，单击☑完成设置。

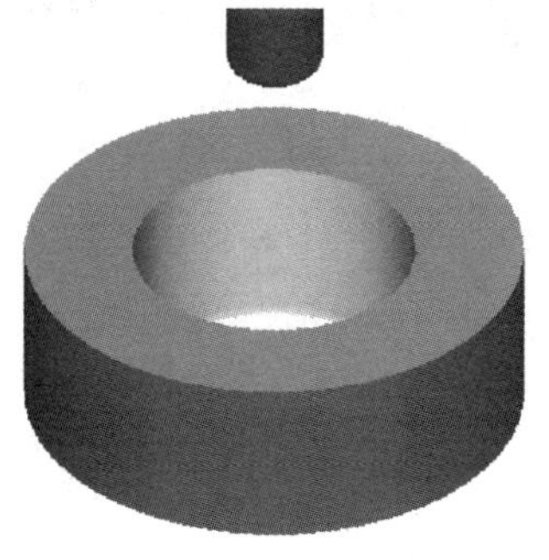

图 19.16 面铣削与全圆路径加工模拟结果

图 19.17 放射状加工曲面

放射状加工模拟结果如图 19.18 所示。

右击操作管理区，选择“铣床刀具路径”→“曲面粗加工”→“等高外形”命令，“选择图 19.19 所示曲面，选择其他面为干涉面，单击☑完成加工曲面设置，选择 2 号刀具，曲面加工参数中余量设置为 0.1→等高外形加工参数中 Z 轴最大进给量设置为 1，单击☑完成设置。

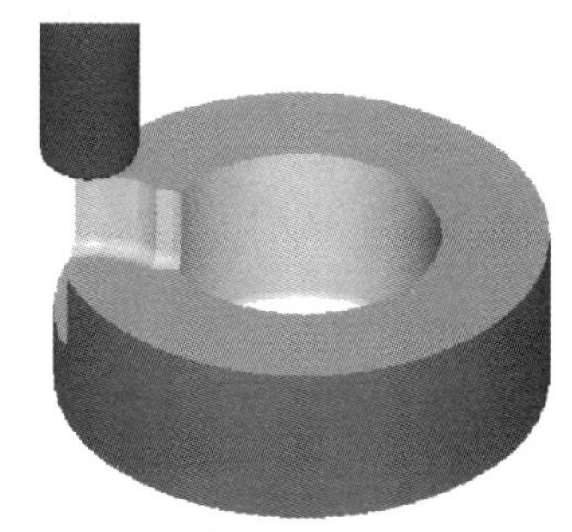

图 19.18 放射状加工模拟结果

等高外形粗加工模拟结果如图 19.20 所示。

图 19.19 等高外形加工曲面

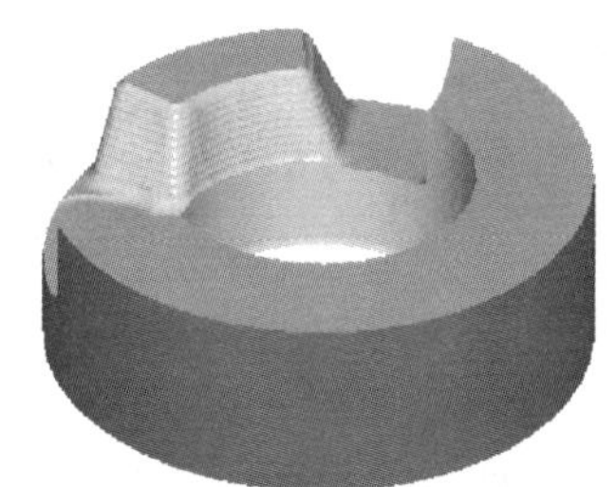

图 19.20 等高外形加工模拟结果

4 路径转换

右击操作管理区，选择“铣床刀具路径”→“路径转换”命令，出现图 19.21 对话框，原始操作选择放射状加工和等高外形，选择类型为“旋转”，方式为“坐标”，单击“旋转”选项卡，如图 19.7 所示，旋转的基准点为原点，切削次数 3（包括被复制的刀具路径），起始角度 0°，旋转角度 120°，单击☑完成。

刀具路径转换后模拟结果如图 19.22 所示。

5 创建精加工

过程略。

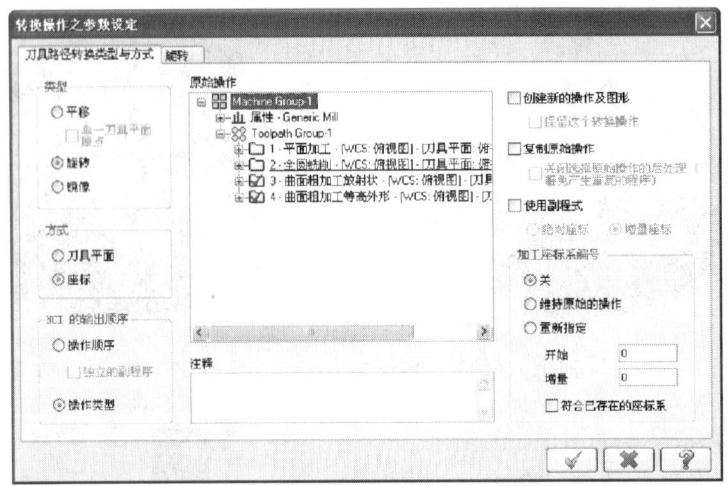

图 19.21　刀具路径转换对话框

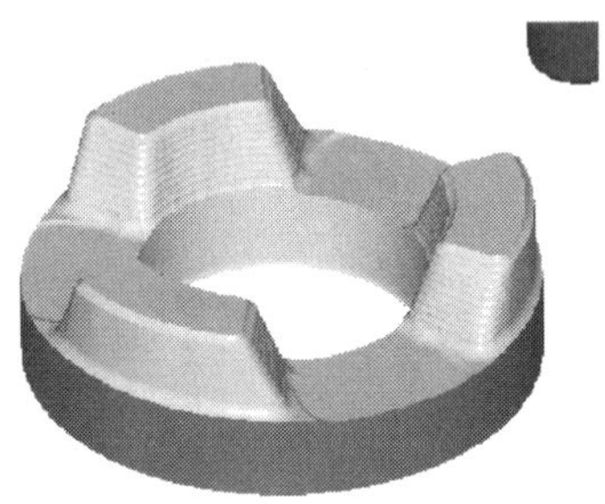

图 19.22　刀具路径转换后加工模拟结果

上机练习

创建图 19.23 所示各模型（实体或曲面），并完成材料设置及加工模拟。

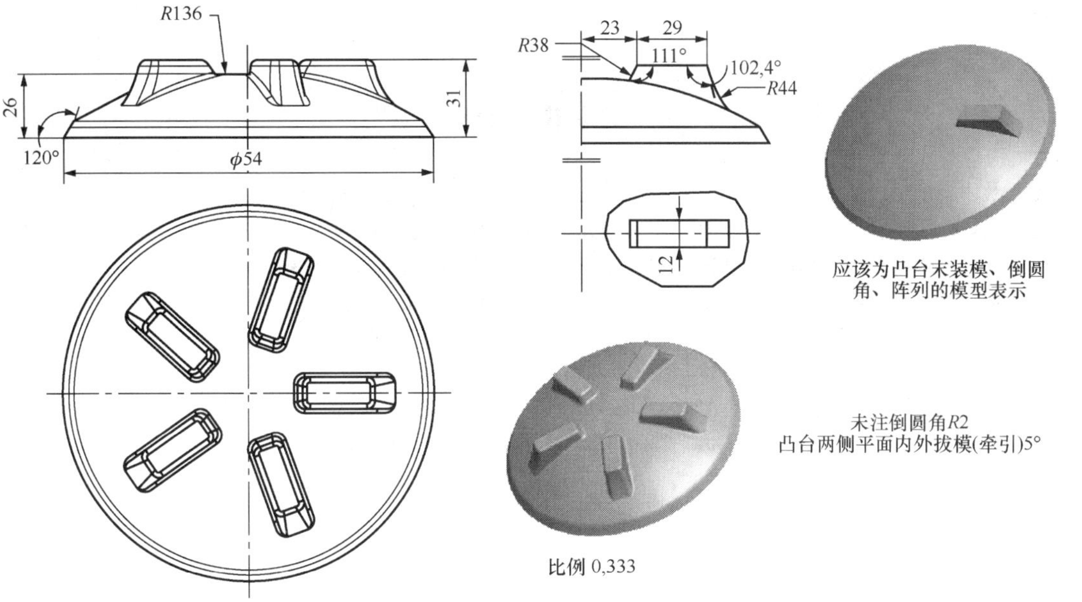

R136
26
31
120°
φ54
R38
23
29
111°
102,4°
R44
12
应该为凸台末装模、倒圆角、阵列的模型表示
未注倒圆角R2
凸台两侧平面内外拔模(牵引)5°
比例 0,333

(a)

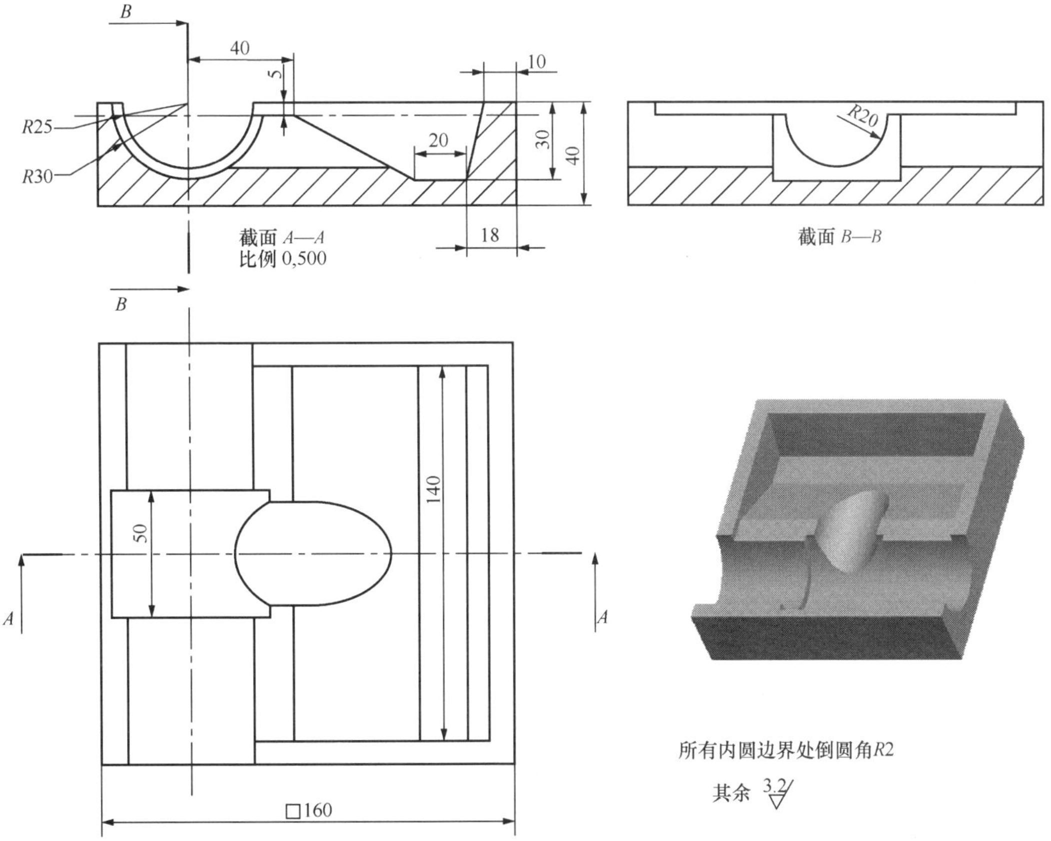

B
40
5
10
R25
R30
20
30
40
18
截面 A—A
比例 0,500
R20
截面 B—B
50
140
A
A
□160
所有内圆边界处倒圆角R2
其余 3.2

(b)

图 19.23 习题图

主要参考文献

何伟，刘滨，陈海洲．2009．MasterCAM基础与应用教程［M］．北京：机械工业出版社

梁浩文，郭英晖，吴柳机．2006．MasterCAM X中文版产品模型与数控加工入门一点通［M］．北京：清华大学出版社

王卫兵．2007．MasterCAM X2三维造型与数控编程入门教程［M］．北京：清华大学出版社

严烈．2007．MasterCAM 9应用与基础教程［M］．北京：冶金工业出版社

严烈．2007．中文MasterCAM X10应用与基础教程［M］．北京：冶金工业出版社

杨小军，韩加好，陈颖．2010．MasterCAM X3项目教程［M］．北京：清华大学出版社，北京交通大学出版社

张灶发，陆裴，尚洪光．2006．MasterCAM X实用教程［M］．北京：清华大学出版社

郑金，邓晓阳．2009．MasterCAM X2应用与实例教程［M］．北京：人民邮电出版社